煤炭行业特有工种职业技能鉴定培训教材

矿 井 通 风 工

（初级、中级、高级）

·第 3 版·

煤炭工业职业技能鉴定指导中心　组织编写

应 急 管 理 出 版 社

·北　　京·

内 容 提 要

本书以矿井通风工国家职业标准为依据，分别介绍了初级、中级、高级矿井通风工职业技能考核鉴定的知识要求和技能要求。内容包括矿井通风基础知识、作业前的准备、作业项目的实施、通风管理知识、安全防范意识等。

本书是矿井通风工职业技能考核鉴定前的培训和自学教材，也可作为各级各类技术学校相关专业师生的参考用书。

本书编审人员

主　编　徐景贤

副主编　曲晓明　曹卫斌　温永宇

编　写　姜培坤　张宏宇　席艳瑶　杜　楷　张居仁

蒋春光　吴　冷

主　审　王安陆

审　稿（按姓氏笔画为序）

马　强　王世平　王建利　付士建　孙九良

孙和平　李书亭　杨良智　张永福　段树青

秦希东　贾振刚　董养存

修　订　徐景贤

PREFACE 前言

为了进一步提高煤炭行业职工队伍素质，加快煤炭行业高技能人才队伍建设步伐，实现煤炭行业职业技能鉴定工作的标准化、规范化，促进其健康发展，根据国家的有关规定和要求，从2004年开始，煤炭工业职业技能鉴定指导中心陆续组织有关专家、工程技术人员和职业培训教学管理人员编写了《煤炭行业特有工种职业技能鉴定培训教材》，作为国家职业技能鉴定考试的推荐用书。

本套教材以相应工种的职业标准为依据，内容上力求体现“以职业活动为导向，以职业技能为核心”的指导思想，突出职业技能培训特色。在结构上，针对各工种职业活动领域，按照模块化的方式，分初级工、中级工、高级工、技师、高级技师5个等级进行编写。每个工种的培训教材分为两册出版，其中初级工、中级工、高级工为一册，技师、高级技师为一册。

本套教材自2005年陆续出版以来，一直备受煤炭企业的欢迎，现已有近50个工种的初级工、中级工、高级工教材和近30个工种的技师、高级技师教材，涵盖了煤炭行业的主体工种，较好地满足了煤炭行业高技能人才队伍建设和职业技能鉴定工作的需要。

当前，煤炭科技迅猛发展，新法律法规、新标准、新规程、新技术、新工艺、新设备、新材料不断涌现，特别是我国煤矿安全的主体部门规章——《煤矿安全规程》已于2022年全面修订并颁布实施，原教材有些内容已显陈旧，不能满足当前职业技能水平评价工作的需要，因此我们决定再次对教材进行修订。

本次修订出版的第3版教材继承前两版教材的框架结构，对已不适应当前要求的技术方法、装备设备、法律法规、标准规范等内容进行了修改完善。

编写技能鉴定培训教材是一项探索性工作，有相当的难度，加之时间仓促，不足之处在所难免，恳请各使用单位和个人提出宝贵意见和建议。意见建议反馈电话：010－84657932。

煤炭工业职业技能鉴定指导中心

2024年6月

CONTENTS 目录

第一部分
矿井通风工基础知识

第一章

职 业 道 德

第一节 职业道德的基本知识

一、道德

道德是一种普遍的社会现象。没有一定的道德规范，人类社会既不能生存，也无法发展。什么是道德、道德具有什么特点、什么是职业道德、职业道德具有什么特点和社会作用等，在我们学习职业（岗位、工种）基本知识和操作技能之前，应当对这些问题有个基本了解。

1. 道德的含义

在日常生活和工作实践中，我们经常会用到“道德”这个词。我们或用它来评价社会上的人和事，或用它来反省自己的言谈举止。

道德是一个历史范畴，随着人类社会的产生而产生，同时也随着人类社会的发展而发展。道德又是一个阶级范畴，不同阶级的人对它的理解也不同，甚至互相对立。在我国古代，“道”和“德”原本是两个概念。“道”的原意是道路，“德”的原意是正道而行，后来把这两个词合起来用，引申为调整人们之间关系和行为的准则。在西方，一些思想家也对道德作过多种多样的解释，但只有用马克思主义观点来认识道德的含义和本质才是唯一的正确途径。

马克思主义认为，道德是人类社会特有的现象。在人类社会的长期发展过程中，为了维护社会生活的正常秩序，就需要调节人们之间的关系，要求人们对自己的行为进行约束，于是就形成了一些行为规范和准则。一般来说，所谓道德，就是调整人和人之间关系的一种特殊的行为规范的总和。它依靠内心信念、传统习惯和社会舆论的力量，以善和恶、正义和非正义、公正和偏私、诚实和虚伪、权利和义务等道德观念来评价每个人的行为，从而调整人们之间的关系。

2. 道德的基本特征

（1）道德具有特殊的规范性。道德在表现形式上是一种规范体系。虽然在人类社会生活中，以行为规范方式存在的社会意识形态还有法律、政治等，但道德具有不同于这些行为规范的显著特征：①它具有利他性。它同法律、政治一样，也是社会用来调整个人同他人、个人同社会的利害关系的手段。但它同法律、政治的不同之处在于，在调整这些关系时，追求的不是个人利益，而是他人利益、社会利益，即追求利他。②道德这种行为规范是依靠人们的内心信念来维系的。当然，道德也需要靠社会舆论、传统习俗来维系，这些也是具有外在性、强制性的力量。但如果社会舆论和传统习俗与个人的内心信念不一致，就起不到约束作用。因此，道德具有自觉性的特点。③道德的这种规范作用表现为对人们的行为进行劝阻与示范的统一。道德依据一定的善恶标准来对人们的行为进行评价，对恶行给予谴责、抑制，对善行给予表扬、示范，这同法律规范以明确的命令或禁止的方式来发生作用是不同的。

（2）道德具有广泛的渗透性。道德广泛地渗透到社会生活的各个领域和一切发展阶段。横向地看，道德渗透于社会生活的各个领域，无论是经济领域还是政治领域，也无论是个人生活、集体生活还是整个社会生活，时时处处都有各种社会关系，都需要道德来调节。纵向地看，道德又是最久远地贯穿于人类社会发展的一切阶段，可以说，道德与人类始终共存亡；只要有人，有人生活，就一定会有道德存在并起着作用。

（3）道德具有较强的稳定性。道德在反映社会经济关系时，常以各种规范、戒律、格言、理想等形式去约束和引导人们的行为与心理。而这些格言、戒律等又以人们喜闻乐见的形式出现，它们很容易被因袭下来，与社会风尚习俗、民族传统结合起来，而内化为人们心理结构的特殊情感。心理结构是相当稳定的东西，一经形成就不易改变。因此，当某种道德赖以存在的社会经济关系变更以后，这种道德不会马上消失，它还会作为一种旧意识被保留下来，影响（促进或阻碍）社会的发展。如在我们国家，社会主义制度已经建立起来了，但封建主义、资本主义的道德残余依然存在，就是这个原因。

（4）道德具有显著的实践性。所谓实践性，是指道德必须实现向行为的实际转化，从意识形态进入人们的心理结构与现实活动。我们判断一个人的道德面貌，不能根据他能背诵多少道德的戒律和格言，也不能根据他自诩怀抱多么纯正高尚的道德动机，而只能根据他的实际行为。道德如果不能指导人们的道德实践活动，不能表现为人们的具体行为，其自身也就失去了存在的意义。

二、职业道德

1. 职业道德的含义

在人类社会生活中，除了公共生活、家庭生活，还有丰富多彩的职业生活。与此相适应，用以指导和调节人与社会之间关系的道德体系，也可以划分为三个部分，即社会道德、婚姻家庭道德和职业道德。职业道德是道德体系的重要组成部分，有其特殊的重要地位。

在人类社会生活中，几乎所有成年的社会成员都要从事一定的职业。职业是人们在社会生活中对社会承担的一定职责和从事的专门业务。职业作为一种社会现象并非从来就有，而是社会分工及其发展的结果。每个人一旦步入职业生活，加入一定的职业团体，就必然会在职业活动的基础上形成人们之间的职业关系。在论述人类的道德关系时，恩格斯曾经指出：“每一个阶级，甚至每一个行业，都各有各的道德。”这里说的每一个行业的道德，就是职业道德。

所谓职业道德，就是从事一定职业的人们，在履行本职工作职责的过程中，应当遵循的具有自身职业特征的道德准则和规范。它是职业范围内的特殊道德要求，是一般社会道德和阶级道德在职业生活中的具体体现。每一个行业都有自己的职业道德。职业道德，一方面体现了一般社会道德对职业活动的基本要求，另一方面又带有鲜明的行业特色。例如，热爱本职、忠于职守、为人民服务、对人民负责，是各行各业职业道德的基本规范。但是每一种具体的职业，又都有独特的不同于其他职业道德的内涵，如党政机关、新闻出版单位、公检法部门、科研机构等都有自己的职业道德。

2. 职业道德的特征

各种职业道德反映着由于职业不同而形成的不同的职业心理、职业习惯、职业传统和职业理想，反映着由于职业的不同所带来的道德意识和道德行为上的一定差别。职业道德作为一种特殊的行为调节方式，有其固有的特征。概括起来主要有以下 4 个方面：

（1）内容的鲜明性。无论是何种职业道德，在内容方面，总是要鲜明地表达职业义务和职业责任，以及职业行为上的道德特点。从职业道德的历史发展可以看出，职业道德不是一般地反映阶级道德或社会道德的要求，而是着重反映本职业的特殊利益和要求。因而，它往往表现为某职业特有的道德传统和道德习惯。俗话说“隔行如隔山”，它说明职业之间有着很大的差别，人们往往可以从一个人的言谈举止上大致判断出他的职业。不同的职业都有其自身的特点，有各自的业务内容、具体利益和应当履行的义务，这使各种职业道德具有鲜明的职业特色。如执法部门道德主要是秉公执法，而商业道德则是买卖公平，等等。

（2）表达形式的灵活性和多样性。这主要是指职业道德在行为准则的表达形式方面，比较具体、灵活、多样。各种职业集体对从业人员的道德要求，总是要适应本职业的具体条件和人们的接受能力，因而，它往往不仅仅只是原则性的规定，而是很具体的。在表达上，它往往用体现各职业特征的“行话”，以言简意明的形式（如章程、守则、公约、须知、誓词、保证、条例等）表达职业道德的要求。这样做，有利于从业人员遵守和践行，有助于从业人员养成本职业所要求的道德习惯。

（3）调节范围的确定性。职业道德在调节范围上，主要用来约束从事本职业的人员。一般来说，职业道德主要是调整两个方面的关系：一是从事同一职业人们的内部关系，二是同所接触的对象之间的关系。例如，一个医生，不但要热爱本职工作，尊重同行业人员，而且要发扬救死扶伤的精神，尽自己最大努力为患者解除痛苦。由此可见，职业道德主要是用来约束从事本职业的人员的，对于不属于本职业的人，或职业人员在该职业之外的行为活动，它往往起不到约束作用。

（4）规范的稳定性和连续性。无论何种职业，都是在历史上逐渐形成的，都有漫长的发展过程。农业、手工业、商业、教育等古老的职业，都有几千年的历史。而伴随现代工业产生的系列新型职业也有几十年或几百年的历史。虽然每种职业在不同的历史时期有不同的特点，但是，无论在哪个时代，每种职业所要调整的基本道德关系都是大致相同的。如医生在历朝历代主要是协调医患关系。正因为如此，基于调整道德关系而产生的职业道德规范，就具有历史的连续性和较大的稳定性。例如，从古希腊奴隶制社会的著名医生希波克拉底，到我国封建时代的唐代名医孙思邈，再到现代世界医协大会所制定的《日内瓦宣言》，都主张医生要救死扶伤，对患者一视同仁。医生职业道德规范的基本内容鲜明地体现着历史的连续性和稳定性。

3. 职业道德的社会作用

职业道德是调整职业内部、职业与职业、职业与社会之间的各种关系的行为准则。因此，职业道德的社会作用主要是：

（1）调整职业工作与服务对象的关系，实际上也就是职业与社会的关系。这要求从业人员从本职业的性质和特点出发，为社会服务，并在这种服务中求得自身与本职业的生存和发展。教师道德涉及教师和学生的关系，医生道德涉及医生和患者的关系，司法道德涉及司法人员与当事人的关系。哪种职业为社会服务得好，哪种职业就会受到社会的赞许，否则就会受到社会舆论的谴责。

（2）调整职业内部关系。包括调整领导者与被领导者之间、职业各部门之间、同事之间的关系。这诸种关系之间都要保持和谐共进、相互信任、相互支持、相互合作，避免互相拆台、互相掣肘，从而实现社会关系的协调统一。

（3）调整职业之间的关系。通过职业道德的调整，使各行业之间的行为协调统一。社会主义社会各种职业的目的都是为实现全社会的共同利益服务的。各行业之间的分工合作、协调一致，是社会主义职业道德的基本要求。除此之外，职业道德在促进职业成员成长的过程中也有重要作用。一个人有了职业，就意味着这个人已经踏入社会。在职业活动中，他势必要面对和处理个人与他人、个人与社会的关系问题，并接受职业道德的熏陶。由于职业道德与从业人员的切身利益息息相关，人们往往通过职业道德接受或深化一般社会道德，并形成一个人的道德素养。注重职业道德的建设和提高，不仅可以造就大批有强烈道德感、责任心的职业工作者，而且可以大大促进社会道德风尚的发展。

第二节　职　业　守　则

通常职业道德要求通过在职业活动中的职业守则来体现。广大煤矿职工的职业守则有以下几个方面：

1. 遵纪守法

煤炭生产有它的特殊性，从业人员除了遵守《煤炭法》《安全生产法》《煤矿安全生产条例》《煤矿安全规程》外，还要遵守煤炭行业制定的专门规章制度。只有遵法守纪，才能确保安全生产。作为一名合格的煤矿职工，应该遵守煤矿的各项规章制度，遵守煤矿劳动纪律，尤其是岗位责任制和操作规程、作业规程，处理好安全与生产的关系。

2. 爱岗敬业

热爱本职工作是一种职业情感。煤炭是我国当前的主要能源，在国民经济中占举足轻重的地位。作为一名煤矿职工，应该感到责任重大、使命光荣；应该树立热爱矿山、热爱本职工作的思想，认真工作，培养职业兴趣；干一行、爱一行、专一行，既爱岗又敬业，创造性地干好本职工作，为我国的煤矿安全生产多作贡献。

3. 安全生产

煤矿生产是人与自然的斗争，工作环境特殊，作业条件艰苦，情况复杂多变，危险有害因素多，稍有疏忽或违章，就可能导致事故发生，轻者影响生产，重则造成矿毁人亡。安全是煤矿工作的重中之重。没有安全，生产就无从谈起。作为一名煤矿职工，一定要按章作业，抵制“三违”，做到安全生产。

4. 钻研技能

职业技能，也可称为职业能力，是人们进行职业活动、完成职业责任的能力和手段。它包括实际操作能力、业务处理能力、技术能力以及相关理论知识水平等。

经过新中国成立以来几十年的发展，我国的煤炭生产也由原来的手工作业转变为综合机械化作业，正在向智能化开采迈进，大量高科技产品、科研成果被广泛应用于煤炭生产、安全监控之中，建成了许多世界一流的现代化矿井。所有这些都要求煤矿职工在工作和学习中刻苦钻研职业技能，提高技术能力，掌握扎实的科学知识，只有这样才能胜任自己的工作。

5. 团结协作

任何一个组织的发展都离不开团结协作。团结协作、互助友爱是处理组织内部人与人之间、组织与组织之间关系的道德规范，也是增强团队凝聚力、提高生产效率的重要法宝。

6. 文明作业

爱护材料、设备、工具、仪表，保持工作环境整洁有序；着装整齐，符合井下作业要求；行为举止大方得体。

第二章
基 础 知 识

第一节　矿井通风基本知识

矿井通风的基本任务是：

（1）连续供给井下人员足够的新鲜空气，满足人员呼吸需要。

（2）稀释井下有害气体及粉尘至安全浓度，并排出作业地点。

（3）排除井下的热量与水蒸气，创造适宜的气候条件。

一、矿内空气

（一）地面空气的成分

地面空气主要由氧（O_2）、二氧化碳（CO_2）和氮气（N_2）组成，这3种气体在空气中的体积分数分别为氧气20.96%、二氧化碳0.04%、氮气79.00%。另外，地面空气中还含有数量不定的水蒸气、微生物和尘埃等，通常忽略不计。

《煤矿安全规程》（以下简称《规程》）规定，采掘工作面的进风流中，氧气浓度不低于20%，二氧化碳浓度不超过0.5%。

（二）地面空气与井下空气的区别

地面空气进入矿井后，其成分和性质发生变化，主要包括：

（1）氧气浓度降低。井下人员的呼吸、煤和其他物质的氧化、坑木腐烂、井下火灾及瓦斯、煤尘爆炸都会直接消耗氧气。另外，在井下生产过程中，煤岩层中不断释放出的各种气体，也相应地降低了空气中氧气的浓度。

（2）混入了各种有害和爆炸气体。井下使用的许多材料会发生物理化学反应产生有害气体；地下也赋存了大量的有害气体，在条件适宜时会大量逸出，造成井下有害气体的种类和含量增加。

（3）混入了煤尘、岩尘等固体微粒。井下采掘和运输等工作环节都会产生大量的煤尘、岩尘，使井下空气中固体微粒含量增加，对人身安全和健康造成危害。

（4）空气的温度、湿度和压力发生变化。地面空气进入井下后由于空气受压缩和膨胀，会造成温度的升高和降低。在采掘工作面由于机电设备放热、人员身体放热及爆破作业，会使井下温度升高。在矿井风流中，由于地面和进风井巷温度的差异，造成进风流空气中水蒸气含量夏天逐渐增加，冬天逐渐降低，因而矿井进风路线上有冬干夏湿的现象。

由于矿井通风动力主要来源于通风机，便形成了进回风井之间的压力差，使地面空气得以进入井下。采用压入式通风的矿井，井下空气压力大于地面空气压力，称为正压通风。采用抽出式通风的矿井，井下空气压力小于地面空气压力，称为负压通风。

（三）井下空气中常见的有毒有害气体

在煤矿井下，除了甲烷以外，还有一氧化碳、二氧化碳、硫化氢、二氧化氮、二氧化硫等有害气体。

1. 一氧化碳

一氧化碳（CO）是一种无色、无味、无臭的气体，相对密度为0.97，微溶于水，能燃烧，当浓度达到13%～75%时能爆炸，有强烈的毒性。空气中只要含有0.05%的一氧化碳，一小时内就可以使人中毒。如果含量达到了0.5%，短时间内就可以使人中毒死亡。井下一氧化碳的主要来源是煤炭的自燃。

2. 二氧化碳

二氧化碳（CO_2）是无色略带酸味的气体，不助燃也不燃烧，没有毒性，但空气中二氧化碳含量高时，人会感到呼吸困难，甚至使人窒息。井下二氧化碳的主要来源是坑木的氧化腐烂，有的煤层或岩层本身也含有大量二氧化碳。二氧化碳相对密度为1.52，比空气重，常在老巷、水仓等巷道底部积存。

3. 硫化氢

硫化氢（H_2S）是一种无色、有臭鸡蛋气味的气体，相对密度为1.19，易溶于水，赋存于煤层中，在落煤过程中自然析出，有机物腐烂和含硫矿物遇水时也可以分解出硫化氢。硫化氢有强烈毒性，对人的眼、鼻、喉黏膜有刺激作用。当空气中硫化氢浓度达到0.1%时，短时间内会使人死亡。

4. 二氧化氮

二氧化氮（NO_2）是一种红棕色气体，相对密度为1.59，易溶于水而生成硝酸，有剧毒，对眼、鼻、呼吸道及肺有刺激作用。它主要是在炸药爆炸后生成。所以在每次爆破后，一定要等炮烟吹散了才能进入工作面；不要一听到炮响，就顶着炮烟进入工作面，这样很容易中毒。

5. 二氧化硫

二氧化硫（SO_2）是一种无色气体，相对密度为2.2，易积聚于巷道底部，易溶于水，有强烈硫黄气味及酸味，有剧毒，能强烈刺激眼及呼吸道黏膜。

《规程》对矿井有害气体最高允许浓度作了规定，见表2－1。

表2－1 矿井有害气体最高允许浓度

名 称	最高允许浓度/%	名 称	最高允许浓度/%
一氧化碳（CO）	0.0024	硫化氢（H_2S）	0.00066
二氧化氮（NO_2）	0.00025	氨（NH_3）	0.004
二氧化硫（SO_2）	0.0005		

（四）矿井气候条件

矿井气候条件是温度、湿度和风速三者综合作用的结果。矿井气候条件不仅直接影响着工作人员的身体健康和劳动生产率的提高，而且关系到矿井的安全生产。

1. 温度

温度是气候条件中重要因素之一，温度高低差值影响人体散热的快慢，空气温度过高或过低都会使人身体感到不舒适。影响矿井空气温度的因素主要有：

（1）地面空气温度。地面空气温度对井下空气温度有直接的影响。如果地面空气温度很低，那么其进入矿井后，使井下空气温度降低；如果地面空气温度很高，那么其进入矿井后，使井下空气温度升高。

（2）空气的压缩与膨胀。当空气沿井巷向下流动时，空气受到压缩会产生热量而使井下空气温度升高。

（3）岩层温度。岩层散发的热量是矿井中的主要热源，占总热量的50%～60%，因此，岩层温度直接影响矿井空气的温度。在恒温带之下，岩层温度随着深度的增加而升高，在含煤地层中，深度每增加30～35 m，岩层温度升高1 ℃。

当地面空气进入井下后，因与岩层温度间存在温差，空气在流动的同时与岩层进行热交换。如果空气温度低于岩层温度时，则岩层放热，使矿井空气的温度逐渐升高；反之则岩层吸热，使矿井空气的温度逐渐降低。

（4）地下水的作用。矿井中有高温热泉或热水涌出时，可使井下空气温度升高；相反，若低温的地下水活动强烈时，则可使井下空气温度降低。

（5）水分蒸发吸热。水分蒸发时，将从空气中吸收热量，使空气温度降低。每蒸发1 kg水可吸收2.5 kJ的热量，能使1 m^3 空气的温度降低1 ℃。

（6）氧化生热。井下煤炭、坑木等物质的氧化都能生成大量的热量。

（7）通风强度。通风强度是指单位时间内进入井巷风量的多少。温度较低的空气流经井下巷道或工作面时，由于热交换作用吸收热量，所以流经某井巷或工作面的风量越多（供风量越大），其通风强度越大，吸收的热量也就越多。

（8）其他因素。机械运转以及人体的散热都对井下温度有一定的影响。特别值得指出的是，随着机械化程度的不断提高，大型电气设备的采用和井下机电硐室的高度集中，机械运转所产生的热量对矿井空气温度升高的影响不能忽视。

我国现行评价矿井气候条件的指标是干球温度。进风井口以下的空气温度（干球温度，下同）必须在2 ℃以上。生产矿井采掘工作面空气温度不得超过26 ℃，机电设备硐室的空气温度不得超过30 ℃；当空气温度超过以上数值时，必须缩短超温地点工作人员的工作时间，并给予高温保健待遇。采掘工作面的空气温度超过30 ℃或机电设备硐室的空气温度超过34 ℃时，都必须停止作业。

2. 湿度

湿度用于表示空气的潮湿程度，用绝对湿度和相对湿度表示。绝对湿度是指每1 m^3 或1 kg空气中所含水蒸气的克数；相对湿度是指单位体积空气中实际水蒸气量与同温度下的饱和水蒸气量之比。冬季井巷空气湿度低于30%时，水分蒸发过快显得干燥；夏季或有淋水时，湿度大于80%，使人烦闷，井巷显得潮湿。人感到舒适的相对湿度为50%～60%，不同温度下空气的饱和水蒸气量见表2－2。根据干、湿温度计显示的读数差值和干温度计的指示数，通过查表2－3即可求得相对湿度。

矿井的回风巷道和出风井的相对湿度都在95%以上，而且一般常年变化不大。一般认为相对湿度值在50%～60%较为适宜。

表2-2 饱和水蒸气量

温度 t/℃	在1 m^3空气内水蒸气量/($g \cdot m^{-3}$)	在1 kg空气内水蒸气量/($g \cdot kg^{-1}$)	水蒸气的绝对压力	
			mmHg	Pa
-20	1.1	0.8	0.96	127.9488
-15	1.6	1.1	1.45	193.256
-10	2.3	1.7	2.16	287.8848
-5	3.4	2.6	3.17	422.4976
0	4.9	3.8	4.58	610.422
1	5.2	4.1	4.92	655.7376
2	5.6	4.3	5.29	705.0512
3	6.0	4.7	5.68	757.0304
4	6.4	5.0	6.09	811.6752
5	6.8	5.4	6.53	870.3184
6	7.3	5.7	7.00	932.960
7	7.7	6.1	7.49	998.2677
8	8.3	6.6	8.02	1068.9056
9	8.8	7.0	8.58	1143.5424
10	9.4	7.5	9.21	1227.5088
11	9.9	8.0	9.84	1311.4752
12	10.6	8.6	10.52	1401.500
13	11.3	9.2	11.23	1496.7344
14	12.0	9.8	11.93	1598.0272
15	12.8	10.5	12.79	1704.6512
16	13.6	11.2	13.64	1817.9392
17	14.4	11.9	14.50	1932.560
18	15.3	12.7	15.50	2065.840
19	16.2	13.5	16.50	2199.120
20	17.2	14.4	17.50	2332.400
21	18.2	15.3	18.70	2492.336
22	19.3	16.3	19.80	2638.944
23	20.4	17.3	21.10	2812.208
24	21.6	18.4	22.40	2985.472
25	22.9	19.5	23.80	3172.064
26	24.2	20.7	25.20	3358.656
27	25.6	22.0	26.70	3558.656
28	27.0	23.4	28.40	3785.152
29	28.5	24.8	30.10	4011.728
30	30.1	26.3	31.80	4238.304
31	31.8	27.3	33.70	4491.536

表2-3　相对湿度表

干温度 t/℃	干、湿温度之差 Δt/℃							
	0	1	2	3	4	5	6	7
	相对湿度/%							
0	100	81	63	46	28	12		
5	92	86	71	58	43	31	17	4
6	100	86	72	59	46	33	21	8
7	100	87	74	60	48	36	24	14
8	100	87	74	62	50	39	27	16
9	100	88	75	63	52	41	30	19
10	100	88	77	64	53	43	32	22
11	100	88	79	65	55	45	35	25
12	100	89	79	67	57	47	37	27
13	100	89	79	68	58	49	39	30
14	100	89	79	69	59	50	41	32
15	100	90	80	70	61	51	43	34
16	100	90	80	70	61	53	45	37
17	100	90	80	71	62	55	47	40
18	100	90	80	72	63	55	48	41
19	100	91	81	72	64	57	50	41
20	100	91	81	73	65	58	50	42
21	100	91	82	74	66	58	50	44
22	100	91	82	74	66	58	51	45
23	100	91	83	75	67	59	52	46
24	100	91	83	75	67	59	53	47
25	100	92	84	76	68	60	54	48
26	100	92	84	76	69	62	55	50
27	100	92	84	77	69	62	56	51
28	100	92	84	77	70	64	57	52
29	100	92	85	78	71	65	58	53
30	100	92	85	79	72	66	59	53

3. 风速

风速是指风流单位时间内流过的距离。井巷和采掘工作面的风速过高或过低都会影响安全生产，影响工人的身体健康。风速过低时，汗水不易蒸发，人体所产生的热量就不易散失，就会感到闷热不舒适，同时还会引起瓦斯积聚，对安全生产不利；风速过高时，容易使人感冒，又会引起煤尘飞扬。因此，《规程》中对矿井中的风速作了具体规定。

《规程》规定，井巷中的风流速度应符合表2-4的要求。

表 2-4 井巷中的允许风流速度

井 巷 名 称	允许风速/(m·s^{-1})	
	最 低	最 高
无提升设备的风井和风硐		15
专为升降物料的井筒		12
风桥		10
升降人员和物料的井筒		8
主要进、回风巷		8
架线电机车巷道	1.0	8
运输机巷，采区进、回风巷	0.25	6
采煤工作面、掘进中的煤巷和半煤巷	0.25	4
掘进中的岩巷	0.15	4
其他通风行人巷道	0.15	

二、矿井通风系统

矿井通风方法、矿井通风方式及矿井通风网络总称为矿井通风系统。

(一) 矿井通风方法

矿井通风方法指主要通风机的工作方法，主要有抽出式、压入式和混合式 3 种。

1. 抽出式通风

把通风机安设在出风井口侧，如图 2-1 所示，通风机运转，使风机入风侧形成负压，在负压作用下，迫使空气由进风井进入井下，污浊空气经出风井通过通风机排出。在抽出式通风的矿井中，井下空气压力小于风井口空气压力，故抽出式通风也称为负压通风。在抽出式通风的矿井中，井下巷道中的风流处于负压状态，一旦主要通风机停止运转，井下巷道中空气压力将会升高。空气压力升高可抑制采空区和煤岩体中的有害气体向巷道涌出，防止巷道中瓦斯浓度的升高，这对保证矿井安全有着重要意义。

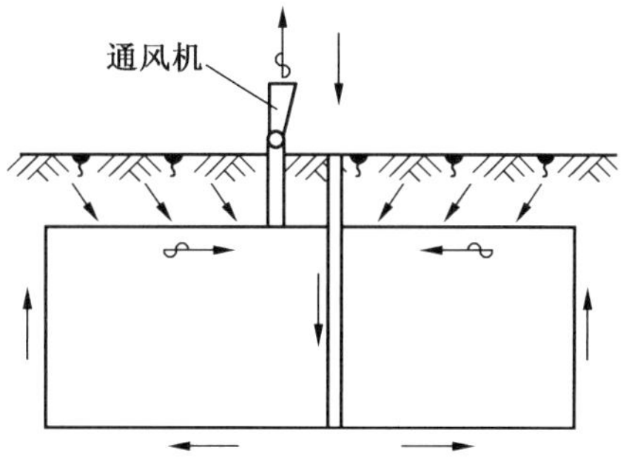

图 2-1 抽出式通风

2. 压入式通风

把通风机安设在进风井口侧，把地面空气压入井内，迫使空气清洗采掘工作面和硐室，经出风井筒排出，如图 2-2 所示。压入式通风是在地面大气压力之上又增加了通风机产生的压力，因此压入式通风又称为正压通风。

3. 混合式通风

混合式通风（图 2-3）是在矿井进风侧和回风侧都安设矿井主要通风机，地面新鲜空气由压入式主要通风机压入井下，污浊空气由抽出式主要通风机排出井外。这种通风方法虽然产生较大的风压，但需要通风设备多，增大了矿井通风管理的难度，所以一般很少采用。

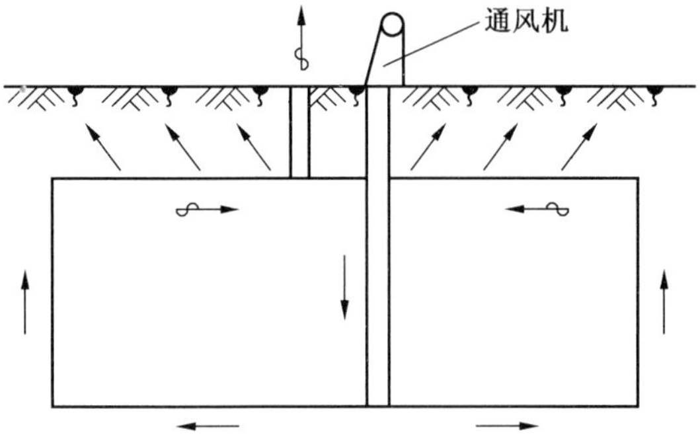

图 2－2　压入式通风

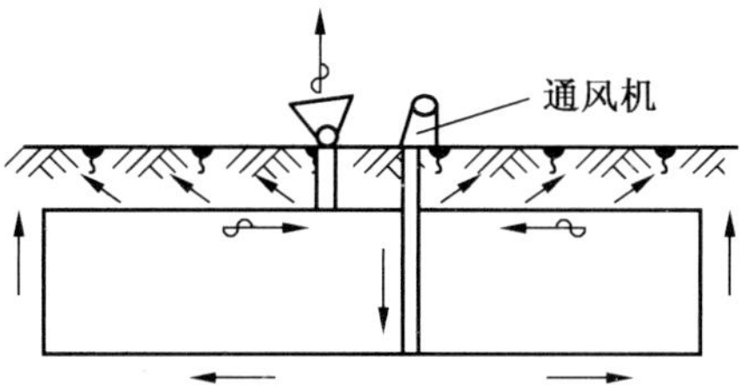

图 2－3　混合式通风

（二）矿井通风方式

进风井和回风井的布置方式就是矿井通风方式。按照进风井和回风井的位置关系，可以把通风方式分为中央式、对角式和混合式 3 种。

1. 中央式

中央式的进风井和回风井均位于井田走向的中央。若进风井与回风井位于井田倾斜方向中部，且相距很近（30～50 m）时，称为中央并列式，如图 2－4 所示。若进风井位于井田中央，回风井位于井田走向中央上部边界，称为中央边界式，如图 2－5 所示。

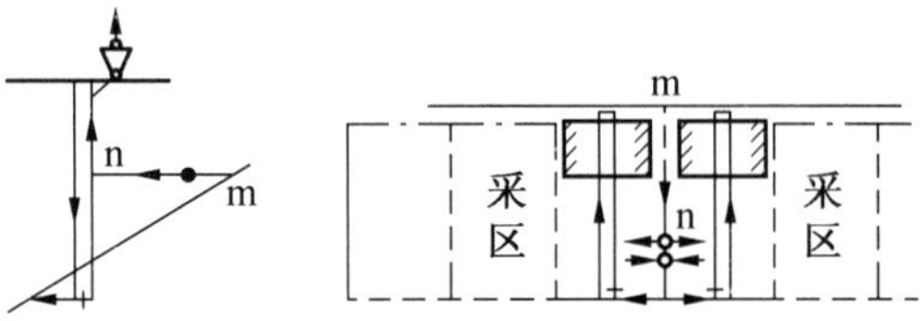

图 2－4　中央并列式通风示意图

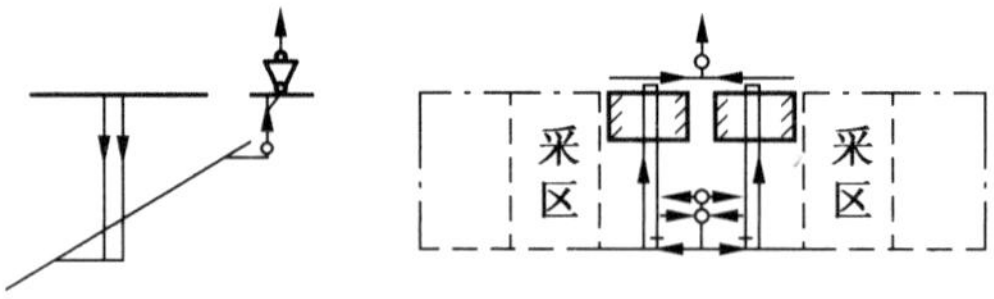

图 2－5　中央边界式通风示意图

2. 对角式

对角式通风的进风井位于井田中央，若回风井位于井田两翼上部边界时，则通风方式为两翼对角式，如图 2－6 所示；若在各采区布置回风井，则为分区对角式，如图 2－7 所示。

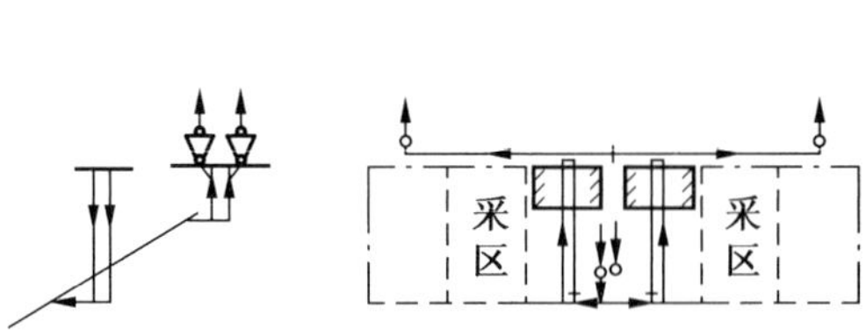

图 2－6　两翼对角式通风示意图

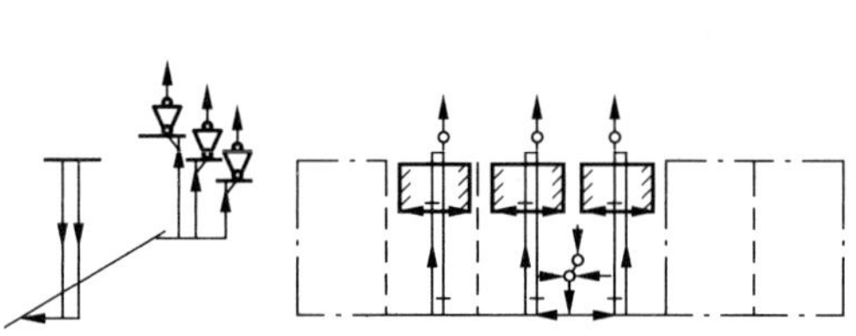

图 2－7　分区对角式通风示意图

3. 混合式

混合式是中央式和对角式或中央并列式和中央边界式所组成的一种综合形式。混合式通风系统是随着生产发展而逐步形成的，是矿井改造所采用的通风方式。

4. 区域式

在井田的每一个生产区域开凿进、回风井，分别构成通风系统。

（三）矿井通风网络

矿井通风网络就是所有井筒、巷道、车场和硐室、工作面等相互连接构成的全部风流流动路线。它的基本结构有串联、并联和角联3种。

1. 串联网络

若前一井巷的出风端和下一井巷的进风端相接，这样的通风网路称为串联网络。其特点为：所串联的井巷越多，通风阻力越大；若进风侧发生灾害时将影响到回风侧，各段巷道中的风量等于串联风路风量，总风量不能随意变更。

2. 并联网络

两条或两条以上的通风井巷，进风端在同一点分开，出风端又在另一点汇合，其中间无分支风路，称为并联网络。其特点为：并联的通风井巷越多，各井巷分得的风量越少，通风阻力也越小；并联网路的总风量等于各条风路分量之和，各井巷互不干扰，安全性好。

3. 角联网络

角联网络就是并联的两条风路之间，还有一条或多条相通的风路。其特点为：角联网络中的边缘风路的风流方向是稳定的，而对角风路中的风流方向不稳定，它在边缘风路的阻力影响下可能正向、可能反向，也可能无风。由于这个特点，在有瓦斯涌出的地点将会给通风管理工作带来不少困难和麻烦。因此在矿井设计中，应尽量避免出现角联网络。

（四）《规程》对矿井通风系统的基本要求

《规程》第一百四十六条规定，进风井口必须布置在粉尘、有害和高温气体不能侵入的地方。已布置在粉尘、有害和高温气体能侵入的地点的，应当制定安全措施。

《规程》第一百四十五条规定，箕斗提升井或装有带式输送机的井筒兼作风井使用时，必须遵守下列规定：

（1）生产矿井现有箕斗提升井兼作回风井时，井上下装、卸载装置和井塔（架）必须有防尘和封闭措施，其漏风率不得超过15%。装有带式输送机的井筒兼作回风井时，井筒中的风速不得超过6 m/s，且必须装设甲烷断电仪。

（2）箕斗提升井或装有带式输送机的井筒兼作进风井时，箕斗提升井筒中的风速不得超过6 m/s、装有带式输送机的井筒中的风速不得超过4 m/s，并有防尘措施。装有带式输送机的井筒中必须装设自动报警灭火装置、敷设消防管路。

《规程》第一百五十八条规定，矿井必须采用机械通风。

主要通风机的安装和使用应当符合下列要求：

（1）主要通风机必须安装在地面；装有通风机的井口必须封闭严密，其外部漏风率在无提升设备时不得超过5%，有提升设备时不得超过15%。

（2）必须保证主要通风机连续运转。

（3）必须安装2套同等能力的主要通风机装置，其中1套作备用，备用通风机必须能在10 min内开动。

（4）严禁采用局部通风机或风机群作为主要通风机使用。

（5）装有主要通风机的出风井口应安装防爆门，防爆门每6个月检查维修1次。

（6）至少每月检查1次主要通风机。改变通风机转数、叶片角度或者对旋式主要通风机运转级数时，必须经矿总工程师批准。

（7）新安装的主要通风机投入使用前，必须进行1次通风机性能测定，以后每5年至少进行1次性能测定。

《规程》第一百四十条规定，矿井必须建立测风制度，每10天至少进行1次全面测风。对采掘工作面和其他用风地点，应当根据实际需要随时测风，每次测风结果应当记录并写在测风地点的记录牌上。应当根据测风结果采取措施，进行风量调节。

（五）采区通风

1. 采区通风系统

采区通风系统是矿井通风系统的主要组成单元，是采区生产系统的主要组成部分。采区通风系统的合理与否，不仅影响采区内的风量分配、发生事故时的风流控制、生产的顺利完成，而且影响到全矿井的通风质量和安全状况。

采区通风系统包括采区进风、回风和工作面进、回风巷道组成的风路连接形式及采区内的风流控制设施，如图2－8所示。

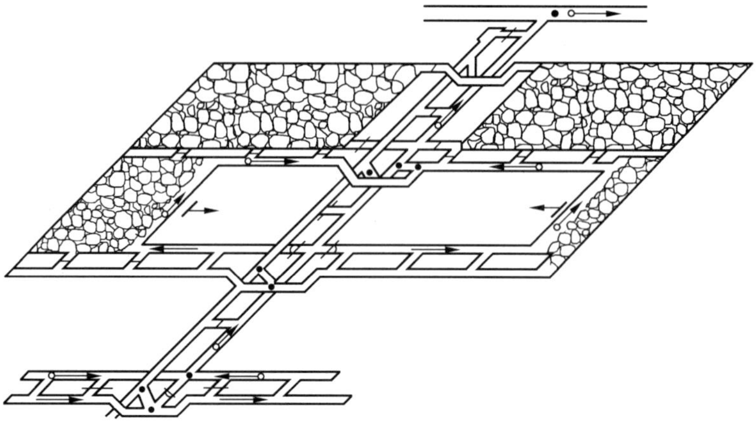

图2－8　采区通风系统示意图

采区上（下）山至少有两条，一条轨道上山，一条运输上山，两条上山构成采区的进、回风巷道。按进、回风上山选择的不同，采区通风系统有两种类型。

1）输送机上山进风，轨道上山回风

风流与运煤方向相反，容易引起煤尘飞扬；煤炭在运输过程中所释放的瓦斯，可使进风流的瓦斯浓度增大，影响工作面的安全卫生条件；输送机设备所散发的热量，使进风流温度升高。此外，需在轨道上山的下部车场内安设风门，运输矿车来往频繁，需要加强风门管理，防止风流短路。

2）轨道上山进风，输送机上山回风

新鲜风流不受煤炭释放的瓦斯、煤尘污染及放热的影响，轨道上山的绞车房易于通风，变电所设在两条上山之间，其回风口设调节风窗，利用两条上山风压差通风。

2. 采煤工作面通风方式

采煤工作面的通风方式由采煤工作面的瓦斯、温度、煤层自然发火等因素确定。最常见的采煤工作面通风方式有U型通风和W型通风两种。

1）U型通风方式

采煤工作面U型通风是一种基本的通风方式，如图2－9所示。当采用后退式开采时，其进、回风巷均在煤体内，漏风小，有利于预防采空区遗煤的自燃，但采煤工作面上隅角附近极易积聚瓦斯。这种布置方式应用范围广，在瓦斯涌出量较低的倾斜、缓倾斜煤层的长壁工作面均可采用。

2）W型通风方式

W型通风方式又叫对拉工作面通风方式，它是由3条平巷组成的采煤工作面通风系统，如图2－10所示。根据进、回风巷的数量分为两进一回和一进两回两种形式。

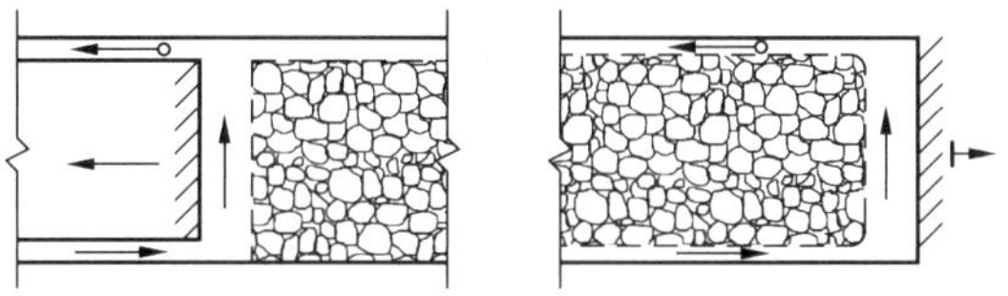

(a) 后退式　(b) 前进式

图2－9　U型通风方式

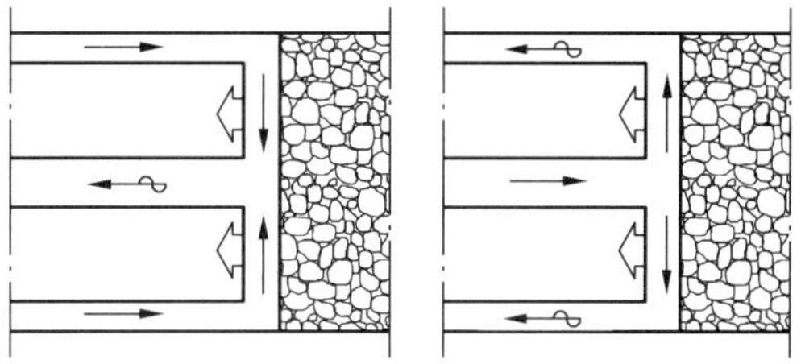

(a) 两进一回　(b) 一进两回

图2－10　W型通风方式

在实际生产过程中通常选用两进一回后退式。沿倾斜方向布置对拉工作面，区段上下边界布置2条平巷作为工作面材料道，中间布置1条为两个对拉工作面共用的中间运输巷。通风系统为上下平巷进风，中间运输巷回风。

W型通风方式适用于炮采、高档普采采煤工作面，特别适用于因地质构造和其他因素而形成的倾斜长度达180～250 m的对拉工作面。

3.《规程》对采区通风系统的要求

采区通风系统主要取决于采区巷道布置和采煤方法，同时要满足采区通风的特殊要求。在确定采区通风系统时，必须遵循安全、经济、技术合理的原则。

生产水平和采（盘）区必须实行分区通风。

准备采区，必须在采区构成通风系统后，方可开掘其他巷道；采用倾斜长壁布置的，大巷必须至少超前2个区段，并构成通风系统后，方可开掘其他巷道。采煤工作面必须在采（盘）区构成完整的通风、排水系统后，方可回采。

高瓦斯、突出矿井的每个采（盘）区和开采容易自燃煤层的采（盘）区，必须设置至少1条专用回风巷；低瓦斯矿井开采煤层群和分层开采采用联合布置的采（盘）区，必须设置1条专用回风巷。

采区进、回风巷必须贯穿整个采区，严禁一段为进风巷、一段为回风巷。

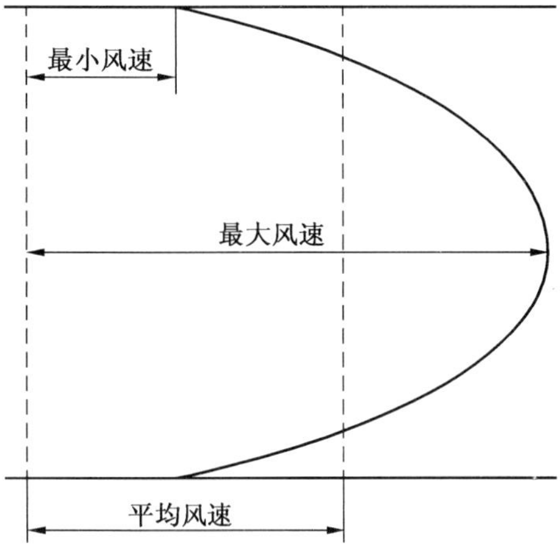

图 2－11　井巷中风速的分布

三、矿井风量的测算

（一）井巷断面上的风速分布

空气在井巷中流动时，由于空气的黏性和井巷壁面粗糙程度的影响，风速在井巷断面上的分布是不均匀的，如图 2－11 所示。

由图 2－11 可看出，在巷道的轴心区域风速最大，而靠近巷道周壁的区域风速最小。通常所说的风速都是指平均风速。

（二）测风站

主要测风的地点有矿井的总进风道、总回风道，采区的进、回风道，采掘工作面的进、回风道等，测风站如图 2－12 所示。

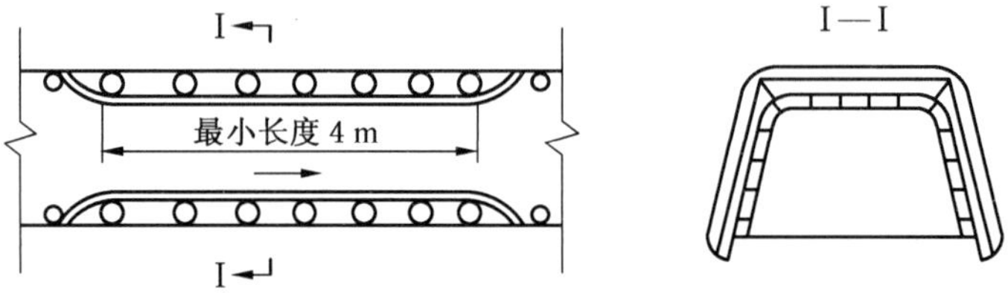

图 2－12　测风站

（1）测风站应设在支架齐全、没有漏风、断面变化不大的直线巷道中，测风站前后 10 m 内不能有拐弯和障碍物。

（2）测风站本身长度不能小于 4 m。

（3）测风站应挂有记录板，上面注明地点、编号、巷道断面积、测风日期、平均风速、风量、测定人员等内容。

（4）测风站最好设在混凝土巷道中，在水泥巷道中可设置木板测风站。木板测风站的两帮和顶板应塞严填实，与巷道壁接触严密，使巷道内的全部风流都能从测风站内通过。如果需要在没有测风站的地点测风时，可以选择一段规整、断面变化不大的直线巷道作为简易临时测风站。

（三）测风仪表（风表）

测量井巷风速的仪表叫风表，又称风速计。目前，煤矿中常用的风表按结构和原理不同可分为机械式、热效式、电子叶轮式和超声波式等几种。

机械式风表是目前煤矿使用最广泛的风表。它全部采用机械结构，多用于测量平均风速，也可以用于点风速的测定。按其感受风力部件的形状不同，又分为叶轮式和杯式两种，其中，杯式主要用于气象部门，也可用于煤矿井下；叶轮式在煤矿中应用广泛。机械叶轮式风表由叶轮、传动蜗轮、蜗杆、计数器、回零压杆、离合闸板、护壳等构成，如图 2－13 所示。

风表的叶轮由 8 个铝合金叶片组成，叶片与转轴的垂直平面成一定的角度，当风流吹动叶轮时，通过传动机构将运动传给计数器，指示出叶轮的转速。开关的作用是使计数器与叶轮轴连接或分开，用来开关计数器。回零压杆的作用是能够使风表的表针回零。

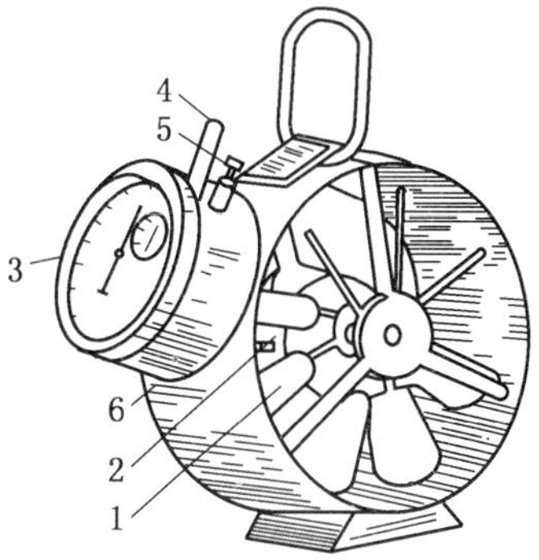

1—叶轮；2—蜗牛杆；3—计数器；
4—开关；5—回零压杆；6—护壳

图 2-13 机械叶轮式风表

风表按风速的测量范围不同分为高速风表（0.8 ~ 25 m/s）、中速风表（0.5 ~ 10 m/s）和微（低）速风表（0.3 ~ 5 m/s）3 种。3 种风表的结构大致相同，只是叶片的厚度不同，启动风速有差异。

由于风表结构和使用中机件磨损、腐蚀等影响，通常风表的计数器所指示的风速并不是实际风速，表速（指示风速）$v_{表}$ 与实际风速（真风速）$v_{真}$ 的关系可用风表校正曲线来表示。风表出厂时都附有该风表的校正曲线，风表使用一段时间后，还必须按规定重新进行检修和校正，得出新的风表校正曲线。图 2-14 所示为风表校正曲线示意图。

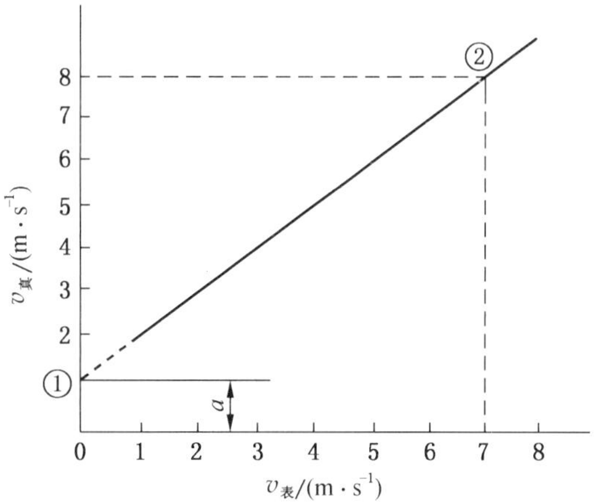

图 2-14 风表校正曲线示意图

风表的校正曲线还可用下面的表达式来表示：

$$v_{真} = a + bv_{表} \tag{2-1}$$

式中 $v_{真}$——真风速，m/s；

a——风表启动初速的常数，决定于风表转动部件的惯性和摩擦力；

b——校正常数，决定于风表的构造尺寸；

$v_{表}$——风表的指示风速，m/s。

目前我国生产和使用的叶轮式风表主要有 DFA-2 型（中速）、DFA-3 型（微速）、DFA-4 型（高速）、AFC-121（中、高速）和 EM9（中速）等。机械叶轮式风表的特点是体积小，质量轻，重复性好，使用及携带方便，测定结果不受气体环境影响；缺点是精度低，读数不直观，不能满足自动化遥测的需要。

（四）测风方法

1. 按风表在井巷中的移动方式划分

1）线路法

风表沿预定路线匀速移动，1 min 内走完全部路程。风表移动线路有多种形式，其中的一种如图 2－15 所示。

2）分格定点法

将整个井巷断面划分为若干大致相等的方格，使风表在每格内停留相等的时间，1 min内测完全部方格。图 2－16 所示为 9 点法，另外还有 3 点法等。

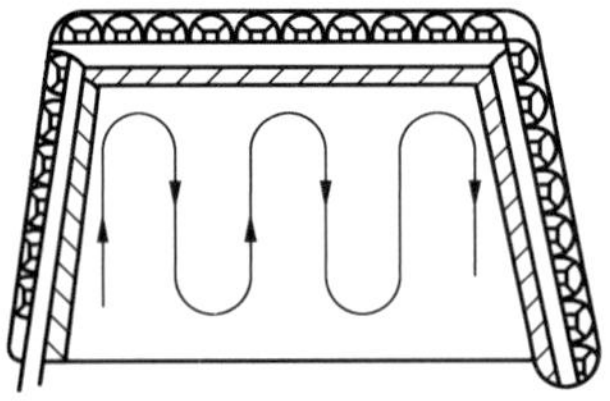

图 2－15　线路法测风示意图

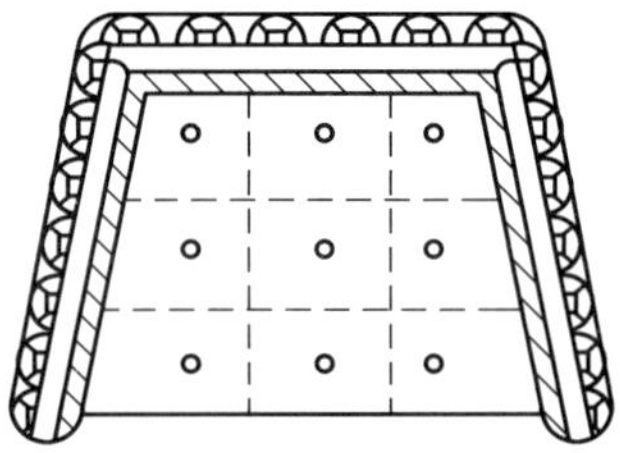

图 2－16　分格定点法测风示意图

2. 按测风员的工作姿势（测风员和井巷及风流的相对位置关系）划分

1）侧身法

测风员背向巷道壁站立，手持风表，将手臂向风流垂直方向伸直，进行测风的方法，称为侧身法。采用侧身法测风时，测风员和风表在同一断面内，减小了通风断面，增大了风速（风表显示的风速比实际的大），所以需要对测量结果进行校正。

其校正系数 K 为

$$K=\frac{S-0.4}{S} \tag{2-2}$$

式中　S——测风站（井巷）的断面积，m^2；

0.4——测风员阻挡风流的面积，m^2。

2）迎面法

测风员面向风流方向，手持风表，将手臂向正前方伸直，进行测风的方法，称为迎面法。

（五）用风表测风时的注意事项

（1）风表不能距人体太近，以免引起较大误差。

（2）风表按预定路线移动时，速度要均匀。

（3）翼轮端面一定要与风流方向垂直，尤其是在倾斜巷道测风时，更应注意这一点。

（4）在同一断面测风次数不应少于 3 次，测量结果的误差不应超过 5%，否则必须重测。

（5）所使用的风表应与测定的风速相适应，否则将损坏风表或测量不准确。

（6）为了方便计算与减少误差，一般要在 1 min（或 100 s）内刚好从移动路线的起点均匀移动到终点（或测完全部方格）。

（7）在有人或车辆通过时不要进行测风。

（8）为了测量的结果准确，风门开启或关闭时都不能测风。

（9）在大断面巷道测风时，为了精确测出通过巷道的平均风速，应使用测风杆。

四、矿井通风阻力及压力

（一）空气的主要物理参数

与矿井通风密切相关的物理参数除了反映气候条件的温度、湿度以外，还有密度、比容、压力、黏性等。

1. 空气的密度

单位体积空气所具有的质量称为空气的密度，用ρ来表示，即

$$\rho = \frac{m}{V} \tag{2-3}$$

式中 ρ——空气的密度，kg/m^3；

m——空气的质量，kg；

V——空气的体积，m^3。

一般来说，空气的密度是随温度、湿度和压力的变化而变化的。在标准大气状况下（$P=101325$ Pa，$t=0$ ℃，$\varphi=0\%$），干空气的密度为 1.293 kg/m^3。湿空气密度的计算公式为

$$\rho_{湿} = 0.003484\frac{P}{T}\left(1-0.378\frac{\varphi P_{饱}}{P}\right) \tag{2-4}$$

式中 P——空气的压力，Pa；

T——热力学温度（$T=273+t$），K；

φ——相对湿度，%；

$P_{饱}$——温度为t(℃）时的饱和水蒸气压力（表 2-2），Pa。

由上式可见，压力越大，温度越低，空气密度越大。当压力和温度一定时，湿空气的密度总是小于干空气的密度。

在矿井通风中，由于通风系统内的空气温度、湿度、压力各有不同，空气的密度也有所变化，但变化范围有限。在研究空气流动规律时，要根据具体情况考虑是否忽略这种变化。

一般将空气压力为 101325 Pa、温度为 20 ℃、相对湿度为 60% 的矿井空气称为标准矿井空气，其密度为 1.2 kg/m^3。

2. 空气的比容

单位质量空气所占有的体积叫空气的比容，用υ（m^3/kg）表示，比容和密度互为倒数，它们是一个状态参数的两种表达方式。即：

$$\upsilon = \frac{V}{m} = \frac{1}{\rho} \tag{2-5}$$

3. 空气的压力（压强）

矿井通风中，习惯将压强称为空气的压力。由于空气分子的热运动，分子之间不断碰

撞，同时气体分子也不断地和容器壁碰撞，形成了气体对容器壁的压力。气体作用在单位面积上的力称为空气的压力，用 P 表示。

空气压力的单位为帕斯卡（Pa），简称帕，1 Pa = 1 N/m²。压力较大时还有千帕（kPa）、兆帕（MPa），1 MPa = 10^3 kPa = 10^6 Pa。有的压力仪器也用百帕（hPa）表示，1 hPa = 100 Pa。其他旧的压力单位及换算见表 2－5。

表 2－5　压力单位换算表

单位名称	Pa	Bar	kgf/m²（mmH_2O）	kgf/cm²（工程大气压 at）	mmHg	标准大气压 atm
Pa	1	10^{-5}	0.101972	0.101972×10^{-4}	7.50062×10^{-3}	9.86923×10^{-6}
mmH_2O	9.80665	9.80665×10^{-5}	1	1×10^{-4}	7.35559×10^{-2}	9.67841×10^{-5}
mmHg	133.322	1.33322×10^{-3}	13.595	1.3595×10^{-3}	1	1.31579×10^{-3}
atm	101325	1.01325	10332.3	1.03323	760	1

注：英制压力单位采用磅力/英寸²（1 bf/in²），11 bf/in² = 6894.7 Pa。1 kPa = 10^3 Pa；1 atm = 101.325 kPa；1 at = 98.0665 kPa（千帕）；1 bar（巴）= 1000 mbar（毫巴）。

地面空气压力习惯称为大气压。由于地球周围大气层的厚度高达数千千米，越靠近地表空气密度越大，空气分子数越多，分子热运动的平均动能越大，所以大气压力也越大。此外，大气压力还与当地的气候条件有关，即便是同一地区，也会随季节不同而变化，甚至一昼夜内都有波动。

4. 空气的黏性

任何流体都有黏性。当流体以任一流速在管道中流动时，靠近管道中心的流层流速快，靠近管道壁的流层流速慢，相邻两流层之间的接触面上便产生黏性阻力（内摩擦力），以阻止其相对运动，流体具有的这一性质，称为流体的黏性。需要说明的是，不论流体是否流动，流体具有黏性的性质是不变的。

在矿井通风中，除了用动力黏性系数 μ 表示空气黏性大小外，还常用运动黏性系数 ν（m²/s）来表示，与动力黏性系数的关系为

$$\nu = \frac{\mu}{\rho} \tag{2-6}$$

式中　ρ——空气密度，kg/m³。

流体的黏性随温度和压力的变化而变化。对空气而言，黏性系数随温度的升高而增大，压力对黏性系数的影响可以忽略。当空气温度为 20 ℃、压力为 0.1 MPa 时，空气的动力黏性系数 $\mu = 1.808 \times 10^{-5}$ Pa·s，运动黏性系数 $\nu = 1.501 \times 10^{-5}$ m²/s。

（二）矿井通风压力

风流之所以能在井巷中流动，是由于井巷两端的压力不同，存在压力差，我们称这种压力差为通风压力。

1. 空气压力

矿井空气压力可表现为静压、速压和位压 3 种形式。

（1）静压。在静止的空气中，某点的静压是指该点单位面积上的空气柱质量。地面大气压力就属于静压。现举例说明静压的概念，如图 2－17 所示，设井口大气压值为 P_0，

井深为 Z，井筒内的空气密度为 ρ，当空气处于静止状态时，地面静压值就是大气压力值 P_0；井底的空气静压值为

$$P = P_0 + Z\rho g \tag{2-7}$$

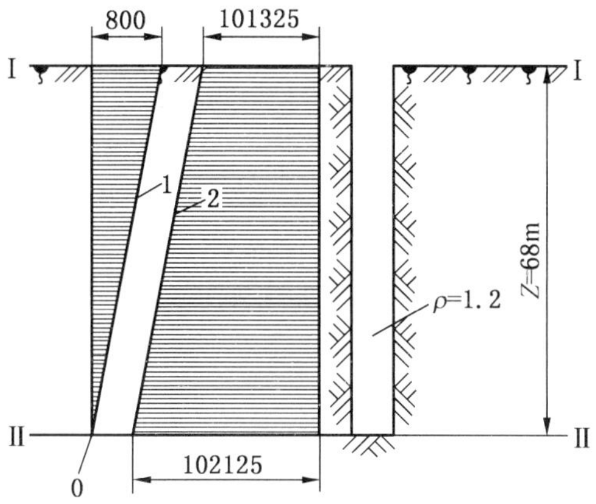

1—位压变化线；2—静压变化线

图 2-17　独头立井静压与位压的分布规律

（2）速压。风流做定向流动时，风流的动能所呈现的压力叫做速压（也叫动压），一般用 $h_{速}$ 表示。

$$h_{速} = mv^2/2 = \rho v^2/2 \tag{2-8}$$

式中　m——空气质量，kg；

ρ——空气密度，kg/m^3；

v——风流速度，m/s。

（3）位压。因空气位置高度不同而产生的压力，即某断面与基准面之间的空气柱所产生的压力，一般用 $h_{位}$ 表示。

$$h_{位} = Z\rho g \tag{2-9}$$

位压是一种潜在的压力，是一个相对值，大小取决于基准面的选择。同一点的位压，由于选择基准面不同，其数值也不同。如果图 2-17 中的基准面设在井底Ⅱ-Ⅱ断面，则井口Ⅰ-Ⅰ断面对井底Ⅱ-Ⅱ断面的位压为 $+Z\rho g$；如基准面设在井口Ⅰ-Ⅰ断面，则井口Ⅰ-Ⅰ断面对井底Ⅱ-Ⅱ断面的位压为 $-Z\rho g$。位压的绝对值与 Z、ρ 成正比。

上断面对下断面的位压不能在上断面呈现出来，而是在下断面以静压形式显现，并包含在下断面的静压之内。不论空气流动与否，只要两断面存在标高差，就有位压。

2. 空气压力的两种测算基准

空气的压力根据所选用的测算基准不同可分为两种，即绝对压力和相对压力。

（1）绝对压力。以真空为基准测算的压力称为绝对压力，用 P 表示。由于以真空为零点，有空气的地方压力都大于零，所以绝对压力总是正值。

（2）相对压力。以当地当时同标高的大气压力为基准测算的压力称为相对压力，用 h 表示。对于矿井空气来说，井巷中空气的相对压力 h 就是其绝对压力 P 与当地当时同标高的地面大气压力 P_0 的差值，即

$$h = P - P_0 \tag{2-10}$$

当井巷空气的绝对压力一定时，相对压力随大气压力的变化而变化。在压入式通风矿井中，井下空气的绝对压力都高于当地当时同标高的大气压力，相对压力是正值，称为正压通风；在抽出式通风矿井中，井下空气的绝对压力都低于当地当时同标高的大气压力，相对压力是负值，又称为负压通风。由此可以看出，相对压力有正压和负压之分。在不同通风方式下，绝对压力、相对压力和大气压力三者的关系如图 2－18 所示。

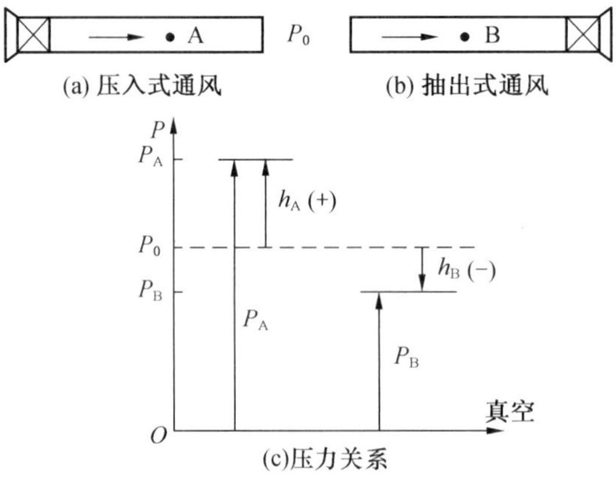

图 2－18　绝对压力、相对压力和大气压力之间的关系

(三) 矿井通风阻力

矿井通风阻力产生的根本原因是风流流动过程的黏性和惯性（内因），以及井巷壁面对风流的阻滞作用和扰动作用（外因）。井巷风流在流动过程中，克服内部相对运动造成的机械能量损失就叫矿井通风阻力。通风阻力包括摩擦阻力和局部阻力两大类，其中摩擦阻力是井巷通风阻力的主要组成部分。

1. 风流的流动状态

流体在运动中有两种不同的状态，即层流流动和紊流流动。流体以不同的流动状态运动时，其速度在断面上的分布和阻力形式也完全不同。

层流指流体各层的质点相互不混合，呈流束状，为有秩序地流动，各流束的质点没有能量交换。质点的流动轨迹为直线或有规则的平滑曲线，并与管道轴线方向基本平行。

紊流和层流相反，流体质点在流动过程中有强烈混合和相互碰撞，质点之间有能量交换，质点的流动轨迹极不规则，除了有总流方向的流动外，还有垂直或斜交总流方向的流动，流体内部存在着时而产生、时而消失的涡流。

1883 年英国物理学家雷诺通过实验证明：流体的流动状态取决于管道的平均流速、管道的直径和流体的运动黏性系数。这三个因素的综合影响可用一个无因次参数来表示，这个无因次参数叫雷诺数。对于圆形管道，雷诺数为

$$Re = \frac{vd}{\nu} \tag{2-11}$$

式中　v——管道中流体的平均流速，m/s；

　　d——圆形管道的直径，m；

ν——流体的运动黏性系数，矿井通风中一般用平均值 $\nu = 1.44 \times 10^{-5} m^2/s$。

当流速很小、管径很细、流体的运动黏度较大时，流体呈层流运动，反之，为紊流流动。许多学者经过对圆形管道水流的大量实验证明：当 $Re > 2320$ 时，水流呈层流状态，叫下临界值；当 $Re < 12000$ 时，水流呈完全紊流状态，叫上临界值。$Re = 2320 \sim 12000$ 时，为层流和紊流不稳定过渡区，$Re = 2320 \sim 4000$ 区域内，流动状态不是固定的，由管道的粗糙程度、流体进入管道的情况等外部条件而定，只要稍有干扰，流态就会发生变化。因此，为方便起见，在实际工程计算中，通常以 $Re = 2300$ 作为管道流动流态的判别系数，即 $Re \leqslant 2300$ 为层流，$Re < 2300$ 为紊流。

对于非圆形断面的管道，要用水力学中的水力半径的概念，把非圆形断面折算成圆形断面。所谓水力半径 R_w（也叫当量直径）就是流过断面面积 S 和湿润周界（即流体在管道断面上与管壁接触的周长）U 之比。对于圆形断面有

$$R_w = \frac{S}{U} = \frac{d_e}{4}$$

$$d_e = 4S/U$$

式中 d_e——非圆形断面管道的当量直径，m。

用水力半径代替圆形管道直径就会得到非圆形管道的雷诺判别系数，即

$$Re = \frac{4vS}{\nu U} \tag{2-12}$$

式中 S——非圆形管道面积，m^2；

U——非圆形管道断面周长，m。

对于不同形状的断面，其周长 U 与断面 S 的关系，可用下式表示：

$$U \approx C\sqrt{S}$$

式中 C——断面形状系数，梯形 $C = 4.16$，三心拱 $C = 3.85$，半圆拱 $C = 3.90$。

井巷中空气的流动，近似于水在管道中的流动，井下除了立井以外，大部分巷道都为非圆形巷道，而且它充满整个井巷，故湿润周界就是断面的周长，可用公式计算雷诺数近似判别井巷中风流的流动状态。

因为《规程》规定，井巷中最低允许风速为 0.15 m/s，而井下巷道的风速都远远大于上述数值，所以井巷风流的流动状态都是紊流。只有风速很小的漏风风流，才有可能出现层流流动。

2. 摩擦阻力

1）摩擦阻力的定义和物理基础

空气在井巷中流动时，由于空气和井巷周壁之间的摩擦以及流体层间空气分子发生的摩擦而造成的能量损失称为摩擦阻力（也叫沿程阻力）。

在矿井通风中，克服摩擦阻力的能量损失，常用单位体积 1 m^3 风流的能量损失 $h_{摩}$ 来表示，无论层流还是紊流，都可以用下列通式来计算，即

$$h_{摩} = \lambda \frac{L}{d} \cdot \frac{v^2}{2}\rho \tag{2-13}$$

式中 L——风道长度，m；

d——圆形风道直径，或非圆形风道的当量直径，m；

v——断面平均风速，m/s；

ρ——空气的密度，kg/m^3；

λ——实验系数，无因次。

2）层流摩擦阻力

对于层流运动，流体的黏滞力起主导作用，根据牛顿内摩擦定律，在圆形管道流动的条件下，从理论上可导出摩擦阻力计算式，即

$$h_{摩}=\frac{32\mu Lv}{d^2} \tag{2-14}$$

上式说明层流沿程损失和平均流速的一次方成正比。因为

$$Re=\frac{vd}{\nu}=\frac{vd\rho}{\mu}$$

代入上式得

$$h_{摩}=\frac{64}{Re}\cdot\frac{Lv^2}{2d}\rho$$

将上式与式（2－13）比较，可知圆管层流的实验系数 $\lambda=\frac{64}{Re}$，说明 λ 与 Re 成反比，而与管壁粗糙度无关。

以当量直径 $d_e=4S/U$ 代入式（2－14）中的 d，则可得到层流状态下的井巷摩擦阻力计算式为

$$h_{摩}=2v\cdot\rho\frac{LU^2}{S^3}\cdot Q \tag{2-15}$$

3）紊流摩擦阻力

井下几乎所有巷道的空气流动都属于紊流状态，对于紊流运动，实验系数 λ 与雷诺数 Re、相对糙度的关系较为复杂，用当量直径 $d_e=4S/U$ 代入式（2－13）中的 d，则可得紊流状态下的井巷摩擦阻力计算式为

$$h_{摩}=\frac{\lambda\rho}{8}\cdot\frac{LU}{S}\cdot v^2=\frac{\lambda\rho}{8}\cdot\frac{LU^2}{S^3}\cdot Q^2 \tag{2-16}$$

应当指出，用当量直径代替圆管直径计算非圆管的沿程阻力，并不适合所有断面形状，但对于矿井巷道常用的断面而言，造成的误差很小，可不予考虑。

4）摩擦阻力系数

矿井中大多数通风巷道的 Re 值已进入阻力平方区（风流处于完全紊流状态），λ 值只与相对粗糙度有关，对于尺寸和支护已定型的巷道，其壁面的相对光滑度是定数，则 λ 可视为常数，且矿井空气的密度 ρ 变化不大，故把式（2－16）中的$\frac{\lambda\rho}{8}$用一个系数来表示，即

$$\alpha=\frac{\lambda\rho}{8} \tag{2-17}$$

此 α 系数叫作摩擦阻力系数，单位为 kg/m^3 或 N·s^2/m^4。

将式（2－17）代入式（2－16）中，得

$$h_{摩}=\alpha\frac{LU}{S^3}Q^2 \tag{2-18}$$

这是完全紊流状态下摩擦阻力的计算式，只要知道巷道的 α、L、U、S 和通过的风量 Q，便可计算出该巷道的摩擦阻力。

摩擦阻力系数 α 值一般是通过实测和模型实验得到。附录一为标准状态下（$\rho_0=1.2$ kg/m^3）的各类巷道摩擦阻力系数值。

当井巷中空气密度 $\rho\neq1.2$ kg/m^3 时，其 α 值按下式修正，即

$$\alpha=\alpha_0\frac{\rho}{1.2} \tag{2-19}$$

查表时要注意：对于木棚子、拱形和梯形工字钢、金属梁和柱支护的巷道，常用纵口径 Δ 的大小表示壁面的粗糙程度，它是相邻支架的中心距与支柱的直径或厚度之比。查表时，先要根据某巷道的 d_0 和 Δ 两个数值在表中查出该巷道的 α 系数的初值，还要用该巷道的净断面 S 值查出校正系数，去乘 α 的初值；这是因为，在完全紊流状态下，α 与 λ 成正比，而 λ 与相对粗糙度 d_0/d 成正比，d 与 S 成正比，故 α 与 S 成反比。即对于支架形式相同、断面积不同的巷道，断面大者，其 α 值较小。

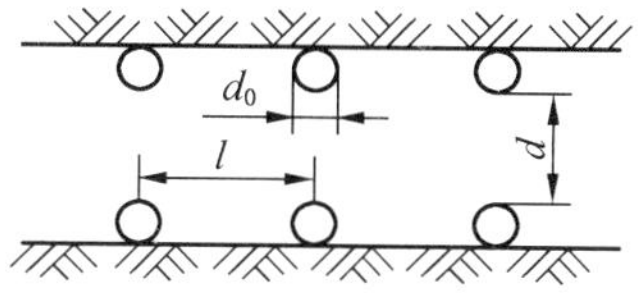

图 2-19 支架巷道的纵口径

如图 2-19 所示，纵口径是相邻支架中心线之间的距离 L（m）与支架直径或厚度 d_0（m）之比，即

$$\Delta=\frac{L}{d_0} \tag{2-20}$$

式中 Δ——纵口径，无因次；

L——支架的间距，m；

d_0——支架直径或厚度，m。

5）摩擦风阻

对于已给定的井巷，L、U、S 都为已知数，故可把式（2-18）中的 α、L、U、S 归结为一个参数 $R_{摩}$，即

$$R_{摩}=\alpha\frac{LU}{S^3} \tag{2-21}$$

此 $R_{摩}$ 称为巷道的摩擦风阻，其单位为 kg/m^7 或 N·s/m^8。显然 $R_{摩}$ 是空气密度、巷道粗糙程度、断面积、断面周长等参数的函数。当这些参数确定时，摩擦风阻 $R_{摩}$ 值是固定不变的。所以，可将 $R_{摩}$ 看作反映井巷几何特征的参数，它反映的是井巷通风的难易程度。

将式（2-21）代入式（2-18）中得

$$h_{摩}=R_{摩}Q^2 \tag{2-22}$$

上式就是完全紊流时摩擦阻力定律，它说明了当摩擦风阻一定时，摩擦阻力与风量的平方成正比。

3. 局部阻力

在风流运动过程中，由于井巷边壁条件的变化，风流在局部地区受到局部阻力物（如巷道断面突然变化，风流分叉与交汇，断面堵塞等）的影响和破坏，引起风流流速大小、方向和分布的突然变化，导致风流本身产生很强的冲击，形成极为紊乱的涡流，造成

风流能量损失，这种均匀稳定风流经过某些局部地点所造成的附加的能量损失，就叫作局部阻力。

1）局部阻力的成因与计算

井下巷道千变万化，产生局部阻力的地点很多，有巷道断面的突然扩大与缩小（如采区车场、井口、调节风窗、风桥、风硐等），巷道的各种拐弯（如各类车场、大巷、采区巷道、工作面巷道等），各类巷道的交叉、交汇（如井底车场、中部车场）等。在分析产生局部阻力原因时，常将局部阻力分为突变类型和渐变类型两种，如图 2－20 所示，图中 a、c、e、g 属于突变类型，b、d、f、h 属于渐变类型。

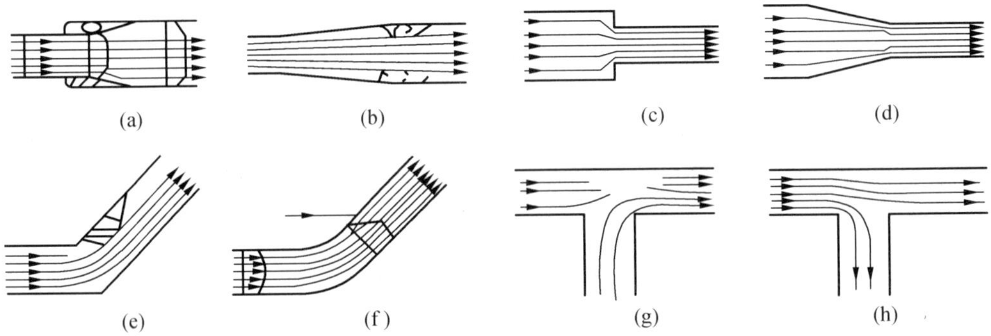

图 2－20　巷道的突变与渐变类型

紊流流体通过突变部位时，因其具有惯性，不能随从边壁突然变化，出现主流与边壁脱离的现象，在主流与边壁间形成涡流区。产生的大尺度涡流，不断被主流带走，补充进去的流体，又形成新的涡流，因而增加了能量损失，产生局部阻力。

边壁如果没有突然变化，但如果在沿流动方向出现减速增压现象的地方，也会产生涡流区。如图 2－20b 所示，巷道断面渐宽，沿程流速减小，静压不断增加，压差的作用方向与主流的方向相反，使边壁附近很小的流速逐渐减少到零，在这里主流开始与边壁脱离，出现与主流相反的流动，形成涡流区。在图 2－20h 中，直道上的涡流区，也是由于减速增压过程造成的。

增速减压区，流体质点受到与流动方向一致的正压作用，流速只增不减，所以收缩段一般不会产生涡流。若收缩角很大，在紧接渐缩段之后也会出现涡流区，如图 2－20d 所示。

在风流经过巷道转弯处，流体质点受到离心力的作用，在外侧形成减速增压区，也能出现涡流区。过了拐弯处，如流速较大且转弯曲率半径较小，则由于其具有惯性，可在内侧又出现涡流区，它的大小和强度都比外侧的涡流区大，是能量损失的主要部分。

综上所述，局部的能量损失主要和涡流区的存在有关。涡流区越大，能量损失的就越多。仅仅流速分布的改变，能量损失并不太大。在涡流区及其附近，主流的速度梯度增大，也增加能量损失，在涡流被不断带走和扩散的过程中，使下游一定范围内的紊流脉动加剧，增加了能量损失，这段长度称为局部阻力物的影响长度，在它以后，流速分布和紊流脉动才恢复到均匀流动的正常状态。

需要说明的是，在层流条件下，流体经过局部阻力物后仍保持层流，局部阻力仍是由流层之间的黏性切应力引起的，只是由于边壁变化，使流速重新分布，加强了相邻层流间的相对运动，而增加了局部能量损失。层流局部阻力的大小与雷诺数 *Re* 成反比。受局部阻力物影响而仍能保持着层流，只有在 *Re* 小于 2000 时才有可能，这在矿井通风巷道中极为少见，故本节不讨论层流局部阻力计算，重点讨论紊流时的局部阻力。

实验证明，不论井巷局部地点的断面、形状和拐弯如何千变万化，也不管局部阻力是突变类型还是渐变类型，所产生的局部阻力的大小都和局部地点的前面或后面断面上的速压成正比。与摩擦阻力类似，局部阻力 $h_{局}$ 一般也用速压的倍数来表示，即

$$h_{局}=\xi\frac{\rho v^2}{2} \tag{2-23}$$

式中 $h_{局}$——局部阻力，Pa；

ξ——局部阻力系数，无因次；

v——局部地点前后断面上的平均风速，m/s；

ρ——风流的密度，kg/m^3。

如果将 $v=Q/S$，代入式（2－23）后，得

$$h_{局}=\xi\frac{\rho}{2S^2}Q^2 \tag{2-24}$$

式（2－23）和式（2－24）就是紊流通用局部阻力计算公式。需要说明的是，在查表确定局部阻力系数 ξ 值时，一定要和局部阻力物的断面 S、风量 Q、风速 v 相对应。

产生局部阻力的过程非常复杂，要确定局部阻力系数 ξ 也是非常复杂的。大量实验研究表明，紊流局部阻力系数 ξ 主要取决于局部阻力物的形状，而边壁的粗糙程度为次要因素，但在粗糙程度较大的支架巷道中也需要考虑。

由于产生局部阻力的过程非常复杂，所以系数 ξ 一般由实验求得，附录二是由前人通过实验得到的部分局部阻力系数，计算局部阻力时查表即可。

2）局部风阻

同摩擦阻力一样，当产生局部阻力的区段形成后，ξ、S、ρ 都可视为确定值，故将式（2－24）中的 ξ、S、ρ 用一个常量来表示，即

$$R_{局}=\xi\frac{\rho}{2S^2}$$

将上式代入式（2－24），得到局部阻力定律：

$$h_{局}=R_{局}Q^2 \tag{2-25}$$

上式为完全紊流状态下的局部阻力定律，$R_{局}$ 与 $R_{摩}$ 一样，也可看作局部阻力物的一个特征参数，它反映的是风流通过局部阻力物时通风的难易程度。$R_{局}$ 一定时，$h_{局}$ 与 Q 的平方成正比。

在一般情况下，由于井巷内的风流速压较小，所产生的局部阻力也较小，井下所有的局部阻力之和只占矿井总阻力的 10%～20%。故在通风设计中，一般只对摩擦阻力进行计算，对局部阻力不作详细计算，而按经验估算。

4. 矿井总风阻与矿井等积孔

1）矿井通风阻力定律

井下风流在流经一条巷道时产生的总阻力等于各段摩擦阻力和所有的局部阻力之和，即

$$h_{阻} = \sum h_{摩} + \sum h_{局} \tag{2-26}$$

当巷道风流为紊流状态时，将式（2-18）、式（2-23）、式（2-24）和式（2-25）代入上式得

$$h_{阻} = \sum \alpha \frac{LU}{S^3}Q^2 + \sum \xi \frac{\rho}{2S^2}Q^2 = \sum R_{摩} Q^2 + \sum R_{局} Q^2 = \sum (R_{摩} + R_{局})Q^2 \tag{2-27}$$

令 $R = \sum (R_{摩} + R_{局})$，得

$$h_{阻} = RQ^2 \tag{2-28}$$

式中　R——井巷风阻，kg/m^7 或 $N \cdot s^2/m^8$。

R 是由井巷中通风阻力物的种类、几何尺寸和壁面粗糙程度等因素决定的，反映井巷的固有特性。当通过井巷的风量一定时，井巷通风阻力与风阻成正比，因此，风阻值大的井巷其通风阻力也大，反之，风阻值小的通风阻力也小。可见，井巷风阻值的大小标志着通风难易程度，风阻大时通风困难，风阻小时通风容易。所以，在矿井通风中把井巷风阻值的大小作为判别矿井通风难易程度的一个重要指标。

式（2-28）就是井巷中风流紊流状态下的矿井通风阻力定律，它反映了风阻 R 一定时，井巷通风总阻力与井巷通过的风量二次方成正比，适用于井下任何巷道。需要说明的是，由于层流状态下的摩擦阻力、局部阻力与风流速度和风量的一次方成正比，同样可以得到层流状态下的通风阻力定律：

$$h_{阻} = RQ \tag{2-29}$$

容易理解，对于中间过渡流态，风量指数在 1～2 之间，从而得到一般通风阻力定律

$$h_{阻} = RQ^n \tag{2-30}$$

$n=1$ 时是层流通风阻力定律，$n=2$ 时是紊流通风阻力定律，$n=1$～2 时是中间过渡状态通风阻力定律，式（2-30）就是矿井通风学中最一般的通风阻力定律。由于井下只有个别风速很小的地点才有可能用到层流或中间过渡状态下的通风阻力定律，所以紊流通风阻力定律 $h_{阻} = RQ^2$ 是通风学中应用最广泛、最重要的通风定律。

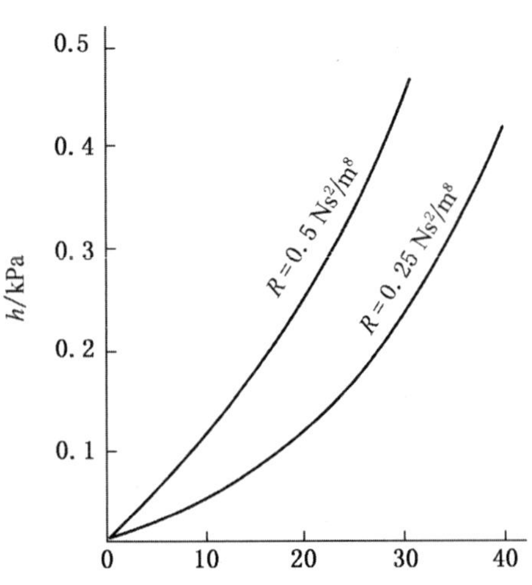

图 2-21　井巷风阻特性曲线

将紊流通风阻力定律 $h_{阻} = RQ^2$ 绘制成曲线，即当风阻 R 值一定时，用横坐标表示井巷通过的风量 Q，用纵坐标表示通风阻力 h，将风量与对应的阻力（Q_i，h_i）绘制于平面坐标系中得到一条二次抛物线，如图 2-21 所示，这条曲线就叫做井巷风阻特性曲线。曲线越陡、曲率越大，井巷风阻越大，通风越困难；反之，曲线越缓，通风越容易。

井巷风阻特性曲线不但能直观地看出井巷的通风难易程度，而且当用图解法解算简单通风网路和分析通风机工况时，都要应用到井巷风阻特性曲线。

2）矿井总风阻

对于一个确定的矿井通风网路，其总风阻值就叫作矿井总风阻。当矿井通风网路的风量分配后，其总风阻值则是由网路结构、各支路风阻值所决定的。矿井总风阻与矿井总阻力、矿井总风量的关系是

$$R_{矿}=\frac{h_{矿}}{Q_{矿}^{2}} \tag{2-31}$$

式中 $R_{矿}$——矿井总风阻，kg/m^7 或 $N\cdot s^2/m^8$；

$h_{矿}$——矿井总阻力，Pa；

$Q_{矿}$——矿井总风量，m^3/s。

$R_{矿}$ 表示矿井通风的难易程度，是评价矿井通风系统经济性的一个重要指标，也是衡量一个矿井通风安全管理水平的重要尺度。

对于单一进风井和单一出风井，$h_{矿}$ 值等于从进风井到主要通风机入口，按顺序连接的各段井巷的通风阻力累加起来的值。对于多风井进风或多风井出风的矿井通风系统，矿井总阻力是根据全矿井总功率等于各台通风机工作系统功率之和来确定的。

3）矿井等积孔

为了更形象、更具体、更直观地衡量矿井通风难易程度，矿井通风学上用一个假想的、与矿井风阻值相当的孔的面积来评价矿井通风难易程度，这个假想孔的面积就叫作矿井等积孔。

假定在无限空间有一薄壁，在薄壁上开一面积为 A（m^2）的孔口，如图 2-22 所示。当孔口通过的风量等于矿井总风量 Q，而且孔口两侧的风压差等于矿井通风总阻力（$p_1-p_2=h$）时，则孔口的面积 A 值就是该矿井的等积孔。现用能量方程来寻找矿井等积孔 A 与矿井总风量 Q 和矿井总阻力 h 之间的关系。

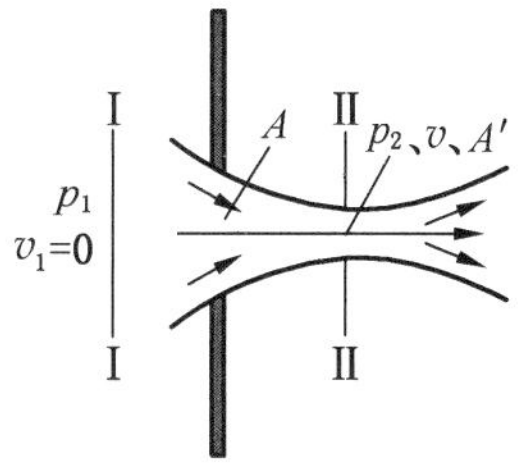

图 2-22 等积孔示意

在薄壁左侧距孔口 A 足够远处（风速 $v_1\approx 0$）取断面Ⅰ-Ⅰ，其静压为 p_1，在孔口右侧风速收缩断面最小处取断面Ⅱ-Ⅱ（面积 A'），其静压为 p_2，风速 v 为最大。薄壁很薄其阻力忽略不计，则Ⅰ-Ⅰ、Ⅱ-Ⅱ断面的能量方程式为

$$p_1-\left(p_2+\frac{\rho v^2}{2}\right)=0 \quad 或 \quad p_1-p_2=\frac{\rho v^2}{2} \tag{2-32}$$

因为

$$p_1-p_2=h$$

所以

$$h=\frac{\rho v^2}{2}$$

由此得

$$v=\sqrt{\frac{2h}{\rho}} \tag{2-33}$$

风流收缩处断面面积 A' 与孔口面积 A 之比称为收缩系数 φ。一般 φ 取 0.65，故 $A'=0.65A$，则该处的风速 $v=\frac{Q}{A'}=\frac{Q}{0.65A'}$，代入上式，整理得

$$A=\frac{Q}{0.65\sqrt{\frac{2h}{\rho}}} \tag{2-34}$$

若矿井空气密度为标准空气密度，即 $\rho=1.2kg/m^3$ 时，则得

$$A = 1.19\frac{Q}{\sqrt{h}} \tag{2-35}$$

将 $h = RQ^2$ 代入式（2－34）中，得

$$A = \frac{1.19}{\sqrt{R}} \tag{2-36}$$

式（2－34）和式（2－35）就是矿井等积孔的计算公式，它适用于任何井巷。式（2－35）表明，如果矿井的通风阻力 h 相同，等积孔 A 大的矿井，风量 Q 必大，表示通风容易；等积孔 A 小的矿井，风量 Q 必小，表示通风困难。所以，矿井等积孔能够反映不同矿井或同一矿井不同时期通风技术管理水平。同时，也可以评判矿井通风设计是否经济。式（2－36）表明等积孔 A 与风阻 R 的平方根成反比，即井巷或矿井的风阻越小时，等积孔 A 越大，通风越容易；反之，越困难。所以，根据矿井总风阻和矿井等积孔，通常把矿井通风难易程度分为三级，见表 2－6。

表 2－6　矿井通风难易程度的分级标准

通风阻力等级	通风难易程度	风阻 $R/(\mathrm{N \cdot s^2 \cdot m^{-8}})$	等积孔 $A/\mathrm{m^2}$
大阻力矿	困难	>1.42	<1
中阻力矿	中等	1.42～0.35	1～2
小阻力矿	容易	<0.35	>2

必须指出，表 2－1 所列衡量矿井通风难易程度的等积孔值，是 1873 年缪尔格根据当时的生产情况提出的，一直沿用至今。由于现代化矿井开采规模、开采方法、机械化程度和通风能力等较以前有很大的发展和提高，表中的标准对小型矿井还有一定的参考价值，对于大型矿井或多风机通风矿井应参照表 2－7。该表是由煤科院抚顺分院提出，根据煤炭产量及瓦斯等级确定的矿井通风难易程度的分级标准。

表 2－7　矿井等积孔分类表

年产量/$(\mathrm{Mt \cdot a^{-1}})$	低瓦斯矿井		高瓦斯矿井		备注
	A 的最小值/$\mathrm{m^2}$	R 的最大值/$(\mathrm{N \cdot s^2 \cdot m^{-8}})$	A 的最小值/$\mathrm{m^2}$	R 的最大值/$(\mathrm{N \cdot s^2 \cdot m^{-8}})$	
0.1	1.0	1.42	1.0	1.42	外部漏风允许 10% 时，A 的最小值减 5%，R 的最大值加 10%；外部漏风允许 15% 时，A 的最小值减 10%，R 的最大值加 20%，即为矿井 A 的最小值，R 的最大值
0.2	1.5	0.63	2.0	0.35	
0.3	1.5	0.63	2.0	0.35	
0.45	2.0	0.35	3.0	0.16	
0.6	2.0	0.35	3.0	0.16	
0.9	2.0	0.35	4.0	0.09	
1.2	2.5	0.23	5.0	0.06	
1.8	2.5	0.23	6.0	0.04	
2.4	2.5	0.23	7.0	0.03	
3.0	2.5	0.23	7.0	0.03	

五、矿井掘进通风

（一）掘进通风常用的方法

掘进通风常用的方法有矿井全风压通风、引射器通风和局部通风机通风。

1. 矿井全风压通风

矿井全风压通风又称总风压通风，是利用矿井主要通风机的风压对掘进工作面通风。这种通风方法不增设通风动力设备，直接利用矿井主要通风机造成的风压对局部地点进行通风。为了把新鲜风流引入工作面并排出污风，必须采用挡风墙、风障和风筒等导风设施，如图 2－23 和图 2－24 所示。

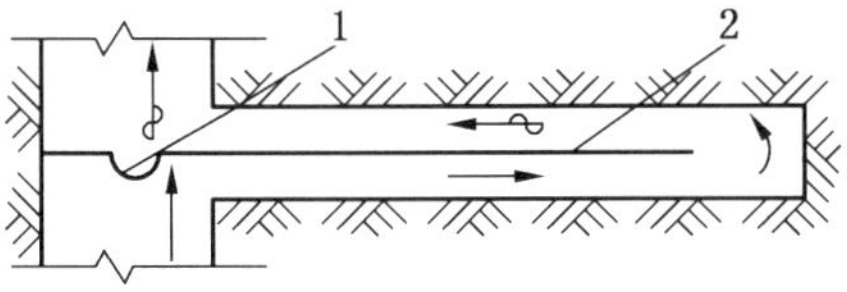

1—风窗；2—风障

图 2－23　利用风障导风

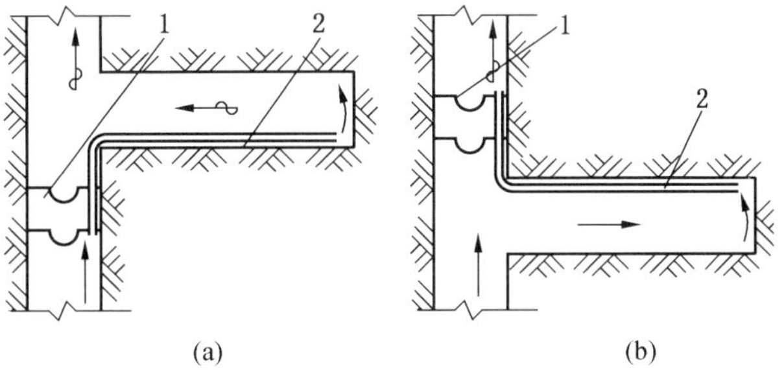

1—风窗；2—导风筒

图 2－24　利用风筒导风

全风压通风的优点是通风连续可靠，安全性能好，管理方便，但这种方法要消耗矿井总风压，使矿井通风阻力增大，要求有足够的全风压，而且行人与运输均有不便。这种方法一般用于通风距离不长的局部地点通风。

2. 引射器通风

引射器通风是利用喷嘴喷出的高压水流或高压气流，在喷嘴射流周围形成负压而吸入空气，并经混合筒内混合，将能量传递给被吸入的空气使之具有通风压力，从而达到通风的目的。采用引射器通风的主要优点是：无电气设备，无机械运转部件，设备简单无噪声，安全可靠，同时还具有降温和降尘的作用。但是由于供风量小，效率低，需要高压水源或压缩空气设备，故引射器通风只适用于需要风量不大，距离不长，安全性能要求较高的小范围局部地点通风。

3. 局部通风机通风

局部通风机的通风方法有压入式、抽出式和混合式 3 种。

1）压入式通风

压入式通风是用局部通风机将新鲜风流经风筒压入工作面，冲洗工作面污浊风流、粉尘及炮烟后沿巷道流出。压入式通风的优点是局部通风机及其电气设备布置在新鲜风流中，污风不通过局部通风机，安全性好，新鲜风流从风筒口射出，有效射程远，排瓦斯、排烟快，效果好，可用柔性风筒，安装使用方便；缺点是污风沿着整个巷道流出，劳动条件差。压入式通风如图 2－25 所示。

2）抽出式通风

抽出式通风是用局部通风机把工作面污风经风筒抽出，新鲜风由巷道流入。其优点是污风经风筒排出，使巷道中保持新鲜空气，故巷道卫生条件好；缺点是污风经过风机，吸入污风有效吸程较短，若叶轮与外壳碰撞或电机产生电火花，易引起瓦斯、煤尘爆炸，故安全性差。另外，抽出式通风要用刚性或钢圈风筒，安装不便。抽出式通风如图 2－26 所示。

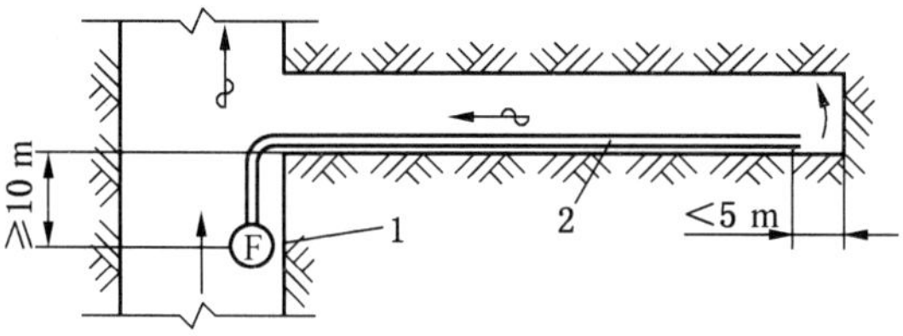

1—局部通风机；2—导风筒

图 2－25　压入式通风

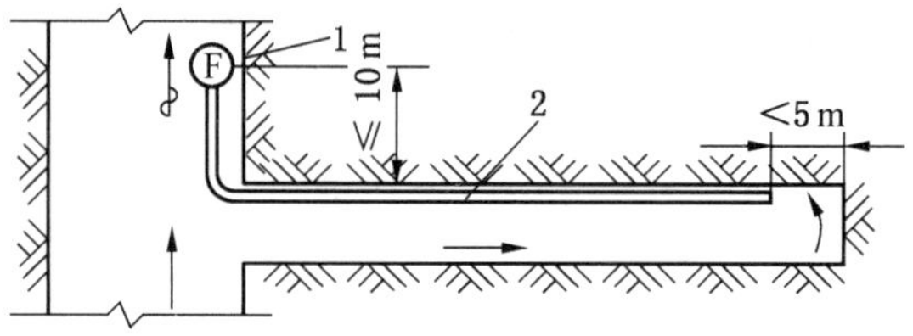

1—局部通风机；2—导风筒

图 2－26　抽出式通风

3）混合式通风

混合式通风是利用压入式通风有效射程远的优点，将炮烟排出工作面，然后经抽出式局部通风机吸走。混合式通风的特点是排烟效果好。混合式通风如图 2－27 所示。

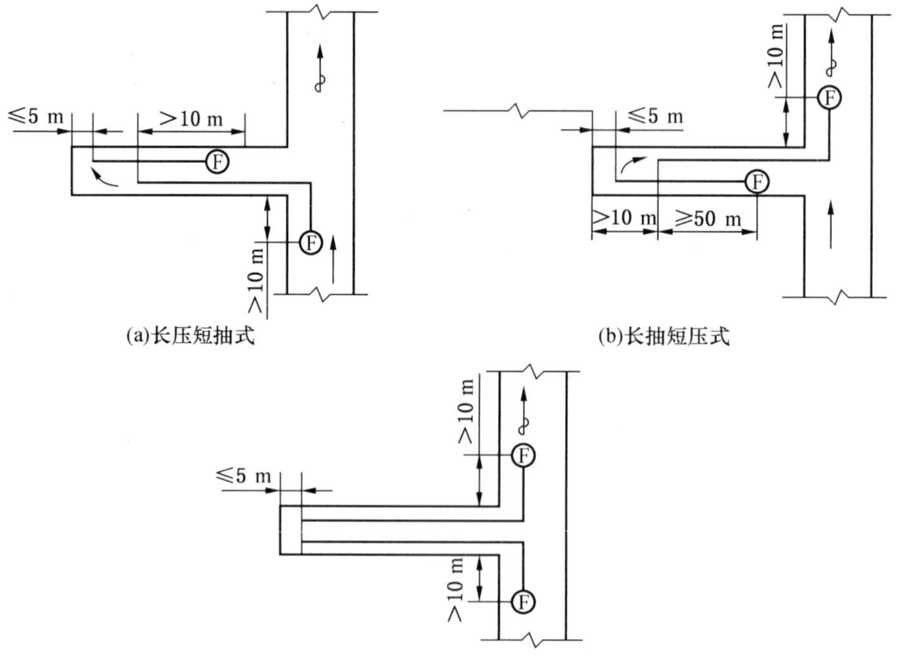

(a)长压短抽式

(b)长抽短压式

(c)长抽长压式

图 2－27　混合式通风

通过以上分析可以看出，压入式通风是比较安全的通风方法。因此，在有瓦斯涌出的地点，如煤巷、半煤岩巷掘进巷道必须采用压入式通风。

在实际工作中，如果局部通风机的回风流部分或全部再混入同一局部通风机的进风流中，叫作循环风。由于回风流中含有粉尘或一定浓度的瓦斯，当它循环地进入工作面时，不但不能稀释工作面粉尘和瓦斯浓度，反而会逐渐增加它们的浓度，使瓦斯浓度超限，甚至达到爆炸界限，这是非常危险的。因此在掘进通风中必须防止循环风的发生。

（二）局部通风机的安装及使用要求

利用空气的自然扩散运动而对掘进工作面或硐室进行通风的方法叫扩散通风，如图2－28 所示。

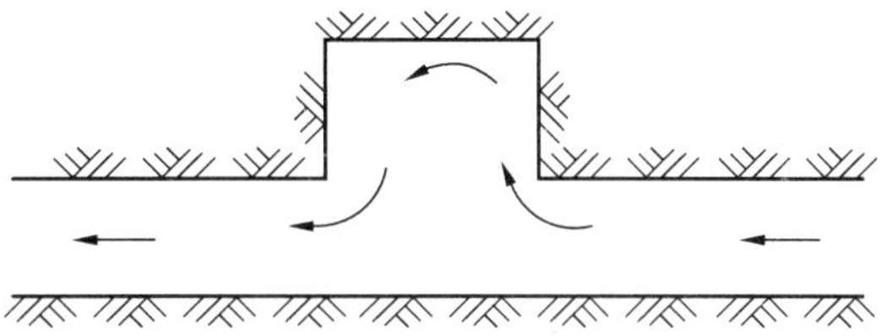

图2－28　扩散通风

压入式局部通风机的启动装置，必须安装在进风巷道中，距掘进巷道回风口不得小于 10 m，局部通风机吸风量应小于全风压供风量，防止循环风和局部通风机所在地点的瓦斯积聚。为了有效地排出炮烟，压入式通风口至工作面的距离不得大于风流的有效射程长度，岩掘面不大于 10 m，煤掘面不大于 5 m，应保证工作面有足够的风量，保证瓦斯不超限，巷道风速符合规定。

局部通风机的设备要齐全，吸风口要有风罩和整流器，高压部位要有衬垫，局部通风机离地高度大于 0.3 m。

选用局部通风机的通风方式时，要严格执行《煤矿安全规程》的规定：煤巷、半煤岩巷和有瓦斯涌出的岩巷的掘进通风方式应采用压入式，不得采用抽出式：如果采用混合式，必须制定安全措施。瓦斯喷出区域和煤（岩）与瓦斯（二氧化碳）突出煤层的掘进通风方式必须采用压入式。

使用局部通风机的掘进工作面，不得停风；因检修、停电等原因停风时，必须撤出人员，切断电源。恢复通风前，必须检查瓦斯。只有在局部通风机及其开关附近 10 m 以内风流中的瓦斯浓度都不超过 0.5% 时，方可人工开启局部通风机。

（三）掘进通风管理一般要求和措施

掘进工作面是矿井事故多发点。由于掘进通风管理等原因造成的瓦斯事故发生次数和死亡人数占整个瓦斯事故的 80% 左右，因此对掘进通风和安全进行科学管理不仅是必要的，而且是防治瓦斯、煤尘爆炸的重要措施。

具体要求及措施有：

（1）巷道掘进之前必须编制有关局部通风机和风筒的选择、安装、管理及使用等的专门通风设计，报矿总工程师批准。掘进巷道不得采用扩散通风，在突出煤层中不得采用混合式通风。

（2）局部通风机的安装和使用，必须符合《规程》和《矿井通风质量标准及检查评定办法》的要求，杜绝不合理的串联通风。瓦斯涌出量超过 0.4 m^3/min 的掘进工作面要设双风机双电源自动分风。

（3）局部通风机必须指定专人进行管理，不得随意停开。一旦风机停止运转，启动前必须检查瓦斯并执行“三人同在”。在高瓦斯矿井、煤与瓦斯突出矿井，所有掘进工作面都应配备“双风机、双电源”，局部通风机都应装设“三专两闭锁”设施，保证局部通风机连续可靠运转。在低瓦斯矿井中，掘进工作面与采煤工作面的电气设备可分开供电，并装设风电闭锁。

（4）局部通风机应装在专用台架上或采取吊挂，距巷道底板高度应大于 0.3 m 为宜，以防底板杂物粉尘扬起来，并提高入口流畅的均匀性，减少入口的局部阻力。掘进工作面的风筒吊挂必须符合通风质量要求，责任到人，严格管理，掘进工作面的生产班组要指定专人管好、用好局部通风设备。

（5）局部通风机和启动装置必须安设在进风巷道中，距掘进巷道回风口不得小于 10 m。矿井供给该处的风量必须大于局部通风机的吸入风量，以免发生循环风。

（6）使用局部通风机的掘进工作面，不准无故停风。如因检修、停电等原因停风时，必须将人员全撤至全风压进风流处，并切断电源。在恢复通风工作前，必须检查瓦斯，只有在局部通风机和开关附近 10 m 以内风流中瓦斯浓度都不超过 0.5% 时，方可开启局部通风机。

（7）掘进通风一般应当使用压入式通风。

第二节　矿井局部通风设备

一、局部通风机

局部通风机有轴流式和离心式 2 种。轴流式局部通风机具有体积小、安装方便、易于串联使用等优点，故得到了广泛的应用。其缺点主要是噪声大。局部通风机的动力有电力、高压水、压缩空气 3 种，以电力应用最为广泛。我国煤矿长期广泛使用的电力局部通风机是防爆型的 JBT 系列，但由于其效率低，现已淘汰。

20 世纪 90 年代，我国的新型局部通风机有了长足的发展。在压入式掘进通风作业中推广了对旋式局部通风机；在瓦斯排放和掘进除尘方面又出现了新型抽出式局部通风机和多功能局部通风机；在风机材质方面采用了无摩擦火花和安全摩擦火花材料；在驱动方面，除了传统的防爆电动机外，还采用了气马达；所有新型风机都设计了各种形式的消声结构。

下面介绍几种典型的局部通风机。

（一）BKJ66－11 系列局部通风机

BKJ66－11 系列局部通风机的结构如图 2－29 所示。机号有№3.6、№4.0、№4.5、№5.0、№5.6 和№6.3 等 6 个规格，其技术参数见表 2－8。

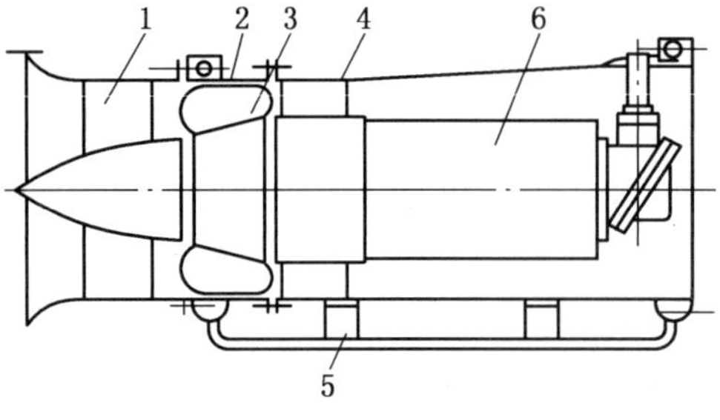

1—前风筒；2—主风筒；3—叶轮；4—后风筒；5—滑架；6—电动机

图 2－29　BKJ66－11 系列局部通风机结构

BKJ66－11 系列通风机的优点是：

（1）效率高，最高效率达 90%，与已淘汰的 JBT 系列轴流式局部通风机相比，效率提高 15%～30%，且高效区宽。

（2）耗电少

（3）噪声低。

表2-8 BKJ66-11系列局部通风机技术参数

型 号	风 量	全风压/Pa	功率/kW	转速/(r·min⁻¹)	动轮直径/m
BKJ66-11№3.6	80~150	600~1200	2.5	2950	0.36
BKJ66-11№4.0	120~210	800~1500	5.0	2950	0.40
BKJ66-11№4.5	170~300	1000~1900	8.0	2950	0.45
BKJ66-11№5.0	240~420	1200~2300	15	2950	0.50
BKJ66-11№5.6	330~570	1500~2900	22	2950	0.56
BKJ66-11№6.3	470~800	2000~3700	42	2950	0.63

（二）新型压入式局部通风机

1. FD系列对旋式局部通风机

1）FD系列对旋式局部通风机的基本结构和工作原理

FD系列对旋式局部通风机主要由集风器、消声器、电动机、叶轮、机壳等部分组成，如图2-30所示。工作时，2台防爆电动机驱动2个旋向相反的叶轮旋转，空气流入第一级叶轮获得能量后，并经第二级叶轮排出，第二级叶轮兼有普通轴流式通风机中静叶栅的功能，在获得垂直圆周方向速度分量的同时，并加给气流能量，从而达到普通轴流式通风机不能达到的高效率、高风压。

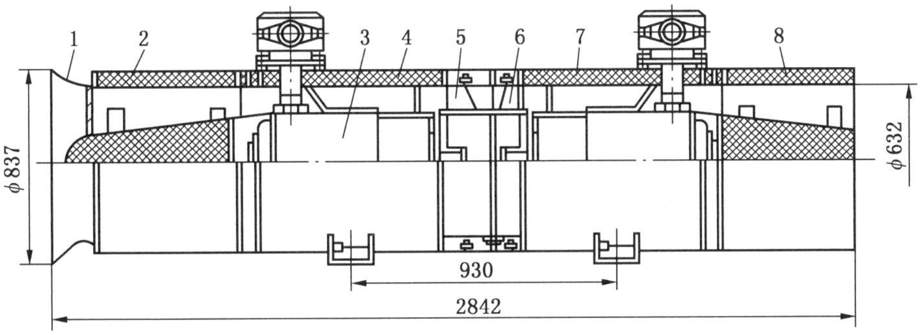

1—集风器；2—前消声器；3—前机壳；4—电动机；5—Ⅰ级叶轮；6—Ⅱ级叶轮；7—后机壳；8—后消声器

图2-30 FD系列对旋式局部通风机结构示意图

由于叶轮Ⅰ和Ⅱ等速相反转动，空气经过两级叶轮后得到了较高能量，即在同样轴向进、排气条件和同样叶轮列数的情况下，对旋式局部通风机可以比普通局部通风机提高6%~8%的做功能力。

2）FD系列对旋式局部通风机的主要特点

FD系列对旋式局部通风机是我国研制较早、推广应用比较广泛的一种大功率局部通风机，它具有以下特点：

（1）该系列通风机第一级叶轮和第二级叶轮贴得很近，风叶采用扭曲的圆弧钢板叶片。叶轮材质为软钢。

（2）该系列通风机属于无静叶轴流式通风机，采用外包复式单孔空腔共振吸声结构消声器组合体，具有较低的噪声。

（3）该系列通风机在工作面范围区域和最高效率下的流量系数变化不大，而压力系数变化却不小，即 $h—Q$ 性能曲线较普通轴流式通风机陡，故非常适合掘进工作面定风量控制，即压力增加较大，而风量变化较小。因此，只要风筒接头质量好、漏风率在规定值内，当双级运行时，FD－1№6 型对旋式局部通风机在 10～20 m^2 掘进断面的送风距离可达 2000 m 以上；FD－1№5 型对旋式局部通风机在 6～8 m^2 掘进断面的送风距离可达 1500 m。

（4）该系列通风机效率提高，满载时为 80% 左右。

2. FDⅡ系列对旋式局部通风机

FDⅡ系列对旋式局部通风机是根据国际矿用风机发展趋势，结合我国煤矿开采特点及其对局部通风的要求，在总结了原 FD 系列对旋式局部通风机使用中暴露出的问题，考虑了用户新的需求，吸收国内外风机前沿新技术而开发的新一代产品，其结构如图 2－31 所示，其主要技术参数见表 2－9。

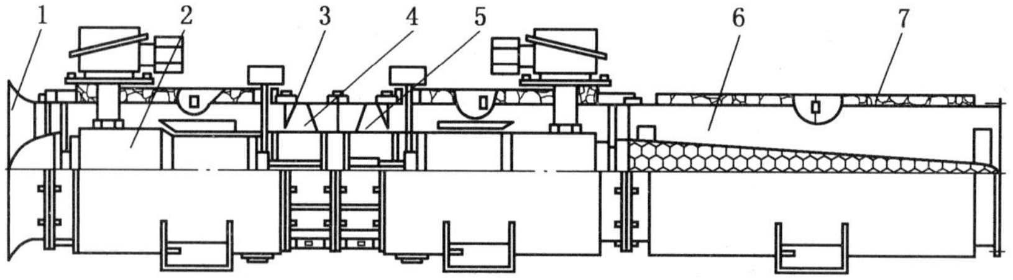

1—集风器；2—电动机；3—机壳；4—Ⅰ级叶轮；5—Ⅱ级叶轮；6—扩散器；7—消声器

图 2－31　FDⅡ系列对旋式局部通风机结构

表 2－9　FDⅡ系列对旋式局部通风机主要技术参数

机号	直径/mm	风量/($m^3 \cdot s^{-1}$)	风压/Pa	效率/%	噪声/dB(A)	电动机功率/kW	推荐使用风筒直径/mm
№4	400	120～260	2600～300	80	10	8	450
№5	500	150～280	3000～350	82	10	11	500
		170～300	3500～400	82	10	15	
№5.6	560	220～380	4000～450	83	10	22	600
		235～390	5000～550	83	12	30	600
№6	600	285～465	5700～650	85.7	12	37	600
№6.3	630	300～465	5600～700	83.2	12	44	700
№6.7	670	420～600	6300～1000	80.5	12	60	—
		420～600	6700～1000	83	12	74	
№7.5	750	540～800	7000～1500	83	15	90	1000
№8	800	660～950	7100～1500	80.5	16	110	1200

3. KDZ 型对旋式局部通风机

KDZ 型对旋式局部通风机由集流器、消声器、机壳、叶轮、电动机等部分组成。它的特点是风机叶轮为翼形钢，高效、高压（最高可达 8000 Pa）。KDZ 型对旋式局部通风机的主要技术参数见表 2－10。该通风机适用于矿井井下长距离（大于 1500 m）巷道掘进通风，在某些矿区使用取得了好的效果。

表 2－10 KDZ 型对旋式局部通风机主要技术参数

风量/($m^3 \cdot min^{-1}$)	风压/Pa	全压效率/%	功率/kW	噪声级/dB	质量/kg
250～450	6600～2500	80	2×26	15	1200

（三）新型抽出式局部通风机

1. 原理、结构及分类

煤矿采用的抽出式局部通风机除需具有一般局部通风机的性能外，还需满足防止产生摩擦火花和电动机不直接与抽出的污风相接触等要求。

2. 分类

1）无摩擦火花型

动叶片或叶轮采用阻燃、抗静电的工程塑料注塑成型。因工程塑料为热塑性材料，熔融温度为 200～300 ℃，不会产生高温粉屑，所以不产生摩擦火花。

FSD－2×18.5 型塑料叶轮抽出式局部通风机是无摩擦火花型的一种。为使风机能在高瓦斯涌出的长距离巷道条件下做抽出式运转，并保证高效低噪，采用内置式电动机和对旋式气动原理。流道中的电动机用特殊密闭腔与污风隔开。风机叶轮采用阻燃抗静电塑料以防止产生摩擦火花，外壳采用消声结构。FSD－2×18.5 型风机由以下 5 部分组成：

（1）具有阻燃、抗静电（内添加型）工程塑料叶片的叶轮 1 对。

（2）2 台 YBFdl60L－2 型防爆电动机。

（3）2 套隔离密封腔。

（4）带消声结构的扩散器和进气罩各 1 个。

（5）带消声结构的风机外壳 2 套。

叶轮由单片塑料叶片和轮毂组装而成。叶片由模具注塑制成单件，组装时，先将叶片镶嵌在钢制轮毂上，然后用螺栓紧固起来，两端面用铜皮覆盖。FSD－2×18.5 型局部通风机技术参数见表 2－11。

表 2－11 FSD－2×18.5 型局部通风机技术参数

叶轮直径/mm	风量/($m^3 \cdot min^{-1}$)	风压/Pa	功率/kW	全压效率/%	静压效率/%	噪声/dB
630	470～290	500～5300	2×18.5	80.5	77.3	12.5

该局部通风机适用于长距离高瓦斯巷道掘进时作抽出式通风，适用于走向长、隅角瓦斯涌出量大的采煤工作面处理瓦斯，也可用作除尘风机。

2）安全摩擦火花型

动叶用铜合金，轮毂用软钢制成；或者叶轮外的机壳内壁镶铜环，叶轮用软钢制成。因软钢与铜产生的摩擦火花能量不足以点燃瓦斯，故称之为安全摩擦火花。

上述两大类型风机又均可分为电动机驱动和气动马达驱动，而电动机驱动又可分为外电机（流道分叉式）和内置电机（密封腔式）2 种方式。

二、矿用风筒

（一）风筒的种类

掘进通风使用的风筒分硬质和柔性风筒两类，按其材质又可分为金属风筒、胶皮风筒和塑料风筒。

1. 硬质风筒

硬质风筒有铁风筒和玻璃钢风筒，主要用于局部通风机抽出式通风，因而也叫“负压风筒”。铁风筒一般由厚 2～3 mm 的铁板卷制而成，直径有多种规格，详见表 2－12。铁风筒的优点是坚固耐用，使用时间长，各种通风方式均可使用。缺点是成本高、易腐蚀、笨重、拆装搬运不便，在弯曲巷道中使用困难。因此，铁风筒在煤矿中使用日渐减少。

表 2－12　铁风筒规格

风筒直径/mm	每节风筒长度/m	壁厚/mm	垫圈厚/mm	每米风筒质量/kg
400	2，2.5	2	8	23.4
500	2.5，3	2	8	28.3
600	2.5，3	2	8	34.8
700	2.5，3	2.5	8	46.1
800	3	2.5	8	54.5
900	3	2.5	8	60.8
1000	3	2.5	8	68

硬质风筒中的玻璃钢风筒比铁风筒轻便（其密度约为钢材的 1/4），抗酸、碱蚀性强，摩擦阻力系数小，但成本较高。

2. 柔性风筒

柔性风筒主要用于压入式通风，因而也叫“正压风筒”。因此，煤矿的风筒可根据用途区分为“煤矿用正压风筒”和“煤矿用负压风筒”。

柔性风筒一般每节长 10 m，直径也是多种规格。柔性风筒的优点是轻便、拆装搬运容易，接头少。缺点是强度低，易损坏，使用时间短，且只能用于压入式通风。目前煤矿中采用压入式通风时多采用柔性风筒。

为了充分利用柔性风筒的优点，扩大使用范围，近年已生产出带刚性骨架的可伸缩风筒，即在柔性风筒内每隔一定距离加一钢丝圈或螺旋形钢丝圈。这种风筒能承受一定的负压，可用于抽出式通风，而且具有可伸缩的特点，比铁风筒使用方便。

（二）煤矿用正压风筒和负压风筒使用标准及规格

1. 煤矿用正压风筒

煤矿用正压风筒（柔性风筒）是由玻璃纤维、化学纤维等混织布为骨架材料与橡胶、塑料或橡塑制成的涂覆布风筒，用于煤矿井下局部通风机进行正压通风。

（1）柔性风筒的结构如图 2－32 所示。

（2）柔性风筒规格尺寸应符合表 2－13 要求。

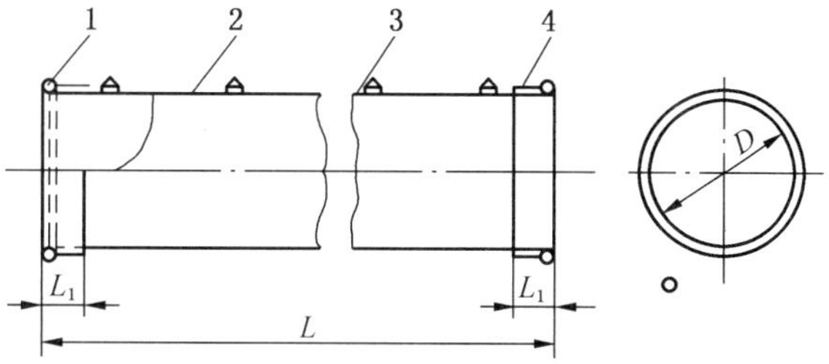

1—端圈；2—吊环安装线；3—吊环；4—反边

图 2－32 柔性风筒的结构

（3）柔性风筒两端加反边，其长度 L_1 为 150～200 mm。

表 2－13 矿用柔性风筒规格

项 目	尺寸	允许误差/mm
风筒内径/mm	300，400，450，500，600，800，1000	0～+6
风筒长度/m	5，10，20	0～+100

2. 煤矿用负压风筒

煤矿用负压风筒（伸缩风筒）是由玻璃纤维、化学纤维等混织布为骨架材料与橡胶、塑料或橡塑制成的涂覆布风筒，风筒内设有等距离的金属骨架，用来供煤矿井下局部通风机进行负压通风。

（1）伸缩风筒的结构如图 2－33 所示。

（2）风筒的规格尺寸应符合表 2－14 要求。

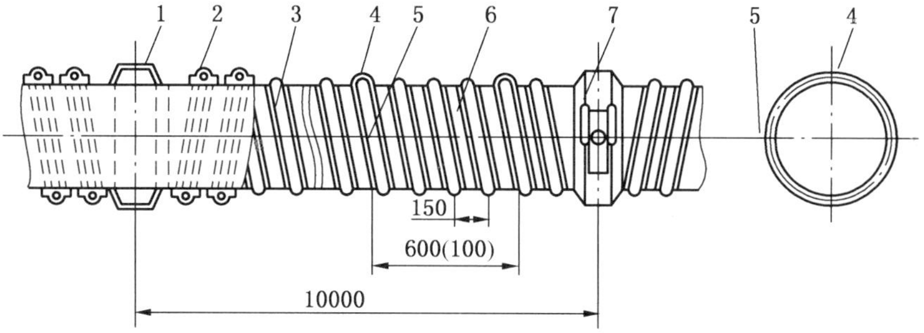

1—端圈；2—螺旋钢丝；3—压条；4—主吊环；5—副吊环；6—涂覆带；7—快速接头软带

图 2－33 伸缩风筒结构

表2-14　矿用伸缩风筒规格

项　目	尺寸	允许误差/mm
风筒内径/mm	300，400，500，600，800	0 ~ +6
风筒长度/m	3，5，10	0 ~ +150

风筒的一端加接头布，其长度为 150 ~ 200 mm。

上述带刚性骨架的可伸缩风筒，是在柔性风筒每隔一定距离（如 150 mm）加一钢丝圈或用弹簧做成的螺旋形刚性骨架。这种风筒兼有刚、柔风筒的优点，可用于抽出式通风，能承受一定的负压，具有可伸缩的特点，比铁风筒使用方便。

如图 2-34 所示的 KSS600-X 型风筒是用金属整体螺旋弹簧钢丝为骨架的可伸缩型塑料布风筒。常用的风筒直径有 300 mm、400 mm、500 mm、600 mm 和 800 mm 等 5 种规格。

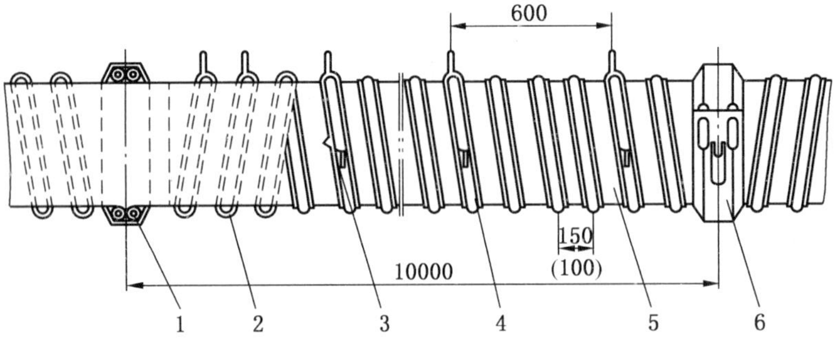

(a) 风筒连接状态

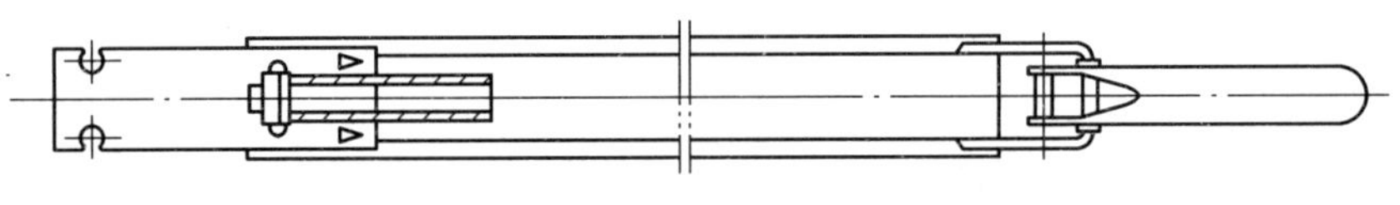

(b) 快速接头软带

1—端圈；2—螺旋弹簧钢丝；3—吊钩；4—塑料压条；5—风筒布；6—快速接头软带

图 2-34　KSS600-X 型风筒

（三）风筒在使用中的规定

风筒在使用过程中应遵守以下规定：

（1）每条风筒应有清晰耐久的标志。

（2）风筒吊环应折叠在外侧，折叠包装后不得产生粘贴。

（3）风筒用编织袋等包装，包装袋不应破损。在包装袋处应注明产品名称、规格、数量、质量、制造厂名及出厂日期。

（4）风筒在储存中应保持清洁，禁止与油类、酸碱或其他有损于橡胶或塑料质量的物质接触，避免阳光直射，并距热源 1 m 以外。室内温度保持在 -15 ~ +35 ℃，相对湿度保持在 50% ~80% 。

（5）风筒在搬运中，应谨防机械撞击、摩擦而引起的损伤，避免日晒雨淋。

（6）在上述 4、5 条件下，制造厂应保证产品自出厂之日起，一年的储存期内物理机械性能、安全性能符合 MT 标准的要求（即性能符合原出厂要求）。

（四）特殊风筒

1. 附壁风筒

附壁风筒是指利用气流的对流附壁效应，将供给掘进工作面的轴向压入风流改变成具有一定速度的沿巷道周壁旋转的风流，并带动整个巷道断面的空气不断向工作面推动的风筒，又称康达风筒。旋转风流在掘进机司机工作区域的前方建立起阻拦粉尘向外扩散的空气屏幕，可封锁住掘进机工作时产生的粉尘使其不外流，并经过吸尘罩进入除尘器中进行净化，从而提高了机掘工作面的收尘效率。它适合于采用长压短抽通风系统的机械化掘进工作面使用。

附壁风筒的型式有多种，根据巷道断面积、供风量、运输状况及掘进机型号等生产技术条件不同而不同。常用的型式有螺旋出风式及径向出风式 2 种。

1）螺旋出风式

螺旋出风式附壁风筒如图 2-35 所示，是一种长 1.5 ~2.0 m，直径 0.5 ~0.8 m 的铁皮风筒。在风筒断面上有 1/3 的圆周做成半径逐渐增大的螺旋线状，在因风筒的半径增大而出现的缺口上焊上 1 块钻有许多直径为 5 mm 小孔的板，形成狭缝状的喷口。

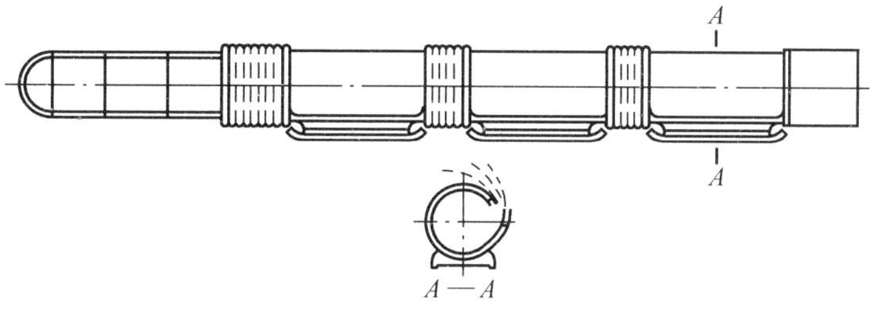

图 2-35 螺旋出风式附壁风筒

在采用长压短抽通风系统的机掘工作面，将 2 ~3 节附壁风筒串联在压入式风筒的出风口，多节附壁风筒间用伸缩式软风筒连接。除尘器工作时，关闭附壁风筒端部的排风口，风流即从狭缝状的喷口以 15 ~30 m/s 的速度喷出，将压入式风筒供给机掘工作面的轴向风流改变为沿巷道周壁旋转的风流吹向整个巷道，向机掘工作面供风；除尘器停机后，开启排风口，恢复压入式风筒向机掘工作面直接供风。

螺旋出风式附壁风筒具有很好的收尘效果，但体积大，质量大，移动不便，一般适用于断面大于 14 m^2 并能对附壁风筒实现机械化移动的巷道。

2）径向出风式

径向出风式附壁风筒如图 2-36 所示。它是一种出风口较小，并在风筒周壁上钻有许多小孔的风筒。在采用长压短抽通风系统的工作面，将附壁风筒串联在压入式风筒的出风口，由于附壁风筒的出风口缩小，仅有 20% ~30% 的压入风量直接沿轴向送进工作面；而 70% ~80% 的压入风量则通过风筒径向壁上的小孔送向整个巷道并扩散到全断面，以一定的速度向前推进，阻止工作面产生的粉尘向巷道外扩散。

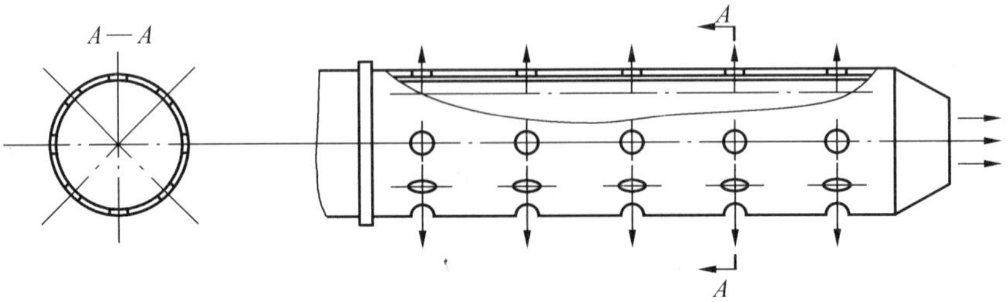

图 2-36　径向出风式附壁风筒

径向出风式附壁风筒的收尘效果好，体积小，质量轻，移动方便，适应性强，一般用在巷道断面小于 14 m^2 的机掘工作面。

2. 高性能风筒

1）阻燃抗静电柔性 PVC 塑料风筒

该风筒具有阻燃、抗静电性能，与胶布风筒比较有介质轻、价廉、柔软、阻力小等优点，是胶布风筒的换代产品。

2）煤矿用正压风筒和正压强力风筒

聚氯乙烯塑料正压风筒与胶布风筒相比较，具有风阻小、寿命长、质量轻、价格低廉、阻燃性好等优点，同时能在常温下快速粘补，适用于各类矿山的井下采掘工作面局部通风机正压通风以及隧道工程的正压通风。

为推广使用大功率、高压头对旋式轴流通风机，已研制出能承受高风压的塑料涂覆布正压强力风筒，与大功率、高压头风机配套用于长距离通风。经测试，塑料涂覆布正压强力风筒（800 mm）的通风性能如下：耐内压 ≥7000 Pa；膨胀率 ≤3%；百米风阻 ≤6.2 kg/m^7；百米漏风率为 2.5%；其他性能，如阻燃、抗静电性能、耐寒、耐热等均符合 MT 164—2019 标准要求。

强力风筒的直径可根据用户需要在 $\phi300$ ~ $\phi1500$ mm 范围任意选定。在使用过程中风筒若有损坏，可用专用黏结剂在井下不停机的情况下快速粘补。

第三节　矿井通风设施

一、矿井通风设施概述

在矿井的正常生产过程中，为了保证风流按设计的路线流动，在灾变时期仍能维持正常通风或便于风流调度，而在通风系统中设置了一系列构筑物，这些通风构筑物称为通风设施。通风设施按其作用的不同，可分为隔断风流的设施、引导风流的设施以及调节风流的设施。

煤矿井下通风设施是否合乎要求，是影响矿井漏风量大小和有效风量高低的重要因素。质量不符合规定的通风设施会对煤矿安全生产有很大影响。

二、风门

在不允许风流通过，但需行人或行车的巷道内，必须设置遮断风门；在允许部分风流通过，但需行人或行车的巷道内，必须设置调节风门，风门的结构要求严密、漏风量小。

1. 风门的作用

（1）隔绝巷道的风流或限制巷道通过的风量，确保需风地点的风量要求。

（2）能使人员和车辆通过。为了防止在人员和车辆通过时风门开启造成风流短路，需设置两道风门，保证巷道中总有一道风门（至少有一道风门）处于关闭状态。

2. 风门的分类

按启动方式或结构的不同，风门可分为普通风门、自动风门和遥控风门等。

（1）普通风门。普通风门须用人力开启，一般多用木材制作，大多采用双层木板（每层板厚 15 mm）错缝或单层木板（板厚 30 mm）对口的单扇或双扇结构。这种风门的结构特点是门扇与门框呈斜面接触，接触处有可缩性衬垫，比较严密、坚固，一般可使用 1.5 ~2 年。

（2）自动风门。自动风门是借助各种动力来开启与关闭的一种风门。按其动力不同，可分为撞杆式、水压式、气动式和电动式等多种。

（3）遥控风门。当煤矿发生火灾后，一般是派救护队员或抢险人员去执行实施风流控制方案。但是在很多情况下，由于各种条件的限制，在着火初期人们往往难以确定火源地点，救护队员或抢险人员难以迅速到达指定地点执行控风措施，致使灾害扩大，损失加重。为此，专家们研制出了能在地面或井下遥控的自动风门，实现了风流的远程控制，提高了矿井救灾水平。

（4）风量门。它的构造与普通风门差不多，只是在风门上方设置一个面积可调的窗口。它与普通风门的区别在于它允许巷道通过少量的风量，适合安设在限制通过风量的巷道中，又可通过人员和车辆。

（5）反向风门。在矿井的主要通风巷道中的风门处都要设反向风门，瓦斯突出矿井所有风门都要设反向风门。正常通风时，反向风门处于常开状态；矿井反风时，反向风门关闭，隔断反风风流。煤与瓦斯突出矿井中设置的一些反向风门，还有当井下发生突出时防止灾害扩大的作用。

按制作材料的不同，风门可分为木质风门、铁皮风门、木铁混合材料风门和塑料风门等几种。

3. 风门的构筑要求

（1）每组风门不得少于两道。巷道行车时，两道风门的间距不少于一列车长度；巷道行人时，两道风门的间距不小于 5 m。

（2）门框包边沿口，有衬垫，四周接触严密；门扇平整，不弯曲歪斜。

（3）风门的墙垛四周要掏槽，见实帮实底，与煤岩接实；用不燃性材料建筑，且严密不漏风。

（4）风门前后 5 m 内支护完好，无杂物、积水和淤泥。

（5）自动风门要保证启闭自如。

三、密闭

密闭是隔断风流的构筑物，设在不允许风流通过，也不允许行人行车的井巷内。采空区、旧巷、火区以及进、回风大巷之间的联络小巷等，都必须设置密闭，以免因风流短路引起自然发火或有害气体扩散。

密闭常用砖或料石砌筑。对密闭的质量要求为：

（1）用不燃性材料建筑，严密不漏风，墙体厚度不小于 0.5 m。

（2）密闭前无瓦斯积聚。

（3）密闭前 5 m 内无杂物、积水和淤泥。

（4）密闭前 5 m 内支架完好，无片帮、冒顶。

（5）密闭周边要掏槽见硬底硬帮，与煤岩接实，并抹有不少于 0.1 m 的裙边。

（6）密闭内有水的要设反水池或反水管；有自然发火倾向的煤层，采空区密闭要设观测孔、措施孔，孔口封堵严密。

（7）密闭前要设栅栏、警标、说明牌板和检查箱。

（8）墙面平整，无裂缝、重缝和空缝。

四、风桥

在进风与回风平面相遇的地点，必须设置风桥，构成立体交叉风路，使进风与回风分开，互不相混。按其服务年限和巷道中通过风量多少的不同，风桥可分为绕道式风桥、混凝土或料石风桥和铁筒式风桥。

设置风桥的相关要求：

（1）风桥前后 5 m 内巷道支护良好。

（2）用不燃性材料构筑，墙面平整不漏风。

（3）风桥的通风断面不应小于原巷道断面的 4/5，呈流线形，坡度小于 30°。

（4）风桥两端接口严密，四周见实帮实底，填实、接实。

（5）风桥上下不准设风门。

（6）铁风筒风桥通风风量不应大于 10 m^3/s，铁风筒板厚不小于 5 mm，直径不小于 750 mm。

五、风硐

风硐是连接通风机装置和风井的一段巷道。因为风硐的风量很大，而且风硐内外压力差较大，因此对设计和施工的质量要求较高；又由于风硐的服务年限长，故风硐多用混凝土、砖石等材料建筑。

设置风硐的相关要求：

（1）风硐应有足够大的断面，要求风速不超过 15 m/s。

（2）风硐不宜过长，与井筒连接处要平缓，靠近通风机一端不能有直角拐弯，断面以圆形为最好，内壁要光滑，拐弯要平缓，要保持风硐内无杂物堆积。

（3）风硐及闸门等装置，结构要严密，以防止大量漏风。

六、防爆门

防爆门是井下发生瓦斯、煤尘爆炸时，防止毁坏通风机的设备。防爆门的上端用4条挂有平衡锤的钢丝绳牵住，下端放进盛水的凹槽中以防止漏风。当发生爆炸事故时，气浪将防爆门掀起，从而起到保护通风机的作用。

七、矿井通风设施的设置要求

（1）《规程》规定，控制风流的风门、风桥、风墙等通风设施必须可靠。不应在倾斜运输巷道中设置风门；如果必须设置风门，应设自动风门或专人管理，并有防止矿车或风门碰撞人员以及矿车碰坏风门的安全措施。开采突出煤层时，工作面回风侧不应设调节风窗。

（2）正确选择通风设施的位置，通风设施必须进行设计，按图纸及要求进行施工。

（3）建立健全通风设施的管理制度。

（4）提高自动化程度。

第四节　矿井通风管理知识

一、矿井通风管理的内容

在矿井生产过程中，矿井生产条件不断发生变化，会影响矿井通风工作的正常进行，需要不断地对矿井风量进行调节，对通风设施和井巷进行维修，加强通风管理。为了使通风管理工作经常化、制度化，更有效地开展通风管理工作，应设立专职的通风管理组织机构或专职人员组织协调矿井通风的全面管理工作。

矿井的通风管理组织形式、人员编制应根据矿井的具体条件确定，应能满足通风工作要求，保证通风工作正常进行。通常通风管理工作有以下内容：

（1）按《规程》要求，结合矿井实际情况，计算全矿及各分区的风量，并将风量合理分配到各工作地点，并根据生产需要及时调节风量。

（2）进行矿井风量和风速检查，掌握矿井漏风情况，发现问题及时上报处理。

（3）对矿井通风设施进行日常检查、维修和管理；定期测定主要通风机的工况点；检查局部通风机和辅助通风机的工作状况。

（4）组织通风安全检查工作，包括测定矿内空气成分、矿井气候条件、有害气体浓度、粉尘浓度等。

（5）按要求填写各种通风安全报表，并对报表进行研究和分析。

（6）绘制与填写通风系统图，及时掌握矿井通风网络的变化情况，在生产条件变化的情况下及时调整矿井通风系统。

（7）进行矿井井巷维护与管理，制定井巷维修计划和安全措施。

（8）对通风安全仪表进行检查、维修和管理，绘制矿井安全监测控制装置布置图。

（9）进行矿井通风构筑物的维修管理。

（10）对全矿消防系统、瓦斯抽放系统、注水防尘系统进行检查与维修和处理，填绘各管路系统图。根据矿井具体条件，制定矿井防灾变计划，并检查、监督防灾措施的执行情况。

（11）有计划地进行矿井通风阻力检查与测定，掌握矿井通风阻力情况，对阻力过大的区域采取相应措施。

（12）定期进行矿井瓦斯等级和二氧化碳等级的鉴定工作，定期进行反风演习，有计划地进行矿井主要通风机的性能测定工作。

（13）有计划地收集和整理矿井通风的实际资料，为矿井今后的开采提供准确的基础资料。

二、矿井通风管理的制度

矿井通风管理工作必须根据矿井具体条件，建立健全管理制度，对通风负责人、技术人员和各工种建立相应的岗位责任制，明确责任范围和奖罚条件，以促进工作的有效顺利开展。为此应建立以下通风管理制度：

（1）通风机构健全，能满足矿井通防工作需要。各类人员能够胜任本职工作，特种作业人员持证上岗。矿井有一整套的通风管理制度。

（2）建立计划管理制度。矿井每年都要编制矿井通风与防治瓦斯、煤尘和火灾的计划，按计划进行施工，并应根据矿井实际情况及时修正和补充。

（3）建立通风作业计划和总结制度。每月须有通风作业计划和总结，每月对矿井通风巷道和通风设施进行全面检查。

（4）建立图、牌、板、报表制度。矿井通风系统设立“五图、五板、五记录、四台账”。报表准确可靠，数据齐全，上报及时。

（5）建立岗位责任制。各工种有全面的工作职责，技术操作符合技术操作规程，并严格执行。

（6）建立通风仪器仪表保管、维修、调校、保养制度。通风仪器仪表要定期到有合法资质的部门校正，保证完全符合质量标准。

三、通风管理组织机构设置

通风安全管理机构健全，组织结构合理，才能适应科学管理的需要。管理机构的组成和规模，视矿井井型、灾害种类及其严重程度而定。由于通风安全管理工作比较复杂，因此管理机构的设置一般采用直线职能制，即各级领导可直接向下级下达指令，各部门也可根据既定方针和职能向下级下达指令，下级职能部门听从上级职能部门的指挥。对于大型矿井和灾害严重、管理复杂的矿井可参考图 2－37 所示进行设置。图中各级领导以及各部门之间的连线即为指令和信息传输的渠道。各局、矿的通风安全管理体系的形式应根据矿区（井）的具体条件而定，当井型和安全条件变化时，可适当改变。

四、通风安全管理体系的管理原则

为了使通风安全管理组织高效运行，通风安全管理体系必须遵守一定的原则。

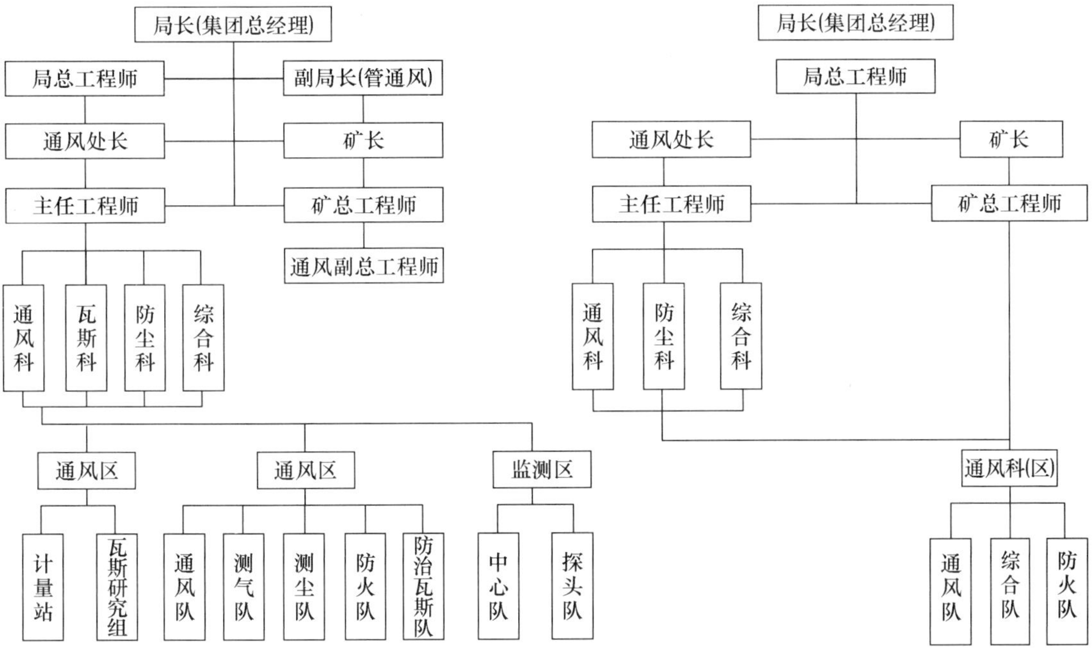

图 2－37　矿井通风管理组织机构设置

1. 层级原则

要求各层管理机构要分工和责任明确，即体系中每个人员应明确自己的岗位、任务、职责和权限；上级是谁，对谁负责；自己的工作程序和信息渠道，如何取得需要的决策和指令，从何处取得需要的合作。层级原则是管理体系高效运行的基础。

2. 统一指挥原则

一个工作人员只能接受同一指令或指挥。如果需要两个以上部门或领导人同时指挥时，在下达命令之前这些部门或领导人应相互沟通，这样才不会让下级无所适从。如果一个领导在下达命令时由于情况紧急，来不及同其他领导人沟通，事后必须及时把情况向其他领导讲清楚，以形成统一意见，避免出现多头指挥；当下级发现指挥矛盾时，应及时向上级反映，要求协调与更正，同时下级也要增强适应性，善于将不同的要求协调起来。

3. 责权一致原则

在委以责任的同时，必须同时委以完成任务所需要的相应权利。有责无权不能充分发挥管理人员的积极性和主动性，使责任制形同虚设，无法完成任务；有权无责必然助长官僚主义和瞎指挥。

4. 适当授权原则

在组织机构大、业务复杂时，领导可将部分事情的决定权由高层转至下一层，某些职能转交给下级，也可把某一项特殊任务的处理权交给下级，完成任务后再收回。

第五节　矿井灾害防治

一、矿井瓦斯防治

（一）矿井瓦斯性质及危害

1. 矿井瓦斯性质

矿井瓦斯是成煤过程中的一种伴生气体，是指煤矿井下以甲烷为主的有毒、有害气体的总称，有时单独指甲烷（CH_4）。古代植物在成煤的过程中，经厌氧菌作用，植物的纤维质分解产生大量瓦斯，每形成一吨烟煤，大约可以伴生 600 m^3 以上的瓦斯。

矿井瓦斯是一种无色、无味、无臭的气体，相对密度 0.554，比空气轻，故常积聚在巷道的顶部、上山掘进工作面及顶板冒落的地区。矿井瓦斯的扩散性好，是空气的 1.6 倍，矿井瓦斯本身无毒，但矿井空气中的瓦斯浓度较高时，就会相对降低空气中氧气含量，导致人员缺氧而引起窒息。矿井瓦斯是一种宝贵的化工原料和燃料，难溶于水，也不助燃，但在空气中达到一定浓度后，遇到高温火焰就会燃烧和爆炸。

2. 矿井瓦斯的危害

矿井瓦斯的危害主要表现在以下两方面：

（1）瓦斯窒息。甲烷本身虽然无毒，但空气中甲烷浓度较高时，就会相对降低空气中的氧气浓度，在压力不变的情况下，当甲烷浓度达到 43% 时，氧气浓度就会被冲淡到 12%，人就会感到呼吸困难；当甲烷浓度达到 57% 时，氧气浓度就会降到 9%，这时人若误入其内，短时间内就会因缺氧窒息而死亡。

（2）瓦斯的燃烧和爆炸。当瓦斯与空气混合达到一定浓度时，遇到高温火源就能燃烧或发生爆炸，一旦形成灾害事故，就会造成井下作业人员的大量伤亡，严重影响和威胁矿井安全生产。

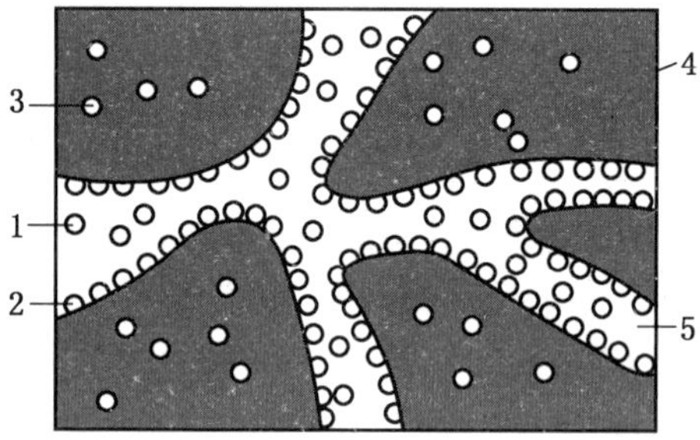

1—游离瓦斯；2—吸附瓦斯；3—吸收瓦斯；4—煤体；5—孔隙

图 2－38　煤层瓦斯赋存状态示意图

3. 矿井瓦斯赋存状态

瓦斯在煤层及围岩中的赋存状态有两种，一种是游离状态，另一种是吸附状态，如图 2－38 所示。

瓦斯以自由气体状态存在于煤体和岩体的孔隙、裂缝与空洞中，称为游离状态的瓦斯。

瓦斯被吸附在煤体或岩体孔隙壁上（吸附瓦斯），或进入煤体内部（吸收瓦斯），瓦斯分子和煤的分子之间由于引力作用而紧密地吸附，称为吸附状态的瓦斯。

（二）瓦斯涌出及瓦斯等级划分

1. 瓦斯涌出形式

瓦斯的涌出形式有 3 种：

（1）普通涌出。普通涌出就是瓦斯通过煤体或岩体的细微裂隙从暴露面上均匀缓慢地涌出。

（2）喷出。在含有瓦斯的煤层或岩层的地质破坏带，存在着广泛的、相互沟通的裂隙或空洞，其中往往积存着大量的、具有很大压力的瓦斯。当采掘工作面接近或通过这些区域时，瓦斯就会大量地或突然地从裂隙喷出，这种涌出形式称为瓦斯喷出。

（3）煤与瓦斯突出。当采掘工作面接近含有大量瓦斯的地带时，在很短的时间内，由煤层内突然向采掘工作面喷出大量瓦斯和带出大量碎煤，有时还会出现高压瓦斯气浪和响声，这种涌出形式称为煤与瓦斯突出。

2. 瓦斯涌出量的表示方法

1）绝对瓦斯涌出量

绝对瓦斯涌出量是指矿井在单位时间内所涌出的瓦斯体积，其单位为 m^3/min。

$$Q_{瓦斯}=QC \tag{2-37}$$

式中 $Q_{瓦斯}$——矿井绝对瓦斯涌出量，m^3/min；

Q——风量，m^3/min；

C——风流中的瓦斯浓度，%。

2）相对瓦斯涌出量

相对瓦斯涌出量是指矿井在正常生产条件下，月平均日产 1t 煤所涌出的瓦斯数量，其单位为 m^3/t。

$$q_{瓦斯}=Q_{瓦斯}N/T \tag{2-38}$$

式中 $q_{瓦斯}$——矿井相对瓦斯涌出量，m^3/t；

$Q_{瓦斯}$——矿井绝对瓦斯涌出量，m^3/d；

N——月工作天数，d；

T——矿井月产量，t。

3. 影响瓦斯涌出量的因素

（1）煤、岩的瓦斯含量。它是影响瓦斯涌出量的决定因素，瓦斯含量越高，其涌出量就越大。

（2）地面大气压力变化。开采深度越深，瓦斯涌出量越大。

（3）开采规模。开采范围越大，瓦斯涌出量越大。

（4）地面大气压力的变化。地面大气压力增大，矿井瓦斯涌出量减少；相反，则瓦斯涌出量增大。

（5）矿井通风压力。抽出式通风的矿井，瓦斯涌出量大；压入式通风的矿井，瓦斯涌出量小。

（6）生产工艺。打眼、爆破、落煤时，瓦斯涌出量增加，其余时间瓦斯涌出量减少。

（7）开采顺序、采煤方法、顶板管理、采空区管理以及开采层的地质构造等都对瓦斯涌出量的影响较大。

4. 瓦斯的来源

掌握矿井瓦斯涌出的来源，是实行瓦斯分源治理的前提条件，按照瓦斯涌出地点和分布状况的不同，瓦斯涌出来源可分为：

（1）煤岩壁瓦斯涌出。即从采掘工作面及巷道周围的煤壁中涌出瓦斯。

（2）采落的煤炭瓦斯涌出。即采掘工作面进行采煤和掘进时从落煤中涌出瓦斯。

（3）采空区的瓦斯涌出。即从采空区的顶底板和浮煤中涌出瓦斯。

（4）邻近煤层瓦斯涌出。即从邻近煤层中的煤岩壁、巷壁和落煤中涌出瓦斯。

5. 矿井瓦斯等级划分

《规程》规定，一个矿井中只要有一个煤（岩）层发现瓦斯，该矿井即为瓦斯矿井。瓦斯矿井必须依照矿井瓦斯等级进行管理。

根据矿井相对瓦斯涌出量、矿井绝对瓦斯涌出量、工作面绝对瓦斯涌出量和瓦斯涌出形式，矿井瓦斯等级划分为：

（1）低瓦斯矿井。同时满足下列条件的为低瓦斯矿井：矿井相对瓦斯涌出量不大于 10 m^3/t；矿井绝对瓦斯涌出量不大于 40 m^3/min；矿井任一掘进工作面绝对瓦斯涌出量不大于 3 m^3/min；矿井任一采煤工作面绝对瓦斯涌出量不大于 5 m^3/min。

（2）高瓦斯矿井。具备下列条件之一的为高瓦斯矿井：矿井相对瓦斯涌出量大于 10 m^3/t；矿井绝对瓦斯涌出量大于 40 m^3/min；矿井任一掘进工作面绝对瓦斯涌出量大于 3 m^3/min；矿井任一采煤工作面绝对瓦斯涌出量大于 5 m^3/min。

（3）突出矿井。

（三）瓦斯爆炸及其危害

1. 瓦斯爆炸的概念

瓦斯是一种能够燃烧和爆炸的气体，瓦斯爆炸就是空气中的氧气与瓦斯在高温热源的作用下进行剧烈氧化反应的过程。

$$CH_4 + 2O_2 = CO_2 + 2H_2O + J$$

瓦斯在高温热源的作用下，与氧气发生化学反应，生成二氧化碳和水蒸气，并放出大量的热，这些热量能够使反应过程中生成的二氧化碳和水蒸气迅速膨胀，形成高温、高压并以极高的速度向外冲出。当空气中的氧气不足或反应不完全时，会产生大量的 CO。

2. 瓦斯爆炸的条件

瓦斯发生爆炸必须同时具备 3 个条件，即瓦斯的积聚达到一定的程度（5% ~16%），空气中氧气达到一定浓度（大于 12%），再加上引爆火源的产生（650 ~750 ℃）。

3. 瓦斯爆炸产生的危害

瓦斯爆炸的危害表现在以下 3 个方面：

（1）爆炸温度。由于井下巷道是半封闭空间，其内的瓦斯爆炸温度为 1850 ~2650 ℃，这样高的温度，不仅会烧伤人员、烧坏设备，还可能引起井下火灾，扩大灾情。

（2）爆炸压力。瓦斯爆炸产生的高温，会使气体突然膨胀引起气体压力的骤然增大，再加上爆炸波的叠加作用或瓦斯连续爆炸，爆炸产生的冲击压力会更高。

（3）有毒有害气体。瓦斯爆炸后，将产生大量有害气体。其中生成的大量一氧化碳是造成人员大量伤亡的主要原因。如果有煤尘参与爆炸，一氧化碳的生成量就会更大，危害就更为严重。统计资料表明，在发生的瓦斯、煤尘爆炸事故中，死于一氧化碳中毒的人数占总死亡人数的 70% 以上。

（四）瓦斯爆炸的预防措施

1. 防止瓦斯积聚的措施

防止瓦斯积聚的措施主要包括以下 3 个方面。

1）加强通风

加强通风，保证采掘工作面有足够风量。合理布置通风系统，保证采煤工作面风路畅通，尽量实行分区通风，减少或避免串联通风。当在瓦斯积存量大的地点采用通风方法处理效果不明显时，应采取抽放瓦斯措施。

掘进巷道必须采用矿井全风压通风或局部通风机通风，压入式局部通风机和启动装置必须安装在进风巷道中，且距掘进巷道回风口不得小于 10 m，防止产生循环风。当通风距离长时应采用双风机和双电源，并能自动切换。

加强通风机的维护管理和风筒的维护，防止风筒漏风。风筒吊挂要平直，因爆破崩破的风筒要及时粘补。风筒出风口距工作面的距离应保证工作面有足够的风量。掘进临时停工时，不准停风。局部通风机应指定专人负责，严禁随意开、停风机。

（1）每一矿井都必须采用机械通风。主要通风机的安装和使用都应符合《规程》要求。因为自然通风的风压和风量受地面季节气温以及气压的影响很大，并且不稳定，风量也不能满足矿井生产的需要，所以禁止采用自然通风。

（2）在瓦斯涌出量较大的矿井中，主要通风机应尽量采用抽出式通风。因为它在主要进风道无须设风门，便于行人和运输，通风工作便于管理。另外，在瓦斯矿井中采用抽出式通风使井下空气的压力始终处于负压状态，即一旦主要通风机因故停止运转时，井下空气的压力升高，在短时间内可以防止瓦斯涌出，安全性能好。

（3）并联通风要比串联通风经济又安全，要尽量采用并联通风，避免串联通风。在煤层倾角较大的矿井尽量采用上行通风，有利于瓦斯的排出。

（4）要尽量避免角联通风。在角联通风中，往往由于某一风门未关或某一巷道发生冒顶或堆积材料过多时，造成风流逆转，以致形成瓦斯积聚。确需角联通风的地点，必须加强管理。

（5）加强通风设施的管理，保证质量。坚持测风制度，合理分配风量，减少漏风。提高矿井有效风量率，满足井下对风量的需要。

（6）正确地计算和确定矿井的所需风量，保证井下所有工作地点和硐室有足够的风量。

（7）加强掘进通风管理，防止漏风，避免循环风，保证掘进工作面所需风量。掘进工作面严禁采用扩散通风。

（8）尽量采用大断面巷道，减少通风阻力，改善通风状态。

2）加强瓦斯检查

随时检查和监测煤矿井下的通风、瓦斯状况是矿井安全管理的主要内容。它可以及时发现瓦斯超限和积聚，从而采取处理措施，把事故消灭在萌芽状态。每个矿井都必须建立井下瓦斯检查制度，设立相应的瓦斯检查和通风管理机构，同时配备相应的瓦斯检查仪器、仪表，以监测、监控井下瓦斯。当瓦斯检查人员发现瓦斯超限时，有权立即停止工作，撤出人员，并向有关部门报告。

3）及时处理局部积聚的瓦斯

在巷道的冒落空洞、盲巷、独头巷道以及风流达不到的其他地方，出现瓦斯浓度达到2%、体积在 0.5 m^3 以上的现象，叫作局部瓦斯积聚。一般采煤工作面上隅角、微风或停风的掘进工作面、冒落的高顶处、停风的盲巷及煤仓等地点最易积聚瓦斯。

发现局部瓦斯积聚时，要及时处理。井下各地点瓦斯浓度规定与处理要求见表2-15。

表2-15　井下各地点瓦斯浓度规定与处理要求

巷道（地点）名称	超限瓦斯浓度/%	瓦斯超限（或达到）处理要求
矿井总回风巷或一翼总回风巷风流	>0.75	必须立即查明原因，进行处理
采区回风巷，采掘工作面回风巷风流	>1.00	必须停止作业，撤出人员，采取措施，进行处理
采掘工作面风流	≥1.00	必须停止用电钻打眼
	≥1.50	必须停止作业，撤出人员，切断电源，进行处理
爆破地点20 m以内风流	≥1.00	禁止爆破
采掘工作面电动机附近20 m以内风流	≥1.50	必须停止运转，切断电源，进行处理，必须将瓦斯浓度降至1%以下启动
井下巷道局部地点	≥2.00；体积≥0.5 m^3	必须停止运转，切断电源，进行处理，必须将瓦斯浓度降至1%以下启动
采掘工作面局部积聚瓦斯	≥2.00；体积≥0.5 m^3	附近20 m以内，必须停止工作，切断电源，进行处理

巷道冒落空洞积聚瓦斯的处理方法，一般有以下4种：

（1）充填置换法。充填置换法就是在棚梁的上边或下边钉木板，上填黄土或砂子，把冒落空洞填塞，消除瓦斯积聚。

（2）分支导风管法。分支导风管法即在风筒上接上分支导风筒，把风送到瓦斯积聚处，吹散瓦斯。

（3）导风板法。导风板法就是利用挡风板，把风流引到冒落空洞，吹散瓦斯。

（4）隔离抽放法。就是用木板将冒落空洞与巷道隔离，并用瓦斯管路进行抽放。

2. 防止瓦斯引燃的措施

1）防止明火

严格井口检查制度，禁止在井口房周围20 m范围以内或井下使用明火、吸烟。井下不准出现明火、灼热的金属板或金属丝。如果必须在井下主要硐室、主要进风巷道和井口房内从事电焊、气焊和使用喷灯焊接等工作时，必须制定安全措施。

2）防止爆破火焰

在瓦斯矿井中，必须使用煤矿许用的安全炸药，不合格或变质的炸药不能使用，打眼、装药、封泥都必须符合《规程》要求，禁止裸露爆破，井下爆破必须使用水炮泥。严格执行“一炮三检制”。当瓦斯浓度达到1%时不准爆破，井下爆破必须选用煤矿许用炸药和煤矿许用电雷管，并使用防爆型发爆器。

3）防止电火花

加强电气设备的管理。电气设备的防爆性能要经常检查，不符合要求时要及时更换和修理。电缆接头不准有“鸡爪子”“羊尾巴”和明接头，井下严禁带电检修和迁移电气设备。

4）防止摩擦火花

防止采煤机、掘进机截齿与煤层中坚硬矿物质造成的摩擦火花。坚持使用内外喷雾，遇到地质构造割煤时进行洒水等。

另外，严格火区管理，要按《规程》规定检查火区密闭墙，严防高温和瓦斯积聚。井下电动机、通风机启动前，必须在其附近20 m内检查瓦斯，瓦斯浓度小于1%时才能启动。加强矿灯管理，发放的矿灯要合乎要求，严禁在井下拆开、敲打和撞击矿灯。

3. 瓦斯爆炸事故的避灾措施

1）减轻瓦斯爆炸时遭受伤害的措施

据亲身经历过瓦斯爆炸的人员回忆，瓦斯爆炸前感觉到附近空气有颤动的现象发生，有时还发出“嘶嘶”的空气流动声，一般被认为是瓦斯爆炸前的预兆。井下人员一旦发现这种情况时，要沉着、冷静，采取措施进行自救。具体方法是：背向空气颤动的方向，俯卧倒地，面部贴在地面，以降低身体高度，避开冲击波的强力冲击，并闭住气暂停呼吸，用毛巾捂住口鼻，防止把火焰吸入肺部。最好用衣物盖住身体，尽量减少肉体暴露面积，以减少烧伤。爆炸后，要迅速按规定佩戴好自救器，弄清方向，沿避灾路线赶快撤退到新鲜风流中。若巷道破坏严重，不知撤退是否安全时，可以到支护较完整的地点躲避等待救护。

2）掘进工作面瓦斯爆炸后矿工的应急措施

如发生小型爆炸，掘进巷道和支架基本未遭破坏，遇险矿工未受直接伤害或受伤不重时，应立即打开随身带的自救器，佩戴好后迅速撤出受灾巷道到达新鲜风流中。对于附近的伤员，要协助其佩戴自救器，帮助其撤出危险区；对不能行走的伤员，若其在靠近新鲜风流30～50 m范围内，要设法将其抬运到新鲜风流中，如距离较远，则只能为其佩戴自救器，不可抬运。撤出灾区后，要立即向矿调度室报告。

如发生大型爆炸，掘进巷道遭到破坏，退路被阻，但遇险矿工受伤不重时，应佩戴好自救器，千方百计疏通巷道并撤到新鲜风流中。如巷道难以疏通，应坐在支护良好的棚子下面，或利用一切可能的条件建立临时避难硐室，要利用压风管道、风筒等改善避难地点的生存条件，相互安慰、稳定情绪，等待救助，并有规律地发出呼救信号。对于受伤严重的矿工要为其佩戴自救器，使其静卧待救。

3）采煤工作面瓦斯爆炸后矿工的应急措施

如果进回风巷道没有垮落堵死，通风系统破坏不大，所产生的有害气体较易被排除时，采煤工作面进风侧的人员一般不会受到严重伤害可迎风撤出灾区；回风侧的人员要迅速佩带自救器，经最近的路线进入进风侧。

如果爆炸造成严重的塌落冒顶，通风系统被破坏，爆源的进、回风侧都会聚积大量的一氧化碳和其他有害气体，该范围内所有人员都有发生一氧化碳中毒的可能。因此在爆炸后，没有受到严重伤害的人员，要立即打开自救器佩戴好。在进风侧的人员要逆风撤出，在回风侧的人员要设法经最短路线撤退到新鲜风流中。如果冒顶严重撤不出来时，首先要把自救器佩戴好，并协助重伤员在较安全地点待救；附近有独头巷道时，也可进入暂避，并尽可能用木料、风筒等设立临时避难场所，并把矿灯、衣物等明显的标识物，挂在避难场所外面明显的地方，然后进入室内静卧待救。

（五）煤与瓦斯突出

1. 煤与瓦斯突出概述

1）煤与瓦斯突出的概念

在煤矿井下由于地应力和瓦斯压力的共同作用，在极短的时间内，破碎的煤和瓦斯由煤体或岩体内突然向采掘空间抛出的异常动力现象，称为煤与瓦斯突出。

2）煤与瓦斯突出的危害

煤与瓦斯突出是煤矿常见灾害之一，它对煤矿的危害主要表现在：采掘工作面或巷道突然间充满高浓度瓦斯，易造成人员窒息，遇火时还会发生瓦斯爆炸；突出时的动能可摧毁支架，破坏设备、设施；破坏通风系统，造成风流紊乱；突出的煤岩堵塞巷道，影响巷道使用。

3）煤与瓦斯突出的分类

按照突出的力学特征和显现特点分类：

（1）煤与瓦斯突出（简称突出）。

（2）煤与瓦斯的突然压出（简称压出）。

（3）煤与瓦斯的突然倾出（简称倾出）。

按照突出规模和强度分类：

（1）小型突出：突出强度< 100 t。

（2）中型突出：突出强度 100 ~ 500 t。

（3）大型突出：突出强度 500 ~ 1000 t。

（4）特大型突出：突出强度≥1000 t。

4）煤与瓦斯突出的机理

煤与瓦斯突出是一种极为复杂的动力现象，其说法不一，但普遍认为：煤与瓦斯突出是由于瓦斯压力、矿山压力以及煤（或岩石）的物理力学性质综合作用的结果。

瓦斯压力是指在煤层中含有大量的高压瓦斯，其中蓄有大量的能量。当采掘工作影响到此区域时，造成能量释放，发生突出。矿山压力是指岩层的静压力、地质构造残余应力以及采掘集中应力。煤层（或岩层）在矿山压力作用下，处于弹性变形状态，积存有很大的能量，一旦采掘工作接近或进入此区域，就会造成能量释放，破坏煤体（岩体），发生煤与瓦斯突出。煤（或岩石）的物理力学性质是指煤体（或岩体）的坚固性程度等，它是同瓦斯压力、矿山压力相对抗的因素。

以上 3 个因素中，瓦斯压力、矿山压力是煤与瓦斯突出发生、发展的动力，是突出的作用力，而煤体（或岩体）的坚固性则是阻碍突出发生的力，是突出的反作用力。当发生突出的作用力大于突出的反作用力时，突出即将发生；反之，则不会发生突出。因此设法降低瓦斯压力和矿山压力，设法增加煤体（或岩体）的坚固性是制止煤与瓦斯突出的关键。

2. 煤与瓦斯突出的一般规律

煤与瓦斯突出有如下规律：

（1）突出的危险性随着煤（岩）层埋藏深度的增加而增大。

(2) 突出的危险性随着煤（岩）层倾角的增大而增大。

(3) 突出的危险性随着煤（岩）层厚度特别是软分层厚度的增加而增大。

(4) 突出煤（岩）层的瓦斯含量和瓦斯压力一般都比较高。

(5) 断层等地质构造附近易发生突出。

(6) 突出的煤层一般煤质松软，强度低，光泽暗淡，层理紊乱。

(7) 突出的危险性随着煤（岩）层含水量的增加而减少。

(8) 突出大多发生在落煤时，尤其在爆破时。

(9) 石门揭煤时易发生突出。

(10) 突出的区域分布是不均衡的。同一矿区，不同矿井的突出煤层可能不同，同一煤层在不同地点的突出危险性也可能不同。

(11) 突出前一般都有预兆。

3. 煤与瓦斯突出的预兆

煤与瓦斯突出的预兆包括有声预兆和无声预兆。

有声预兆包括：

(1) 响煤炮。突出前在煤体深处发出大小、间隔不同的响声。有的像炒豆声，有的像鞭炮声，有的像机枪连射声，有的像闷雷声。煤炮声由小到大、由远到近、由稀到密是突出较危险的信号。

(2) 气体穿过含水裂缝时的吱吱声。

(3) 因压力突然增大而出现的支架嘎嘎声、劈裂折断声、煤岩壁断裂声。

无声预兆包括：

(1) 在煤层构造方面表现为：煤层层理紊乱，煤变软、变暗淡、无光泽，煤层干燥，煤尘增大，煤层受挤压褶曲、变粉碎、厚度不均，倾角变化。

(2) 在矿山压力显现方面表现为：压力增大使支架变形；煤壁外鼓，片帮、冒顶次数增多，底鼓严重；炮眼变形快，装药困难，打钻时易顶钻、卡钻、喷钻、塌孔。

(3) 其他方面表现为：瓦斯涌出量忽大忽小；空气气味异常，忽冷忽热。

4. 煤与瓦斯突出的防治

在开采突出煤层时，必须采取“四位一体”的综合防治措施，包括：突出危险性预测、防治突出措施、防治突出措施的效果检验和安全防护措施。

1) 煤与瓦斯突出危险性预测

突出矿井要进行突出危险性预测，目的在于区分不同煤层、同一煤层的不同区域及不同采掘工作面的突出危险性，以便采取不同的技术、管理措施，提高防突工作的准确性和经济性。一般预测分为两大类：一是预测煤层和煤层的某一区域的突出危险性，二是预测工作面突出的危险性。

对于煤层，通过预测划分为突出煤层和非突出煤层；对于突出煤层的某一区域，通过预测划分为突出危险区域、突出威胁区域和无突出危险区域。在突出危险区域内每循环作业前，采掘工作面要进行预测，划分为突出危险工作面和无突出危险工作面。

在突出威胁区域内，正常作业时，每推进 30 ~ 100 m 采掘工作面要进行不少于 2 次的预测，划分为突出危险工作面和无突出危险工作面。

2) 防治突出措施

（1）区域性防突措施。

① 开采保护层。在突出矿井开采煤层群时，首先应选择无突出危险或突出危险较小的煤层作为保护层，先采保护层，后开采其他煤层。

② 预抽煤层瓦斯。预抽煤层瓦斯就是抽放开采煤层或本煤层瓦斯，减小瓦斯压力，以便减少或消除煤层突出危险性。

③ 煤层注水。在煤层内打钻，安装注水管，将一定压力的水注入煤体，用以湿润煤体，改变煤层中的瓦斯含量和煤体的压力结构，达到防突目的。

（2）局部防突措施。

所谓局部防突措施，是指对煤矿井下某一地点、工作面或巷道等局部范围内起防突作用的措施。一般有以下措施：

① 震动性爆破。在有突出危险地点增加炮眼数，加大炸药量，一次炸开巷道全断面，诱发突出。

② 水力冲孔。向煤层内打钻后，利用高压水射流的冲击作用，在工作面前方煤体内冲出一定孔道，以加速瓦斯排放，扩大卸压范围，预防突出。

③ 钻孔局部瓦斯排放。向煤层打多排钻孔，使煤层瓦斯从钻孔中自然排放出来，以降低瓦斯压力，预防突出。

④ 大直径超前钻孔。在掘进工作面前方打直径为 200 ~ 300 mm 的钻孔，用于排放瓦斯和卸压，预防突出。

⑤ 松动爆破。利用炸药在钻孔内爆破，松动煤体，产生裂隙，使应力集中向深部转移，预防突出。

⑥ 煤层高压注水。预先在煤层内打钻，注入高压水，湿润煤体，减少应力，从而预防突出。

⑦ 金属骨架。金属骨架是主要用于石门揭煤时的一种超前支架。在石门掘至煤层一定距离时，暂停掘进，在石门断面顶部及两帮打钻孔，插入骨架，形成整体防护，预防突出。

3）防突措施的效果检验

开采保护层时，应在被保护层掘进巷道时进行效果检验。对预抽瓦斯防治突出的效果检验应在煤巷掘进时进行。石门防治突出措施执行后，应采取钻屑指标等方法及时进行效果检验。采煤工作面执行防突措施后，应在措施孔之间打检验孔进行效果检验。只有检验的指标小于各自煤层突出危险临界值时，才能认为防突措施有效；反之，认为防突措施无效，应立即采取补充防治突出的措施。

4）安全防护措施

安全防护措施主要包括：

（1）石门揭穿突出煤层时的震动性爆破。震动性爆破必须编制专门设计；使用煤矿安全被筒炸药，使用毫秒雷管，最后一段的延期时间不得超过 130 ms，不得跳段使用；爆破后 30 min 人员方可进入工作面。

（2）加强矿井通风。突出矿井采掘工作面严禁串联通风，突出区域通风系统合理，在进风侧必须设置至少 2 道反向风门。

（3）采掘工作面远距离爆破。有突出危险的采掘工作面必须采用远距离爆破，爆破地点在进风侧反向风门外，距工作面距离必须在措施中明确规定。爆破后距进入工作面检查的时间不得小于 30 min。

（4）设置避难硐室或压风自救系统。避难硐室或压风自救系统应设在有突出危险的采掘工作面附近，避难硐室内设施齐全、供风良好。

（5）入井人员应随身携带隔离式自救器，同时还要熟悉井下避灾路线。

二、矿井水灾的预防

（一）矿井水（灾）基础知识

1. 矿井水与矿井水灾

在矿井生产与建设过程中，地面水与地下水都可能通过各种通道流入矿井中，我们把所有流入矿井中的水统称为矿井水。采取各种措施防止水进入矿井，或将已进入矿井的水及时排至地面，前者叫矿井防水，后者叫矿井排水。

当矿井涌水量超过了矿井的正常排水能力时，造成矿井水泛滥成灾的现象，叫矿井水灾。矿井水灾是煤矿主要自然灾害之一。

2. 矿井水（灾）的来源、危害

矿井水的来源有地下水、地表水、大气降水和老空（窑）积水，其危害主要表现在以下 4 个方面。

（1）造成顶板淋水，使巷道内空气的湿度增大、顶板破碎，对工人的身体健康和劳动生产率都会带来一定的影响。

（2）由于矿井水的存在，生产、建设过程中必须进行矿井排水工作，矿井水的水量越大，所需安装的排水设备越多或功率越大，排水所用的电费开支就越高，增大了原煤生产成本。

（3）矿井水对各种金属设备、钢轨和金属支架等有腐蚀作用，使这些生产设备的使用寿命大大缩短。

（4）当矿井水的水量超过矿井的排水能力或发生突然涌水时，轻则造成矿井局部停产或局部巷道被淹没，重则造成矿井淹没、人员伤亡。

3. 发生矿井水灾的 2 个基本条件

分析涌水事故可知，造成矿井水灾必须具备 2 个基本条件，即存在水源和涌水通道。水源就是流经或积存于井田范围内的地面水和地下水；涌水通道就是水源进入矿井的渠道，如井筒、塌陷坑、裂缝、断层、裂隙、钻孔和溶洞等。为了防止水患的发生，必须深入地进行调查研究，摸清井田内的水文地质条件，掌握矿区内水源的分布、来龙去脉。

4. 井下防水

井下防水的主要措施有：防、排、探、截、堵。

（1）井下防水。可选择合理的开拓开采方法，减少矿井涌水量或留设防水煤柱，使工作面与地下水源保持一定距离。

（2）井下排水。在地面或井下打专门钻孔或利用专门疏水巷道进行疏放排水，以降低含水层的水位和水压，并疏干局部地下水。

（3）井下探放水。利用钻孔探查工作面前方的水情，然后有控制地将水放出，以保

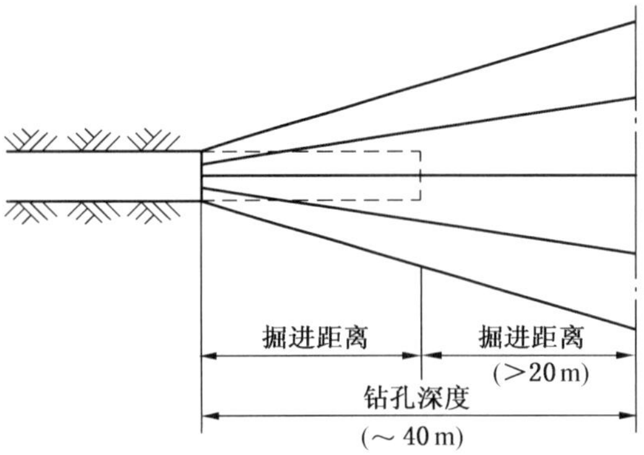

图2-39　探水钻孔布置

证采掘安全。探水钻孔布置如图2-39所示。钻孔深度一般为40 m左右，其超前距离不小于20 m，钻孔数目不少于3个。探到水源后，应把水有计划地抽放出来。

（4）井下截水。在井下适当地点修筑截水建筑物，如水闸门、水闸墙等，当井下局部发生涌水时，可将其截住，使其不致危及其他地区；或用水闸墙、水闸门将煤层开采区与水源隔离，以保证开采安全。

（5）注浆堵水。将水泥浆或化学浆通过专门的钻孔压入地层空隙，浆液在地层中扩散、胶结、硬化，最终起到加固地层和堵隔水源的作用。

（二）矿井透水事故的一般预兆

（1）煤壁“挂汗”。具有一定压力的积水透过煤岩体的细微裂隙而在采掘面煤岩上凝聚成水珠的现象，称为“挂汗”。透水预兆中的“挂汗”与其他原因造成的“挂汗”有所不同。透水预兆中顶板“挂汗”多呈尖形水珠，有“承压欲滴”之势；自燃预兆中的“挂汗”为蒸气凝结于煤岩壁所致，多为平形水珠；另外，井下空气中的水分遇到低温的煤岩体时，也可能聚结成水珠。区别“挂汗”现象是否为透水预兆的方法是剥离一层煤壁面，仔细观察所暴露的煤壁面上是否潮湿，若潮湿则是透水预兆。

（2）煤壁“挂红”。当积水中含有铁的氧化物时，上述煤岩壁上所挂之“汗”呈暗红色（铁锈使水色变得暗红），故称为“挂红”。

（3）空气变冷，煤壁发凉。水的热导率比煤岩体大，所以采掘面接近积水区域时，空气温度会骤然下降、变冷，人进入后有凉爽、阴冷之感。煤岩体的含水量增大时，其热导率增大，所以用手摸煤岩壁有发凉的感觉。但应注意，受地热影响较大的矿井，地下水的温度较高，当采掘面接近积水温度较高的积水区时，气温反而升高。

（4）出现雾气。当采掘面气温较高时，从煤壁渗出的积水就会被蒸发而形成雾气。

（5）发出水叫声。含水层或积水区内的高压水在向煤壁裂隙挤压时，与煤壁摩擦会发出“嘶嘶”叫声，有时能听到空洞泄水声，这是透水的危险征兆，若是煤巷掘进，透水即将发生。

（6）淋水加大，顶板来压，底板鼓起或产生裂隙并出现渗水。

（7）出现压力水流（或称水线）。这表明离水源已较近，应密切注视水流情况。若出水浑浊，说明水源很近；若出水清净则水源尚远。

（8）工作面有害气体增加。这是因为积水区常常有瓦斯、二氧化碳、硫化氢等有害气体逸散出来的缘故。

（9）煤层发潮、发暗。原本干燥、光亮的煤层由于水的渗入，变得潮湿、暗淡。如果挖去表面一层，里面仍然如此，就说明附近有积水。

《规程》第三百二十二条规定：在探放水钻进时，发现煤岩松软、片帮、来压或者钻孔中水压、水量突然增大和顶钻等突（透）水征兆时，应当立即停止钻进，但不得拔出钻杆；现场负责人员应当立即向矿井调度室汇报，立即撤出所有受水威胁区域的人员，采取安全措施，派专业技术人员监测水情并进行分析，妥善处理。

三、矿井火灾预防

（一）矿井火灾基本知识

1. 矿井火灾及构成要素

凡是发生在井下或地面，威胁矿井安全生产，造成损失的燃烧均称为矿井火灾。发生火灾的原因多种多样，但引起火灾的基本要素归纳起来有以下3点：

（1）热源。具有一定温度和足够热量的热源才能引起火灾。在矿井里的煤的自燃、爆破作业、机械摩擦、电流短路、吸烟、烧焊等都有可能成为引火的热源。

（2）可燃物。在矿井中，煤本身就是一个大量而且普遍存在的可燃物。另外，坑木、各类机电设备、各种油料、炸药等都具有可燃性。可燃物的存在是火灾发生的基础。

（3）氧气。燃烧就是剧烈的氧化反应。任何可燃物尽管有热源点燃，但是缺乏足够的氧气，燃烧是不能持续的，所以氧气的供给是维持燃烧不可缺少的条件。

以上火灾发生的三要素必须是同时存在，相互结合，缺一不可。

2. 矿井火灾的分类

根据引火源的不同，通常将矿井火灾分成外源火灾（外因火灾）和自然火灾（内因火灾）两大类。

（1）外源火灾是指由于外来热源，如明火、爆破、机电设备运转不良、人为纵火等原因造成的火灾。其特点是：突然发生，如果不能及时发现，往往可能酿成恶性事故。

（2）自然火灾是指由于一些自燃物质（主要是煤）在一定条件下或环境下（如破碎后集中堆积，又有一定的风流供给）自身发生物理化学变化（吸氧、氧化、发热）聚积热量导致着火而形成的火灾。自然火灾大多发生在采空区遗留的煤柱、破裂的煤壁、煤巷的高冒处以及浮煤堆积的地点。其特点是：它的发火有一个或长或短的过程，易于早期发现。但由于火源隐蔽，往往发生在人们难以进入的采空区或煤柱内，要想真正找到火源确非易事，因此不能及时扑灭，以致有的自然发火区可以持续数月、数年、数十年而不灭。

另外，也可根据火灾发生的地点、燃烧物及其性质不同而进行分类。

3. 矿井火灾危害

燃烧煤炭资源，烧毁设备和耗掉大量灭火材料，造成巨大经济损失；为了灭火封闭采区，冻结大量开采煤量，使矿井产煤量大幅度下降；能引起瓦斯煤尘爆炸事故；火灾会产生大量有毒有害气体，造成人员伤亡；矿井火灾可引起矿井井巷风流的紊乱，给矿井安全工作带来严重危害。

4. 自然火灾发生的预兆

尽早并准确地发现煤炭自燃的早期征兆，防患于未然，这对防治煤炭自燃，确保安全生产十分重要。根据煤炭自燃发展过程各阶段的特征，早期识别主要凭借人体感官，判断方法如下：

（1）视觉。煤在低温氧化过程中，由于热量积聚，煤体温度升高，煤体中的水分蒸发，使其附近空气的湿度增大，因此可以看到巷道中出现雾气和水珠，支架或巷道壁凝有水珠，俗称“出汗”。这是矿井火灾外部征兆出现最早、比较可靠的现象。但是，有时在两股温度不同的风流汇合处，也可能会出现雾气和水珠；另外，透水事故的前兆也会有水珠出现。因此在井下出现雾气和水珠时，要结合具体情况和条件加以分析，以免发生错误判断。

（2）嗅觉。煤炭从自热到自燃的发展过程中，氧化产物内有许多种碳氢化合物，并放出煤油味、汽油味、松节油味或焦油味等。当嗅到焦油味时，煤炭自燃已发展到相当严重的程度了。

（3）触觉。煤炭在氧化过程中要放出热量，因此，从煤炭氧化地点流出的水或周围空气的温度较正常温度高，接触到这些水和空气时就有一种“热”感（一般高于 30 ℃就会有感觉）。

（4）疲劳。煤炭在自燃发展过程中，会产生一氧化碳、二氧化碳等有毒有害气体，同时氧含量减少，使人体感到疲劳不适，如头痛、闷热、疲乏等。

人体感官在煤炭自燃早期识别中的作用是明显的，但是，由于人体的感觉总是带有相当大的主观性，它与人的健康和精神状态有关，而且只能在各种征兆达到较为明显的程度时才能感觉到，因此，还必须借助先进的仪器设备来分析、判断煤炭自燃的发展情况。

（二）矿井防火

1. 矿井防火的一般性措施

（1）建立防火制度。《规程》第二百四十六条规定，煤矿必须制定井上、下防火措施。煤矿的所有地面建（构）筑物、煤堆、矸石山、木料场等处的防火措施和制度，必须遵守国家有关防火的规定。

（2）防止烟火入井。木料场、矸石山、炉灰场距进风井的距离不得小于 80 m。木料场距矸石山的距离不得小于 50 m。矸石山和炉灰场不得设在进风井的主导风向的上风侧，不得设在地表 10 m 以内有煤层的地面上，也不得设在采空区上方有漏风的塌陷范围内。井口房和通风机房附近 20 m 内，不得有烟火或用火炉取暖。这些规定，都是为了防止因井口附近着火时烟流进入井下。

（3）进风井口应装设防火铁门，防火铁门必须严密并易于关闭，打开时不妨碍提升、运输和人员通行，并应定期维修；如果不设防火铁门，必须有防止烟火进入矿井的安全措施。

（4）设置消防材料库。储备足够的消防器材，供灭火时使用。《规程》规定，每一矿井必须在井上、井下设置消防材料库，并符合下列要求：

① 井上消防材料库应设在井口附近，但不得设在井口房内。

② 井下消防材料库应设在每一个生产水平的井底车场或主要运输大巷中，并应装备消防车辆。

③ 消防材料库储存的消防材料和工具的品种和数量应符合有关规定，并定期检查和更换；消防材料和工具不得挪作他用。

④ 设置消防水池和井下消防管路系统。用水灭火是一种比较经济而方便有效的方法。因此，《规程》第二百四十九条规定：矿井必须设地面消防水池和井下消防管路系统。井下消防管路系统应当敷设到采掘工作面，每隔 100 m 设置支管和阀门，但在带式输送机巷

道中应当每隔 50 m 设置支管和阀门。地面的消防水池必须经常保持不少于 200 m^3 的水量。消防用水同生产、生活用水共用同一水池时，应有确保消防用水的措施。

开采下部水平的矿井，除地面消防水池外，可以利用上部水平或生产水平的水仓作为消防水池。

⑤ 使用不燃性建筑材料。《规程》第二百四十八条规定，新建矿井的永久井架和井口房、以井口为中心的联合建筑，必须用不燃性材料建筑。对现有生产矿井用可燃性材料建筑的井架和井口房，必须制定防火措施。

2. 外因火灾的预防措施

外因火灾的预防主要从两方面进行：一是防止失控的高温热源；二是尽量采用不燃或耐燃材料支护，同时防止可燃物大量积存。煤矿井下失控的高温热源较多，如电气设备过负荷而短路产生的电弧、电火花，不正确的爆破作业产生的爆炸火焰，机械设备运转造成的摩擦火花，物品碰撞引起的冲击火花，违章吸烟，使用电炉、灯泡取暖，烧焊以及瓦斯煤尘爆炸等都能形成外因火灾。

预防外因火灾的措施关键是严格遵守《规程》的有关规定，及时发现外因火灾初起征兆并制止。

3. 煤炭自燃的预防措施

煤炭自燃必须具备的 3 个条件：

（1）煤炭具有自燃的倾向性，并呈破碎状态堆积存在。

（2）连续的通风供氧使煤的氧化过程不断地发展。

（3）煤氧化生成的热量能大量蓄积，难以及时散失。

煤炭自燃引发事故会严重影响矿井经济效益，破坏矿井的正常采掘，对人体健康构成威胁，由煤炭自燃引起的瓦斯爆炸事故也时有发生。因此，必须坚持预防为主、综合治理的原则，采取有针对性的技术措施，消除自然发火事故对矿井安全的威胁。

（1）从预防煤炭自燃的角度出发，对开拓、开采方法的要求是：煤层切割量要少、煤炭采出率高、工作面推进速度快、采空区容易封闭。

（2）防止漏风。防止漏风的措施是尽可能地增大漏风风阻和降低漏风风路两端的压差。

（3）预防性灌浆。预防性灌浆是预防煤炭自燃的传统措施，也是应用最为广泛且最有效的措施。预防性灌浆就是将水和不燃性固体材料按一定比例混合，配制成适当浓度的浆液，然后利用灌浆管道系统将其送往采空区等可能发生煤炭自燃的地点，以防止自燃火灾发生。浆液灌注到采空区等处后，固体逐渐沉淀下来，水则流到巷道中排出。

（4）阻化剂防火。阻化剂亦称阻氧剂，是一些具有阻止氧化和防止煤炭自燃作用的盐类物质。

（5）凝胶防灭火技术。凝胶防灭火技术是通过压注系统将基料（水玻璃）和促凝剂（铵盐）按一定比例与水混合后，注入煤体中凝结固化，起到堵漏和防火的目的。

（三）矿井灭火

井下发生火灾的原因是多种多种样的，可根据具体情况采取针对性治理措施，及时扑灭火灾，避免灾情扩大造成严重的人身事故和国家财产的巨大损失。

井下灭火方法可分为直接灭火、隔绝灭火和联合灭火 3 类。

1. 直接灭火

1）用水灭火

用水灭火的条件：

（1）火源明确，不是电气设备和油类火灾，并且能够接近火源，水源充足，供水系统完善。

（2）火势不大，范围较小，火源区瓦斯浓度小于2%。

（3）灭火地点顶板稳固，能在支架掩护下进行灭火工作。

（4）通风系统正常，风路畅通无阻。

用水灭火的注意事项：

（1）注意安全和喷射方法。灭火人员要站在上风侧，先从火源外围喷水，逐步向火源中心靠近。

（2）保证水量充足。防止水量不足时，水在高温作用下分解出的氢气和氧气与一氧化碳相混合形成爆炸性混合气体。

（3）保持正常通风，瓦斯检查员在现场随时检查瓦斯含量。

（4）用水扑灭电气设备火灾时，必须先切断电源。

2）用砂子或岩粉灭火

用砂子或岩粉直接撒布在火源上，或用压气喷枪喷洒在火源上。砂子或岩粉覆盖火源后，将燃烧物与空气隔绝，使火熄灭。砂子或岩粉都不导电，并能吸收液体，因此适用于扑灭电气设备火灾和油类火灾。

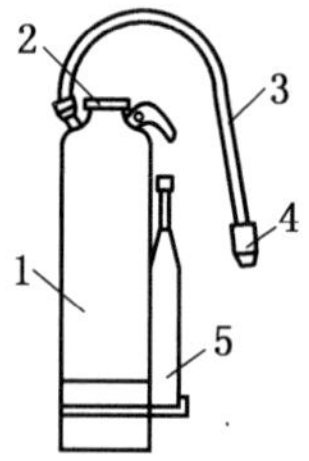

1—机筒；2—机盖；3—喷射胶管；4—喷嘴；5—二氧化碳钢瓶

图2－40　干粉灭火器的结构图

3）用灭火器灭火

（1）用泡沫灭火器灭火。灭火时，将灭火器倒拿在手中，使瓶中的酸性溶液和碱性溶液混合，发生化学反应，形成大量充满二氧化碳的气泡喷射出来，覆盖在燃烧物的表面上，隔绝空气，起到灭火作用。

（2）用干粉灭火器灭火。干粉灭火是以磷酸氨粉末为主药剂，以炉灰为防潮防滞剂，以喷粉灭火器为主要工具的一种灭火方法。干粉灭火器结构如图2－40所示。

4）高倍数空气机械泡沫灭火

图2－41所示为煤矿用高倍数泡沫灭火装置。高倍数泡沫灭火的作用实质上是扩大了用水灭火的有效性，泡沫覆盖在燃烧物上，隔绝与空气的接触；与火接触泡沫破裂，水分蒸发，吸热降温；水蒸气稀释氧气的浓度，抑制燃烧；泡沫隔热性好，救护人员可以通过泡沫接近火源，采取积极措施直接扑灭火灾。

5）挖除火源灭火

挖除火源灭火是将已经发热或燃烧的煤炭以及其他可燃物挖掉，并运出井外，是扑灭火灾最可靠的方法。

挖除火源灭火的使用条件：

（1）火灾初始阶段，范围不大。

（2）火区无瓦斯积聚，无煤尘爆炸危险。

（3）人员可直接到达火源地点。

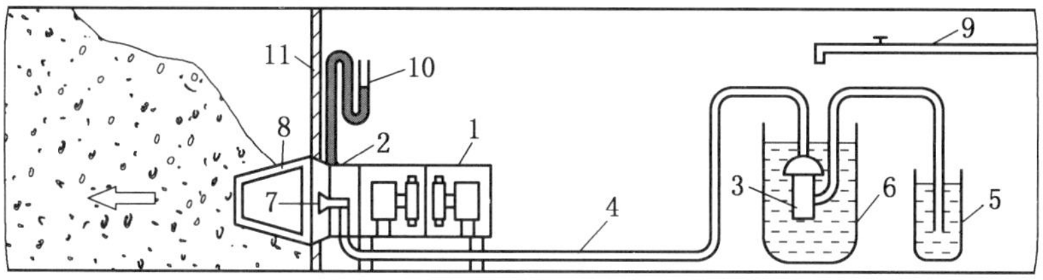

1—风机；2—泡沫发射器；3—潜水泵；4—管路；5—盛剂桶；6—水桶；
7—喷嘴；8—棉线网；9—水管；10—水柱计；11—密闭

图 2-41 煤矿用高倍数泡沫灭火装置

挖除火源灭火的操作程序：

（1）挖除火源前，应先用大量压力水喷浇，待火源冷却后再挖除掉，并运至井外。如有余火，应用水彻底浇灭。

（2）必须随时检查瓦斯浓度和矿井温度，只有在瓦斯浓度不超过 1%、温度不高时才能挖除。

（3）若需架设临时支护，应将支护材料湿透。

（4）挖除火源的范围应超过发热煤炭 1~2 m。此外，煤体的温度不得超过 40 ℃。

（5）挖除火源后的空间要用不燃性材料充实封闭。

此方法具有一定的危险性，要根据上述程序组织好足够的力量，制定严格的安全措施，力求用最短的时间来完成。

2. 隔绝灭火法

隔绝灭火法是在矿井火灾不能用直接法扑灭时，用防火墙将火源或发火区严密封闭起来，切断火区的空气源，使火源缺氧的灭火方法。这是处理大面积火区和控制火势发展的有效措施。

1）防火墙的类型

防火墙按其用途和服务年限的不同，可分为临时性防火墙、永久性防火墙和耐爆防火墙 3 种。

2）封闭火区的顺序

封闭火区是一项复杂而危险的工作，尤其是瓦斯矿井，在封闭过程中可能形成瓦斯积聚而导致瓦斯爆炸事故。封闭火区工作过程顺利与否，封闭效果的好坏乃至成败，与封闭火区的顺序有直接关系。首先将对火区影响不大的次要风路的巷道封闭起来，然后封闭火区的主要进风、回风巷道。其封闭顺序有下列 3 种：

（1）先封闭进风口，后封闭回风口。在没有瓦斯爆炸危险的情况下，可先在火区的进风口迅速构筑临时防火墙，切断风流，控制和减弱火势；然后再在回风口构筑临时防火墙；最后，在临时防火墙的掩护下建造永久性防火墙。

（2）先封闭回风口，后封闭进风口。这种封闭方法，一般在火势不大、温度不高、无瓦斯存在以及烟流不大的情况下实施，这样也可起到迅速截断火源蔓延的作用。

（3）进、回风口同时封闭。在瓦斯矿井中，为防止因封闭火区引起瓦斯爆炸，应采取进、回风口同时封闭的方法。所谓同时封闭，仍是先构筑进风口防火墙，只是在防火墙将要建成时，先不急于封严，留出一定断面的通风孔；待回风口防火墙也即将完工时，约好时间，同时将进、回风口防火墙上的通风孔迅速封堵严密。这种方法封闭时间短，能很快封闭火区，切断供氧，火区内瓦斯浓度也不易达到爆炸界限。

总之，在瓦斯矿井封闭火区时，应考虑火区内气压的变化、瓦斯涌出量、是否会产生风流逆转、封闭空间的容积、火区瓦斯达到爆炸浓度所需的时间等因素，全面慎重选择封闭顺序和防火墙位置。常用的是进、回风口同时封闭的顺序。

3）封闭火区应注意的问题

（1）防火墙数目要尽可能少。防火墙越多，控制范围越大，漏风就越大，不利于灭火；同时，防火墙数目少，可避免人力、物力和财力的浪费。

（2）封闭火区用的材料充足，供应及时。

（3）采用进、回风口同时封闭顺序时，进、回风口必须按约定时间同时封堵“通风孔”，施工人员必须及时撤离。

（4）坚持建筑标准，确保建筑质量。

（5）封闭火区时，必须指定专人检查瓦斯、氧气、一氧化碳、煤尘以及其他有害气体的浓度，并在回风口观测火区温度、烟流的变化情况，还必须采取防止瓦斯、煤尘爆炸和人员中毒的安全措施。

3. 联合灭火法

联合灭火法是隔绝灭火法与其他灭火法综合应用的方法。由于防火墙受矿压、本身质量等因素的影响，会产生漏风，使火区长时间不能熄灭，所以通常在火区封闭后，再采取向火区内注入泥浆、惰性气体或调节风压等方法，使火区加速熄灭，此为联合灭火法。

1）注浆灭火

注浆灭火方法应根据矿井和火区的具体情况而定，一般采用以下 3 种注浆方法：

（1）地面打钻注浆灭火。适用于矿井深度不大，火源距地面较近，地面有注浆材料，可以从地面打钻把泥浆直接注入火区的情况。

（2）消火道注浆灭火。适用于火源距巷道较远，打钻有困难时，可沿火区一侧或其四周开掘消火道，再向火区打钻注浆。

（3）地面集中注浆站注浆灭火。适用于矿井开采深度较深，范围较大，火源距地表深度大时，采用在地面设固定集中注浆站，建立注浆系统，进行预防性注浆和注浆灭火。

2）注惰性气体灭火

（1）将惰性气体发生器产生的以氮、二氧化碳、水蒸气为主体的湿式惰性气体，压送到封闭的火区内，稀释火区中的氧气浓度，增加封闭火区内的气压，减少新鲜空气的流入，达到防止瓦斯爆炸和加速灭火的目的。

（2）注二氧化碳灭火。将液态或固态二氧化碳注入封闭的火区内，在火区高温作用下，液态或固态二氧化碳转化为气态，吸热降温，并把氧气的浓度稀释到 12% 以下，达到灭火的目的。

（3）注氮灭火。将由制氮机制取的气氮或液氮注入火区，降低氧气浓度，冲淡封闭区可燃易爆性气体的浓度，降低火源温度。

3）均压法灭火

均压法灭火是调节已封闭火区进、回风侧的风压差，使其尽可能减小，以减少漏风，加速火区的熄灭。具体做法有调节风门均压、调节风门与调压局部通风机联合均压、设置连通管路均压、改变局部通风系统等方法。

四、矿尘防治

（一）矿尘基本知识

在煤矿生产和建设过程中所产生的各种岩矿微粒统称为煤矿粉尘，又称矿尘。

1. 矿尘的分类

1）按矿尘的成分划分

（1）煤尘。直径小于 1 mm 的煤炭颗粒。

（2）岩尘。直径小于 5 μm 的岩石颗粒。

2）按矿尘中 SiO_2 的含量划分

（1）硅尘。SiO_2 的含量大于 10% 的矿尘。

（2）非硅尘。SiO_2 的含量小于或等于 10% 的矿尘。

3）按矿尘的粒度大小及其可见度划分

（1）可见矿尘。粒径大于 10 μm，在光线明亮条件下肉眼可以看得见的矿尘。

（2）显微矿尘。粒径为 0. 25 ~ 10 μm，用普通显微镜可以看得见的矿尘。

（3）超显微矿尘。粒径在 0. 25 μm 以下，用电子显微镜才能看得见的矿尘。

4）按矿尘的粒度范围划分

（1）全尘。不同粒径的全部矿尘，又称总粉尘。

（2）呼吸性粉尘。粒径在 5 μm 以下，能被吸入人体肺泡区的浮尘。

5）按矿尘的爆炸性划分

（1）爆炸性矿尘（煤尘）。本身具有爆炸倾向性，在一定条件下能发生爆炸的矿尘。

（2）无爆炸性矿尘。本身没有爆炸倾向性，在任何条件下都不会发生爆炸的矿尘。

6）按矿尘的存在状态划分

（1）浮尘。悬浮在矿井空气中的矿尘。

（2）落尘。降落于井巷四周、支架和设备、物料上的矿尘。

2. 矿尘的生成

在煤矿的各个生产环节，从开拓、掘进、采煤、运输以至提升，随着岩、煤体的破坏、碎裂便产生大量的岩尘和煤尘。在开拓、掘进过程中，凿岩和爆破是产生岩尘的主要工序。在采煤过程中，特别是采用机械落煤时，煤尘产生量更大。从矿尘的产生量来看，采掘工作产生的最多，在机械化采煤的矿井中有 70% ~85% 的煤尘是在采掘工作中产生的；其次是运输系统各转载点。

3. 矿尘的危害

矿尘的危害性很大，不仅可引起职业病，危害工人身体健康，而且煤尘还具有爆炸性，威胁着矿井的安全生产。此外，作业地点矿尘过多，还会影响视线，甚至造成视力减退，不利于及时发现事故隐患，从而增加了机械性人身事故的机会。

（二）煤矿尘肺病防治

1. 尘肺病的概念

尘肺病是矿工在生产过程中长期吸入大量矿尘而引起的以肺部纤维组织增生为主要特

征的慢性疾病。这是一种严重的矿工慢性职业病。尘肺病患者的症状为气短、胸闷、胸痛、咳嗽、咯血。一般初期症状不明显，随着病情的发展，严重时可丧失劳动能力，危及生命。尘肺病患者不仅上呼吸道防御机能受到破坏，而且全身的免疫功能也有所降低，因此在病程发展中往往易合并或引发出其他疾病。国内外煤矿尘肺病的合并症以肺结核和呼吸道感染为最常见，继发症以肺心病和自发性气胸为最常见。特别是晚期尘肺病，可同时有多种合并症和继发症存在，使患者病情恶化，寿命缩短。据卫生部门统计，尘肺病患者结核病合并症占尘肺病死亡人数的30%以上。

2. 预防尘肺病的技术措施

1）通风除尘

通风除尘是稀释和排除工作地点悬浮矿尘，防止浮尘浓度过高、浮尘量积累的有效措施，是矿井综合防尘的重要一环。

为使通风排尘更有效，就必须注意风速的问题。在平巷中，风流方向与矿尘沉降方向垂直，风流的推力对矿尘的悬浮没有直接的作用，排尘要求有足够大的风速。在垂直井巷中，风速方向与矿尘沉降方向平行，只要风速大于矿尘的沉降速度即可排出。最低排尘风速为0.25～0.5 m/s，最优排尘风速为1.2～1.6 m/s。在此范围内的风速既能有效地冲淡和排除浮尘，又不至于把大量落尘吹起。

2）湿式作业

（1）湿式凿岩。湿式凿岩就是在凿岩过程中，将压力水通过凿岩机送入并充满孔底，以湿润、冲洗和排出产生的矿尘，是岩巷掘进凿岩普遍采用的有效防尘措施。为提高湿式凿岩的防尘效果，必须抓好水质和水量两个环节。

水质的好坏主要是指水中固体悬浮物含量的多少，固体悬浮物越多，湿润岩粉能力就越差。因此凿岩用水必须经过滤、沉淀处理。

水量是指钻眼时送达眼底的有效水量。在湿式凿岩中，供水量不足严重地影响防尘效果；但水量过大时，水压增大，会对钻头、钻杆的回转起阻碍作用，将会降低钻眼速度。所以，供水量必须适当。

（2）装岩洒水。在装岩之前要多洒水，使混杂在破碎岩石中的粉尘充分湿润；在装岩过程中打开安装在装岩机两侧前端的喷雾器继续洒水，以防铲斗撮碴时扬起矿尘。用水冲洗两巷煤岩帮，在煤岩装运或受到较高风吹时，矿尘不易被吹扬起来。

（3）喷雾捕捉浮尘。在井下各转载点喷雾；在爆破时喷雾加速浮尘沉降，或者采掘工作面爆破前和爆破后恢复工作前，用防尘水管对巷道由外向里冲刷巷道两帮、顶等，一直冲洗到工作面为止，从而达到降尘的目的。

（4）使用水炮泥。水炮泥是装水的塑料袋，用它代替黏土炮泥填入炮眼内，能起到消焰、降温的作用，爆破的热量可使水汽化形成水蒸气，从而达到降尘的效果。

（5）净化风流。净化风流是使井巷中含尘的空气通过一定的设备或设施，将矿尘捕获而使风流净化的技术措施。目前较常用的净化风流设施有水幕（图2－42为喷雾洒水示意图）和湿式除尘机。

（三）煤尘爆炸及其防治

1. 煤尘爆炸的条件

煤尘爆炸必须同时具备以下4个条件：煤尘本身具有爆炸性；有充足的氧气；煤尘必

须悬浮在空气中并达到一定浓度；有能引起爆炸的热源存在。这 4 个条件缺少任何一个都不可能造成煤尘爆炸。

（1）煤尘本身具有爆炸性。煤尘爆炸是指悬浮在空气中的煤尘在一定条件下遇高温热源而发生的剧烈氧化反应。有的煤尘受热氧化后，产生的可燃性气体很少，不能使煤尘发生爆炸。所以，据此煤尘又可分为爆炸性煤尘和无爆炸性煤尘。煤尘有无爆炸性，只有通过煤尘爆炸性鉴定才能确定。

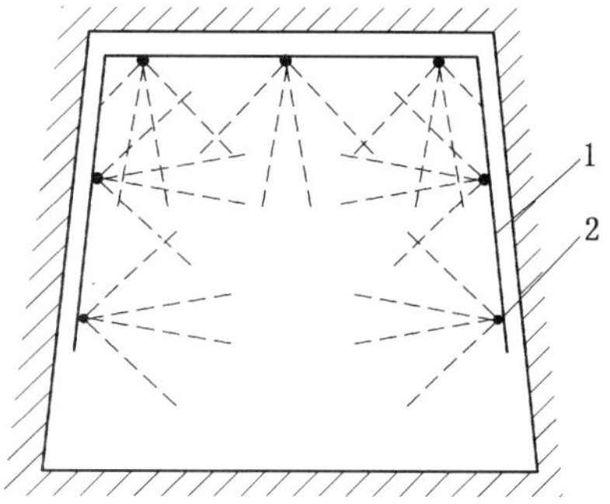

1—水管；2—喷嘴

图 2－42　喷雾洒水示意图

（2）有充足的氧气。煤尘爆炸就是煤尘的剧烈氧化现象。实验表明，空气中氧气的浓度小于 17% 时，煤尘就不会发生爆炸。

（3）悬浮在空气中的煤尘达到一定浓度。煤尘爆炸的浓度范围与煤的成分、煤尘粒度、引火源的种类及试验条件有关。我国试验结果是：煤尘爆炸的下限浓度一般为 45 g/m^3，煤尘爆炸的上限浓度为 1500～2000 g/m^3，爆炸威力最强时的煤尘浓度为 300～400 g/m^3。

（4）存在引爆热源。实验表明，煤尘爆炸的引燃温度变化较大，它随煤尘的性质和试验条件的不同而变化。我国煤尘爆炸的引燃温度为 610～10500 ℃，一般为 700～8000 ℃。井下能引燃煤尘的高温热源有：爆破火焰、电气火花、碰撞和摩擦产生的火花、瓦斯燃烧或爆炸以及井下火灾等。

2. 煤尘爆炸的效应及危害

（1）生成有害气体。煤尘爆炸时可生成大量 CO，爆区空气中 CO 浓度可达 2%～4%，甚至高达 8% 左右，这是造成工人大量中毒伤亡的主要原因。

（2）产生高温。煤尘爆炸时要释放出大量热能，据理论计算，可使爆炸产生的气体产物加热到 2300～2500 ℃。实测结果比较接近此值。高温能够引起矿井火灾、烧毁设备、烧伤人员，也是发生连续爆炸的主要热源。

（3）产生高压。在矿井条件下，煤尘爆炸时的平均理论压力为 735.5 kPa，实际发生爆炸时的压力往往超过此值。美国试验测得的爆炸压力为 1862 kPa，在有大量沉积煤尘的巷道中，爆炸压力将随着距爆源距离的增加而跳跃式地增加。在煤尘爆炸过程中，如遇有障碍物及巷道的拐弯或巷道断面的突变时，爆炸压力将大幅度增加。尤其是煤尘连续爆炸时，第二次爆炸的理论压力为第一次爆炸压力的 5～7 倍，依此类推。所以，煤尘爆炸的破坏性比瓦斯爆炸更为严重。具体危害表现为：损坏设备、推倒支架、造成冒顶和人员伤亡，使矿井遭受严重破坏，甚至摧毁整个矿井。

（4）产生冲击波。煤尘爆炸时的高温、高压，将产生强烈的冲击波和火焰。据实验测定，火焰的传播速度可达 610～1800 m/s，冲击波的传播速度可达 2340 m/s。

（5）引起煤尘或瓦斯连续多次爆炸。煤尘（或瓦斯）爆炸时，正向冲击波使其途经的巷道内的积尘扬起，形成尘云，并被随之而来的爆炸火焰点燃，引起二次、三次等连续多次爆炸，且距爆源越远爆力越强。

当形成反向冲击波的气体中煤尘（或瓦斯）达到爆炸浓度，或因爆源区气压的降低，瓦斯从采空区或煤体中向爆源地涌出，如果爆区火源尚未消失或有新的火源存在时，也将形成连续多次爆炸。

3. 预防煤尘爆炸的技术措施

（1）防尘措施。防尘措施是指尽量减少煤尘的生成和使空气中含尘量降低的措施。减少煤尘生成的措施包括煤层注水湿润煤体、采空区灌水、水封爆破和使用水炮泥、改进采掘机械截齿结构、合理选择截割参数等。除尘措施包括喷雾洒水降尘、确定合理的风速、清除落尘等。

（2）防爆措施。防爆措施主要是指防止引燃煤尘爆炸的措施，包括防止引爆瓦斯、《规程》有关安全爆破的一切规定和采用不燃性支护材料等。

（3）隔爆措施。隔爆措施是指阻止爆炸传播的技术措施。行之有效的方法是：撒布岩粉、设置岩粉棚、水槽棚、水袋棚、隔爆水幕和自动隔爆装置等。

五、冒顶事故防治

冒顶事故是指在地下采煤过程中，顶板意外冒落造成人员伤亡、设备损坏、生产中止等灾害。过去，冒顶事故死亡人数占煤矿全部死亡人数的40%以上。现在冒顶事故虽有所减少，但仍是煤矿生产的主要灾害之一。冒顶事故按冒顶范围分为局部冒顶和大型冒顶；按力学原因分为压垮型冒顶、漏冒型冒顶和推垮型冒顶。

发生冒顶事故的原因有两个：一是对采煤工作面顶、底板情况及活动规律不清楚；二是顶板控制措施没有落实到位。只要能用正确的理论和手段实现对顶板的监测，掌握顶、底板情况及其活动规律，并提前采取有针对性的控制措施，绝大部分冒顶事故是可以预防的。

从事采掘生产的职工，一定要了解煤层顶、底板的分类，掌握冒顶事故的基本知识，会识别冒顶事故的预兆。

（一）煤层顶、底板

1. 煤层顶板

位于煤层之上的若干岩层统称为煤层顶板。根据落煤后各个岩层垮落的难易程度，由下而上分为伪顶、直接顶和基本顶，如图2－43所示。

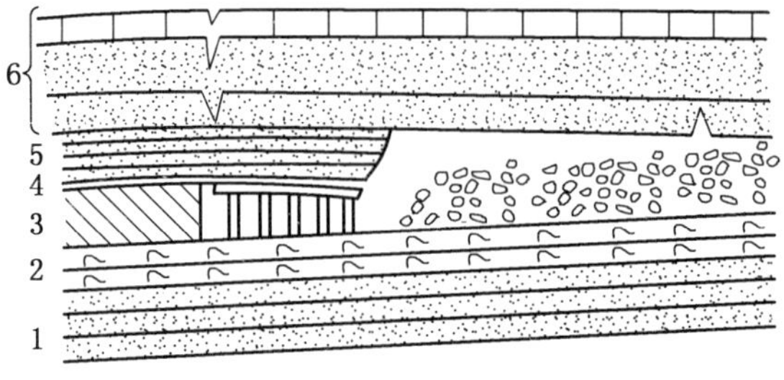

1—基本底；2—直接底；3—煤层；4—伪顶；5—直接顶；6—基本顶

图2－43　煤层顶、底板

（1）伪顶。伪顶直接覆盖在煤层之上，厚度多为几厘米至十几厘米，岩性多为碳质页岩，一般随落煤而垮落。

（2）直接顶。直接顶位于伪顶之上或直接位于煤层之上（有的煤层无伪顶），由一层或多层岩石组成，厚度由几米到十几米不等，岩性多为页岩、砂质页岩、泥质页岩、粉砂岩。一般在回柱后自行垮落，岩石较硬时呈周期性断裂垮落。

（3）基本顶。基本顶位于直接顶或煤层之上（有的煤层无伪顶和直接顶），比直接顶厚且坚硬，多由砂岩、砾岩或石灰岩组成，其断裂垮落周期比直接顶长。采煤工作面常受到这种周期来压影响，给工作面维护和安全生产带来一定的困难。

2. 煤层底板

煤层底板分为直接底和基本底，如图 2－43 所示。

（1）直接底。直接底位于煤层之下直接与煤层接触的岩层，多为富含碳质的黏土岩。有的黏土岩遇水后膨胀，常造成巷道底鼓甚至堵塞巷道。

（2）基本底。基本底位于直接底之下，多为粉砂岩及砂岩。

（二）冒顶的类型、特点和规律

1. 坚硬难冒顶板的主要特点和来压规律

开采坚硬难冒顶板煤层时，采空区易形成大面积悬顶。采用长壁垮落法开采时，基本顶初次来压与垮落面积可达 10000 m^2 以上。在超过极限面积后，顶板会突然冒落，产生剧烈的动力现象。大面积的顶板在极短的时间内冒落，不仅对采煤工作面支护产生严重的破坏，而且可把已采空间的空气瞬时排出，形成巨大的风暴，对附近巷道甚至矿井造成极大的破坏。

所谓压垮型冒顶是由垂直于岩层面的顶板压力破坏工作面支架而导致的冒顶。压垮型冒顶是主要顶板灾害之一。顶板大面积来压与冒落，发生压垮型顶板灾害事故，是开采坚硬难冒顶板煤层的主要特点。

1）长壁工作面来压规律

长壁工作面开采坚硬难冒顶板煤层，在初次来压前坚硬难冒顶板可视为板结构，这时采煤工作面处于板结构的保护之下，顶板来压并不显著。周期来压前，工作面上方还未破坏的基本顶岩层开始呈悬露状态，上覆岩层的重量由基本顶板的悬板直接传递给煤壁，此时采煤工作面空间处于悬板的保护之下，随着工作面的推进，基本顶悬露跨度增加、挠度增加，致使煤壁内的支撑压力相应增大，同时表现为煤壁的变形与片帮。

2）坚硬难冒顶板工作面来压规律

（1）初次来压与周期来压步距大。坚硬难冒顶板采煤工作面初次来压步距一般大于 30 m，整体厚砂岩或砂岩、灰岩组合顶板则大于 50 m，甚至可达 100 m 以上。周期来压步距小于初次来压步距，但一般也大于 20 m。同时有大、小周期之分，大的周期来压步距与初次来压步距相近。

（2）工作面切顶线后方顶板悬露面积大。坚硬难冒顶板工作面切顶线后方顶板悬露面积大，一般形成 3 ~6 m 的悬顶。悬顶大造成支架前后受力不均，后柱压力常常为前柱压力的 1.5 倍，同时造成工作面顶板有时沿煤壁折断。

（3）顶板来压强度大。顶板来压时造成支柱折断，严重的会出现推倒支架及工作面。液压支架工作面来压比单体支柱工作面强度还要大，支架载荷较正常运行增加 1 ~2 倍，支架载荷增阻可达 15 ~ 20 MPa。由于安全阀来不及开启或卸载速度慢，常使液压支架发生严重损坏，其主要表现为支柱变形、弯曲开裂、缸体胀裂、底座变形等，最严重时使高吨位液压支架缸体爆炸。

2. 破碎顶板的冒顶

1）破碎顶板分类

破碎顶板根据岩性的不同可分为以下 5 种：

（1）构造破碎型，即受复杂地质构造影响，如断层及褶皱、冲刷带、陷落柱附近等。

（2）复合松软型，即顶板由松软的页岩、泥质页岩及砂页岩组成。

（3）离层型，即顶板由下软上硬的薄层页岩、砂页岩及砂岩组成，层间黏结力很低或有煤线。

（4）包裹体镶嵌型，即坚硬岩块的锅底状包裹体镶嵌在沉积岩层内。

（5）采动影响型，即受到采掘活动的影响，顶板已发生离层、下沉和破碎。例如，采煤工作面过本煤层老巷、上下石门。

2）破碎顶板冒顶机理

（1）破碎顶板允许暴露时间短，暴露面积小，支护不及时易发生局部漏顶现象。常因采煤机割煤和爆破后机道得不到及时支护而发生局部漏顶现象。

（2）初次来压和周期来压期间，破碎顶板容易和上覆直接顶或坚硬基本顶离层而垮落。

（3）由于工作面顶板压力加大将支架上方的背顶材料压折而产生漏顶现象。

（4）金属铰接顶梁与顶板摩擦力很小，在顶板来压时容易被推倒而发生冒顶。

（5）在破碎顶板条件下，支柱的初撑力往往很低，容易造成顶板早期下沉离层，自动倒柱或人员、设备碰倒而倒柱，顶板丧失了支撑物而冒落。

3）破碎顶板的冒顶规律

破碎顶板冒顶时，先产生支架空当或机道内局部漏顶现象，由于得不到及时有效的控制，漏顶范围越来越大，工作面支柱失稳，最后造成大面积冒顶。

所以，为了防止破碎顶板漏垮型灾害，必须在局部漏顶发生以前就妥善地控制住顶板，使其不形成薄弱环节；或者在发生局部漏顶以后，立即进行封堵，加强支护，限制局部漏顶的面积进一步扩大。

3. 复合型顶板大面积冒顶的机理及特点

1）冒顶机理

（1）离层。由于支柱支撑力小，刚性差，在顶板下的软岩自重作用下支柱下缩或下沉，而顶板上的硬岩未下沉或下沉缓慢，也就是软、硬岩层下沉不同步，从而导致软、硬岩层分离。

（2）断裂。在原生裂隙、构造裂隙和采动裂隙的作用下，在顶板下位软岩中形成一个六面体。此六面体与上部硬岩层脱离，四周或是已与原岩层断开，或是以采空区为邻，下面有单体支柱支撑，如果周围没有约束，此六面体连同支撑它的单体支架将是一个不稳定的结构。

（3）当六面体周围出现一个自由空间，使六面体有了去路，而且六面体与去路方向又有一定的倾角时，在自重的作用下，此去路变得更畅通。

（4）当六面体有向下推的趋势时，岩层断裂面将产生阻止其下推的摩擦阻力，当六面体的推力大于阻力时，才会发生推垮型冒顶。

（5）诱发工作面冒顶的条件很多，例如爆破、采煤机割煤、调整支架、回柱放顶等工序以及岩层自身运动，都会或大或小地引起周围岩层产生振动，使六面体与断裂面的摩擦阻力变小，可能导致六面体下推力大于总阻力。

2）冒顶特点

（1）冒顶分为没有预兆和有预兆两种。大多数情况下，当六面体形成时，下推力与总阻力处于临界状态。在某些因素的诱发下会发生无预兆的突然冒顶，来势猛、速度快，人力无法抗拒；如果离层六面体的下推力小于总阻力，则在某些因素的反复诱导下，阻力越来越小，六面体开始运动的阻力变得更小，运动速度变得越来越快，产生支柱下斜、靠近煤壁及采空区处掉矸等预兆，接着就会发生推垮型冒顶，在这种情况下往往来得及撤出工作人员。

（2）冒顶在时间上是随机的。采煤过程中各个工序都可能成为诱发条件，所以冒顶在任何工序都可能发生。

（3）冒顶前工作面压力小。由于在冒顶前工作面压力小，支架仅支撑顶板下位的软岩，所以支架没有变形、损坏，摩擦支柱无明显下缩，单体液压支柱无明显溢流。

（4）冒顶时工作面支柱被推倒。冒顶时由于顶板向下或向采空区滑动，带动其下的支柱改变支撑方向向下倾倒，所以冒顶后支柱没有被压断而只是倾倒伏地，多数是沿煤层倾斜方向向下倾倒，也有的向采空区倾倒。

（5）冒顶后上部硬岩层大面积悬露不冒，个别情况是冒落几块矸石。

（6）多数情况下，冒顶前工作面直接顶已沿煤壁断裂。

（7）冒顶多发生在开切眼附近。因为开切眼支护时间长，下方的软岩出现早期离层、下沉，而上方的坚硬岩层受周围煤柱支撑不易下沉，所以，开切眼附近发生复合型顶板推垮型冒顶的情况非常多。

另外，地质构造地带、采空区增加了在顶板中形成六面体的可能性；挑顶掘进、局部冒顶区附近给六面体提供了去路；倾角大地段、含水地带都可以使下推力大于总阻力。这些部位都是容易发生推垮型冒顶的地点。

（三）采掘工作面冒顶前的预兆

采掘工作面冒顶前往往会有一些预兆，掌握了这些预兆就能对事故提前做出预判，进而采取防范措施。

1. 顶板冒落前的预兆

凡顶板大面积来压和冒落以前，都会出现一定的预兆，但这些预兆与顶板冒落之间的时间关系变化较大。冒落前一般有以下现象：

（1）工作面煤壁片帮或煤柱炸裂，并伴有明显的响声。煤炮增多，工作面和工作面巷道都出现煤炮，甚至每隔 5 ~6 min 就响一次。

（2）由于煤体内支撑压力的作用，煤层中的炮眼变形，打完眼不能装药，甚至打眼后连煤电钻钻杆都拔不出来。

（3）可听到顶板折断发出的闷雷声。发出声响的位置由远及近、由低到高，岩石开裂声的次数显著增加。

（4）顶板下沉急剧增加。采空区顶板有明显的台阶状断裂、下沉和回转，垮落岩块呈长条状，致使采空区信号柱受压，柱帽压裂，炮崩不倒或在短时间压弯、折断。

（5）顶板有时出现裂隙与淋水，底板局部也可能底鼓，出现裂隙和出水，断层处滴水增加，有时出现钻孔中流水混有岩粉现象，严重时顶板可能掉矸。

（6）来压时支架压力突增。这时支架后柱阻力急增可达 980 ~ 1000 kN/柱，前柱则较低，有时仅 10 ~ 30 kN/柱，常伴有指向煤壁的水平拉力。

（7）如果设有微振仪进行观测，可发现记录中有较多的岩体破裂与滑移的波形出现，可记录到小的顶板冒落。

2. 试探顶板是否危险的方法

（1）木楔法。在裂缝中打入小木楔，经过一段时间，如果发现木楔松动或夹不住，说明裂缝在扩大，有冒落的危险。

（2）“敲帮问顶”法。用钢钎或手镐敲击顶板，声音清脆响亮的，表明顶板完好；发出“空空”或“嗡嗡”声的，表明顶板岩层已离层，应把脱离的岩块挑下来。“敲帮问顶”工作流程如图 2 - 44 所示。

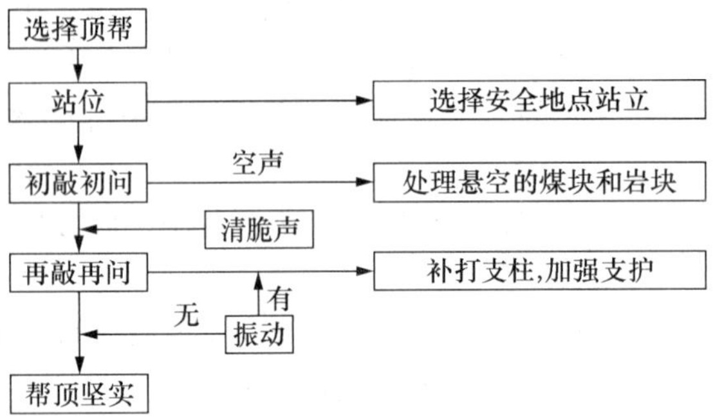

图 2 - 44　“敲帮问顶”工作流程

（3）振动法。右手持凿子或镐头，左手指尖扶顶板，用工具敲击时，如感到顶板振动，即使听不到破裂声，也说明此岩石已与整体顶板分离。

（四）冒顶事故的预防

1. 采煤工作面冒顶事故的预防

1）采煤工作面初次来压时的安全措施

采煤工作面初次来压时，是工作面顶板事故的高发期，此时应对工作面支护进行重点监控，一般应采取以下安全措施：

（1）加强支护，沿放顶线增设 1 ~ 2 排密集支柱。

（2）提高支架的稳定性。

（3）可适当加大工作面的空顶距。

（4）采取小进度多循环作业方式，以增加工作面支架的支撑力和稳定性。加快工作面推进速度，以保持煤壁的完整性，使之具有良好的支撑作用。

（5）落煤后及时支护，并保证足够的支架数量和支护质量。

（6）在工作面和采空区内设木柱信号点。

2）采煤工作面周期来压时的安全措施

采煤工作面基本顶周期来压时，可采取同初次来压时一样的安全技术措施。不同的是周期来压时，要尽量缩小工作面的空顶距。此外，采空区里的支柱一定要回收干净，使直接顶充分垮落，以缓冲基本顶垮落时对工作面支架的冲击。

3）防止采煤工作面煤壁片帮的措施

采煤工作面除了冒顶之外，有时还会发生一些煤壁片帮事故。由于采煤工作面煤壁在支撑压力作用下容易被压松，因此采高大、煤质松软、顶板破碎的工作面往往容易片帮，进而引起冒顶。防止煤壁片帮的安全措施有：

（1）落煤后工作面煤壁应采直采齐，及时打好贴帮支柱，减小顶板对煤壁的压力。

（2）采高大于 2 m、煤质松软时，除打贴帮支柱外，还应在煤壁与贴帮柱间加横撑。

（3）在片帮严重地点，煤壁上方垮落，应在贴帮柱上加托梁或超前挂金属铰接顶梁。

（4）合理布置炮眼，掌握好角度，顶眼距顶板不要太近，炮眼装药量要适当。

（5）落煤后及时挑顶刷帮，使煤壁不留伞檐。

4）采煤工作面回柱放顶时的安全注意事项

使用全部垮落法控制顶板时，回柱放顶工作量大。据统计，与回柱放顶有关的重大伤亡事故占全部重大冒顶事故的35%以上，因此，必须注意防止回柱放顶时发生冒顶。

对回柱的要求是安全、快速，支架回收干净，使顶板充分垮落，支架回收复用率高。木支柱一般用绞车回收。回收金属支柱时，如顶板比较稳定，支柱受力不大，可以人工回撤；如顶板比较破碎，支柱插入底板或被垮落的岩块埋住，应当用绞车回收。

回柱放顶前要检查顶板压力是否稳定，工作面支柱有无短缺、折断和歪扭；检查回柱绞车是否完好，戗柱是否打牢，回柱绞车钢丝绳的断丝、断股是否超过规定，回柱钩头是否牢固，绞车操作联系信号是否灵敏等。

回柱放顶时，必须指定有经验的人员观察顶板。放顶工必须站在支架完整和不会发生崩绳、崩柱、甩钩、断绳抽人等事故的安全地点，并事先清理好退路。回柱绞车司机要严格按信号操作，避免误操作造成冒顶。在顶压集中区，应先打替柱，以免拉弯金属支柱。如果工作面没有密集支柱和木垛，应当先超前支设，然后回收，防止支护密度不足、支撑能力不够而造成冒顶。采用无密集切顶时，应在放顶线处设戗柱并挂挡矸帘，防止推倒支柱和矸石窜入。放顶区域内的支架，除信号柱外，必须全部回清。如果回柱后顶板不冒落且超过规定的悬顶面积时，必须采取人工放顶或其他措施进行处理。

5）综采工作面防止顶板事故的措施

（1）根据围岩条件选择合理的架型。如在破碎顶板下应选用掩护支架。

（2）严格掌握采高。采高不能超过支架允许高度。

（3）防止煤壁片帮。采煤工作面煤壁应采直采齐，及时打上贴煤壁支柱。

（4）端面距不能过大。支架顶梁前端到煤壁这一段顶板没有支护，易发生冒顶事故。端面距最大值应小于或等于 340 mm。

（5）工作面倾角大时要采取防倒防滑措施，底板松软时也要采取相应的措施。

2. 掘进工作面冒顶事故的预防

1）掘进工作面冒顶事故类型

按造成事故的冒落形式可分为以下 3 种：

（1）空顶事故。这类事故是指掘进时未及时支护或护顶不严，使顶岩坠落所引起的冒顶事故。

（2）压垮型冒顶。由于地质原因，如巷道穿越断层破碎带、陷落柱、老巷以及开采等，使巷道压力剧增，产生冲击载荷，压垮支架而导致冒顶。

（3）推垮型冒顶。在大倾角条件下，作用在支架上的倾向分力较大，当此分力大于一定值时，便会推垮支架而引起冒顶。

实际上，冒顶事故有时同时具有3种类型的特征，如由于空顶坠落，可能导致岩块回转推倒支架而引发推垮型冒顶事故。这3类事故中空顶事故占总冒顶事故的60%，压垮型冒顶事故占总冒顶事故的38.1%。

2）掘进工作面冒顶片帮的原因

（1）地质方面。巷道围岩松软或极易风化，节理裂隙发育；巷道通过断层、褶皱等构造变动剧烈地带；巷道穿过岩层的岩性突然发生变化，在其交界处易发生冒顶片帮等。

（2）设计方面。巷道位置选择不当，使巷道处于松软破碎岩层中；缺乏较详细的地质和水文资料，使施工缺乏指导，缺少应变措施；支护结构与形式不合理等。

（3）施工方面。对巷道穿过松软破碎岩层缺乏准备，施工措施不当或错误；不是一次成巷，围岩暴露时间过长，造成巷道风化、松动，引起塌冒；支护不符合设计要求，不按作业规程和操作规程施工，忽视质量，支架失稳而引起塌冒；工作面空顶距离过长，临时支护失效；在松软破碎岩层中施工，装药量过多，破坏了围岩的稳定性；未严格执行工作面敲帮问顶制度，检查、处理浮石不及时或方法不当，引起浮石坠落，造成伤亡事故等。

3）预防掘进工作面冒顶、片帮的措施

（1）掌握地质资料，编制施工组织设计或作业规程，采用合理的施工方法和安全措施。

（2）坚持一次成巷，缩短围岩暴露时间和暴露面积。

（3）严格执行《规程》中对打眼爆破的规定，实行光面爆破。

（4）掘进工作面的支护要紧跟迎头，严禁空顶作业。

（5）在装药爆破前要加固工作面的支架，防止因爆破崩翻支架，造成巷道空帮和冒顶事故。

（6）巷道断面大、围岩破碎松软、压力大时，可缩小棚距或采取加强支架、砌碹壁后注浆等措施强化支护。

（7）巷道支护与围岩之间严禁空顶空帮，做好碹后充填工作，背好帮顶。

（8）加强工作面围岩变化的观测，严格执行“敲帮问顶”制度，根据具体情况及时采取有效措施，防患于未然。

（9）经常检查工作面后方的巷道支护情况，及时处理隐患。

（10）严格按工作质量和支护质量标准进行检查验收，如发现不合格或已损坏的支架，应及时返工处理。

4）巷道掘进冒顶的预防

巷道冒顶主要发生在掘进工作面迎头处、巷道维修更换支架处及巷道交叉处。为了确保巷道掘进和支护安全，必须注意以下操作：

（1）掘进工作面严禁空顶作业。靠近掘进工作面迎头10 m内的支护，在爆破前必须加固，爆破崩倒、崩坏的支架必须修复之后才能进入工作面作业。在松软的煤层或流砂型地层及地质破碎带掘进时，必须使用超前支护或采取其他措施。在坚硬和稳定的煤、岩层中，确定巷道不设支护时，必须制定安全措施。

（2）支架间应设牢固的撑木或拉杆。可缩性金属支架应用金属支拉杆，并用机械或力矩扳手拧紧卡箍。支架与顶帮之间的空隙必须塞紧、背实。巷道冒顶空顶部分，可用支护材料接顶，但在碹拱上部必须充填不燃物垫层，其厚度不得小于0.5 m。

（3）采用锚杆、锚喷等支护形式时，应遵守下列规定：

① 锚杆、锚喷等支护的端头与掘进工作面的距离、锚杆的形式和规格、安装角度、混凝土标号、喷体厚度、挂网所采用的金属网规格以及围岩涌水的处理，必须在施工组织设计或作业规程中规定。

② 采用钻爆法掘进的岩石巷道，必须采用光面爆破。

③ 打锚杆眼前，必须首先"敲帮问顶"，将活矸处理掉，在确保安全的条件下才能作业。

④ 使用锚固剂固定锚杆时，应将孔壁冲洗干净，砂浆锚杆必须灌满填实。

⑤ 喷射混凝土、砂浆时，必须采用潮料，并使用除尘机对上料口和安全气口除尘。喷射前必须冲洗岩帮。喷射后应有养护措施。作业人员必须佩戴劳动保护用品。

⑥ 锚杆必须按规定做拉力试验。在井下做锚固力试验时，必须有安全措施。

⑦ 锚杆必须用机械或力矩扳手拧紧，确保锚杆的托板贴紧巷帮。

⑧ 岩帮的涌水地点必须处理。

⑨ 处理堵塞的喷射管路时，喷枪口的前方及其附近严禁有其他人员。

第六节　矿工自救与互救

一、矿工自救

煤矿井下空间狭窄，巷道错综复杂，各种管线及机电设备集中，加上采煤过程中不断产生的煤尘及涌出的瓦斯和水，大大小小的地质构造遍布矿区，使水、火、瓦斯、煤尘、顶板冒落等各种矿井灾害随时都有可能发生，对矿工及矿井的安全造成很大的威胁。因此，每一名职工都应该熟知井下发生各类事故时的避灾方法和避灾路线，才能在遇到事故时选择适当的路线撤离灾区，最大限度地保障个人及他人的生命安全。

（一）井下发生事故时的行动原则

（1）沉着镇静，迅速了解和判断事故地点、性质和危害程度，不可惊慌失措，乱喊乱跑。

（2）立即利用最近处的电话或其他方式通报矿井调度室，报告灾情。

（3）根据事故性质和现场条件，在保证人员安全的前提下，利用附近的设备设施、工具材料等及时控制和消灭事故。

（4）如果不能控制和消灭事故，则必须选择安全路线或规定的避灾路线迅速撤离危险区域。

（二）避灾路线和方法

1. 瓦斯、煤尘爆炸的避灾路线和方法

根据瓦斯、煤尘爆炸的预兆，当感到空气在振动时，必须立即背向空气振动方向，倒地俯卧，面部贴地，用湿毛巾或手捂住口鼻，尽量屏住呼吸（特别是爆炸瞬间），防止高温气流和有毒有害气体吸入体内。俯卧时要用衣服等护住身体，避免烧伤或烫伤。

爆炸过后，迅速佩戴自救器，辨清方向，位于进风侧的人员要逆风撤出，位于回风侧的人员要设法沿最短路线撤退到新鲜风流中，离开灾区。若因巷道严重破坏或因其他原因无法撤离时，要尽快躲到较安全的地方或就地取材构筑临时避难硐室，等待救援。

2. 水灾的避灾路线和方法

首先应在班组长的指挥下就地取材，加固工作面，设法堵住出水点，防止事故进一步扩大。如果不能控制，则应按以下方法避灾：

（1）避开水势和水头，有组织地沿规定的避灾路线迅速撤退到透水地点的上部水平或地面，如果情况不允许转移和躲避，则要紧紧抓住棚腿、棚梁等，防止被水流冲走。如果是采空区透水，遇险人员还要立即佩戴自救器，以防中毒。

（2）对于上山掘进施工人员，如果独头上山下部的唯一出口已被淹没而无法撤退时，则可在独头工作面避难待救。因为独头上山中的空气因水位上升逐渐压缩，但最终能保持一定的空间和一定的空气量，可免受涌水伤害，但要注意防止吸入有毒有害气体。

（3）若因积水或冒顶等原因将撤退路线堵塞时，要寻找其他安全通道撤退。如果无通道可撤，应尽量寻找井下位置最高、离井筒或大巷最近的地方躲避待救。

（4）在水灾区域的矿工，要尽快撤出灾区。在积水平巷中撤退时，要靠巷道一侧稳步行走；若在斜巷中撤退时，除需要靠巷道一侧行走外，还要牢牢抓住棚腿或其他固定物件，防止被水冲倒或被水中滚动的矿石、物料撞伤。

3. 火灾的避灾路线和方法

发生火灾时，要切断通向火区的电源；使用灭火器，湿衣抽打或捂盖，湿煤、岩粉、炮泥覆盖，脚踏，锹扑，水浇等手段灭火。如有条件应尽量使烟流短路。撤离火区的避灾路线和方法如下：

（1）位于进风侧的人员应立即佩戴自救器，迎风撤出。

（2）位于回风侧的人员应立即佩戴自救器，顺风沿最近的路线撤至新鲜风流中。

（3）无自救器时，可用湿毛巾捂住口鼻，快步行进，沿最短的路线尽快转入新鲜风流中。

（4）迫不得已且火势很小时，也可途经火区直接冲出去。

（5）实在无法撤离时，应尽快进入附近预先筑好的避难硐室或作其他用途的硐室。没有现成的避难场所时，更应保持镇静，以最快的速度就地取材构筑临时避难硐室，等待救援。

（三）自救器的使用

《规程》规定，每一入井人员必须携带自救器。当井下发生火灾、瓦斯、煤尘爆炸时，自救器是用来供井下人员佩戴脱险、防止中毒和窒息的个人防护设备，其体积小、使用轻便、可随身携带，但作用时间较短。自救器根据其构造和作用机理，分为过滤式自救器和隔离式自救器两种。过滤式自救器只能将一氧化碳变为二氧化碳，避免人员一氧化碳中毒。目前已禁止使用。隔离式自救器自身可以供给氧气，可以防护各种有害气体中毒的侵害。在有煤与瓦斯突出危险的矿井中，必须采用隔离式自救器。隔离式自救器又根据其氧气生成的机理不同，分为化学氧自救器和压缩氧自救器。下面介绍隔离式自救器的使用方法。

1. 佩戴隔离式自救器的步骤

（1）取下自救器，先扳开压片，然后将自救器压在胸前，用右手食指扣住开启环，用力把封口带拉开扔掉。

(2) 两手紧握自救器两端，用力在大腿上把外壳磕开，然后将自救器拿到腹前，把上下壳掰开。

(3) 用一只手握住下部外壳，另一只手把上部外壳用力扯掉。

(4) 扔掉上壳，保留下壳，将呼吸导管的一侧贴身，把背带套在脖子上。

(5) 拔出口具的牙垫，紧闭嘴唇。调整背带长度，使口具不致被拉掉。

(6) 把鼻夹的弹簧拉开并夹住鼻子，用嘴呼吸。

(7) 将腰带绑在腰上，将设在口水降温盒两边的绷带顺着面部绕头结扎于后脑部，使口具不致脱落。

隔离式自救器的佩戴步骤如图 2－45 所示。

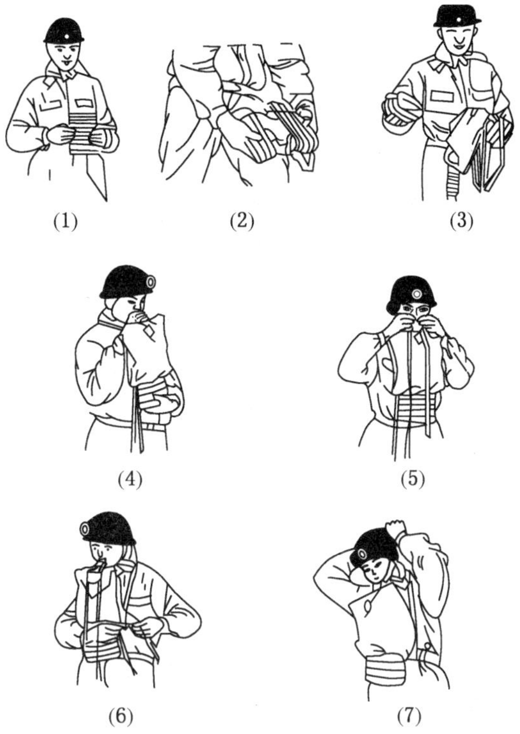

图 2－45 隔离式自救器的佩戴步骤

2. 佩戴隔离式自救器的注意事项

使用隔离式自救器时，应注意以下事项：

(1) 使用时，当扔掉上壳，发现气囊未鼓时，则应立即用嘴从口具端将气囊吹鼓；然后戴上自救器缓步慢行，待药品放氧后，再快速行走。

(2) 戴上自救器后，壳体会逐渐变热，吸气温度会逐渐升高，这是正常的，千万不要惊慌而取下口具、鼻夹。

(3) 必须坚持戴到安全地点。

(4) 使用时，口腔产生的唾液会自然地流入口水盒内。

(四) 避难硐室

避难硐室是当矿井发生灾变事故时，人员无法立即撤出灾区时的避难场所。如撤退路线被堵塞无法通过，缺乏自救器而有害气体浓度又较高或在自救器有效时间内不能到达安全地点时，均应进入避难硐室避难。避难硐室可分为永久性避难硐室和临时性避难硐室两种。

1. 永久性避难硐室

永久性避难硐室预先设置在井底车场或采区附近。设在采区附近的又叫采区避难硐室，其位置应设在采区安全出口路线上，且距工作地点不宜大于 500 m，其容积应能容纳采区全体人员。硐室内应备有供避难人员呼吸用的供气设备、通信设备、自救器、药品和食物等。

2. 临时性避难硐室

临时性避难硐室，是利用工作地点的独头巷道、硐室或两道风门之间的巷道，在事故发生后临时修建的避难场所。为此，应事先在上述地点准备所需的木板、木柱、黏土、砂子或砖块等材料，在有压气的条件下，还应装有压气管和阀门。临时避难硐室修筑较方便，正确地利用它，往往能对遇险人员发挥很好的救护作用。

遇险人员进入避灾硐室避难时，要保持良好的精神状态和心理状态，要克服困难，不可产生悲观、消极与急躁的情绪。在避难时，要密切注意避难地点附近风流和瓦斯的情况，要加强避难地点的防护，不断改善生存条件以争取待救时间。在避难时，要以最大限度节省食物和氧气的消耗，尽量减少不必要的谈话和活动，宜在安全地点静卧，对重伤人员要注意加强防护。在避难中，若避难地点条件恶化，有可能危及人员的生命安全时，应立即转移到附近的安全地点。在转移中，要互相鼓励，轻伤员要帮助重伤员，并在转移途中设置待救标志。应利用一切可以传递信息的物件、设施不断向外发出救援信号，争取与外界救援人员取得联系。在避难中除用一盏矿灯作待援信号外，其他矿灯、自救器应尽量停止使用，一方面以备延长待救时间，另一方面以备重伤员抢救之用。进入有压风管的避难硐室后，应立即打开压风管。在避难地点外边留下衣服或矿灯等明显标志，以便于救护人员发现。

二、矿工互救

矿工互救是指非专业医务人员在井下遇到外伤伤员及意外伤害时，对伤员采取力所能及的抢救。如对冒顶挤压、颅脑损伤、井下有害气体中毒窒息以及触电、烧伤、溺水、高温中暑等伤员进行的急救。

（一）矿工互救必须遵守的原则

矿工互救必须遵守“三先三后”的原则：

（1）对窒息（呼吸道完全堵塞）或心跳、呼吸刚停止不久的伤员，必须先复苏，后搬运。

（2）对出血伤员，必须先止血，后搬运。

（3）对骨折伤员，必须先固定，后搬运。

（二）常用的急救方法

1. 人工呼吸法

人工呼吸法是借助人工的方法帮助停止呼吸、处于假死状态的伤员恢复呼吸功能的救护措施。常用的人工呼吸法有 3 种：口对口吹气法、俯卧压背法和仰卧压胸法。

施行人工呼吸前应做的准备工作有：将伤员迅速抬离灾区，放在较安全又通风、顶板良好、无淋水的地点。若出事地点安全，则应就地抢救，以最快的速度检查伤员瞳孔有无对光反射，摸摸脉搏是否跳动、有无心跳，用棉絮放在伤员鼻孔处观察有无呼吸，按一下指甲有无血液循环，同时检查有无外伤和骨折。使伤员仰面平卧，头部尽量后仰，鼻孔朝天，解开腰带、领扣和上身衣服（必要时可用剪刀剪开，不可强撕强扯），并用保温毯或棉衣盖好以保温，撬开伤员的嘴，消除口腔内的脏东西（用食指伸入口腔，直至舌根部，清除并钩出异物，注意不要把异物推入更深部位）。如果舌头后缩，应拉出舌头，以防堵住喉咙，妨碍呼吸。

1）口对口呼吸法

（1）将伤员仰面平放，背部垫起 100 ~ 150 mm。

（2）救护者跪在伤员头部一侧，一只手捏紧伤员鼻子，另一只手掰开嘴。

（3）救护者先深吸一口气，然后紧贴伤员的嘴大口吹气。吹气量大小，依伤员的具体情况而定。伤员身强力壮，吹气量则大；伤员年老体弱，则吹气量要小。一般吹气量以伤员的胸部隆起最为适宜。

（4）吹气完毕后，要立即离开伤员的嘴，并松开伤员的鼻子，任其自己呼气。

依此方法，依次反复操作，有节奏地每分钟做 14 ~ 16 次，直到伤员能够恢复呼吸为止。操作方法如图 2 – 46 所示。

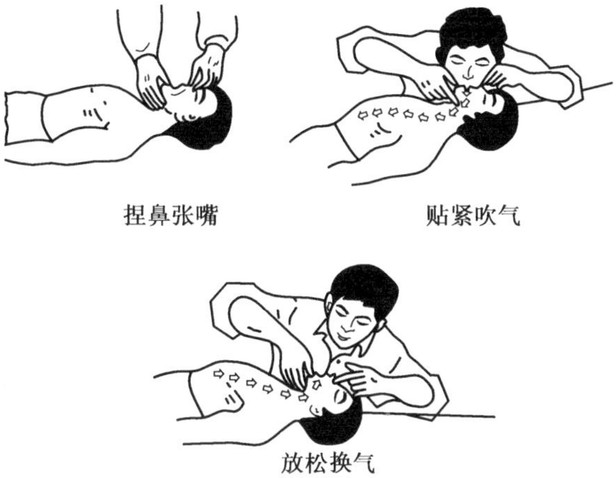

图 2 – 46　口对口呼吸法

2）仰卧压胸法

让伤员仰卧，救护者跨跪在伤员大腿两侧，两手拇指向内，其余四指向外伸开，平放在其胸部两侧乳头之下，借半身重力压伤员胸部，挤出伤员肺内空气；然后，救护者身体后仰，除去压力，伤员胸部依其弹性自然扩张，使空气吸入肺内。如此有节律地进行，要求每分钟压胸 16 ~ 20 次，如图 2 – 47 所示。

此法不适用于胸部外伤或 SO_2、NO_2 中毒者，也不能与胸外心脏挤压法同时进行。

3）俯卧压背法

此法与仰卧压胸法操作法大致相同，只是伤员俯卧，救护者跨跪在伤员大腿两侧，如图 2 – 48 所示。因为这种方法便于排出肺内水分，因而此法对溺水急救较为适合。

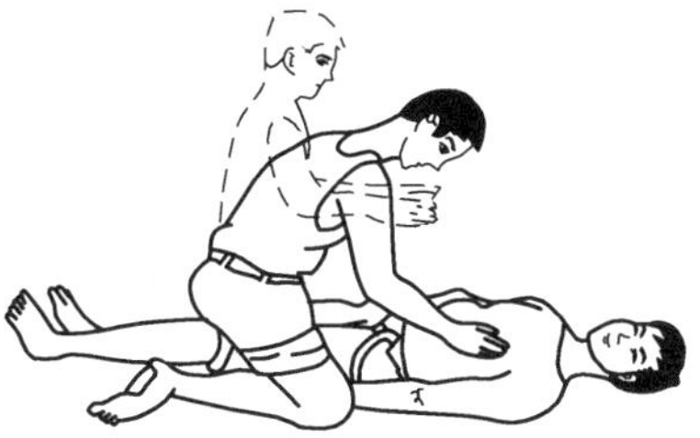

图 2 – 47　仰卧压胸法

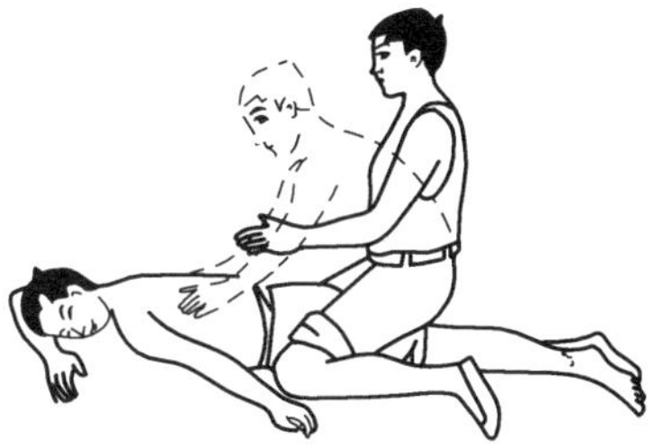

图 2 – 48　俯卧压背法

2. 心脏复苏

心脏复苏操作主要有心前区叩击术和胸外心脏按压术两种方法。

1）心前区叩击术

心脏骤停后立即叩击心前区，叩击力中等，一般可连续叩击3~5次，并观察脉搏、心音。若恢复则表示复苏成功；反之，应立即放弃，改用胸外心脏按压术。操作时，使伤员头低脚高，施术者以左手掌置其心前区，右手握拳，在左手背上轻叩。

2）胸外心脏按压术

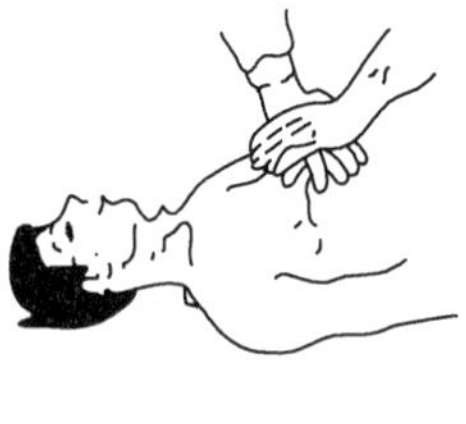

图2-49　胸外心脏按压术

此法适用于各种原因造成的心跳骤停者。在胸外心脏按压前，应先做心前区叩击术，如果叩击无效，应及时正确地进行胸外心脏按压。首先，将伤员仰卧木板上或地上，解开其上衣和腰带，脱掉其胶鞋。救护者位于伤员左侧，手掌面与前臂垂直，一手掌面压在另一手掌面上，使双手重叠，置于伤员胸骨1/3处（其下方为心脏），如图2-49所示，以双肘和臂肩之力有节奏地向脊柱方向用力按压，使胸骨压下3~4 cm（有胸骨下陷的感觉即可）。按压后，迅速抬手使胸骨复位，以利于心脏的舒张。按压次数，以每分钟60~80次为宜。按压过快，心脏舒张不够充分，心室内血液不能完全充盈；按压过慢，动脉压力低，效果不好。

第七节　煤矿安全生产方针及法律法规

一、安全生产方针

我国的安全生产方针为“安全第一，预防为主，综合治理”，这一方针是党和国家为确保安全生产而确定的指导思想和行动准则，反映了党对安全生产规律的新认识，对于指导新时期安全生产工作具有重大而深远的意义。

“安全第一”，就是强调安全、突出安全、安全优先，在生产过程中始终把安全放在第一重要的位置，切实保护劳动者的生命安全和身体健康。把安全放在一切工作的首位，这就要求把安全生产当作头等大事来抓，切实处理好安全与效益、安全与生产的关系。当生产建设与安全发生矛盾时，要坚持安全是第一位，要树立人是最宝贵的思想，做到不安全不生产、隐患不处理不生产。坚持“安全第一”，对于捍卫人的生命尊严、构建安全社会、促进社会和谐、实现安全发展具有十分重要的意义。

“预防为主”，就是把安全生产工作前移、超前防范，建立预教、预测、预想、预报、预警、预防的递进式、立体化事故隐患预防体系，改善安全状况，预防安全事故。这是实现安全第一的前提条件。要实现安全第一必须以预防为主。要不断地查找隐患，谋事在先，尊重科学，探索规律，采取有效的事前控制措施，防微杜渐、防患于未然，把事故、隐患消灭在萌芽之中。虽然在生产经营活动中还不可能完全杜绝事故发生，但只要思想重视，按照客观规律办事，运用安全原理和方法，预防措施得当，安全事故特别是重大恶性事故是可以得到有效控制的。

“综合治理”，是指适应我国安全生产形势的要求，自觉遵循安全生产规律，正视安全生产工作的长期性、艰巨性和复杂性，抓住安全生产工作中的主要矛盾和关键环节，综合运用经济、法律、行政等手段，人管、法治、技防多管齐下，充分发挥社会、职工、舆论的监督作用，有效解决安全生产领域的问题。实施综合治理，是由我国安全生产中出现的新情况和面临的新形势决定的。在社会主义市场经济条件下，利益主体多元化，不同利益主体对待安全生产的态度和行为差异很大，需要因情制宜、综合防范；安全生产涉及的领域广泛，每个领域的安全生产又各具特点，需要防治手段的多样化；实现安全生产，必须从文化、法制、科技、责任、投入入手，多管齐下，综合施治；《安全生产法》政策的落实，需要各级党委和政府的领导、有关部门的合作以及全社会的参与；目前我国的安全生产既存在历史积淀的沉重包袱，又面临经济结构调整、增长方式转变带来的挑战，要从根本上解决安全生产问题，就必须实施综合治理。从近年来安全监管的实践特别是联合执法的实践来看，综合治理是落实安全生产方针政策、法律法规的最有效手段。因此，综合治理具有鲜明的时代特征和很强的针对性，是我们党在安全生产新形势下作出的重大决策，体现了安全生产方针的新发展。

“安全第一，预防为主，综合治理”的安全生产方针是一个有机统一的整体。安全第一是预防为主、综合治理的统帅和灵魂，没有安全第一的思想，预防为主就失去了思想支撑，综合治理就失去了整治依据。预防为主是实现安全第一的根本途径，只有把安全生产的重点放在建立事故隐患预防体系上，超前防范，才能有效减少事故损失，实现安全第一。综合治理是落实安全第一、预防为主的手段和方法，只有不断健全和完善综合治理工作机制，才能有效贯彻安全生产方针，真正把安全第一、预防为主落到实处，不断开创安全生产工作的新局面。因此，坚持安全第一，必须以预防为主，实施综合治理；只有认真治理隐患，有效防范事故，才能把安全第一落到实处。贯彻落实好这个方针，对于处理安全与生产以及与其他各项工作的关系，科学管理、搞好安全，促进生产和效益提高，推动各项工作的顺利进行有重大意义。

为了将安全生产方针落到实处，煤矿企业必须坚持管理、装备、培训并重的原则，这是我国煤矿安全生产实践经验的总结，也是贯彻落实煤矿安全生产方针的基本原则。管理体现了人的主观能动性和创造性，体现了对煤矿生产、经营进行的计划、组织、指挥、协调及控制。先进、严格和科学的管理，可以弥补装备上的不足，减少事故，保障安全生产。装备是矿工实施作业、创造安全环境的工具。先进的技术装备可以提高工作效率，也可以创造良好的安全作业环境，避免事故的发生。培训是提高职工素质的主要手段，许多事故的发生，主要是无证上岗、上岗前和岗中无培训，致使法规和安全意识淡薄或缺乏专业技术知识造成的。只有强化培训，才能提高职工队伍素质，保证职工正确操作先进的装备和应用先进的技术，进行科学管理。

二、煤矿安全生产法律法规

（一）煤矿安全生产法律法规体系

按照我国《立法法》规定的法律渊源体系，我国煤矿安全法律法规体系主要由 4 个部分组成：①全国人大及其常务委员会颁布的关于安全生产的法律；②国务院颁布的关于安全生产的行政法规；③省、自治区、直辖市人大及其常务委员会颁布的关于安全生产的地方性法规；④国务院部委、省级人民政府和较大的市人民政府发布的关于安全生产的部门规章和地方政府规章。

经过多年的努力，我国已基本形成了煤矿安全法律法规体系，主要包括以下内容：

（1）《宪法》。《宪法》规定，国家通过各种途径，加强劳动保护，改善劳动条件。

（2）法律。法律由全国人大或全国人大常委会制定，由国家主席签署主席令予以公布，如《安全生产法》《矿山安全法》《煤炭法》《职业病防治法》《刑法》等。

（3）行政法规。国务院根据宪法和法律制定的规范性文件，由总理签署国务院令予以公布，如《煤矿安全生产条例》《国务院关于特大安全事故行政责任追究的规定》《安全生产许可证条例》等。

（4）地方性法规。地方性法规包括省、自治区、直辖市的地方性法规和较大的市的地方性法规。前者是由各省、自治区、直辖市人民代表大会及其常委会根据本行政区域的具体情况和实际需要在不与宪法、法律、行政法规相抵触的前提下制定的规范性文件；后者是由较大的市的人民代表大会及其常委会根据本市的具体情况和实际需要在不与宪法、法律、行政法规和本省、自治区的地方性法规相抵触的前提下制定的规范性文件。所谓较大的市是指省、自治区的人民政府所在地的市、经济特区所在地的市和经国务院批准的较大的市。

（5）部门规章和地方政府规章。部门规章和地方政府规章主要有原煤炭工业部颁布的《关于国有重点煤矿防治重大瓦斯煤尘事故的规定》《关于国有地方煤矿防治重大瓦斯煤尘事故的规定》《关于乡镇集体煤矿防治重大瓦斯煤尘事故的规定》《乡镇煤矿管理条例实施办法》，原劳动部颁布的《矿山安全法实施条例》，国家安全生产监督管理总局颁布的《特种作业人员安全技术培训考核管理规定》等。

（6）有关煤矿安全生产的规程、规范、标准。其主要有《煤矿安全规程》《矿山救护规程》《爆破安全规程》等。

（二）煤矿安全生产相关法律法规

煤矿安全生产相关的基本法律法规主要有《安全生产法》《矿山安全法》《煤炭法》《煤矿安全生产条例》等。

1.《安全生产法》

《安全生产法》是在党中央、全国人大和国务院领导下制定的一部“生命法”。该法共7章，119条，于2002年6月29日经第九届全国人民代表大会常务委员会第28次会议通过，自2002年11月1日起施行。《全国人民代表大会常务委员会关于修改〈中华人民共和国安全生产法〉的决定》已由中华人民共和国第十二届全国人民代表大会常务委员会第十次会议于2014年8月31日通过，自2014年12月1日起施行。它的颁布实施，是我国安全生产法制建设的重要里程碑，目的是加强安全生产监督管理，防止和减少生产安全事故，保障人民群众生命和财产安全，促进经济发展。该法的适用范围是在中华人民共和国领域内从事生产经营活动的所有单位。

2.《矿山安全法》

《矿山安全法》于1992年11月7日经第七届全国人民代表大会常务委员会第28次会议通过，由第65号中华人民共和国主席令公布，自1993年5月1日起施行。该法共8章，50条，对于保障矿山生产安全，防止矿山事故，保护矿山职工人身安全，促进采矿业的发展，具有重要意义。其内容包括总则、矿山建设的安全保障、矿山开采的安全保障、矿山企业的安全管理、矿山安全监督和管理、矿山事故处理、法律责任、附则。制定《矿山安全法》从总体上说，就是为了把几十年来科学的矿山安全生产技术措施、有效的矿山安全管理方法和用血的教训换来的矿山安全生产实践经验等，用法律的形式固定下来，进一步运用法律手段，明确矿山企业在安全生产方面应尽的义务，明确矿山安全管理的监督职责及法律责任，保障矿山企业生产的顺利进行。

3.《煤炭法》

该法共8章，67条，于1996年8月29日经第8届全国人民代表大会常务委员会第21次会议通过，自1996年12月1日起施行。2009年、2011年、2013年、2016年先后四次对《煤炭法》进行了修订。这是一部关于煤炭开采、经营、安全管理和环境保护的重要法律，其内容包括总则、煤炭生产开发规划与煤矿建设、煤炭生产与煤矿安全、煤炭经营、煤矿矿区保护、监督检查、法律责任和附则。立法的目的是使我国煤炭行业发展规范化、法制化，完善我国煤炭法律法规体系，合理开发利用和保护煤炭资源，规范煤炭生产、经营活动，促进和保障煤炭行业的发展。

4.《煤矿安全生产条例》

《煤矿安全生产条例》由总则、煤矿企业的安全生产责任、煤矿安全生产监督管理、煤矿安全监察、法律责任和附则构成，共6章76条，旨在加强煤矿安全生产工作，防止和减少煤矿生产安全事故，保障人民群众生命财产安全。自2024年5月1日起施行。主要内容如下：

（1）坚持党的领导，确立工作原则。明确煤矿安全生产工作坚持中国共产党的领导，坚持人民至上、生命至上，坚持安全第一、预防为主、综合治理的方针。

（2）强化源头治理，严查风险隐患。要求煤矿企业对风险隐患进行自查自改并按规定报告。监管部门要建立健全督办制度，督促煤矿企业消除重大事故隐患。对“带病生产”的煤矿企业，依法采取责令停产整顿直至关闭的处罚措施。

（3）夯实煤矿企业主体责任。严格准入条件，明确煤矿企业取得安全生产许可证后方可进行生产。落实煤矿企业全员安全生产责任制。要求煤矿企业进行煤矿灾害鉴定并按照灾害程度和类型实施灾害治理。

（4）严格落实监管监察责任。规定煤矿安全生产实行地方党政领导干部安全生产责任制。明确监管部门和监管职责，要求县级以上地方人民政府负有煤矿安全生产监督管理职责的部门，依法对煤矿企业特别是一线生产作业场所进行监督检查。矿山安全监察机构履行煤矿安全监察职责，负责对地方政府煤矿安全生产监管工作进行监督检查，有权进入煤矿现场并采取相应处置措施。

（5）加大惩处力度。对煤矿安全生产违法行为，规定了罚款、行业和职业禁入、责令停产整顿、予以关闭等法律责任。

（6）提高罚款数额下限。《煤矿安全生产条例》在保持与《安全生产法》等法律衔接的基础上，提高了对煤矿企业、企业负责人违法行为的处罚下限。比如，根据《安全生产法》，对发生一般事故、较大事故、重大事故的企业，罚款下限分别为30万元、100万元、200万元。《煤矿安全生产条例》分别提高至50万元、150万元和500万元。

（7）新设较重罚则。对于未按规定配备矿长等人员和机构、主要生产系统和安全设施不符合规程标准、未按规定编制专项设计、未按规定进行灾害等级鉴定、违章指挥或者强令冒险作业等，这些严重威胁生产作业安全的违法行为，《煤矿安全生产条例》规定了较为严厉的处罚。

（8）严格停产整改要求。《煤矿安全生产条例》规定，对存在重大隐患仍然进行生产的，应当停产整顿；存在安全违法行为逾期未改正的，应当停产整顿；存在安全违法行为、重大隐患排除前或者排除过程中无法保证安全的，应当撤出作业人员，暂时停止生产。同时要求，停产整顿煤矿应当制定整改方案，监管部门应当在5个工作日内向社会公告停产整顿煤矿名单，并按规定组织复产验收。

（9）加大关闭力度。将未取得安全生产许可证擅自生产、3个月内2次或者2次以上发现有重大事故隐患仍然进行生产、现有技术条件难以有效防治重大灾害等不具备安全生产条件的煤矿，列入依法关闭的情形。

5.《安全生产许可证条例》

该条例共24条，于2004年1月13日由国务院第34次常务会议通过，自2004年1月13日起施行。2013年、2014年先后两次对该条例部分条款进行了修订。目的是严格规范安全生产条件，进一步加强安全生产监督管理，防止和减少生产安全事故。该条例规定了相关企业实行安全生产许可证制度，明确了取得安全生产许可证应当具备的安全生产条件以及安全生产许可证的管理要求，未取得安全生产许可证的企业，不得从事生产活动。

6.《生产安全事故报告和调查处理条例》

该条例于2007年3月28日经国务院第172次常务会议通过，2007年4月9日公布，自2007年6月1日起施行，2011年8月29日对其部分内容进行了修改。制定该条例主要是为了规范生产安全事故的报告和调查处理，落实生产安全事故责任追究制度，防止和减少生产安全事故。该条例共6章46条，分别规定了该条例的适用范围，生产安全事故的分类、报告、调查、处理以及法律责任等内容。

7.《煤矿安全规程》

新中国成立以来，我国在煤炭安全生产方面有过许多血的教训，积累了大量的安全生产经验，作为煤矿安全生产最重要的安全技术法规，《煤矿安全规程》也不断地得到修改和完善。2021年8月17日经应急管理部第27次部务会议审议通过的《煤矿安全规程》于2022年1月26日以中华人民共和国应急管理部令第8号发布，自2022年4月1日起施行。

《煤矿安全规程》是煤矿安全法规群体中一部最重要的安全技术法规，是煤矿安全管理，特别是安全技术上的总规定，是煤矿职工从事生产和指挥生产的最具体的行为规范，也是煤炭行业贯彻执行党和国家安全生产方针以及国家有关安全生产法律在煤矿的具体规定，是保障煤矿职工安全与健康，保护国家资源和财产不受损失，促进煤炭行业安全和科学发展必须遵循的准则。

三、安全生产违法行为的法律责任

法律责任是指违反法律规定的行为应当承担的法律后果，也就是对违法者的制裁。法律责任是法律制度的重要组成部分。我们要实行依法治国的方针，就是要做到有法必依、执法必严、违法必究。违法必究就是必须追究违法者的法律责任。法律责任包括民事责任、刑事责任和行政责任3种。

第八节 采 掘 知 识

一、地质知识

煤层形成之后，经历了多次地壳运动才形成现在赋存的状态，埋藏深浅不一，结构有简单也有复杂。要合理开采煤炭资源，保证正常的煤矿生产，必须查明埋藏在地下的煤层的赋存状态、地质构造的变动情况及煤层受地质构造影响的程度等。

（一）煤层赋存条件

1. 埋藏深度

煤层埋藏的深度各不相同，最大埋藏深度可达 2 km。但随着开采深度的增加，大大提高了开采难度，有些甚至无法开采。

2. 煤层层数

各煤田中的煤层数目不同，少的只有一层或几层；多的达十几层到几十层。相邻两煤层之间的距离可由几十厘米到数百米。

3. 煤层的顶、底板

煤层处于各种岩层的包围之中，处于煤层之上的岩层称为煤层的顶板；处于煤层之下的岩层称为煤层的底板。顶板按相对于煤层的位置及垮落的难易程度分为伪顶、直接顶和基本顶，煤层底板分为直接底和基本底，如图 2－50 所示。

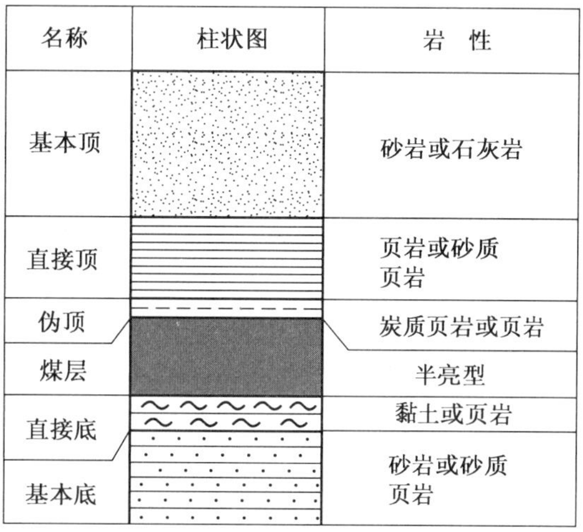

图 2－50　煤层顶、底板结构示意图

（1）伪顶。它直接位于煤层上，是一层极易垮落的薄岩层，常随采随落，多由炭质页岩或泥质页岩组成，厚度一般在 0.3～0.5 m。

（2）直接顶。直接顶位于伪顶或煤层之上，常由一层或数层页岩、砂质页岩组成，厚度一般是几米至十几米，不很坚硬，是工作面支架支护的主要对象，一般在回柱或移支架后很快垮落，对工作面生产不会构成威胁。

（3）基本顶。位于直接顶或煤层之上，由砂岩、石灰岩或砾岩等组成的厚且坚硬的岩层。一般情况下，基本顶能在采空区上方维持很大的悬露面积，不随直接顶一起垮落。

（4）直接底。直接底位于煤层之下，是强度较低的岩层，如泥岩、页岩、黏土岩等。有时容易发生滑动、膨胀隆起和挤压支柱的现象。

（5）基本底。基本底位于直接底板之下，一般由砂岩或石灰岩等坚固的岩层组成。

4. 煤层厚度

根据开采技术特点，煤层按厚度分为以下 3 类：

薄煤层	<1.3 m
中厚煤层	1.3～3.5 m
厚煤层	>3.5 m

薄及中厚煤层可采用一次采全厚的采煤方法，而厚煤层多采用分层采煤方法。对于一般机采和炮采，厚度为2.0 m左右采高，采煤工作较容易，并能获得较好的技术经济指标。采用先进的综采设备时，使用自移式液压支架，可以一次采较厚的煤层。

煤层含夹石会给开采工作带来困难，并影响煤质。通常用煤层结构来反映煤层的夹石状况。含有夹石的煤层称为复杂结构煤层，不含夹石的煤层称为简单结构煤层。

5. 煤层的倾角

地下开采时，按倾角可将煤层分为4类：

近水平煤层	<8°
缓倾斜煤层	8°～25°
倾斜煤层	25°～45°
急倾斜煤层	>45°

煤层倾角越大开采越困难。

（二）煤矿常见地质构造

沉积岩层和煤层在形成过程中，一般都是水平或近水平的，在一定范围内是连续完整的。但是，后来受到地壳运动的影响，使煤（岩）层的形态发生了变化。这些由地壳运动而造成的岩层空间形态，称为地质构造，较为常见的有单斜、褶皱、断裂、岩浆侵入、冲蚀、岩溶塌陷等。

1. 单斜构造

在某一较小范围内，煤（岩）层朝一个方向倾斜的构造叫作单斜构造，如图2－51所示。在较大区域范围内，单斜构造往往是其他构造形态的一部分，或是褶曲的一翼，或是断层的一盘。

为了说明倾斜煤（岩）层的空间形态，常用产状要素来表示，即走向、倾向及倾角，如图2－52所示。

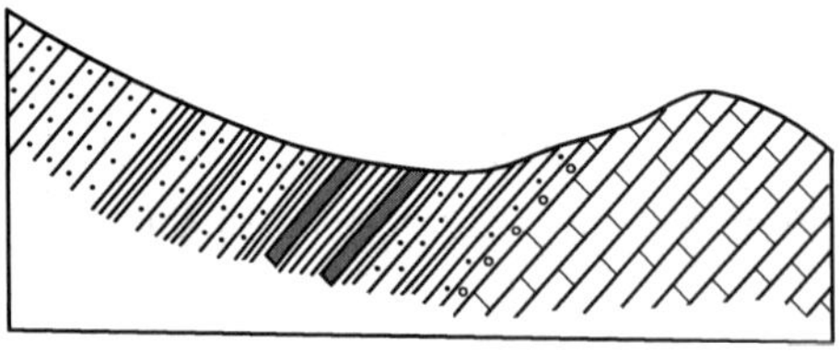

图2－51　单斜构造

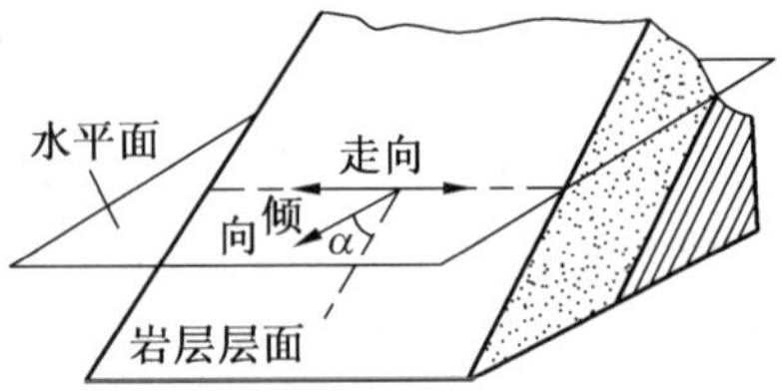

图2－52　岩层的产状要素

（1）走向。倾斜煤（岩）层层面与水平面的交线称为走向线，走向线的方向称为走向。走向代表了倾斜岩层在空间的水平延展方向。

（2）倾向。在倾斜煤（岩）层层面上与走向线垂直的线叫倾斜线，倾斜线由高向低处指引的方向叫倾向。

（3）倾角。倾斜煤（岩）层层面与水平面的锐夹角。煤（岩）层的倾角表示其倾斜程度。煤层的倾角主要影响采煤方法，如倾斜、缓倾斜煤层采用沿走向长壁采煤方法，急倾斜煤层采用倒台阶采煤方法等。

煤（岩）层的产状要素对采矿生产具有重要的意义，它是巷道布置和决定采煤方法的主要依据。

2. 褶皱构造

当煤（岩）层受到水平方向的挤压后，产生弯曲，但没有丧失其原有的连续性，这种构造形态叫作褶皱构造，如图 2－53 所示。

褶皱构造的基本单位叫作褶曲。褶曲就是煤（岩）层的一个弯曲。一般把褶曲的基本形态分成两种，即背斜和向斜，如图 2－54 所示。

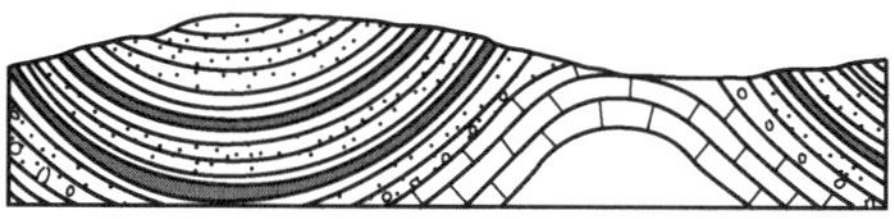

图 2－53 褶皱构造

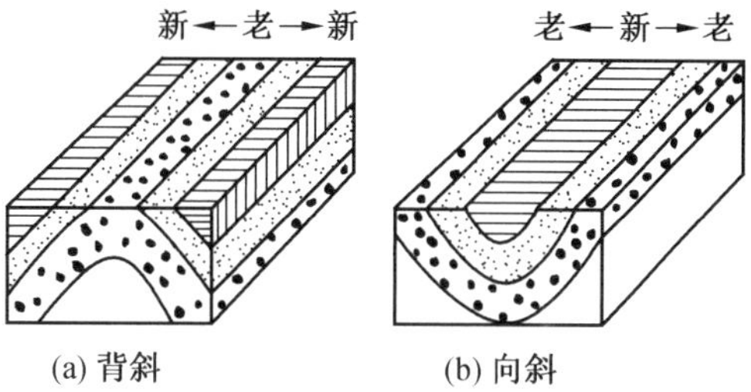

图 2－54 褶曲构造立体示意图

（1）背斜。煤（岩）层在剖面上表现为层面凸起的弯曲。

（2）向斜。煤（岩）层在剖面上表现为层面下凹的弯曲。

3. 断裂构造

煤（岩）层受力后，当作用力超过其强度，就产生断裂。断裂后，两侧煤（岩）层若没有发生显著位移，称为裂隙；若发生了显著位移，则称为断层，如图 2－55 所示。

1）裂隙（节理）

裂隙也称为节理。根据其成因可分为原生裂隙和次生裂隙。

（1）原生裂隙（节理）：岩石在沉积作用或岩浆活动以及成岩过程中形成的裂隙。

（2）次生裂隙（节理）：岩层形成以后生成的裂隙。它又分为构造裂隙和非构造裂隙。构造裂隙（节理）是指由地壳运动所产生的构造应力作用形成的裂隙，在岩层和煤层中都能经常见到。非构造裂隙是指由外力地质作用或人为因素形成的裂隙。

2）断层

煤（岩）层沿断裂面发生显著位移的断裂构造，称为断层，如图 2－56 所示。

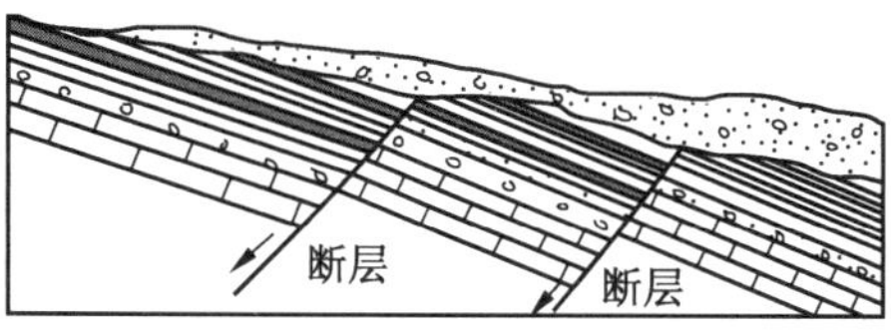

图 2－55 断裂构造

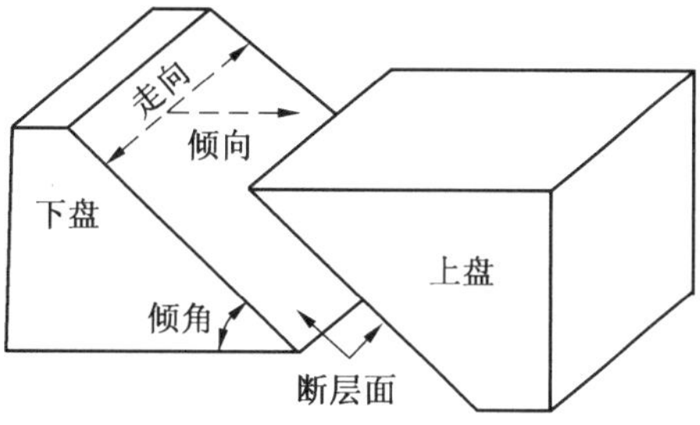

图 2－56 断层

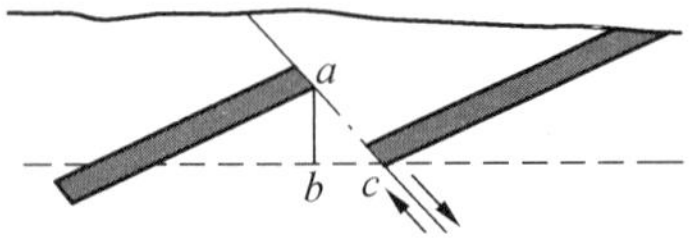

ab—垂直断距；bc—水平断距

图 2－57　断层落差示意图

(1) 断层要素：

① 断层面。断层面是指岩层发生断裂位移时，相对滑动的断裂面。

② 断盘。断层面两侧的岩体称为断盘。如果断层面倾斜时，通常将断层面以上的断盘称为上盘，断层面以下的断盘称为下盘。如果断层面竖直时，就无上、下盘之分。

③ 断距。指断层的两盘相对位移的距离。断距可分为垂直断距和水平断距。垂直断距又称断层落差，水平断距又称平错，如图 2－57 所示。

(2) 断层分类。根据断层上、下盘相对移动的方向，可分为正断层、逆断层、平推断层，如图 2－58 所示。

① 正断层。煤（岩）层断裂后，其上盘相对下降，下盘相对上升。

② 逆断层。上盘相对上升，下盘相对下降的断层。

③ 平推断层。断层两盘沿近乎直立的断层面作水平方向相对移动的断层。

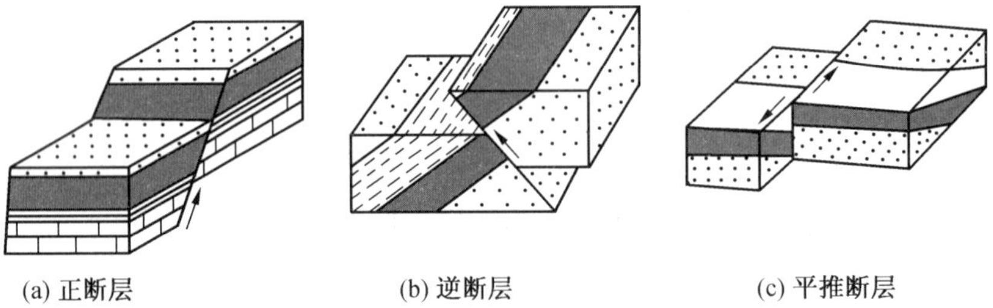

图 2－58　断层类型

4. 岩浆侵入

由于地质作用，使岩浆侵入煤层（俗称火成岩侵入），不但降低煤质，同时也给生产带来困难，如图 2－59 所示。

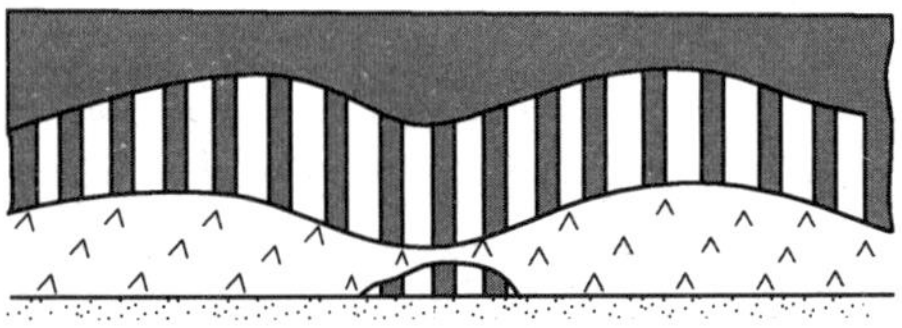

图 2－59　岩浆侵入煤层

二、矿井巷道与矿井生产系统

煤炭是埋藏在地下的资源，要从地表到煤层开凿一系列的井巷形成煤矿生产系统，才能完成运输、行人、通风、供电、排水等任务，将煤炭开采运出。

(一) 矿井巷道

为了在井田内有计划地进行开采，就要开凿一系列巷道进入矿体，这些巷道总称为矿井巷道。矿井巷道种类很多，根据井巷的轴线与水平面的关系，可分为 3 类：垂直巷道、水平巷道和倾斜巷道。

1. 垂直巷道

垂直巷道主要有立井、小立井、暗井及溜井等。

（1）立井。有出口直接通往地面的垂直巷道，称为立井，又叫竖井。用于提升煤炭的一般叫作主井，用于提升材料、设备、人员、矸石并兼作通风等的叫作副井。

（2）小立井。也是立井的一种，但断面较小，只用于通风、临时提升或勘探等。

（3）暗井。没有出口直接通往地面的垂直巷道，而且煤炭是从下向上提升的，称为暗井。

（4）溜井。没有出口直接通往地面的垂直巷道，但煤炭是从上向下溜放的，称为溜井。

2. 水平巷道

水平巷道主要有平硐、石门、煤门、平巷等。

（1）平硐。有出口直接通往地面的水平巷道，称为平硐。平硐也有主、副或通风平硐之分。

（2）石门和煤门。没有出口直接通往地面，并且与煤层走向成垂直或斜交的水平巷道，位于岩石中的，称为石门；位于煤层中的，称为煤门。

（3）平巷。没有直接通往地面的出口，并且与煤层走向方向近似一致的水平巷道，称为平巷。

3. 倾斜巷道

倾斜巷道主要有斜井、上山、下山等巷道。

（1）斜井。有出口直接通往地面的倾斜巷道，称为斜井，也有主、副之分或专为通风用的通风斜井等。

（2）上山。没有直接通往地面的出口，并且位于其开采水平以上，煤炭向下运输的倾斜巷道，称为上山。

（3）下山。没有直接通往地面的出口，并且位于其开采水平以下，煤炭向上运输的倾斜巷道，称为下山。

（二）矿井井下生产系统

矿井井下生产系统主要包括运输系统、通风系统、供电系统、供水排水系统等。下面以图 2－60 为例简单介绍矿井井下生产系统。

1. 运输系统

从 25 破落下来的煤→20→14→12→10→5→4→3→1→地面，材料和设备→2→3→4→5→9→11→15→23→25；采煤工作面回收的材料、设备和掘进工作面运出的矸石，用矿车经由与运料系统相反的路线运至地面。

2. 通风系统

新鲜风流→地面→2→3→4→5→11→15→19→20→25；清洗工作面后的污风→23→17→8→7→6→大气。

3. 供电系统

供电系统是给矿井提供动力的系统。由于煤矿企业的特殊性，对矿井的供电系统要求绝对可靠，不能出现随意断电事故。为了保证可靠供电，要求必须有双回路电源，同时保证矿井供电。

矿井供电系统是：双回路电网→矿井地面变电所→井筒→井下中央变电所→采区变电所→工作面用电点。

除一般供电系统外，矿井还必须对一些特殊用电点实行专门供电。如矿井主通风机、井底水泵、掘进工作面局部通风机、井下各需专门供电的机电硐室等。

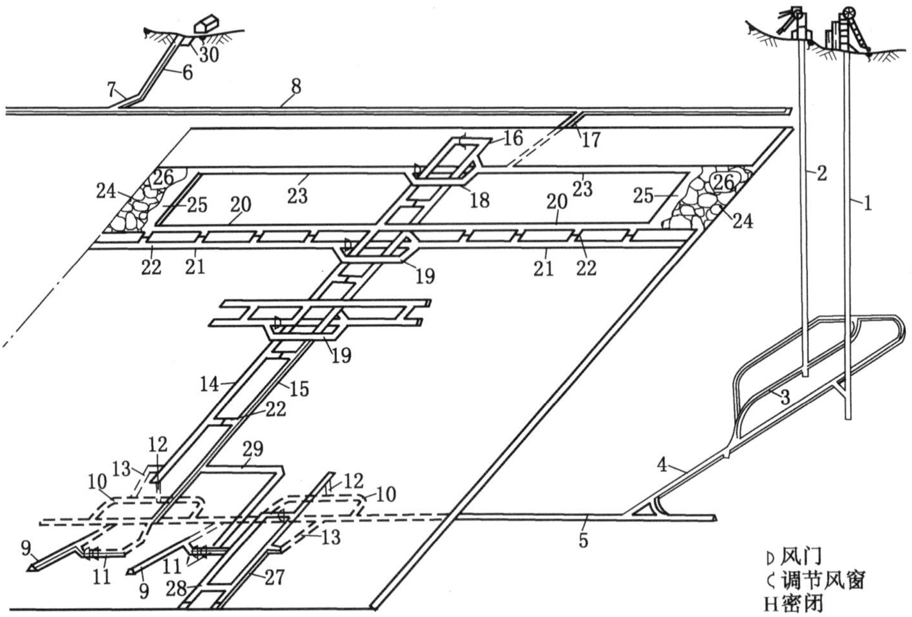

1—主井；2—副井；3—井底车场；4—主要运输石门；5—运输大巷；6—风井；7—回风石门；8—回风大巷；9—采区运输石门；10—采区下部车场底板绕道；11—采区下部材料车场；12—采区煤仓；13—行人进风巷；14—采区运输上山；15—采区轨道上山；16—上山绞车房；17—采区回风石门；18—采区上部车场；19—采区中部车场；20—区段运输平巷；21—下区段回风平巷；22—联络巷；23—区段回风平巷；24—开切眼；25—采煤工作面；26—采空区；27—输送机下山；28—轨道下山；29—下山回风联络巷；30—风硐

图 2-60　矿井井下生产系统示意图

4. 供、排水系统

煤矿井下生产要洒水灭尘，液化设备需要水，井下灭火需要水，所以必须向井下供水。另外，矿井水必须排到地面，为此，矿井都建有供、排水系统。

1）矿井供水系统

矿井地面蓄水池的水通过管道→井筒→井底车场→水平运输大巷→采区上（下）山→区段集中巷→区段斜巷到达工作面。

在供水管道系统中，有大巷洒水、喷雾、防尘水幕。各转载点都有洒水灭尘喷头，采掘工作面有洒水灭尘喷雾装置，采掘工作面机械设备供水系统等。

2）矿井排水系统

上山采区的水一般自动流入水平大巷的排水沟，下山采区的水通过水泵排入水平大巷的排水沟，排水沟内的水流入井底车场的井底水仓。

主水仓一般都有两个，其中一个储水，一个清理。主水泵房在主水仓上部，水泵房内至少装有 3 台水泵，通过多级水泵将水排到地面。

除矿井大的排水系统外，井下采掘工作面有时积水无法自动流出，还需要安装水泵排出。

5. 其他系统

为保证矿井的安全生产，一般矿井都还建有瓦斯监控系统、灌浆防灭火系统和通信系统等。

三、矿井开拓方式

（一）阶段与水平

在地质历史的发展过程中由含碳物质的沉积而形成的大面积含煤地带称为煤田。煤田的面积相当大，可达几百平方千米，储量达几百亿吨，所含的煤层最多可达几十层。

把由一个矿井开采的部分煤田叫井田。在井田范围内，按照一定的标高，将井田划分为若干个长条形部分，每一个长条形部分叫一个阶段，如图 2 - 61 所示。阶段的走向长度等于井田的走向长度。阶段的倾斜长度根据煤层的倾角和垂高不同，一般为500 ~ 1000 m。

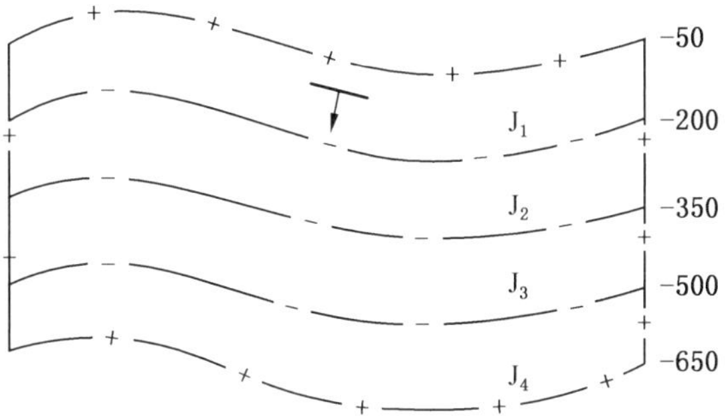

J_1、J_2、J_3、J_4—第一、二、三、四阶段；-50、-200、-350、-500、-650—底板等高线

图 2 - 61　井田阶段划分

阶段与阶段之间是以水平面分界，水平分界面称为水平。水平是自井筒在一定标高开掘的水平巷道及其相近标高的开采巷道的总称。布置有主要运输大巷和井底车场，并担负该水平开采范围内的主要运输和提升任务的水平称为开采水平。

阶段内的布置有连续式、分区式和分带式 3 种。

（二）矿井开拓

从地面开掘一系列的井巷通入煤层的过程通称为矿井开拓。通常以井硐形式为依据，将矿井开拓方式划分为立井开拓、斜井开拓、平硐开拓和综合开拓 4 种。

1. 立井开拓

立井开拓是利用垂直巷道由地面进入，并通过一系列巷道到达煤层的一种开拓方式。目前，我国所采用的立井开拓主要有立井单水平上、下山开拓和多水平立井开拓。

（1）立井单水平上、下山开拓。图 2 - 62 是假想将煤层上覆岩层全部揭去，露出煤层内的巷道和工作面，从图上可以清楚地看到煤层的开拓系统。

（2）立井多水平开拓。立井多水平开拓是利用两个以上开采水平来开采整个井田，按开采水平服务的阶段布置方式不同，可分为多水平上山开拓，多水平上、下山开拓和多水平混合式开拓。图 2 - 63 为立井多水平开拓立体示意图。

2. 斜井开拓

斜井开拓是利用一条或一对倾斜巷道从地面进入地下，并通过一系列巷道通达煤层的一种开拓方式。斜井开拓又可分为片盘斜井开拓和分区式多水平斜井开拓。

（1）片盘斜井开拓如图 2 - 64 所示。

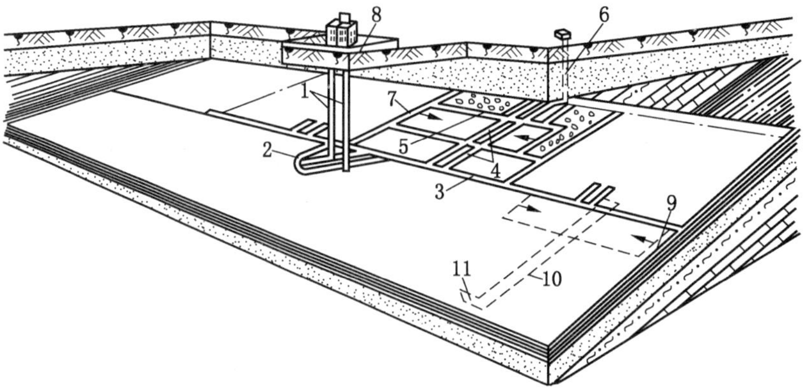

1—立井；2—井底车场；3—运输大巷；4—采区上山；5—区段运输平巷；6—采区风井；7—采煤工作面；8—地面工业广场；9—下山采区采煤工作面；10—采区下山；11—下山采区车场及水仓

图2-62 立井单水平上、下山开拓立体示意图

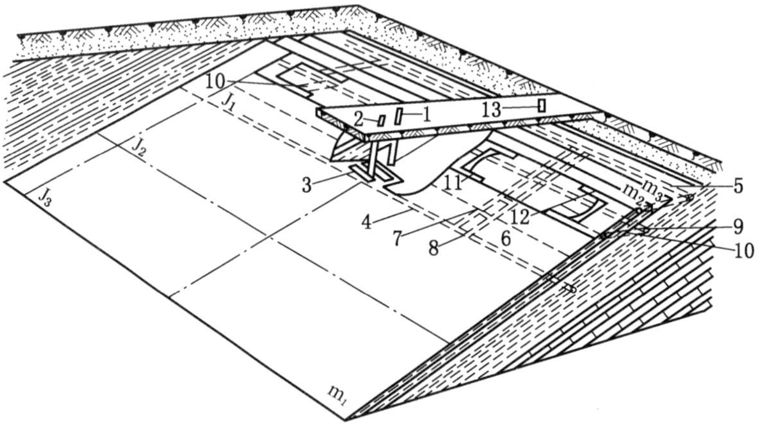

1—主井；2—副井；3—井底车场；4—阶段运输大巷；5—阶段回风大巷；6—采区运输上山；7—采区轨道上山；8—采区煤仓；9—区段集中运输平巷；10—联络巷道；11—区段超前运输平巷；12—区段超前回风平巷；13—中央边界风井；J_1、J_2、J_3—第一、二、三阶段；m_1、m_2、m_3—第一、二、三煤层

图2-63 立井多水平开拓立体示意图

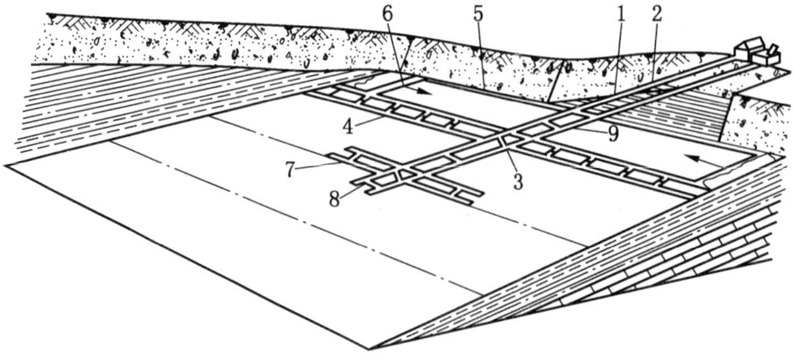

1—主井；2—副井；3—片盘车场；4—第一片盘运输平巷；5—第一片盘回风平巷；6—采煤工作面；7—第二片盘运输平巷；8—泵房水仓；9—联络巷

图2-64 片盘斜井开拓立体示意图

（2）分区式多水平斜井开拓如图 2－65 所示。

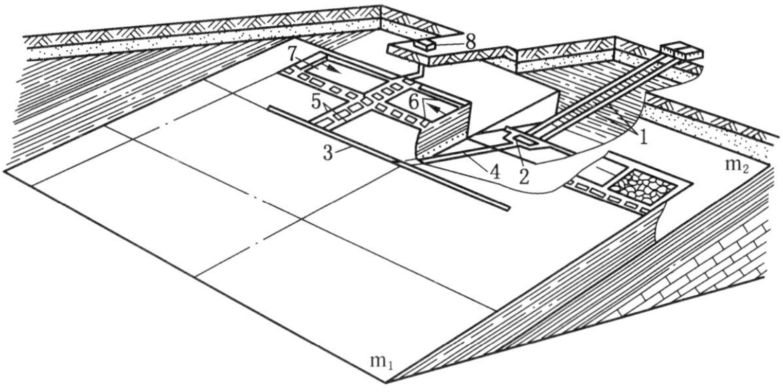

1—斜井；2—井底车场；3—m_1 煤层阶段运输大巷；4—主要石门；
5—采区上山；6—区段运输平巷；7—采煤工作面；8—采区风井

图 2－65　分区式多水平斜井开拓立体示意图

3. 平硐开拓

在山区和丘陵地带，利用水平巷道（即平硐）进入煤层进行开拓和采煤的开拓方式称为平硐开拓，如图 2－66 所示。

4. 综合开拓

当采用一种开拓方式不能满足生产需要时，可采用两种开拓方式的联合形式，称为综合开拓。综合开拓方式，根据主副井筒不同形式有立井—斜井、斜井—平硐、平硐—立井等多种开拓方式，如图 2－67、图 2－68 和图 2－69 所示。

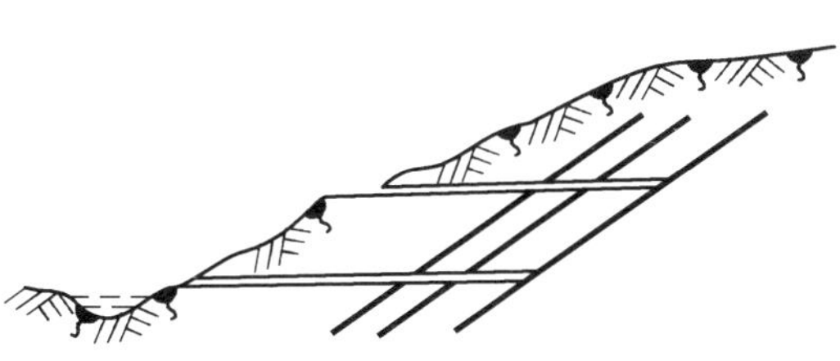

图 2－66　平硐开拓示意图

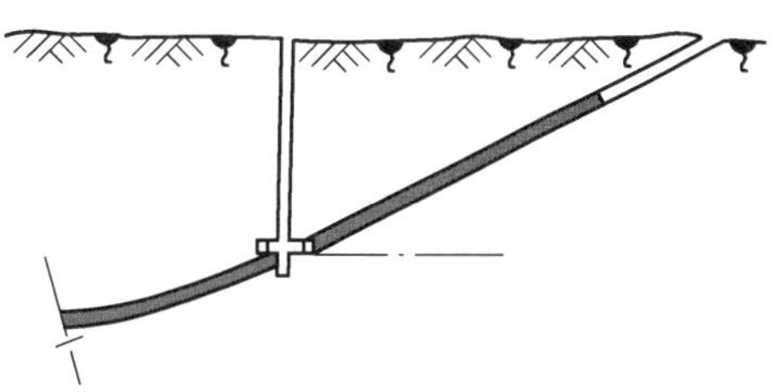

图 2－67　立井—斜井开拓

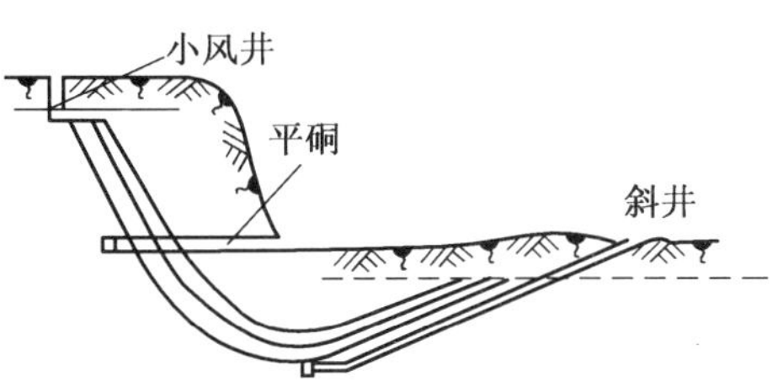

图 2－68　斜井—平硐开拓

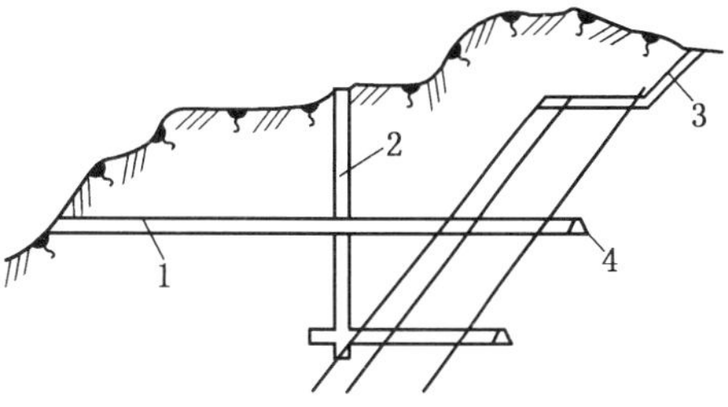

1—平硐；2—立井；3—回风井；4—运输大巷

图 2－69　平硐—立井开拓

四、采煤技术

（一）采煤方法概述

采煤方法包括采煤系统和采煤工艺两项主要内容。根据不同的矿山地质及技术条件，由不同的采煤系统与采煤工艺相配合，构成多种多样的采煤方法。井工开采的采煤工艺大致分为旱采（包括普通机械化采煤、综合机械化采煤、炮采、放顶煤开采等）、水采和地下气化、液化等。在我国，旱采主要采用壁式开采，水采采用柱式开采。地下气化已进入工业化试验阶段。

1. 壁式体系

壁式体系通常有较长的采煤工作面，在采煤工作面两端至少各有一条巷道，用于通风与运输，随采煤工作面推进，要有计划地处理采空区。它的优点是煤炭损失少，采煤连续性强，单产高，采煤系统较简单，但采煤工艺装备比较复杂。

对于薄及中厚煤层，一般都是按煤层全厚一次采全高，即整层开采；对于厚煤层，一般分为若干中等厚度的分层进行开采，即分层开采，但也可采用整层开采（放顶煤）。无论整层、分层开采，按照工作面的推进方向，又可分为走向长壁和倾向长壁采煤两种类型。

走向长壁采煤，是将采（盘）区划分为区段，在区段内布置采煤巷道，采煤工作面呈倾斜布置，沿走向推进，上下回采巷道基本上是水平的，且与采（盘）区上山相连。

倾斜长壁采煤，通常将井田或阶段划分为条带，在条带内布置回采巷道，采煤工作面呈水平布置，沿倾斜推进，两侧的巷道是倾斜的，并通过联络巷直接与大巷相连。

2. 柱式体系

柱式体系以短工作面采煤为其主要标志，大多用于埋藏较浅的近水平薄及中厚煤层，并要求顶板较好、瓦斯涌出量少；也可用于不正规条件采煤或回收巷道煤柱。

柱式体系包括房柱式、仓储式等。一般是在煤层内开掘一条列宽为 5 ~ 7 m 的煤房，作为短工作面向前推进；煤房间用联络巷相连以构成生产系统，并形成近似于矩形的煤柱，煤柱宽度由数米至 20 多米不等。柱式体系采煤生产过程中支护及采空区处理工作简单，矿压显现不明显，有时可不处理采空区；工作面通风条件相对恶劣，采出率低。

3. 水力采煤

水力采煤是利用高压水流直接破煤，并借助水力来完成运输和提升等工序的开采工艺。

水采具有以下优点：生产能力较高，增产潜力大，工艺简单，效率较高，设备简单，材料消耗少，吨煤成本低，安全条件较好，对地质变化的适应力较强。

水力采煤的缺点：采出率较低，电耗较大，巷道掘进率高，机械化程度低，容易造成采掘接续紧张，通风系统不完善，通风阻力大，风量不稳定等。

4. 地下气化

煤炭地下气化是开采煤炭的一种新工艺。其特点是将埋藏在地下的煤炭直接变为煤气，通过管道把煤气供给工厂、电厂等各类用户，使现有矿井的地下作业改为地面作业。煤炭地下气化的实质是将传统的物理开采方法变为化学开采方法，将高分子固体煤转化为低分子结构的煤气。

（二）采区巷道布置

采区巷道布置是指在采区内布置准备巷道和回采巷道。由于各个煤田内煤层数目、厚度、倾角各不相同，导致巷道布置形式多样，种类繁多。

1. 单一煤层采区巷道布置

（1）采煤工作面采用单巷布置即工作面两侧各布置一条平巷，一条为运输巷道，把工作面采出的煤炭运输至运输上山，一条为轨道巷（回风巷），为工作面运送材料和设备。

（2）对于单巷布置的采煤工作面，区段或条带之间一般采用双巷掘进（无煤柱护巷除外），一条为本区段运输平巷，一条为下区段轨道平巷。

（3）采区内至少布置两条上山，一条为运输上山，一条为轨道上山。

（4）在每一区段的下部水平上，轨道上山与轨道巷相连，组成相应的采区车场。采区车场在上部叫采区上部车场，在中部叫采区中部车场，在下部叫采区下部车场。

（5）如果区段平巷和轨道上山布置在同一煤层中，为了便于连接，一般情况下运输巷跨越轨道上山，轨道平巷绕过运输上山，既可避免交叉，又可防止漏风。

（6）在布置两条上山的采区，为避免在采区下部车场安设风门影响运输，需采用轨道上山进风，运输上山回风，以满足采区对新鲜风的需要。如果采区所需风量较大，可以专设回风上山。

（7）为便于采区上山掘进时的通风，一般采用双上山掘进，直到回风大巷，并在绞车房后方或侧面安设风窗。双上山掘进时，中间连通的联络巷，可作为采区变电所等硐室。

（8）当煤层厚度较大时，采区服务年限较长，为降低上山及平巷的维护费用常将采区上山及区段集中平巷布置在煤层底板岩石中。

2. 多煤层采区巷道布置

1）基本概念

生产矿井大多开采 2 个以上煤层。如果每一煤层中都布置采区上山、硐室、区段平巷，建立彼此独立的采区生产系统，称为采区分层布置；如果几个煤层共用一套采区上山、硐室甚至区段平巷，并采用适当方式将各煤层联系起来，就形成采区联合布置。共用的采区上山称为集中上山，共用的区段平巷称为区段集中平巷。这种联合的采区，不仅可以扩大采区储量，延长采区服务年限，减少采区搬家次数，还可以减少掘进量及维护量，降低掘进率，提高采出率，同时还可以增加采区生产能力，减少井下同时生产的采区个数，实现井下集中生产。

当一个矿井开采十多个甚至几十个煤层，或开采几个远近相距悬殊的煤层时，应将煤层分为若干组，在每个组内设置共用的采区巷道，形成独立的采区生产系统，称为分组联合布置。

实际上在联合布置的采区中，往往是若干煤层相距远近不等，其中某几层煤相距很近，而其余几层煤可能相距较远。在这种情况下可能根据实际条件采用上述两种联合的综合方式。

2）联系方式

在联合布置的采区中，不论是共用上山还是共用区段平巷，都必须将各煤层与共用上山或共用区段平巷联系起来。联系方式有石门、斜巷和立眼 3 种方式。

（1）石门联系。它是用于煤层走向相交的水平巷道与煤层联系的方式。当煤层倾角较大时，区段集中平巷与各煤层的分层一般用石门联系。这种联系的优点是掘进施工方便，如果采用轨道运输，矿车直接与采区车场及各煤层平巷相通，不需要用绞车，运输方便可靠，环节少，行人方便，利于通风；缺点是当煤层倾角较小时，石门较长，而且以石门作为运输巷道的联络巷时，需要设输送机，增加了运输设备和运输环节。

（2）斜巷联系。这种联系巷道的优点是当煤层倾角较小时，斜巷的掘进长度比石门短，用斜巷作为运煤的联络巷，可以直接利用自溜运煤，不必在其中安设输送设备，运输环节少。

（3）立眼联系。立眼联系的优点基本上与斜巷联系相同，缺点是立眼运料及行人不便，所以只有煤层倾角很小或近水平煤层才采用立眼的联系方式。

由此可见，各煤层之间的联系方式，可以根据煤层倾角及间距等情况，按掘进量的大小及使用方便等原则进行选择。在实际工作中，用于运煤的联络巷多采用立眼和斜巷，而用于回风、行人、运料的联络巷，则多采用石门。

（三）采煤工艺

1. 爆破采煤技术

爆破采煤是指采用打眼爆破落煤、人工（或爆破）装煤、刮板输送机或自重运煤以及单体支架支护。

1）爆破落煤

根据煤层厚度、煤质软硬和顶板稳定程度等不同，炮眼布置有单排、双排和三排之分，如图 2－70 所示。

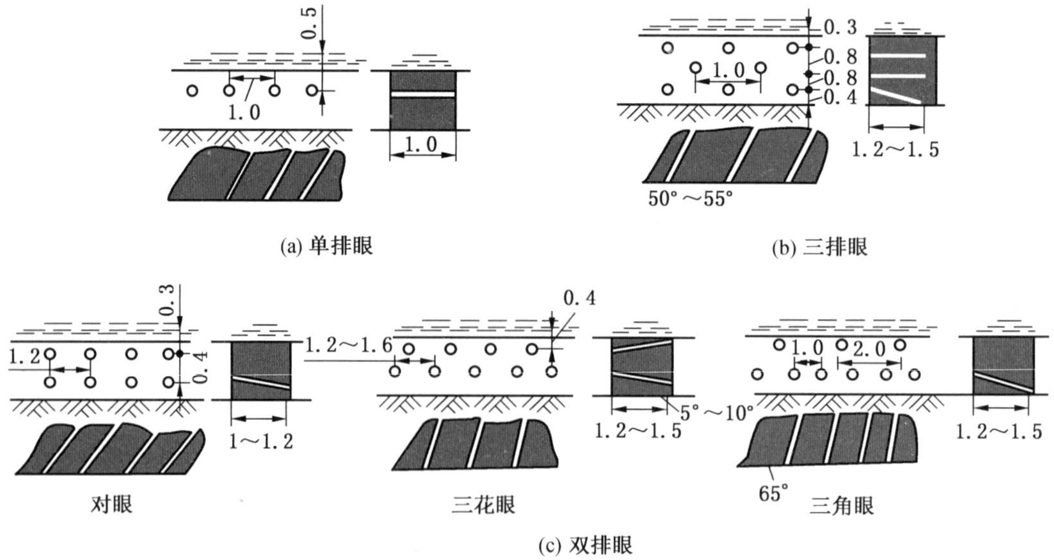

图 2－70　炮眼布置

单排眼一般用于薄煤层，煤质软和节理发育的煤层工作面。

双排眼一般用于采高较小的中厚煤层，煤质中硬时可用对眼，煤质软时可用三花眼。煤层上部煤质软或顶板较破碎时可用三角眼。

煤质坚硬或采高较大的中厚煤层可用三排眼（五花眼）。

炮眼角度一般要求为：炮眼与煤壁的水平夹角为50°~80°，软煤取大值，硬煤取小值；为防崩倒支架，应使水平方向的最小抵抗线朝向两柱之间；顶眼仰角为5°~10°，取值要视煤质软硬和粘顶情况而定，做到不破坏顶板的完整性；底眼俯角为10°~20°，眼底接近底板，做到不留底煤和不崩翻输送机。

炮眼深度根据循环进度而定，循环进度一般为0.8~1.2 m。每个炮眼的装药量根据煤质软硬、炮眼位置和深度以及爆破次序而定，通常为150~600 g。

炮眼连线方式一般采用串联。

2）装煤

爆破落煤除一部分抛入刮板输送机外，其余多为人工装煤。

3）运煤

工作面运煤方式有自重（即自溜）运煤和输送机运煤两种。煤层倾角大于26°时，可采用铁溜槽自溜运煤；倾角在20°~25°时，可采用搪瓷溜槽溜煤；当煤层倾角较小时，采用刮板输送机运煤。

4）支护

目前，我国煤矿中一些生产条件好的爆破采煤工作面都采用了单体液压支柱和铰接顶梁支护，其布置形式大多采用正悬臂齐梁直线柱，常采用三、四排或三、五排控顶；基本顶来压之前还常在放顶排处架设特种支架，如丛柱、密集支柱、木垛、斜撑及切顶墩柱等；另外一些生产装备较差的爆破采煤工作面常采用金属支柱或木支护，形式为戴帽点柱或棚子。

5）回柱放顶

回柱放顶一般采用由下向上、由里向外、分段分组进行。回柱应力求快速、安全、支架回收干净，使顶板充分垮落，支架回收复用率高。回柱时一定要集中精力，并指定有经验的人员观察顶板，以防发生事故。

6）采空区处理

采空区处理方法有多种，最常用的是全部垮落法，它适用于直接顶易于垮落或具有中等稳定性的顶板，我国开采薄及中厚煤层和大部分厚煤层，一般都是采用全部垮落法。

2. 普通机械化采煤技术

普通机械化采煤是指用滚筒式采煤机（有单滚筒和双滚筒两种采煤机）或刨煤机落煤和装煤，可弯曲刮板输送机运煤，摩擦式金属支柱支护顶板。如将摩擦式金属支柱换成单体液压支柱，则称为高档普采。普通机械化采煤实现了落煤、装煤和运煤3个工序连续机械化作业。

工作面在回采过程中主要进行采煤机割煤、跟机挂梁、清除余煤、移刮板输送机打柱、开上下缺口、回柱放顶等工作，即完成了一个循环。

采煤机的割煤方式有双向割煤和单向割煤两种。

工作面支护一般采用悬臂梁支架，使用三、四排或三、五排控制顶板，平时放顶大多为无密集放顶，但初次放顶、初次来压和周期来压时，要加强支护和采取其他有效措施。

回柱放顶与爆破落煤大体相同，采空区处理采用全部垮落法。

3. 综合机械化采煤技术

1）综采工作面双滚筒采煤机的割煤方式

（1）往返一次割两刀。这种割煤方式多用于煤层赋存稳定、倾角较缓的综采面，工作面为端部进刀。

（2）往返一次割一刀。这种割煤方式为单向割煤，工作面中间或端部进刀。其适用于顶板稳定性较差或煤层倾角较大及受其他条件影响的工作面。

2）综采工作面采煤机的进刀方式

（1）直接推入式进刀。此方式需提前开出工作面端部缺口，现场较少采用。

（2）工作面端部斜切进刀。此方式要求工作面两端的运输和回风平巷的宽度要足够，若过窄，则需辅以人工开缺口，这样会限制综采生产能力的发挥。

（3）综采工作面中部斜切进刀。此方式适用于具有较长工作面的综采工作面。

（4）滚筒钻入法进刀。此方式要求采煤机滚筒端面必须布置截齿和排煤口，滚筒不用挡煤板，适用于采高不很大的条件。

3）综采工作面液压支架的移架方式

我国常用 3 种移架方式：一是单架依次顺序式，又称单架连续式；二是分组间隔交错式；三是成组整体依次顺序式。

4）综采工作面工序配合方式

综采工作面割煤、移架、推移输送机 3 个主要工序，按照不同顺序有及时支护方式和滞后支护方式 2 种配合方式。

（1）及时支护方式是采煤机割煤后，支架依次或分组随机立即前移支护顶板，输送机随移架逐段移向煤壁。此方式推移输送机后，在支架底座前端与输送机之间要富余一个截深的宽度，工作空间大，有利于行人、运料和通风。

（2）滞后支护方式是采煤机割煤后，输送机首先逐段移向煤壁，支架随输送机前移，二者移动步距相同。此方式在底座前端和机槽之间没有一个截深余量，比较能适应周期压力大及直接顶稳定性好的顶板，但不适应直接顶稳定性差的顶板，在我国使用较少。

4. 放顶煤采煤技术

放顶煤采煤法是指沿煤层的底板或煤层某一厚度范围内的底部布置一个采煤工作面，利用矿山压力将工作面顶部煤层在工作面推进后破碎冒落，并将冒落煤予以回收的一种采煤方法。

1）放顶煤采煤法的分类

（1）预采顶分层放顶煤采煤法，如图 2－71a 所示，沿煤层顶板布置一个工作面进行预采，预采过程需沿底板布置金属网。相隔一段距离后，再沿底板布置一个放顶煤工作面进行开采。这种方法因在预采时铺设了金属网，故可减少放落煤中的含矸量。其缺点是需要回采进顶、底两个工作面；开采顶分层后一般矿山压力减弱，不利于放落煤的破坏，常有大块煤出现，需要采用松动爆破。

（2）预采中分层放顶煤采煤法，如图 2－71b 所示，先在距煤层底板约 3 m 处布置一个工作面进行预采，随后再沿底板布置一个放顶煤工作面。这种方法易于回收顶煤，其缺点是：当底板不平整时，很难保证放顶煤工作面的采高一致，同时对易自然发火煤层较难控制自燃，且放顶煤时煤尘较大。

（3）整层开采放顶煤采煤法，如图 2－71c 所示，沿底板布置一个放顶煤工作面。其优点是：回采巷道掘进量及维护量小；工作面设备少；采区运输通风系统简单，实现了集中生产；顶煤在矿山压力作用下易于回收。缺点是：煤质较软时，工作面运输及回风巷维护困难。

（4）分段放顶煤采煤法，如图 2－71d 所示，当煤层厚度超过 20 m 时，可以将特厚煤层分为 10～20 m 的若干个分段。上下分段前后保持一定距离同时开采，也可以一个一个逐段下行开采。为提高煤的采出率和减少煤的含矸量，可参考采用在每一个分段的放顶煤工作面进行铺网（最后一个分段除外）。

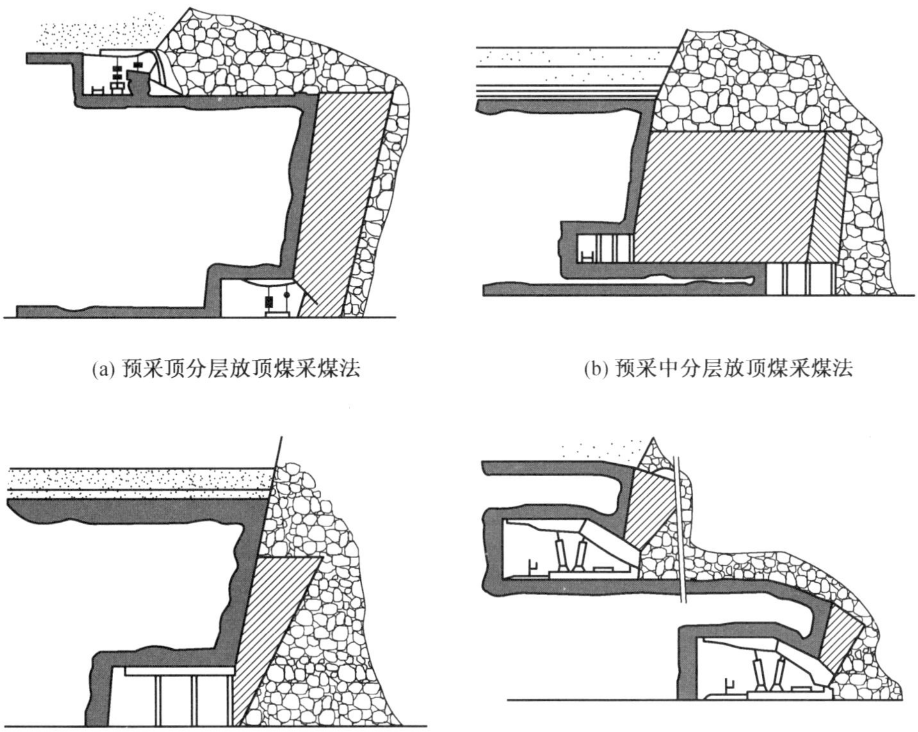

(a) 预采顶分层放顶煤采煤法　(b) 预采中分层放顶煤采煤法

(c) 整层开采放顶煤采煤法　(d) 分段放顶煤采煤法

图 2－71　放顶煤采煤法

2）放顶煤开采工艺

（1）采煤机采煤：与单一中厚煤层一样，采煤机可以从工作面端部或中部斜切进刀。根据顶煤放落的难易程度，放顶煤工作可在完成 1～3 个综采循环后在检修班或放顶班进行。

（2）放顶煤：放顶煤工作多从下部向上部进行，也可以从上部向下部、逐架或隔一架或隔数架依次进行。一般放顶煤沿工作面全长一次放煤进行完毕即一轮放完，如顶煤较厚，也可以两轮放完。在放煤过程中，如有片帮预兆，宜停止放煤。当放煤口出现矸石时，应关闭放煤口。

（四）急倾斜煤层开采

1. 急倾斜煤层开采的特点

急倾斜煤层开采有如下特点：

（1）倾角大，采下的煤能自动下滑，装运工作简单，但滑落的煤、矸可能冲倒支架，砸伤人员，所以在技术上必须采取相应的安全措施。

（2）顶板压力比较缓和，但底板岩石也有滑动的可能。

（3）采空区上部的巷道维护比较困难，煤层开采速度较慢，煤层自然发火大多比较严重，所以，巷道布置和回采工作都要适应这些特点和要求。因此，在急倾斜煤层中，双面采区布置应用极为广泛，其一翼走向长度一般为 200 ~ 300 m。另外，其水平高度一般为 100 ~ 150 m，采区内沿煤层倾斜一般只能布置 2 ~ 3 个区段。

（4）近距离煤层群开采时，应合理安排上、下煤层的开采顺序。

2. 急倾斜煤层开采的方法

1）倒台阶采煤法

煤层倾角在 45°以上时，走向壁式的直线工作面同时存在多个工人工作是不安全的，这样就需要把直线工作面改为倒台阶形的工作面，由错开的台阶来保护同时生产的工人的安全，这就是急倾斜煤层的倒台阶采煤法。适用于顶板不太破碎、煤厚为 0.6 ~ 1.5 m 的急倾斜煤层。

2）正台阶采煤法

正台阶采煤法是将一个在上下区段平巷之间的伪斜长壁工作面分为若干个短壁工作面，呈正台阶状布置。短壁工作面沿走向推进，始终保持沿倾斜方向的短壁工作面沿 30°伪斜方向推进。其适用于煤厚、倾角有变化或有小构造、厚度 2.4 m 以下、不宜使用伪斜柔性掩护支架采煤法的急倾斜煤层。

3）巷柱式采煤法

巷柱式采煤法就是每隔一定距离，沿走向开掘一些重叠巷道，用斜巷将这些重叠巷道连通，回采时先挖巷道两帮的煤，然后才落巷道上部的煤。其适用于煤厚小于 2.5 m 的急倾斜煤层。

4）水平分层采煤法

水平分层采煤法是将急倾斜中厚及厚煤层沿走向分成几个水平分层来开采。分层厚度就是工作面的采高，工作面沿走向推进。其开采顺序及采空区处理法有下行垮落和上行（下行）充填法，我国煤矿采用前者。其适用于煤厚 2 m 以上的急倾斜煤层和地质条件变化大而不能采用伪斜柔性掩护支架采煤法的急倾斜煤层。

5）斜切分层采煤法

斜切分层采煤法的巷道布置和水平分层采煤法基本相同，其不同之处是工作面与水平面成 25° ~ 30°倾角，从工作面破落的煤可自溜到溜煤小眼中。其适用于煤厚大于 3 m 的急倾斜煤层。

6）伪倾斜柔性掩护支架采煤法

这种方法采用 25° ~ 30°的伪斜工作面，工作面呈直线形按伪斜方向布置，沿走向推进；用柔性掩护支架隔离采空区与采煤空间，工作人员在掩护支架的保护下进行采煤工作。其适用于厚度为1.5～6.0 m、倾角大于55°煤层，并要求煤层比较稳定，厚度和倾角变化小，地质构造比较简单。

7）仓储采煤法

仓储采煤法的实质是：急倾斜煤层中沿小阶段走向以一定宽度划分若干个仓房，仰斜推进，采落的煤大部分暂存于仓房内并可临时支撑顶底板，待仓房范围采完后再将煤炭全部放出的采煤方法。仓房沿走向尺寸一般为15～30 m，沿倾斜尺寸一般为40～60 m，适用于地质构造简单、顶底板岩层比较稳定、无淋水和厚度1.0～4.5 m的急倾斜煤层中。

五、巷道掘进及支护

（一）巷道掘进

在岩体中采用一定方法把部分岩石破碎下来，形成用于行人、运输、通风等工作的地下空间，并对这个空间进行支护的工作，叫巷道掘进。掘进工作的主要工序有破岩、装岩、运输、支护，辅助工序有排水、掘砌水沟、通风、铺轨和测量等。

在掘进巷道中，破碎岩石是一项主要工序。破碎岩石常用的办法有两种，钻眼爆破和掘进机破岩。我国目前最常用的方法是钻眼爆破破岩。

掘进巷道时，必须对工作面进行通风，以排除工作地点的炮烟和围岩中放出的有害气体，降低工作面温度和粉尘浓度，供给工人足够的新鲜空气，以改善劳动条件。掘进通风是保证安全、快速施工的一项重要工作。

掘进通风有压入式通风、抽出式通风和混合式通风3种方法，运用最多的是压入式通风法。

装运岩石是巷道掘进作业中繁重而又费时的工序，一般约占掘进循环时间的35%～50%，有机械装岩和人工装岩两种装岩方式。

（二）巷道支护

1. 支护材料

矿用支护材料有金属材料、石材、钢筋混凝土、水泥砂浆等。

1）金属材料

井巷支护所用的钢材，主要是用普通碳素钢制成的各种型钢，如钢轨、工字钢、槽钢和角钢等。

钢材是一种很好的支护材料，它的优点是强度大、使用年限长、可多次复用、体积小、不怕燃烧及加工、安装、修复都较方便；其缺点主要是初期投资大。但因多次复用，从长远看来经济上是合理的。一般加工成梯形或拱形支架的构件。

2）石材

将可以就地取材的具有较高强度而又不易风化的岩石（如石灰岩、砂岩、花岗岩）加工制成的砌块称为天然石材（料石）。料石按加工粗细不同，分为毛料石、粗料石和细料石3种。井下多用毛料石和粗料石。石材的抗压强度高，但抗拉强度很低。

除天然石材外，常用的人造石材还有黏土砖和混凝土砖两类。

3）钢筋混凝土

煤矿井巷常用的钢筋混凝土是由钢筋、水泥、砂子、石子和水组成。钢筋砂、石在混凝土中起骨架作用，小石子充填在大石子的空隙中，而砂子又充填整个石子中的空隙。石子称为粗骨料，砂子称为细骨料，水泥为胶凝材料，和水掺合在一起成为水砂浆，将砂石胶凝并逐渐硬化而形成一个坚硬的整体。

4）水泥砂浆

水泥砂浆是用水泥、砂子和水调和而成的混合物。硬化后能将料石、砖或锚杆与岩石等胶结成为整体。

2. 支护形式

1）棚式支架

棚式支架俗称棚子，这是井下巷道中使用较多、较广的一种支架形式。棚子有多种，按所用的材料可分为金属棚子和钢筋混凝土棚子。

（1）金属棚子。金属棚子有梯形的，也有拱形的，其中梯形的使用较多，掘进拱形巷道时，常用组装的金属拱形棚子作为临时支护。

梯形金属棚子主要适用于回采巷道及其他断面较大、地压较严重的采区巷道；拱形金属支架适用于地压较大，尤其是动压较大的巷道。

（2）钢筋混凝土棚子。钢筋混凝土棚子（水泥支架）充分利用了混凝土与钢筋的受力特性，使混凝土在构建中承受压力，钢筋承受拉力，不但提高了结构的承载能力，而且节约了材料。它的结构有梯形、拱形两种，一般采用梯形。

钢筋混凝土棚子具有节约坑木，坚固耐久，有防火性等优点；它的缺点是重量大，运输和架设不方便。它属于刚性支架，只能用于地压稳定的巷道。

2）拱形砌碹支护

拱形砌碹支护是以料石、砌块为主要材料，以水泥砂浆胶结，或以混凝土现场浇灌而成的连续整体式支护。

拱形砌碹是用于一些服务年限长或断面尺寸较大的开拓巷道和硐室，或者用于围岩很破碎，顶板不稳定、有大面积淋水的地段。

3）锚喷支护

锚喷支护是锚杆支护、喷浆支护和喷射混凝土支护的总称，既可单一使用，又可联合使用。

（1）锚杆支护。锚杆是锚固在岩石内部的杆状支架，它不是消极地承受巷道周围的岩石压力，而是利用它把围岩锚固起来，形成支架与围岩共同作用的受力整体，从而减弱围岩变形，防止围岩冒落。

锚杆支护可以起到 3 个作用：一是锚固层状岩层；二是悬吊松软岩层；三是拉紧岩块。

锚杆的种类很多，按制作材料可分为金属锚杆、木锚杆、竹锚杆、钢筋或钢丝绳砂浆锚杆、树脂锚杆和快凝水泥锚杆；按锚固方式可分为端头锚固和全长锚固两大类型。除此之外，一些大型矿井中还使用树脂锚杆、快速硬化水泥锚杆、压力胀管式锚杆和管缝式锚杆等。

锚杆支护的优点是：支架材料用量少，巷道掘进断面小，支护费用低，劳动强度低，支护工效高，支护性能好，安全可靠，掘进爆破时不易被崩坏，巷道施工速度快。缺点是：锚杆不能封闭围岩表面，不能防止围岩的风化和围岩的淋水，在围岩极松软、破碎的地段难以单独使用。

（2）喷浆支护。喷浆支护是用喷射机向围岩表面喷射一层 10 ~ 30 mm 的水泥砂浆。其主要作用是封闭围岩，防止围岩风化，以保持围岩的坚固强度，维护巷道的稳定。

（3）喷射混凝土支护。喷射混凝土支护是将一定配合比的水泥、砂、石子和速凝剂等混合搅拌均匀，装入喷射机，以压缩空气为动力，使拌和料沿管路吹送至喷头处与水混合,并以较高的速度喷射在岩石上凝结硬化而成的一种支护形式。其喷射厚度一般为 50 ~ 200 mm。

锚喷支护有以下 5 种类型，对于煤矿井下巷道、硐室主要是根据围岩的稳定性、井巷断面、工程性质和服务年限等因素来选择支护类型：

（1）锚杆单一支护。

（2）喷浆或喷射混凝土单一支护。

（3）锚杆、喷射混凝土或喷浆联合支护（简称锚喷支护）。

（4）喷射混凝土、金属网联合支护（简称喷网支护）。

（5）锚杆、金属网、喷射混凝土联合支护（简称锚喷网联合支护）。

3. 通风设施地点的巷道支护

通风设施亦称通风构筑物，其使用地点对巷道支护的要求主要是结构严密、坚固、不漏风或少漏风，通风阻力小等。

1）风硐

风硐要求使用混凝土、砖石等材料构筑，表面要求光滑。

2）风桥

如果服务年限长，通过风量在 20 m^3/s 以上时，应采用绕道式风桥，其支护形式可与相连巷道一致；如果服务年限较短，通过风量为 10 ~ 20 m^3/s 时，可采用混凝土风桥，以防止漏风。风桥的支护材料应为不燃性材料，风桥前后各 5 m 内巷道支护应良好，无杂物、积水、淤泥。断面缩小口应成流线型，巷道坡度小于 30°。

3）测风站

在测风站前后 10 m 范围内，巷道断面应保持一致，采用一种支护形式。如果是混凝土支架支护的巷道，应采用密集支护，并用水泥抹光墙面和用白灰刷白。

4）风门与密闭墙

在风门前后 5 m 范围内及密闭墙内外各 5 m，要求巷道支护完好，无冒顶片帮。

第二部分

矿井通风工初级技能

第三章

作业前的准备

第一节 劳动保护与文明生产

一、劳动保护用品及使用

（一）劳动保护的概念及内容

劳动保护，就是依靠技术进步和科学管理，采取技术和组织措施，消除劳动过程中危及人身安全和健康的不良条件与行为，防止伤亡事故和职业病，保障劳动者在劳动过程中的安全和健康。

国家为保护劳动者在生产活动中的安全和健康，在改善劳动条件、防止工伤事故、预防职业病、实行劳逸结合、加强女工保护等方面所采取的各种组织措施和技术措施，统称为劳动保护。具体内容有：

（1）工作时间的限制和休息时间、休假制度的规定。

（2）各项劳动安全与卫生的措施。

（3）对女职工的劳动保护。

（4）对未成年工的劳动保护。

（二）劳动保护用品的种类

劳动保护用品可分为以下几种：

（1）安全帽类。安全帽是用于保护头部，以防止撞击和挤压等伤害的护具。主要有塑料、橡胶、玻璃、胶纸、防寒和竹藤安全帽。

（2）呼吸护具类。呼吸护具是预防尘肺和职业病的重要护品。按用途分为防尘、防毒、供氧3类，按作用原理分为过滤式和隔绝式两类。

（3）眼防护具。眼防护具用以保护作业人员的眼睛、面部，防止外来伤害。按用途分为焊接用眼防护具、炉窑用眼护具、防冲击眼护具、微波防护具、激光防护镜以及防X射线、防化学、防尘等眼护具。

（4）听力护具。长期在90 dB（A）以上或短时在115 dB（A）以上环境中工作时应使用听力护具。听力护具有耳塞、耳罩和帽盔3类。

（5）防护鞋。防护鞋用于保护足部免受伤害。目前主要产品有防砸、绝缘、防静电、耐酸碱、耐油、防滑鞋等。

(6) 防护手套。防护手套用于手部保护，主要有耐酸碱手套、电工绝缘手套、电焊手套、防 X 射线手套、石棉手套等。

(7) 防护服。防护服用于保护职工免受劳动环境中的物理、化学因素的伤害。防护服分为特殊防护服和一般作业服两类。

(8) 防坠落具。防坠用于防止坠落事故发生，主要有安全带、安全绳和安全网。

(9) 护肤用品。护肤用品用于外露皮肤的保护，分为护肤膏和洗涤剂。

(10) 面罩面屏。面罩面屏用于脸部的保护，主要有防护屏、防护面屏、ADF 焊接头盔等。

二、煤矿井下常用的劳动保护用品及使用

煤矿是高危行业，地下生产作业的特殊环境，空间狭窄，高温潮湿，地质条件复杂多变，存在煤矿特有的顶板、瓦斯、矿尘、水灾、火灾等多种自然灾害，潜伏在生产过程中的隐患也十分严重，而且员工劳动强度大，劳动协调动作要求高，任何违章等不规范行为都可能导致事故发生。《规程》严格规定了入井人员劳动保护用品的使用要求及保证安全的禁止事项。

(一) 煤矿劳动保护用品及安全用品的种类

煤矿劳动保护用品及安全用品主要有：煤矿安全帽、煤矿工作服、矿工胶靴、毛巾、防护口罩、手套、自救器、矿灯和瓦斯检测报警仪等。

(二) 煤矿劳动保护用品及安全用品的使用方法和要求

1. 煤矿安全帽

作业人员佩戴安全帽，可防止意外的坠落物砸伤和井下环境空间低矮碰伤头部。

安全帽的防护机理：当作业人员受到坠落物、硬质物体的冲击或挤压时，减少冲击力，消除或减轻对人体头部的伤害。

安全帽的选择及使用：选择安全帽一定要选择符合国家标准规定，安全标志齐全，经检验合格的煤矿安全帽，否则就达不到安全防护作用。

使用安全帽时首先要了解安全帽的结构特点、防护性能，掌握正确的使用和保养方法。据有关部门统计坠落物伤人事故中，15% 是因为安全帽使用不当造成的。所以不能认为戴上安全帽就可以使头部不受伤害。因此在使用过程中要注意以下事项：

(1) 在使用之前要检查安全帽上是否有裂纹、碰伤痕迹、凸凹不平、磨损。安全帽上如有影响其性能的明显缺陷应及时报废。

(2) 不能随意调节帽衬的尺寸、安全帽的内部尺寸（如垂直间距、水平间距），否则落物冲击一旦发生，安全帽会因佩戴不牢脱出或冲击触顶而起不到防护作用。

(3) 使用时一定要将安全帽戴正戴牢不能摆动。要系紧下颊带，调节后箍以防安全帽脱落。

(4) 不能私自在安全帽上打孔，不要随意碰撞安全帽，不要将安全帽当板凳坐，以免影响强度。

(5) 受过一次强冲击或做过试验的安全帽不能继续使用。

(6) 安全帽不能放在有酸、碱、高温、日晒、潮湿或化学试剂的场所，以免老化或变质。

(7) 应使用在有效期内的安全帽。塑料安全帽有效期 2 年，玻璃钢和胶质的安全帽有效期为 3 年半，超过有效期的安全帽应报废。

2. 煤矿工作服

煤矿工作服是用于防御普通伤害及脏污的防护服。在结构设计上尽可能避免有松散部位，上衣采用“三紧”（领口紧、下摆紧、袖口紧）以防刮绞造成伤害；服装面料必须具有一定的耐磨强度、裂断强度和抗撕强度等主要机械性能，还要有抗静电性，能够有效地防护人体各个部位。工作服必须选用棉制品，严禁采用化纤材料。在满足防护性能的条件下，要求适用、美观、大方，穿着舒适、方便，不妨碍作业活动。

着装要点：

（1）使用前应检查其质量，型号大小是否合适，扣眼是否开通，钉扣是否牢固，注意正确穿用、维护。

（2）升井后应及时进行检查清洗，晾干保存下次再用。

（3）特殊作业防护服使用完毕应进行检查。

（4）我国北方天气寒冷，入井人员的服装要有防寒棉衣及必要的个体防寒物品。

3. 矿工胶靴

矿工胶靴是保护足部、足趾安全，免受伤害，同时具有防水、防滑等功能的劳动保护用品。

选择矿工胶靴时，应选择比自己平时鞋码大一些的胶靴。脚上穿棉线布袜，裤脚胶靴之间应采用防止进煤渣的穿着方式，注意胶靴的清洁，清洗后及时干燥，不要穿潮湿的胶靴。

4. 毛巾

毛巾主要具有擦汗、保暖功能。灾变时，可将毛巾用水湿润后捂住口鼻保护口腔，防止有害气体及粉尘吸入。毛巾一定要选择棉线制品，不要使用化纤毛巾，其长度满足围住颈部，并能打结为原则。毛巾每次下井使用后应及时清洗晾干后备用。

5. 防尘口罩

防尘口罩是用于人体呼吸器官防护的劳动保护用品。

由于煤矿井下风流中含有大量生产过程中产生的粉尘，随着呼吸粉尘可吸入人体的肺部，长时间在这种环境下工作就可能导致尘肺病的发生，直接危害人体的健康。因此一定要使用专用的防尘口罩。

6. 手套

手套是用于保护手部的劳动保护用品。根据个人工作的性质采用相应的保护手套。

7. 矿灯

每一个入井人员必须携带矿灯照明，否则寸步难行。矿灯使用前的检查包括：电量是否充足，开关是否灵活可靠，螺丝、灯线是否紧固，灯盒是否漏液（酸性电池）、失爆。

矿灯不能直接穿在腰带上，应由灯钩挂在腰带上，矿灯线受力时可将矿灯扯掉，保证人员安全。

8. 自救器

自救器是入井人员在矿井发生灾变时重要的安全防护用品。除要正确地选择自救器的类型外，入井前应检查自救器以下事项：使用有效期；经过安全检查、气密性实验合格；外观无破损、锈蚀、变形、封条完整。

自救器携带应挂在身体前方腰带上，避免磕碰损坏自救器，也方便灾变时及时开启。

9. 瓦斯检测报警仪

煤矿井下严格规定部分人员必须携带瓦斯检测报警仪检测井下瓦斯含量情况。

10. 其他防护用品

如果需要听觉器官防护、防坠落安全带等安全防护用品，可根据情况选用。

三、通风工技术操作规程

1. 一般规定

（1）掌握必要的通风、防止瓦斯事故、防灭火、防治煤尘及其他安全生产知识与规定。

（2）认真参加各项施工的安全技术措施的学习，及时掌握各项施工中安全与技术要求。

（3）入井时携带作业所需的工具与小型材料，利刃工具装入护套，尖锐工具要有防护措施，材料捆扎牢固，要防止触碰架线。

（4）掌握必要的矿井生产动态。

2. 施工操作

（1）风筒接设要符合标准并避免刮碰，特殊情况可采取皮带兜等防护措施。及时修补、调整风筒、达到不漏风。

（2）斜巷接设风筒时，风筒接头绑扎牢固，防止脱开坠落。

（3）接设风筒时不得随意开停风机（包括改“双机”为“单机”时），临时停风必须征得矿调度室的同意。

（4）施工风门、密闭等设施要符合标准与安全技术措施的要求，及时清扫施工地点及附近地点帮顶的浮石、险块，创造安全作业环境。

（5）砖料石墙体要横缝水平、竖缝错开，砂浆饱满、灰缝均匀一致，临时设施的墙体要圈边抹泥，鱼鳞板勾缝。

3. 事故预防措施

（1）施工作业应严格遵守安全技术措施要求及有关规定，不违章作业，做到标准化、文明化生产，随时达标保证施工安全环境。

（2）施工密闭时先由外向里、由低到高检查施工地点、附近地点的瓦斯与二氧化碳等有害气体情况，符合要求时再进行下一步的操作。

（3）接设风筒时要及时固定出风口，防止其摆动伤人。

（4）搭设的跳台跳板应确保牢固，人员站在跳台上作业及下跳台时要注意安全，高空作业要系安全带。

（5）认真做好自主保安，做到“三不伤害”。

四、工具、设备的使用

1. 矿井通风工初级技能施工项目

通风工初级技能的施工项目有：

（1）局部通风机的风筒安装、维护、拆除。

（2）通风设施的修建。能按规定要求配制砂浆和混凝土及运送材料，能建造普通风门、临时密闭、风桥。

2. 通风工初级技能项目施工所需工具及材料

项目1：局部通风机的风筒安装、维护、拆除。

工具及材料：矿车、风筒、细钢丝绳、铁丝、尼龙绳、胶水、风筒布、剪刀、钳子、小木锤等。

项目2：普通风门、临时密闭、风桥的构筑。

工具及材料：铁锯、斧子、大锤、抹子、铁锹、水桶、米尺、铅笔（或粉笔）、钎子、手镐（或风镐）、红砖、料石、水泥、黄砂、铁质横梁、木质横梁、木板等。

第二节 矿图基本知识

一、《煤矿安全规程》对矿图的规定

《煤矿安全规程》规定，井下煤矿必须及时填绘反映实际情况的下列图纸：

（1）矿井地质和水文地质图。

（2）井上、下对照图。

（3）巷道布置图。

（4）采掘工程平面图。

（5）通风系统图。

（6）井下运输系统图。

（7）安全监控布置图和断电控制图、人员位置监测系统图。

（8）压风、排水、防尘、防火注浆、抽采瓦斯等管路系统图。

（9）井下通信系统图。

（10）井上、下配电系统图和井下电气设备布置图。

（11）井下避灾路线图。

二、矿图的构成要素

绘制矿图的5个要素是比例尺、坐标系统、高程、标高投影和图例。

（一）比例尺

绘制各种矿图时，必须将它们实际的水平尺寸缩小若干倍后再描绘在图纸上。按这种缩小的倍数做成的尺子就是比例尺。常用的矿图都有统一规定的比例尺。例如井下采掘工程平面图为1:200、1:100或1:50等。

矿图的绘制和识读通常用的是三棱尺。该尺为三棱柱体，在3个面上刻有6种不同比例尺的分划。使用时，根据该矿图的比例尺，在三棱尺上找出相应的一面，就可以将实地距离直接缩小绘制在矿图上，或者直接从尺上识读出矿图上的距离。三棱尺如图3－1所示。

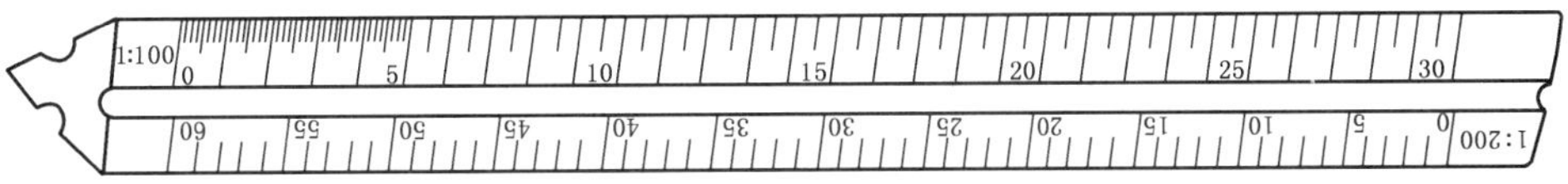

图3－1 三棱尺

（二）坐标系统

为了准确地反映图件的地理位置，必须具有坐标系统。常用的坐标系统有地理坐标和

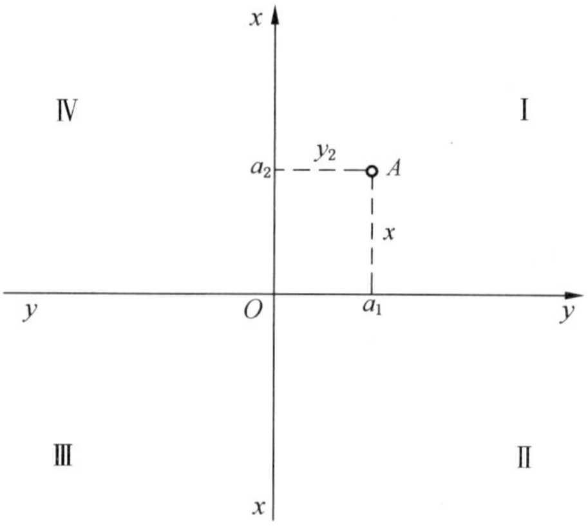

图3-2　平面直角坐标系

平面直角坐标两种。

1. 地理坐标

地理坐标是一种网络全球的统一坐标。在这种坐标中，地面上任一点的位置用它在地球球面上的经纬度表示。某一点的经纬度就称为该点的地理坐标或称球面坐标。

2. 平面直角坐标

平面直角坐标由两条相互垂直的直线构成（此时将该测区的球面当作平面来看待），如图3-2所示。纵坐标 xx 与地球子午线方向一致，表示南北方向；横坐标 yy 表示东西方向；纵横坐标轴的交点 O，称为坐标原点。在平面 xOy 上，一点的位置可用该点对坐标轴的垂直距离确定，这就是该点的坐标。

（三）高程

高程是地面或井下任一点至水准面的垂直距离，又称标高，也是该点的第三坐标。由于所选取的水准面不同，分为绝对高程和相对高程。

1. 绝对高程

绝对高程又称海拔，是地面或井下任一点至大地水准面的垂直距离。我国大地水准面是以黄海平均海水面作为起算面。

2. 相对高程

相对高程是地面或井下任一点至假定的水准面的垂直距离。任意一点的高程以水准面为准，高于水准面的标高为正，低于水准面的标高为负。两点间的高程差距为高差，以绝对值表示。如图3-3所示，井口高于水准面116 m，则其标高为+116 m。

（四）标高投影

标高投影是把空间物体垂直投影到零水平面上，并将标高数值注在各点投影位置的旁侧，用来说明各点高于或低于零水平面的数值。

图3-4为巷道标高投影图。从图中既可看出巷道的水平投影状态，又能看出巷道高低起伏的位置关系。

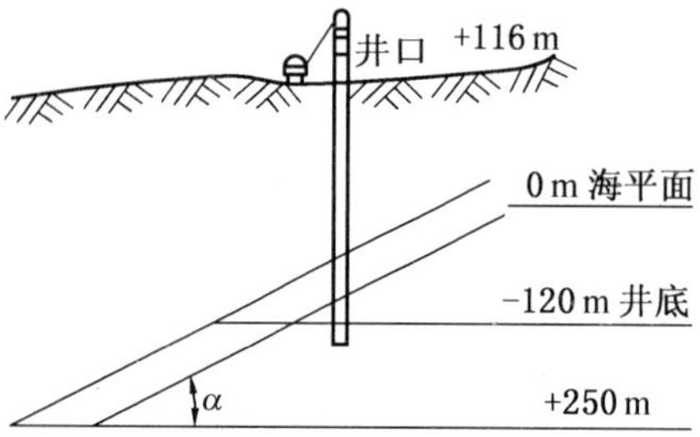

图3-3　标高示意图

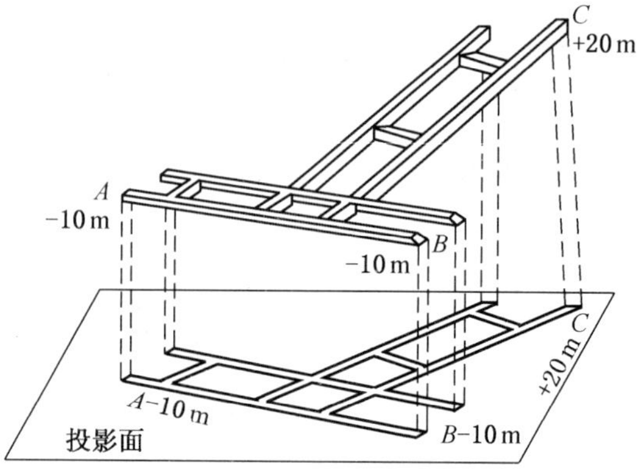

图3-4　巷道标高投影图

（五）图例

图例是用来识读矿图的，是图纸所用符号的含义。一般常用的矿图都采用国家统一规定的图例，见表3－1。

表3－1 主要矿图图例

图例	名称	图例	名称
	立井	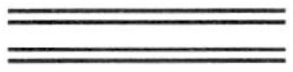	砌碹巷道
	暗立井	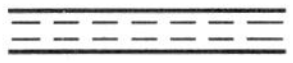	锚喷巷道
	斜井		木支架巷
	平硐	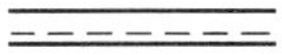	裸体巷道
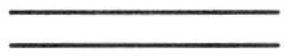	煤巷		井底斜煤仓
	岩巷	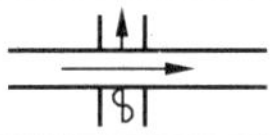	风桥
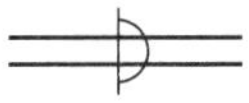	风门	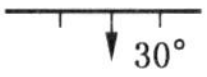	正断层
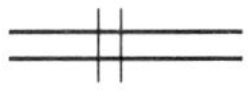	密闭	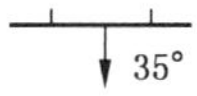	逆断层
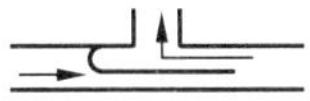	隔风墙	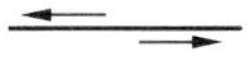	平移断层
	进风流方向	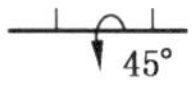	逆掩断层
	回风流方向		走向倾斜
	水闸门		断层上盘交面线
	等高线		断层下盘交面线
	向斜轴		积水区
	背斜轴	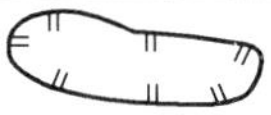	陷落柱

第三节 矿井通风系统图

一、矿井通风系统图的种类

矿井通风系统图包括矿井通风系统工程图、矿井通风系统示意图和矿井通风网络图。绘制矿井通风系统图的目的，是便于矿井通风管理以及预防和处理矿井灾害事故。

1. 矿井通风系统工程图

矿井通风系统工程图就是在地测部门提供的矿井井巷布置图（也叫采掘平面图）上标明风流方向、风量和通风、防火、防尘设施的安放地点，以及火区位置和范围等内容。它是按照一定比例尺绘制的，如图3－5所示。

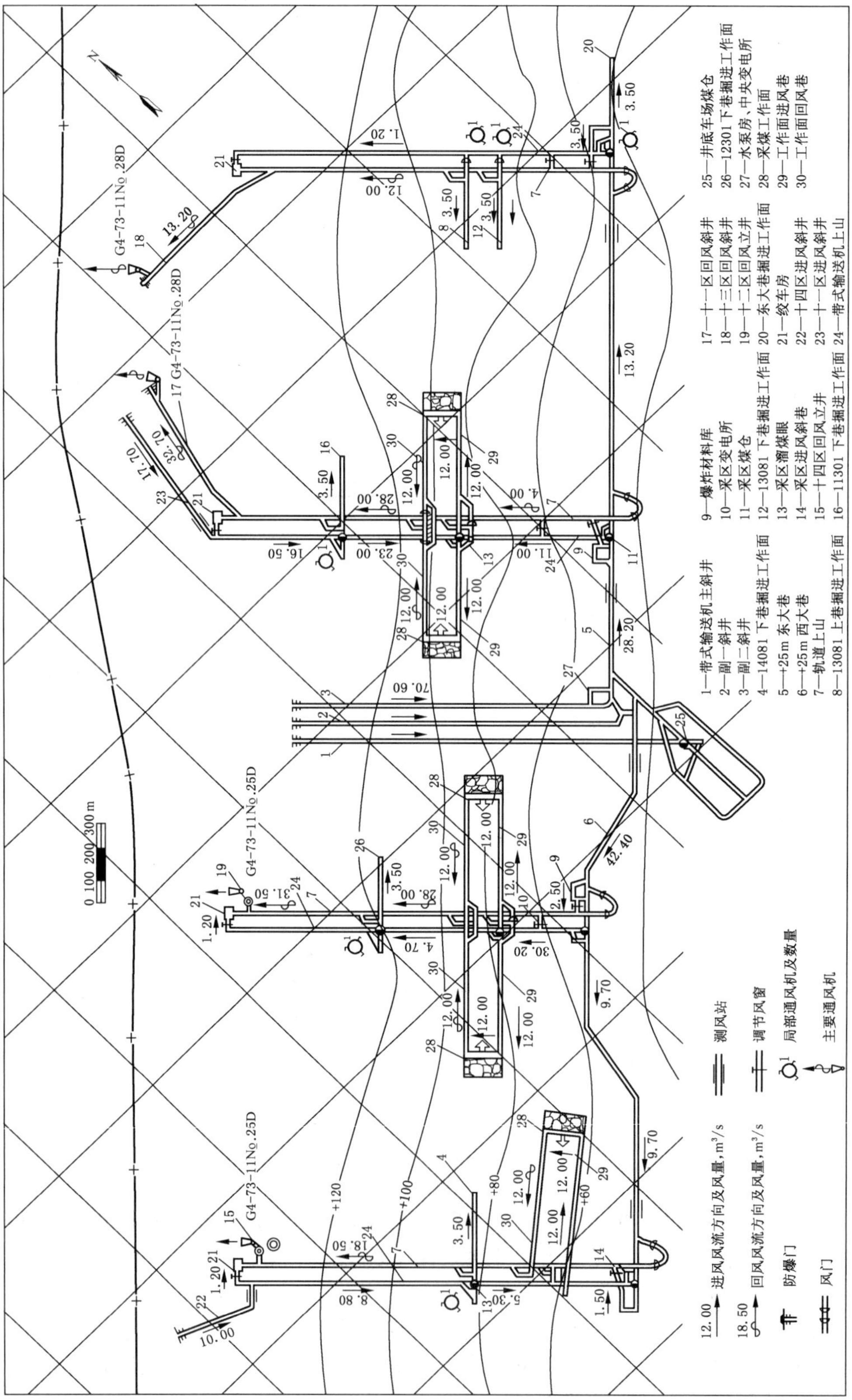

图 3-5　矿井通风系统工程图

2. 矿井通风系统示意图

矿井通风系统示意图是根据井巷布置图中现行实际通风井巷的平面位置，用不按比例单线条或双线条绘制而成，图上标明风流方向、巷道名称、通风设施等。它所反映的内容没有矿井通风系统工程图那样准确和具体，但在看图时却显得清楚。从图中可以清楚地看到全矿通风情况，又可以清楚地看到每一层煤的通风情况以及它们之间巷道的连接关系，如图 3－6 所示。

如把示意图画成立体图，这样看起来有立体感，且井巷上下关系更为清楚，如图 3－7 所示。

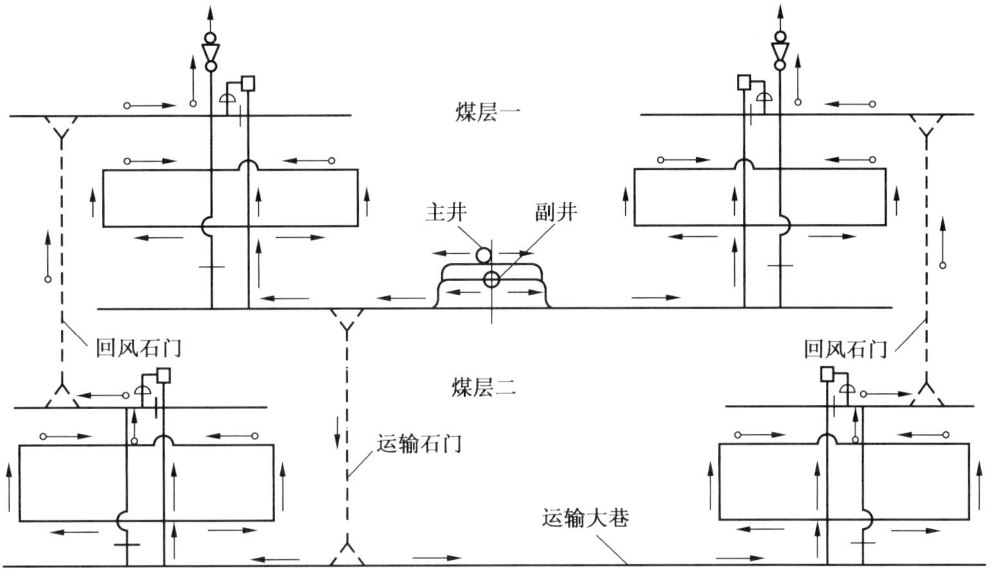

图 3－6　立井对角式通风系统平面示意图

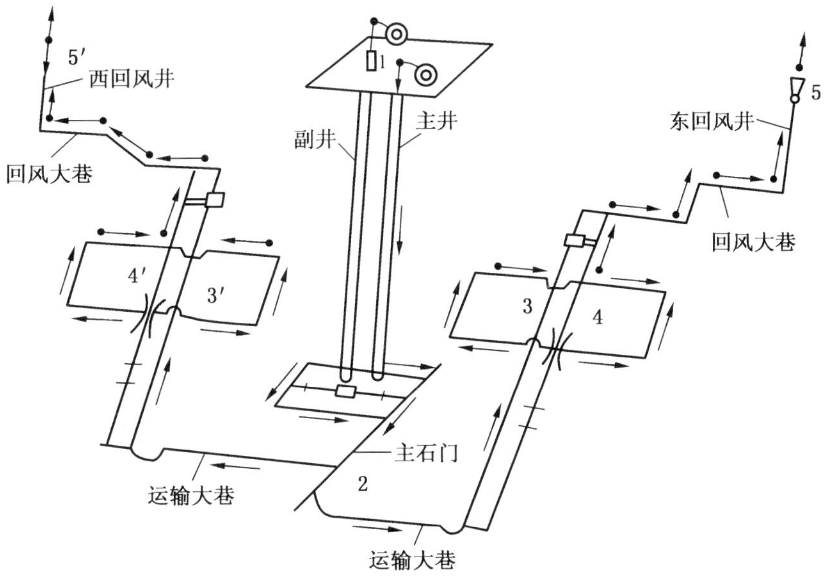

图 3－7　矿井通风系统立体示意图

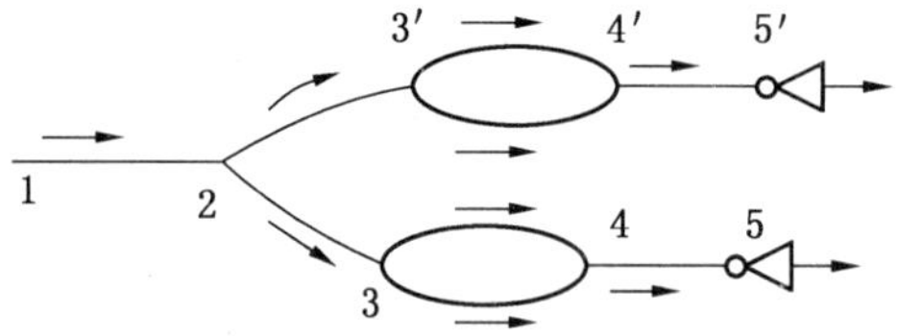

图3-8　通风网络图

3. 通风网络图

用不按比例、不反映空间关系的单线条来表示矿井通风网路的图称为通风网络图。它是根据通风系统图绘制的，如图3-8所示。

二、《规程》对矿井通风系统图的有关规定

矿井通风系统图必须标明风流方向、风量和通风设施的安装地点。必须按季绘制通风系统图，并按月补充修改。多煤层同时开采的矿井，必须绘制分层通风系统图。

矿井应绘制矿井通风系统立体示意图和矿井通风网络图。

第四章

作业项目的实施

第一节　局部通风机风筒的安装、维护、拆除

一、局部通风机风筒的安全使用

（一）煤矿常用风筒的种类

掘进通风使用的风筒分硬质和柔性风筒两类，按其材质分为金属风筒、胶皮风筒和塑料风筒。

（二）《规程》第一百六十四条对井下局部通风机和风筒安装使用要求

安装和使用局部通风机和风筒时，必须遵守下列规定：

（1）局部通风机由指定人员负责管理。

（2）压入式局部通风机和启动装置安装在进风巷道中，距掘进巷道回风口不得小于10 m；全风压供给该处的风量必须大于局部通风机的吸入风量，局部通风机安装地点到回风口间的巷道中的最低风速必须符合本规程第一百三十六条的要求。

（3）高瓦斯矿井、突出矿井的煤巷、半煤岩巷和有瓦斯涌出的岩巷掘进工作面正常工作的局部通风机必须配备安装同等能力的备用局部通风机，并能自动切换。正常工作的局部通风机必须采用“三专”（专用开关、专用电缆、专用变压器）供电，专用变压器最多可向4个不同掘进工作面的局部通风机供电；备用局部通风机电源必须取自同时带电的另一电源，当正常工作的局部通风机故障时，备用局部通风机能自动启动，保持掘进工作面正常通风。

（4）其他掘进工作面和通风地点正常工作的局部通风机可不配备备用局部通风机，但正常工作的局部通风机必须采用三专供电；或正常工作的局部通风机配备安装一台同等能力的备用局部通风机，并能自动切换。正常工作的局部通风机和备用局部通风机的电源必须取自同时带电的不同母线段的相互独立的电源，保证正常工作的局部通风机故障时，备用局部通风机能投入正常工作。

（5）采用抗静电、阻燃风筒。风筒口到掘进工作面的距离、正常工作的局部通风机和备用局部通风机自动切换的交叉风筒接头的规格和安设标准，应当在作业规程中明确规定。

（6）正常工作和备用局部通风机均失电停止运转后，当电源恢复时，正常工作的局部通风机和备用局部通风机均不得自行启动，必须人工开启局部通风机。

（7）使用局部通风机供风的地点必须实行风电闭锁和甲烷电闭锁，保证当正常工作的局部通风机停止运转或停风后能切断停风区内全部非本质安全型电气设备的电源。正常工作的局部通风机故障，切换到备用局部通风机工作时，该局部通风机通风范围内应当停止工作，排除故障；待故障被排除，恢复到正常工作的局部通风后方可恢复工作。使用2台局部通风机同时供风的，2台局部通风机都必须同时实现风电闭锁和甲烷电闭锁。

（8）每15天至少进行一次风电闭锁和甲烷电闭锁试验，每天应进行一次正常工作的局部通风机与备用局部通风机自动切换试验，试验期间不得影响局部通风，试验记录要存档备查。

（9）严禁使用3台及以上局部通风机同时向1个掘进工作面供风。不得使用1台局部通风机同时向2个及以上作业的掘进工作面供风。

（三）安装、维护与拆除风筒的安全规定

（1）风筒末端到工作面的距离，一般不大于5 m，必须保证工作面有足够的风量。

（2）风筒必须使用有“煤安”标志的合格产品。

（3）风筒拐弯处要缓慢拐弯，不准拐死弯。

（4）一台风机不允许同时向两个作业的掘进工作面供风。

（5）风筒管理要做到“五不让”，即不让风筒落后工作面的距离超过作业规程规定，不让风筒脱节破裂，不让别人改变风筒的位置和方向，不让风筒堵塞不通，不让风筒浸在水中。

二、风筒安装、维护与拆除的操作步骤

1. 操作准备

入井时要携带必要的工具和材料，了解工作地点的风筒直径、长度，是否需要接新风筒。

2. 风筒的搬运与安装

（1）按计划领取质量符合要求的风筒。

（2）如果风筒数量较多，用车装运时，软质风筒要拆垫好，按装运风机时的要求进行装运，运送到指定地点。

（3）第一节风筒与风车嘴套上，用铁丝扎紧，防止脱落；之后依次往前接。

（4）风筒吊挂要“平、直、紧、稳”，用铁丝或用细钢丝绳拉紧吊挂，吊挂位置避免车刮或其他设备材料挤压和刮摩；风筒必须与电缆分开吊挂，一般与防尘水管吊挂在一边；软质风筒必须逢环吊挂，硬风筒每节至少吊挂两点，且每节风筒末端两侧的挂钩要用铁丝系在巷道侧壁上。

（5）风筒之间接头要严密。软质风筒接头要用反压边，不能反接，为了防止脱节可以再用铁丝在两节风筒的铁环之间捆扎一下；硬风筒的接头处要加衬垫，螺丝要上紧。

（6）同一台风机延接的风筒型号要尽量一致，如果直径不一样时，要先大后小，不同直径之间用过渡节。

（7）风筒末端距工作面迎头的距离，按《规程》规定执行，保证工作面迎头的风量满足人员呼吸、排尘和稀释瓦斯的要求。

（8）风筒拐弯时要设弯头或缓慢拐弯，不准拐死弯。弯头应按照巷道的转向事先定制好。

(9) 风筒在井下使用过程中不免会产生破口，如果破口不大直接用胶水和风筒布在井下进行修补；如果较大，必须用针线先行缝上，然后再用风筒布和胶水补上，防止漏风。如果风筒损坏严重，不能修补时，需进行更换一节新的风筒，但更换时不得随意停开风机，如确需停开风机，必须先做停风计划，经同意后，且制定相应的安全措施后方可进行更换。

3. 风筒的拆除

(1) 巷道掘进完工形成完整的通风系统后，应及时拆除所有风筒，这时可停风后再回收。

(2) 如果是独头巷道停工而不用通风时，拆除风筒时应由里向外依次进行，并且不准停风。

(3) 拆除风筒时，先解下吊绳，一节一节地放到地上，再一节一节地折垫放好，装车或人工扛背运至井上，进行晒干和修补，如果沾的泥炭较多，还需进行冲洗。

4. 风筒的修补

风筒回收上井后，首先应刷洗、晒干，检查风筒的损坏情况及耐用程度，分别进行处理。没有损坏的可直接收入仓库待用，如果能修复使用就进行修补，如果太烂则报废处理。

风筒修补步骤：

(1) 备好胶水。粘补风筒的胶水可以直接购买，也可以自己按要求配制。

(2) 备好补丁。根据破口大小裁剪补丁，以圆形为好，补丁应大于破口，压边超过破口边界 20 mm 为宜。为防止补丁补后翘起，补丁边应裁成斜面。

(3) 修补。补丁和破口应刷净，晾干后分别涂上胶水，待补丁和破口上胶水不沾手时即可粘合。补丁粘合后应用小木锤敲实，使其粘合严密，保证不漏风。对于 100 mm 以上的大破口，先用缝风筒的专用线进行缝合，之后再用胶水粘补。

(4) 风筒上的吊环应齐全，如果有损坏的要添加上，间距应以保证风筒吊挂平直为宜。

(5) 反压边要保证完好，如果有损坏的要缝补齐全，并且两端铁圈也要缝牢。

(6) 修补好的风筒应妥善保存，按规格尺寸分别存放在指定地点，做好标志，以方便取用。存放的风筒每季度最好晾晒一次。

(7) 制作弯头和过渡节时，要根据巷道尺寸和风筒的直径来设计，要注意平缓，过渡节长度不小于 2 m。

三、局部通风机风筒漏风及处理方法

(一) 风筒漏风的概念

正常情况下，金属和玻璃钢风筒的漏风，主要发生在接头处；而胶布风筒不仅在接头处，全长的壁面和缝合针眼处都有漏风，所以风筒漏风属于连续的均匀漏风。漏风使局部通风机风量 $Q_{通}$ 与风筒出口风量 $Q_{出}$ 不等。因此，应该用始、末端风量的几何平均值作为风筒的风量 Q，即

$$Q=\sqrt{Q_{通}\cdot Q_{出}} \tag{4-1}$$

显然 $Q_{通}$ 与 $Q_{出}$ 之差就是风筒的漏风量 $Q_{漏}$，它与风筒种类、接头的数目、方法和质量以及风筒直径、风压等有关，但更主要的是与风筒的维护和管理密切相关。反映风筒漏风程度的指标参数有漏风率、有效风量率和漏风系数。

1. 漏风率

风筒漏风量占局部通风机工作风量的百分数称为风筒漏风率 $\eta_{漏}$。

$$\eta_{漏}=\frac{Q_{漏}}{Q_{通}}\times 100\% =\frac{Q_{通}-Q_{出}}{Q_{通}}\times 100\% \tag{4-2}$$

$\eta_{漏}$ 虽能反映风筒的漏风情况，但不能作为对比指标。故常用百米漏风率 $\eta_{漏100}$ 表示：

$$\eta_{漏100}=100\eta_{漏}/L \tag{4-3}$$

式中　L——风筒全长，m。

一般要求柔性风筒的百米漏风率达到表 4-1 的数值。

表 4-1　柔性风筒的百米漏风率

通风距离/m	<200	200~500	500~1000	1000~2000	>2000
$\eta_{漏100}$/%	<15	<10	<3	<2	<1.5

2. 有效风量率

掘进工作面风量占局部通风机工作风量的百分数称为有效风量率 $p_{有效}$。

$$p_{有效}=\frac{Q_{出}}{Q_{通}}\times 100\% =\frac{Q_{通}-Q_{漏}}{Q_{通}}\times 100\% =(1-\eta_{漏})\times 100\% \tag{4-4}$$

3. 漏风系数

风筒有效风量率的倒数称为风筒漏风系数 $p_{漏}$。金属风筒的 $p_{漏}$ 值可按下式计算：

$$p_{漏}=\left(1+\frac{1}{3}KDn\sqrt{R_0L}\right)^2 \tag{4-5}$$

式中　K——相当于直径为 1 m 的金属风筒每个接头的漏风率。法兰盘加草绳垫圈连接时，$K=0.002\sim0.0026$ $m^3/s\cdot Pa^{1/2}$；加胶质垫圈连接时，$K=0.003\sim0.0016$ $m^3/s\cdot Pa^{1/2}$。

D——风筒直径，m；

n——风筒接头数，个；

R_0——每米风筒的风阻，$N\cdot s^2/m^8$；

L——风筒全长，m。

柔性风筒的 $p_{漏}$ 值可用下式计算：

$$p_{漏}=\frac{1}{1-n\eta_{接}} \tag{4-6}$$

式中　n——风筒接头数，个；

$\eta_{接}$——每个接头的漏风率，插接时 $\eta_{接}=0.01\sim0.02$，螺圈反边接头时 $\eta_{接}=0.005$。

（二）风筒漏风的处理方法

1. 改进风筒接头方法和减少接头数

风筒接头的好坏直接影响风筒的漏风和风筒阻力。改进风筒接头方法和减少风筒接头数，是减少风筒漏风的重要措施之一。

1）改进接头方法

风筒接头方法，一般是采用插接法，即把风筒的一端顺风流方向插到另一节风筒中，并拉紧风筒使两个铁环靠紧。这种接头方法操作简单，但漏风量大。为减少漏风，普遍采用反边接头法。

反边接头法分单反边、双反边（图4－1）和多反边（图4－2）3 种形式。单反边接头法，是在一个接头上留反边，只将缝有铁环的接头 1 留 200 ~ 300 mm 的反边，而接头 2 不留反边，将留有反边的接头插入（顺风流）另一个接头中，然后将两风筒拉紧使两铁环紧靠，再将接头 1 的反边翻压到两个铁环之上即可。双反边接头法，是在两个接头上均留有 200 ~ 300 mm 的反边，如图 4－1a 所示，且比单反边多翻压一层（图 4－1c）。多反边接头法，比双反边增加一个活铁环 3，将活铁环 3 套在风筒 2 上，如图 4－2a 所示，将 1 端顺风流插入 2 端，并将 1 端的反边翻压到 2 端上，将活铁环 3 套在 1、2 端的反边上，如图 4－2b 所示；最后将 1、2 反边再同时翻压在铁环 3、1 上，如图 4－2c 所示。反边接头法的翻压层数越多，漏风越少。

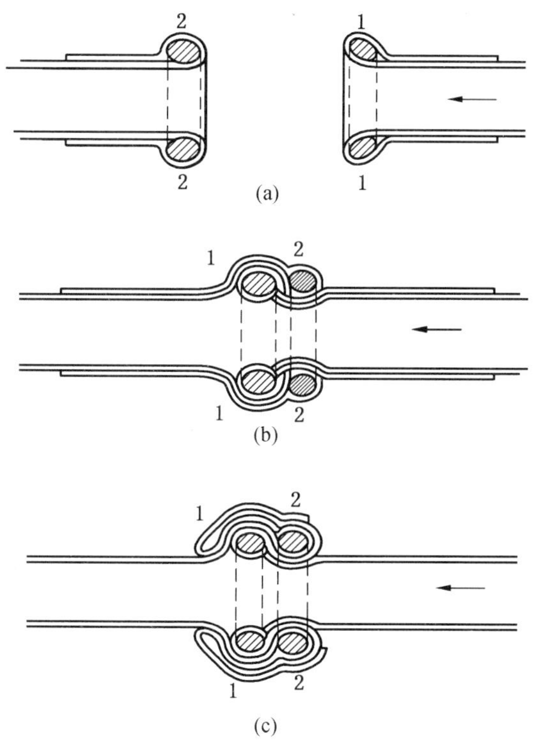

图 4－1　双反边接头

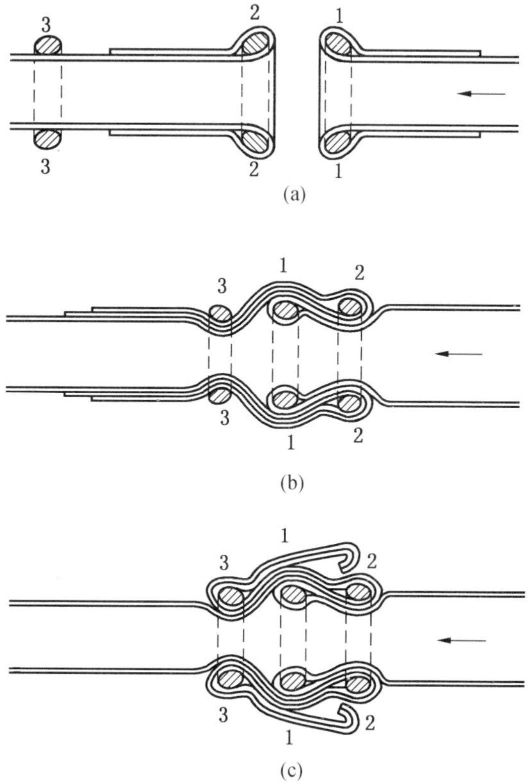

图 4－2　多反边接头

2）减少接头数

不论采用哪种接头方法，均不能杜绝漏风，因此，应尽量减少接头数，即尽量选用长节风筒。目前普遍使用的柔性风筒，每节长 10 m，可采用胶粘接头法，将 5 ~ 10 节风筒顺序粘接起来，使每节风筒的长度增到 50 ~ 100 m，从而减少大量接头数以减少漏风。

2. 减少针眼和砂眼漏风

在采用有接缝的柔性风筒时，应将所有的针眼喷胶或粘补，以防止漏风；柔性风筒使用一段时间后，将会出现砂眼，也应经常检查，及时修补，以免漏风。另外，吊鼻环和风筒脊也是经常发生漏风的地方，应重点检查，发现漏风要及时修补。

3. 防止风筒破口漏风

风筒靠近工作面的前端，应设置 3 ~ 4 m 长的一段铁风筒，随工作面推进向前移动，以防爆破崩坏风筒，也可在爆破时遮挡保护风筒。使用柔性风筒，容易被矿车及硬物刮破，容易被冒顶及片帮砸坏，容易被爆破崩坏，因此，应将风筒吊挂在巷道一侧上部的一定高度；应加强支护，防止冒顶和片帮；若发现风筒破口，要及时修补。

四、搬运风筒的注意事项

（1）在运送风筒时防止矿车等其他物件撞、挤、压、刮风筒。

（2）跨越带式输送机、刮板输送机时，必须先同输送机司机联系好，必要时可暂停输送机运转，以保证操作安全。

（3）在上下山掘进时，修补风筒和整理风筒时要注意矿车的来回运输。有人工作时，严禁矿车运输；有矿车运输时，不得有人在运输线路上工作。

（4）巷道较高时，要设台架，工作时要站稳；在电机车运行的巷道中吊挂风筒时，要设安全警戒，严防被电车刮、撞，并应注意防止架空线触电伤人。

（5）斜巷、立井掘进时，风筒之间连接要牢固，防止风筒因自重而脱节。

（6）修补风筒的胶水、汽油要存放在单独房间里，并应保持油桶严密，严禁烟火；风筒修补室内禁止使用火炉取暖，还应备有灭火器材，保持室内清洁卫生。

（7）经常检查井下风筒，如有破口要随时修补，并随时整理风筒，达到平、直、不漏风，防止风筒脱节。

（8）在井下安装、维修风筒工作结束后，要认真进行检查，确认风筒吊挂质量符合局部通风质量标准化要求，收拾好工具，方可离开现场。

（9）地面晾晒、冲洗、清扫风筒时要戴防尘口罩。修补结束后，要将修补好、晾干后的风筒折叠收拾好，存放到指定地点，并将现场清理干净。

第二节　通风设施的修建

一、混凝土及砂浆的配制

（一）建筑工具

构筑通风设施常用工具主要是木工和瓦工所使用的一般工具，如木工用的斧子、弓锯（顺锯和截锯）、刀锯、平底刨、槽刨、手钻、电钻、锤子、电刨和电锯等工具，用这些工具加工通风设施的木制品；瓦工用的大铲、刨锛、剁斧、大锤、抹子、托灰板、灰镐、灰勺和铁锹等，用这些工具完成通风构筑物的砌筑工作；另外还需米尺、角尺、钳子、扳子等工具。

（二）建筑材料

1. 矿用水泥

水泥是水硬性胶结材料，水泥主要成分是氧化钙和二氧化硅（SiO_2）。我国颁布的国家标准规定，有 5 个水泥品种，即硅酸盐水泥、普通硅酸盐水泥（普通水泥）、矿渣水泥、火山灰水泥及粉煤灰水泥。

以国家规定的标准检验方法制作的试模在 28 d 时的抗压强度值作为水泥的标号。按照《通用硅酸盐水泥》（GB 175—2007）的规定，采用 GB/T 17671—1999 规定的方法，将水泥、标准砂和水按 1∶2.5∶0.5 的比例，制成 40 mm×40 mm×160 mm 的标准试件，在标准养护条件下（1 d 内为 20±1 ℃、相对湿度为 90% 以上的空气中，1 d 后为 20±1 ℃的水中）养护至规定的龄期，分别按规定的方法测定其 3 d 和 28 d 的抗压强度和抗折强度。根据测定的结果划分水泥强度等级，如硅酸盐水泥（P. Ⅰ/P. Ⅱ）分为 42.5、42.5R、52.5、52.5R、62.5 和 62.5R 共 6 个强度等级（分别代表试件 28 d 的抗压强度标准值的最小值为 42.5 MPa、52.5 MPa、62.5 MPa，带 R 的为早强型等级）。强度均不低于表 4－2 中的强度值。

表 4－2　不同品种不同强度等级的通用硅酸盐水泥各龄期强度值　　MPa

<table>
<tr><th rowspan="2">品　种</th><th rowspan="2">强度等级</th><th colspan="2">抗压强度</th><th colspan="2">抗折强度</th></tr>
<tr><th>3 d</th><th>28 d</th><th>3 d</th><th>28 d</th></tr>
<tr><td rowspan="6">硅酸盐水泥</td><td>42.5</td><td>≥17.0</td><td rowspan="2">≥42.5</td><td>≥3.5</td><td rowspan="2">≥6.5</td></tr>
<tr><td>42.5R</td><td>≥22.0</td><td>≥4.0</td></tr>
<tr><td>52.5</td><td>≥23.0</td><td rowspan="2">≥52.5</td><td>≥4.0</td><td rowspan="2">≥7.0</td></tr>
<tr><td>52.5R</td><td>≥27.0</td><td>≥5.0</td></tr>
<tr><td>62.5</td><td>≥28.0</td><td rowspan="2">≥62.5</td><td>≥5.0</td><td rowspan="2">≥8.0</td></tr>
<tr><td>62.5R</td><td>≥32.0</td><td>≥5.5</td></tr>
<tr><td rowspan="4">普通硅酸盐水泥</td><td>42.5</td><td>≥17.0</td><td rowspan="2">≥42.5</td><td>≥3.5</td><td rowspan="2">≥6.5</td></tr>
<tr><td>42.5R</td><td>≥22.0</td><td>≥4.0</td></tr>
<tr><td>52.5</td><td>≥23.0</td><td rowspan="2">≥52.5</td><td>≥4.0</td><td rowspan="2">≥7.0</td></tr>
<tr><td>52.5R</td><td>≥27.0</td><td>≥5.0</td></tr>
<tr><td rowspan="6">矿渣硅酸盐水泥
火山灰硅酸盐水泥
粉煤灰硅酸盐水泥
复合硅酸盐水泥</td><td>32.5</td><td>≥10.0</td><td rowspan="2">≥32.5</td><td>≥2.5</td><td rowspan="2">≥5.5</td></tr>
<tr><td>32.5R</td><td>≥15.0</td><td>≥3.5</td></tr>
<tr><td>42.5</td><td>≥15.0</td><td rowspan="2">≥42.5</td><td>≥3.5</td><td rowspan="2">≥6.5</td></tr>
<tr><td>42.5R</td><td>≥19.0</td><td>≥4.0</td></tr>
<tr><td>52.5</td><td>≥21.0</td><td rowspan="2">≥52.5</td><td>≥4.0</td><td rowspan="2">≥7.0</td></tr>
<tr><td>52.5R</td><td>≥23.0</td><td>≥4.5</td></tr>
</table>

2. 石灰

石灰是气硬性胶凝材料，石灰主要成分是氧化钙（CaO）和氧化镁（MgO），石灰制作的浆材硬化后强度小，常用石灰制成石灰砂浆用作砌体胶结材料；制成麻刀或纸筋灰浆用作密闭墙涂面材料和纯石灰浆粉刷密闭墙面，定期粉刷可堵塞密闭墙裂隙，防止漏风。

3. 砂浆

砂浆是胶凝材料、细骨料及水 3 种材料组成的混合物。砂浆中常用的胶凝材料有水泥、石灰、石膏等。细骨料多为天然砂(粒度 0.15～5 mm),有时也可以用细的炉渣等代替。

按砂浆胶凝材料不同，有水泥砂浆、水泥黏土砂浆及石灰黏土砂浆等。矿井构筑通风设施时多使用水泥砂浆或水泥黏土砂浆。凡在地下水位以下及水饱和或潮湿基础中砌筑砖石砌体时，或在矿压较大的巷道里构筑泥石砌体时，都应选择水泥砂浆。

砂浆的标号是根据砂浆的抗压强度而定的，即以 7.07 cm × 7.07 cm × 7.07 cm 的立方体试块养护至 28 d 的抗压强度值来确定的。其砂浆常用的标号有 10、25、50、75、100 等。

4. 混凝土

混凝土是以水泥作为胶凝材料，将粗、细骨料胶结成为整体的复合材料。水泥的种类很多，应根据工程性质及所处环境条件、施工条件等合理选择不同种类和不同标号的水泥。粒径大于 5 mm 的骨料称为粗骨粒，常用的粗骨料有卵石（砾岩）与碎石两种。细骨料是制作混凝土中粒度小于 5 mm 的骨料，一般均以天然砂为细骨料，有时也用碎石屑或矿渣屑。

在通风构筑物建筑中，混凝土有两种使用方法，一是制作混凝土块（板块和长方块），用来砌筑风门、风桥和密闭等；二是在井下直接制作混凝土拌合物浇注防火密闭、通风密闭和防水密闭等。混凝土构筑物具有抗压强度大、防火性能好、气密性高和服务时间长等优点。

表 4-3 为采用水泥标号给出的配制混凝土的配合比和材料用量。混凝土配合比是 1∶A∶B 的数字形式给出的（1 代表 1 份水泥量；A 代表 A 份细骨料量；B 代表 B 份粗骨料量），如 1∶2.6∶5.3 就是 1 kg 水泥配 2.6 kg 砂子和 5.3 kg 石子。水灰比 W/C（W—水的用量，C—水泥的用量），例如，水灰比为 0.72，则表示出 1 kg 水泥要加 0.72 kg 水。表中配制量中一项是配制 1 m^3 混凝土拌合物的材料用量，另一项为 400 L（0.4 m^3）混凝土搅拌机每搅拌一次的材料投入量。

表 4-3　混凝土配合比和材料用量

标　　号	150 号		200 号		200 号	
配制量	1 m^3	400 L	1 m^3	400 L	1 m^3	400 L
400 号水泥/kg	245	100	285.9	100		
500 号水泥/kg					257.7	100
砂子/kg	638	261	621	218	633	246
石子/kg	1299	530	1258	439	1289	500
水	180	72	183	64	183	71
配合比	1∶2.6∶5.3		1∶2.2∶4.4		1∶2.5∶5.0	
水灰比	0.72		0.64		0.71	
容量/（$kg \cdot m^{-3}$）	2360		2360		2360	
标　　号	250 号		300 号		400 号	
配制量	1 m^3	400 L	1 m^3	400 L	1 m^3	400 L
400 号水泥/kg						
500 号水泥/kg	305	100	360	100	373.5	100
砂子/kg	624	205	613	160	590	158
石子/kg	1268	416	1244	346	1254	336
水	183	60	183	51	183	49
配合比	1∶2.1∶4.2		1∶1.7∶3.5		1∶1.6∶3.4	
水灰比	0.6		0.51		0.49	
容量/（$kg \cdot m^{-3}$）	2380		2400		2400	

二、普通风门的构筑

（一）普通风门的用途及质量要求

普通风门须用人力开启，一般多用木材制作，大多采用双层木板（每层板厚 15 mm）错缝或单层木板（板厚 30 mm）对口的单扇或双扇结构。图 4－3 所示为单扇木质沿口普通风门。这种风门的结构特点是门扇与门框呈斜面沿口接触，接触处有可缩性衬垫，比较严密、坚固，一般可使用 1.5～2 年。

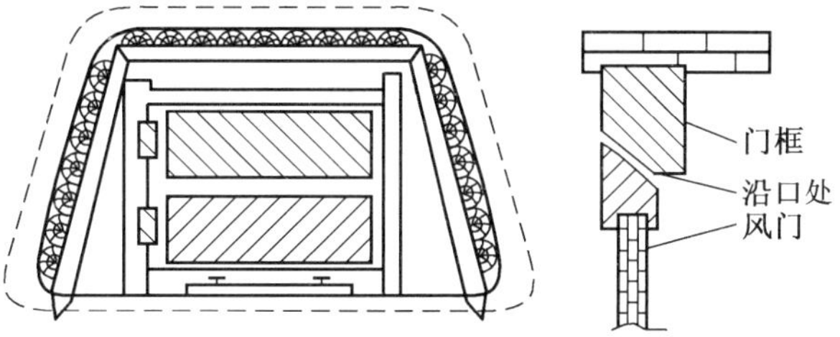

图 4－3　单扇木质沿口普通风门

（二）普通风门的构筑方法

1. 工具与材料准备

（1）工具：锯、斧子、大锤、抹子、铁锹、水桶、米尺、铅笔（或粉笔）、钎子、手镐（或风镐）。

（2）材料：红砖、料石、水泥、黄砂、铁质横梁、木质横梁、木板等材料。

2. 操作顺序及步骤

1）操作顺序

构筑普通风门应遵照下列顺序进行：

验收材料→清理操作现场（安全检查）→施工→质量检查→清理操作现场→考核验收。

2）操作步骤

（1）在有水沟的巷道中砌风门墙垛前，必须先砌反水池。

（2）安放门框时应按以下规定进行：

① 先安放下槛，下槛的上平面要稍高于轨面，下槛设好后再安装门框及上槛横梁，要求门框与门槛互成直角，上、下槛应互相平行。

② 根据风压大小，门框应朝顺风方向倾斜一定角度，一般以 85°左右为宜。调好门框倾角后，用棍棒、铁丝将门框稳固，如图 4－4 所示。

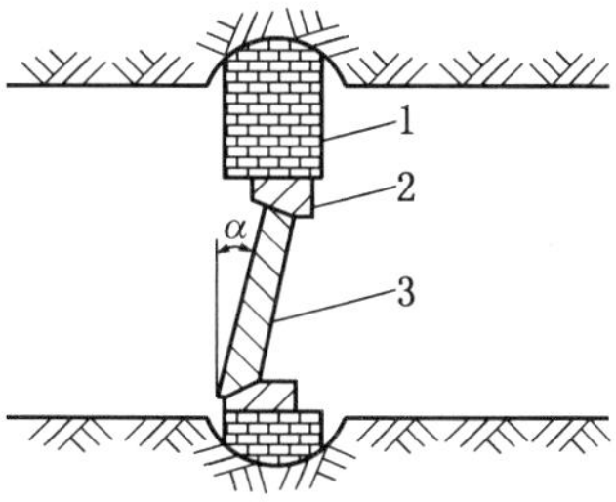

1—门墙；2—门框；3—门扇

图 4－4　风门倾斜安装

（3）按照密闭的施工顺序，进行掏槽、砌墙、砌墙垛，要求两边墙垛施工平行进行，逐渐把门框牢固嵌入墙垛内。

（4）若需要在风门墙垛中通过电缆线路，在砌墙时要预留孔口孔位。

（5）反向风门要与正向风门同时施工，除门框倾斜角度、开关方向与正向风门相反外，其余要求与正向风门相同。

（6）风门墙垛砌好后，墙两边均要用细灰砂浆勾缝或满抹平整，做到不漏风。水泥砂浆凝固后，方可挂风门扇。在有轨道的巷道中安设风门时，应设置底坎。

（7）安装门轴时，应将做好的门轴带螺钉的一端打入在门框上钻取的孔内，并打正装牢。

（8）安装门扇时，应将门带上的圆孔套入门框的轴上，并使门扇与门框四周接触严密，要求风门不坠、不歪，开关自如。

（9）风门下部及水沟处应钉挡风帘，确保严密不漏风；管线孔应用黄泥封堵严实。

（10）安设有自动开关装置的主要通车风门时，应保证其灵敏可靠、开关自如。

（11）进、回风井之间和主要进、回风巷之间的风门要安设连锁装置。

3. 注意事项

（1）使用工具施工时应穿戴好劳动保护用品。

（2）作业人员应服从安排，注意相互协作。

（3）严格按照操作规程的要求程序进行操作。

（4）注意操作地点的顶板、瓦斯、风量、风速的变化情况，确保施工安全。

（5）完成永久风门构筑操作后，要仔细检查工作地点，不得遗漏物品、工具、配件等。

4. 单扇木质普通风门的构筑范例

单扇木制普通风门是煤矿中最常见的通风构筑物，其结构如图 4－3 所示，主要由门扇、门框和门墙构成。

（1）选择安设风门的地点。要选择在一段平直的岩石巷道（或煤巷）中构筑风门，安设地点前后 5 m 内巷道支架完好，无空帮空顶。尽量避免在煤巷中设置风门，因风门两侧压差大，煤帮裂隙多，漏风严重，还可能导致煤炭自燃。一般不应选在倾斜巷道中设置风门，因斜巷风门容易损坏，管理困难。

（2）准备材料。根据巷道断面及门墙厚度估算两道风门所需的材料，一般门墙多用料石、混凝土块或砖砌筑，根据风门尺寸制作门框和门扇，用松木等强度较大的木料制成。门扇和门框一般在井上做成后运到安设地点，也可在井下制作。

（3）门墙两帮和顶底均要掏槽。

（4）砌筑风门。先将巷道底部掏槽砌平，然后立好门框，立门框时注意两点：一是门扇启开方向是迎向风流方面；二是门轴与门框要向关门方向（顺风方向）倾斜 15°～20°，如图 4－4 所示的 α 角。继续向上砌门墙，料石块间隙和掏槽处间隙用水泥砂浆填满充实，防止漏风。

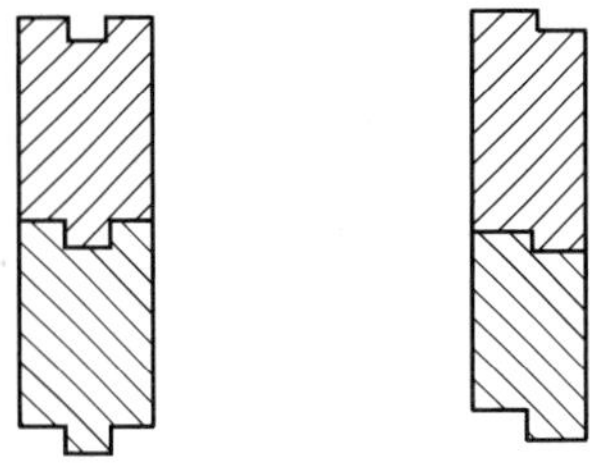
图 4－5　木板拼接方法

（5）制作普通风门的门扇和门框。普通风门的门扇和门框主要使用木材和金属制成。

木制风门的门扇是由一层厚度不小于 30 mm 的木板或者由厚为 20～25 mm 的两层木板拼成，两层木板相互交叉放置。不论是单层门扇还是双层门扇，木板之间要错口接缝或槽舌接缝，如图 4－5 所示。门扇用横撑木连接起来（图 4－6a 和

图4－6c)，或沿整个门扇做框，有时仅上下用方木代替整框（图4－6b）。为了避免门扇歪斜和下垂，在门扇打上一根或两根斜撑，斜撑可用方木条或扁钢。为了减少双层木板风门的透气性，在两层木板之间填塞沥青油纸或粗胶布等密封材料。门扇四周边缘钉上橡胶布皮或粗毛毡，且门扇与门框要斜口或半槽口接合，如图4－7所示。

金属风门通常用角钢或扁钢和厚度大于2 mm的钢板铆接或焊接而成。为了增加强度，门扇上可焊接角钢。门框用槽钢或其他钢梁制成，为使金属门紧紧地靠在门框上，应在门扇周围铆接半刚性胶带。图4－8所示为钢制风门，它的门扇用角钢加固。

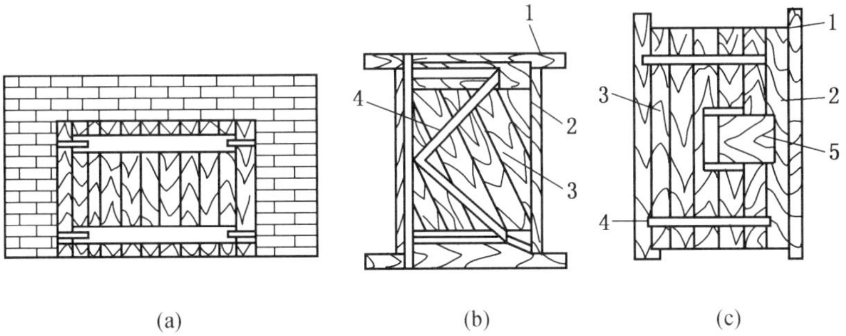

1—门框；2—门扇框；3—门扇木板；4—门扇横撑或斜撑；5—风窗

图4－6　木制风门结构

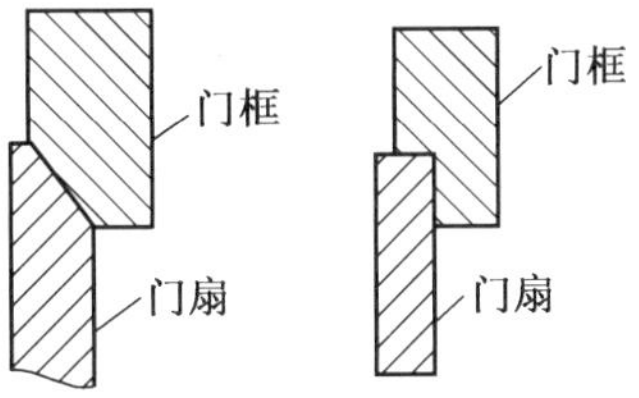

图4－7　门扇与门框接合方法

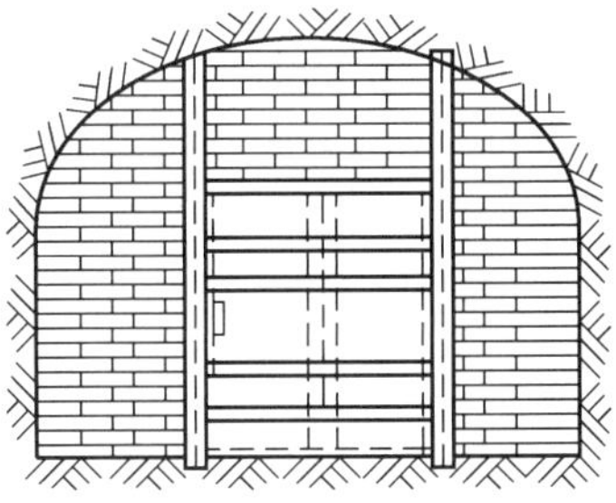

图4－8　钢制风门

包铁皮风门与一般的木风门的结构基本相同，只是在门扇的一面或两面包上1～2 mm的铁皮，在包铁皮之前先垫上石棉板或毛毡等材料，增加木风门板的强度和气密性。门扇上要安装金属开门拉手。

（三）风门的质量要求

制作与安装风门应符合下列要求：

（1）风门墙垛四周应掏槽，要见硬顶、硬帮，与煤岩接实。一般来说，掏槽深度在煤中不小于0.3 m，在岩石中不小于0.2 m。

（2）风门墙垛应用不燃性材料建筑，厚度不小于0.5 m；墙面应平整，无裂缝、重缝，严密不漏风。

（3）门框要包边沿口，有可缩性衬垫；门扇平整，门扇与门框不得歪扭，四周接触严密。

（4）木制风门门板采用双层错缝或单层对口结构，厚度不小于 30 mm；铁制风门铁板厚度不小于 2 mm。

（5）风门对关闭方向应有适当的倾角（风门与巷道底面的夹角一般为 80°~85°），使其能依靠门扇的自重自动关闭。

（6）门框下设门槛，过车巷道门槛处留轨道槽缝；水沟通过风门处要设反水池或挡风帘；电缆、风管、水管孔要堵严。

（7）风门前后 5 m 内巷道支架完好，无空帮、空顶，无杂物，无积水和淤泥。

（8）自动风门结构要灵活、可靠，门开启时有足够的断面通过矿车，关闭时接缝严密。

（9）风门漏风率不大于 3%。

（四）设置风门的注意事项

（1）风门应迎风开启，使风门承受风压作用关闭得更为严密，防止受通风压力的作用自行启开。

（2）为了防止在行人、行车时开启风门造成风流短路，应在同一巷道内至少设置 2 道风门。行人、行车时，禁止将 2 道风门同时启开。在风压高的地区，为了减少漏风，应设置 3 道以上的风门。

（3）行人巷道中，2 道风门间的距离不得小于 5 m。在行驶电机车的巷道中，2 道风门间的距离应大于 1 列车的长度，以防止列车通过时 2 道风门同时打开而造成风流短路。在这类巷道中应设置自动风门，如设普通风门，需有专人看管。设置自动风门的巷道如需同时行人时，应在其一侧另外安设专供行人的普通风门。

（4）《规程》规定，进、回风井之间和主要进、回风巷之间的每个联络巷中，必须砌筑永久性风墙；需要使用的联络巷，必须安设 2 道联锁的正向风门和 2 道反向风门。反向风门是指与正向风门开启方向相反的风门。它是为了实现矿井反风，而又不致风流短路而构筑的风门，平时开启，反风时关闭。

（5）《规程》规定，控制风流的风门、风桥、风墙、风窗等设施必须可靠。不应在倾斜运输巷中设置风门；如果必须设置风门应安设自动风门或设专人管理，并有防止矿车或风门碰撞人员以及矿车碰坏风门的安全措施。开采突出煤层时，工作面回风侧不得设置调节风量的设施。

三、矿井临时性风门的构筑

1. 工具与材料准备

（1）工具：锯、斧子、大锤、抹子、铁锹、水桶、米尺、铅笔（或粉笔）、钎子、手镐（或风镐）。

（2）材料：红砖、料石、水泥、黄砂、铁质横梁、木质横梁、木板等。

2. 操作顺序及步骤

1）操作顺序

矿井临时性风门的构筑操作应遵照下列顺序进行：

验收材料→清理操作现场（安全检查）→施工→质量检查→清理操作现场→考核验收。

2）操作步骤

（1）立柱安设要牢固，且要留设一定倾角；回风侧要打撑木，风压大时回风侧门上坎过梁上要设横梁，并牢固嵌入巷道两帮。

（2）钉木板时，上下木板之间要求采用鱼鳞式搭接，且应由上往下钉；其压茬宽度不得小于 20 mm，顶帮及下帮要压边并接触槽内实茬。

（3）木板钉齐后要清碴抹缝，杂物要清除干净，并用黄泥掺水泥或白灰浆勾缝或满抹，保证墙面、四周不漏风。

（4）水泥浆凝固后即可安装风门扇，门扇的安装及调整与永久风门相同。

3. 注意事项

（1）使用工具施工时应穿戴好劳动保护用品。

（2）作业人员应服从安排，注意组员之间的相互协作。

（3）严格按照操作规程的要求程序进行操作。

（4）注意操作地点的顶板、瓦斯、风量、风速的变化情况，确保施工安全。

（5）完成上述操作后，要仔细检查工作地点，不得遗漏物品、工具、配件。

四、临时密闭（挡风墙）的构筑

1. 工具与材料

（1）工具：锯、斧子、大锤、抹子、铁锹、水桶、米尺、铅笔（或粉笔）、钎子、手镐（或风镐）等。

（2）材料：红砖、料石、水泥、黄砂、铁质横梁、木质横梁、木板等。

2. 操作顺序及步骤

1）操作顺序

验收材料→清理操作现场（安全检查）→施工→质量检查→清理操作现场→考核验收→拆除构筑物。

2）操作步骤

（1）用砖建筑的临时密闭的厚度不应小于 0. 24 m，其他质量要求与永久密闭相同。

（2）建筑木板临时密闭时应满足以下要求：

① 应根据巷道断面大小，确定打立柱的数量。立柱要打牢固，且与巷道顶、底板接实。

② 木板条采用鱼鳞式搭接方式。自上往下依次压茬排列钉在立柱上，木板厚度不小于 2 cm，压茬宽度不少于 15 mm，四周木板均要伸入槽内接实。

③ 木板钉严实后，必须清除杂物，然后用白石灰加黄泥或水泥加黄泥浆沿木板压茬缝和墙四周堵抹平整严密。

（3）建木段临时密闭时应满足以下要求：

① 先在巷道底部铺 1 层黄泥，上铺 1 层木段，然后依次铺黄泥、木段，层层用锤砸实，木段外露处要排列均匀整齐。

② 墙内有水时，必须预先埋下 1 根铁管排水，水管外口要装阀门。

③ 木段墙与巷道顶帮之间的缝隙要用黄泥填实，并用黄泥加白灰或水泥把墙面抹平整。

④ 施工完毕后，要认真清理现场，在距巷道岔口 1 ~2 m 处应设置栅栏，安放警示标志，悬挂说明牌与要求。

3. 注意事项

（1）使用工具施工时，应穿戴好劳动保护用品。

（2）作业人员应服从安排，注意组员之间的相互协作。

（3）严格按照操作规程的要求进行操作。

（4）注意操作地点的顶板、瓦斯、风量、风速的变化情况，确保施工安全。

（5）进行质量检查及现场的安全检查。

（6）完成上述操作后，要仔细检查工作地点，不得遗漏物品、工具、配件等。

五、矿井风桥的构筑

1. 风桥的建筑质量要求

风桥一般应符合下列要求：

（1）用不燃性材料建筑，桥面平整，手触感觉不到漏风。

（2）风桥通风断面不小于原巷道断面的80%，呈流线型，坡度小于30°。

（3）风桥前后5 m范围内巷道支护良好，无杂物、积水和淤泥。

（4）风桥两端接口严密，四周见实帮、实底，充填结实。

（5）风桥上下不得设风门。

（6）铁筒式风桥（隔墙）四周须掏槽；风筒直径不得小于750 mm，风筒壁厚不得小于5 mm。

（7）漏风率不大于3%。

（8）通风阻力不得超过147 Pa。

2. 工具与材料准备

（1）工具：锯、斧子、大锤、抹子、铁锹、水桶、米尺、铅笔（或粉笔）、钎子、手镐（或风动凿岩机）等。

（2）材料：红砖、料石、水泥、黄砂、铁质横梁、木质横梁、木板等。

3. 操作顺序及步骤

1）操作顺序

验收材料→清理操作现场（安全检查）→施工→质量检查→清理操作现场→考核验收→拆除构筑物。

2）操作步骤

（1）两坡挑顶的要求如下：

① 挑顶前先加固顶板及起坡点外5 m内的支架。

② 根据施工要求打炮眼，爆破挑顶。

③ 装药、爆破必须由专职爆破工按有关规定进行。爆破必须执行爆破工的有关操作规程规定。

④ 爆破后由施工负责人和爆破工共同验炮。验炮后应1人监护，并打上临时支柱后再清渣。

（2）挑正顶的要求如下：

① 挑正顶前，先将炮眼打好，然后回掉原支架；装药时，必须认真检查顶板，并打好临时支柱。

② 挑正顶时必须先加强下巷支架，必要时可在棚梁下打临时支柱。

（3）卧底时，应先在附近支架棚梁处打上临时支柱，维护好顶板。

（4）对砌墙的要求如下：

① 可用砖、料石砌墙，风桥两端坡度不能大于30°，应呈流线型。

② 砌墙应先放好中腰线，并按规定掏槽，应见实帮实底。

③ 墙面要砌平整，勾缝和抹面应符合质量标准要求，顶帮应接严填实。

④ 风桥前墙及桥面用水泥预制板铺密，后墙用砖或料石砌筑，墙中加填黄土，层层用木锤捣实，应用砂浆将桥面抹平。

（5）上巷支护需要支棚打柱时，必须穿鞋。正顶打的棚腿要打在下巷棚梁上；坡巷的支架必须牢固，起坡处棚柱要与巷道顶部垂直。

（6）服务年限短，风量小于10 m^3/s 时，可采用铁筒式风桥，但要符合《规程》的有关规定。

4. 注意事项

（1）风桥施工完毕后，要将管路、电缆悬挂整齐，现场清理干净。

（2）用铁筒作风桥时，每个接头均要加衬垫、拧紧，两端应呈流线型。

（3）施工时，现场负责人应经常检查附近巷道支架、顶板的情况，发现问题及时解决，并及时汇报。

（4）风桥中不准安设风门。

（5）风桥建成后，要将内墙全面整修勾缝或抹面。

（6）进行质量检查及现场的安全检查。

（7）完成上述操作后，要仔细检查工作地点，不得遗漏物品、工具、配件等。

第五章
通　风　管　理

一、通风设施管理制度

（1）所有风门、密闭都必须编号。

（2）通风设施必须有经矿技术负责人批准的设计，并严格按设计及质量标准建筑施工。除反向风门外的风门都要安装完好的闭锁装置。要有确保两道风门不能同时敞开的措施。

（3）必须制定风门使用、管理制度，所有风门必须指定通风部门和使用单位专人挂牌管理。

（4）不应在倾斜运输巷道设置风门。如因特殊情况必须在倾斜运输巷道设置风门的，要有防止撞坏风门的安全技术措施，且必须同时满足以下两个条件：①必须实现人工操作的自动风门，且必须有操作人员躲避硐室；②必须安装声光语音警示装置。

（5）煤与瓦斯突出煤层采煤工作面回风侧严禁设置风窗。

（6）临时风门使用期限超过 6 个月必须改建为永久风门。

（7）密闭设置栅栏，栅栏高度不小于巷道高度的 2/3，每个网眼边长不大于 200 mm，留有合适的门，以便进入栅栏内检查。

（8）测风站必须设在巷道断面无变化的直线段，前后 10 m 内无杂物。

二、局部通风管理制度

（1）严禁无计划停止局部通风机运转。局部通风机（包括湿式除尘风机）必须由通风机操作工持证、挂牌看管（瓦斯检查员、电工和爆破工不能兼管风机）。通风机操作工的工作范围为局部通风机至风筒末端。通风机操作工必须熟练掌握局部通风机操作程序，必须随身携带“局部通风机停开记录手册”，必须在工作地点交接班。

（2）发生无计划停风，情节严重按重大责任事故追查。

（3）安设在掘进巷道中的湿式除尘风机必须与掘进巷道中的主导局部通风机联动闭锁。当主导通风机停止运转时，掘进巷道中的湿式除尘风机能自动停止运转；主导通风机未启动时，掘进巷道中的湿式除尘风机不能启动。

（4）局部通风机必须实现“三专两闭锁”，并且达到性能可靠。必须实行双风机（且为同等能力）双电源，并能自动切换，否则不准施工。每旬必须对自动切换功能进行一次试验，并有原始记录可查。

(5) 井下所有局部通风机装置齐全，电缆孔不漏风，安设符合标准要求，并挂局部通风管理牌板和检查牌板。

(6) 局部通风机必须安设泄压三通装置（可采用铁制“三通”）或瓦斯自动排放器。

(7) 风筒要逐节编号。风筒和接头要严密不漏风、吊挂平直、环环吊挂，拐弯地点必须设置弯头。风筒末端距工作面的距离：岩巷不超过 10 m，煤和半煤岩巷不超过5 m。

(8) 严禁一台局部通风机向两个及以上同时作业的掘进工作面供风，严禁 3 台及 3 台以上局部通风机同时向一个掘进工作面供风。

(9) 启动局部通风机时，必须执行“四人”（即通风机操作工、瓦斯检查工、电工、安检员）同在制度，严禁随意停开局部通风机。

(10) 因检修或检查设备（有计划）需停止局部通风机运转时，要提前向保安区提出申请，申请单上要有机电矿长、技术负责人及保安区、施工单位、矿调度、机电科负责人签字。

(11) 局部通风机供风的巷道不得停风，如停风要立即断电撤人，设置栅栏，停风超过 24 h 必须封闭。

(12) 局部通风机供风的巷道要有停风记录。

(13) 矿井开拓新水平和准备新采区的回风，在未构成通风系统前，可将此种回风引入生产水平的进风中。但煤与瓦斯突出矿井开拓新水平和准备新采区时，必须先在无煤与瓦斯突出危险的煤（岩）层中掘进巷道并构成通风系统，为构成通风系统的掘进巷道的回风，可以引入生产水平的进风中，同时必须编制安全技术措施上报审批。

三、矿井通风图表、牌板管理

矿井的通风管理要用到报表、图纸、牌板和台账等，它是搞好矿井通风的主要手段，具体内容有：

(1) 五图。矿井通风系统图、防尘系统图、防灭火灌浆系统图、瓦斯抽放系统图和安全监测系统图。

(2) 五板。局部通风管理牌板、通风设施管理牌板、通风仪表管理牌板、防尘设施管理牌板和安全监测管理牌板。

局部通风牌板要标明地点名称、设计长度、巷道断面、局部通风机功率、通风方式、实际供风长度、全风压供风量、风筒直径、风筒出口风量、巷道风速等。

通风设施管理牌板要标明地点、用途、建筑日期、规格结构等。

通风仪表管理牌板分类别、分型号挂牌管理，注明仪器在籍数、使用数、待修数和库存数。

(3) 五记录。调度值班记录、通风区（科）值班记录、通风设施检查记录、防灭火检查记录和测风记录。

风门管理牌板			
地 点			
编 号		管理单位	使用单位
类 别		矿分管	矿分管
通车节数	节	队分管	队分管
建筑时间		瓦检员	风门员

图 5-1 风门管理牌板

（4）四台账。防火密闭台账、煤层注水台账、瓦斯抽放台账和瓦斯调度台账。

1. 风门管理牌板及管理标准

风门管理牌板如图 5－1 所示，其管理标准见表 5－1。

表 5－1　风门管理牌板管理标准

项　目	内　　容
制作工艺	1. 规格（宽×高）：0.3 m×0.42 m 2. 材质：写真喷绘压膜，白钢边，铝塑板衬底 3. 面色：绿白绿渐变 4. 字色：标红字白边，内容蓝色 5. 字体：标为黑体字，内容宋体 6. 主标题字号（宽×高）：1.9 cm×2.2 cm 7. 副标题字号（宽×高）：1.3 cm×1 cm 8. 内容字号（宽×高）：1.9 cm×2.2 cm
吊挂方法	1. 锚杆巷道内做统一拉线，拉线使用 16 号铁线，每隔 3 m 用尼龙扎带做一个拉线吊挂点（扎带多余尾巴剪掉），以保证拉线平直，拉线两侧使用小型花兰螺丝（拉紧钩子，规格为 200 mm）与帮锚杆用锚杆螺丝固定，保证拉线紧、平、直 2. 喷浆巷道内在锚喷巷道帮上打拉线固定锚杆，用小型花兰螺丝（拉紧钩子）拉直，牌板吊挂方法同锚杆巷道 3. 铁棚巷道内的牌板吊挂拉线两侧用小型花兰螺丝（拉紧钩子）与棚卡子（单独安设）螺杆连接拉紧。牌板吊挂方法同锚杆巷道 4. 风门管理牌吊挂在两风门中间，上沿拉线距底板 1.7 m，如巷道侧帮有管路、电缆等与拉线在同一高度，拉线要在管线外侧安设，牌板与管线间距保持在 50～100 mm
使用要求	挂牌：按照牌板标示作业前悬挂于固定螺杆上
日常维护	1. 存放、移设标志牌时，必须轻拿轻放，防止损坏表面贴膜，牌板附近有爆破、翻棚、挑顶等作业时要及时将牌板掩护或移设位置 2. 每班至少进行一次保洁，用柔软的麻布擦拭，不得有灰尘、污迹，禁止用水清洗，禁止洗尘时将水溅到牌板上 3. 牌板出现损坏，及时通知管理部门追查分析，落实责任 4. 牌板损坏不能继续使用时，要退还管理部门，以旧换新 5. 职能科室管理人员及安监员对牌板的吊挂、使用、维护等工作要进行严格的监督检查

2. 密闭联合检查牌板及管理标准

密闭联合检查牌板如图 5－2 所示，其管理标准见表 5－2。

3. 测风牌板及管理标准

测风牌板如图 5－3 所示，其管理标准见表 5－3。

密闭联合检查牌板

地点		编号		检查项目	闭内	闭外
断面			(m^2)	CH_4(%)		
墙厚			(m)	CO_2(%)		
陶槽			(m)	CO(ppm)		
建设材料				T(℃)		
施工负责人		验收人		内外压差	(mmH_2O)	
建筑日期				检闭人		
支护状态				检闭日期		

抽放状态		抽/停时间	
孔板压差			(mmH_2O)
抽放混量			(m^3/min)
抽放纯量			(m^3/min)
CH_4			(%)
CO_2	(%)	CO	(ppm)
观测人		日期	

检查项目	闭内	闭外	巡检人	
CH_4(%)				
CO_2(%)			巡检日期	
CO(ppm)			班次	
T(℃)			巡检时间	

图 5－2　密闭联合检查牌板

表 5－2　密闭联合检查牌板管理标准

项　目	内　　　容
制作工艺	1. 规格（宽×高）：0.42 m×0.3 m 2. 材质：写真喷绘压膜，白钢边，铝塑板衬底 3. 底色： 4. 面色：绿白绿渐变 5. 字色：标红字白边，内容蓝色 6. 字体：标为黑体字，内容宋体 7. 主标题字号（宽×高）：2.2 cm×1.7 cm 8. 内容字号（宽×高）：0.7 cm×0.6 cm
使用方法	1. 锚杆巷道内的料场做统一拉线，拉线使用 16 号铁线，每隔 3 m 用尼龙扎带做一个拉线吊挂点（扎带多余尾巴剪掉），以保证拉线平直，拉线两侧使用小型花兰螺丝（拉紧钩子，规格为 200 mm）与帮锚杆用锚杆螺丝固定，保证拉线紧、平、直 2. 喷浆巷道内的料场在锚喷巷道帮上打拉线固定锚杆，用小型花兰螺丝（拉紧钩子）拉直，牌板吊挂方法同锚杆巷道 3. 铁棚巷道内的料场牌板吊挂拉线两侧用小型花兰螺丝（拉紧钩子）与棚卡子（单独安设）螺杆连接拉紧。牌板吊挂方法同锚杆巷道 4. 与栅栏上部横杆平齐、固定，上沿拉线距底板 1.7 m，如巷道侧帮有管路、电缆等与拉线在同一高度，拉线要在管线外侧安设，牌板与管线间距保持在 50～100 mm
日常维护	1. 牌板用尼龙扎带吊挂在拉线上，余量一致且不得大于 10 mm，尼龙扎带末端（尾巴）一律朝向里侧下方，隐蔽在牌板后面 2. 用黑色白板笔填写，字迹工整，字号与牌板打印的文字大小相同。每日白班接班后所属单位安排专人统计填写 3. 牌板每日白班接班后必须进行保洁，用柔软的麻布擦拭，不得有灰尘、污迹，禁止用水清洗，禁止洗尘时将水溅到牌板上 4. 各单位要备用足够的刻字粘贴，巷原粘贴损坏，要及时更换 5. 存放、移设标志牌时，必须轻拿轻放，防止损坏表面贴膜

<table>
<tr><th colspan="4">测 风 牌 板</th></tr>
<tr><td>断面/m^2</td><td></td><td>CH_4/%</td><td></td></tr>
<tr><td>风速/($m \cdot s^{-2}$)</td><td></td><td>CO_2/%</td><td></td></tr>
<tr><td>风量/($m^3 \cdot min^{-1}$)</td><td></td><td>T/℃</td><td></td></tr>
<tr><td>大气压/Pa</td><td></td><td rowspan="2">粉尘浓度 $\frac{全尘}{呼尘}$/($mg \cdot m^{-3}$)</td><td></td></tr>
<tr><td>测定日期</td><td></td><td></td></tr>
<tr><td>测定地点</td><td></td><td>测定人</td><td></td></tr>
</table>

图 5－3　测风牌板

表 5－3　测风牌板管理标准

<table>
<tr><th>项　目</th><th>内　　容</th></tr>
<tr><td>制作工艺</td><td>1. 规格（宽×高）：0.3 m×0.42 m
2. 材质：写真喷绘压膜，白钢边，铝塑板衬底
3. 面色：绿白绿渐变
4. 字色：标红字白边，内容蓝色
5. 字体：标为黑体字，内容宋体
6. 主标题字号（宽×高）：2.2 cm×2.2 cm
7. 内容字号（宽×高）：1.1 cm×1.1 cm</td></tr>
<tr><td>吊挂方法</td><td>1. 锚杆巷道内做统一拉线，拉线使用 16 号铁线，每隔 3 m 用尼龙扎带做一个拉线吊挂点（扎带多余尾巴剪掉），以保证拉线平直，拉线两侧使用小型花兰螺丝（拉紧钩子，规格为 200 mm）与帮锚杆用锚杆螺丝固定，保证拉线紧、平、直
2. 喷浆巷道内在锚喷巷道帮上打拉线固定锚杆，用小型花兰螺丝（拉紧钩子）拉直，牌板吊挂方法同锚杆巷道
3. 铁棚巷道内的牌板吊挂拉线两侧用小型花兰螺丝（拉紧钩子）与棚卡子（单独安设）螺杆连接拉紧。牌板吊挂方法同锚杆巷道
4. 测风牌板上沿拉线距底板 1.7 m，如巷道侧帮有管路、电缆等与拉线在同一高度，拉线要在管线外侧安设，牌板与管线间距保持在 50～100 mm</td></tr>
<tr><td>使用要求</td><td>书写：楷体字，字色为黑色，字迹工整平直。使用油性记号笔填写</td></tr>
<tr><td>日常维护</td><td>1. 存放、移设标志牌时，必须轻拿轻放，防止损坏表面贴膜，牌板附近有爆破、翻棚、挑顶等作业时要及时将牌板掩护或移设位置
2. 每班至少进行一次保洁，用柔软的麻布擦拭，不得有灰尘、污迹，禁止用水清洗，禁止洗尘时将水溅到牌板上
3. 牌板出现损坏，及时通知办公室追查分析，落实责任，对责任人按原价同等金额处罚
4. 牌板损坏不能继续使用时，要退还管理办公室，以旧换新
5. 职能科室管理人员及安监员对牌板的吊挂、使用、维护等工作要进行严格的监督检查</td></tr>
</table>

4. 局部通风机管理牌板及管理标准

局部通风机管理牌板如图 5－4 所示，其管理标准见表 5－4。

<table>
<tr><td colspan="5">局 部 通 风 管 理 牌 板</td></tr>
<tr><td>施工地点</td><td colspan="4"></td></tr>
<tr><td>运转风机型号</td><td></td><td>额定风量/($m^3 \cdot min^{-1}$)</td><td></td></tr>
<tr><td>备用风机型号</td><td></td><td>额定风量/($m^3 \cdot min^{-1}$)</td><td></td></tr>
<tr><td>安装时间</td><td></td><td>吸入风量/($m^3 \cdot min^{-1}$)</td><td></td></tr>
<tr><td rowspan="2">风筒规格、数量</td><td>mm</td><td>掘进长度/m</td><td></td></tr>
<tr><td>节</td><td>风筒长度/m</td><td></td></tr>
<tr><td>风机距掘进道口风速</td><td>m/s</td><td>末端风量/($m^3 \cdot min^{-1}$)</td><td></td></tr>
<tr><td>测定时间</td><td>年 月 日</td><td>测定人</td><td></td></tr>
</table>

图 5－4 局部通风机管理牌板

表 5－4 局部通风机管理牌板管理标准

项 目	内 容
制作工艺	1. 规格（宽×高）：0.3 m×0.42 m 2. 材质：写真喷绘压膜，白钢边，铝塑板衬底 3. 底色： 4. 面色：蓝白蓝渐变 5. 字色：标红字白边，内容黑色 6. 字体：标为黑体字，内容宋体 7. 主标题字号（宽×高）：1.6 cm×1.4 cm 8. 内容字号（宽×高）：9 cm×1.1 cm
使用方法	1. 锚杆巷道内的料场做统一拉线，拉线使用 16 号铁线，每隔 3 m 用尼龙扎带做一个拉线吊挂点（扎带多余尾巴剪掉），以保证拉线平直，拉线两侧使用小型花兰螺丝（拉紧钩子，规格为 200 mm）与帮锚杆用锚杆螺丝固定，保证拉线紧、平、直 2. 喷浆巷道内的料场在锚喷巷道帮上打拉线固定锚杆，用小型花兰螺丝（拉紧钩子）拉直，牌板吊挂方法同锚杆巷道 3. 铁棚巷道内的料场牌板吊挂拉线两侧用小型花兰螺丝（拉紧钩子）与棚卡子（单独安设）螺杆连接拉紧。牌板吊挂方法同锚杆巷道 4. 上沿拉线距底板 1.7 m，如巷道侧帮有管路、电缆等与拉线在同一高度，拉线要在管线外侧安设，牌板与管线间距保持在 50～100 mm
日常维护	1. 牌板用尼龙扎带吊挂在拉线上，余量一致且不得大于 10 mm，尼龙扎带末端（尾巴）一律朝向里侧下方，隐蔽在牌板后面 2. 用黑色白板笔填写，字迹工整，字号与牌板打印的文字大小相同。每日白班接班后所属单位安排专人统计填写 3. 牌板每日白班接班后必须进行保洁，用柔软的麻布擦拭，不得有灰尘、污迹，禁止用水清洗，禁止洗尘时将水溅到牌板上 4. 各单位要备用足够的刻字粘贴，若原粘贴损坏，要及时更换 5. 存放、移设标志牌时，必须轻拿轻放，防止损坏表面贴膜

第六章
安全防范意识

第一节　矿井常见有毒有害气体的检测

一、井下有害气体检测知识

（一）检定管的结构及检测原理

1. 检定管的结构

检定管的结构如图 6-1 所示。它由外壳、堵塞物、保护胶、隔离层及指示胶等组成。其中外壳是用中性玻璃管加工而成。堵塞物用的是玻璃丝布、防声棉或耐酸涤纶，它对管内物质起固定作用。保护胶是用硅胶作载体吸附试剂制成，其用途是除去对指示胶变色有干扰的气体。隔离层一般用的是有色玻璃粉或其他惰性有色颗粒物质，它对指示胶起界限作用。指示胶以活性硅胶为载体吸附化学试剂经加工处理而成。

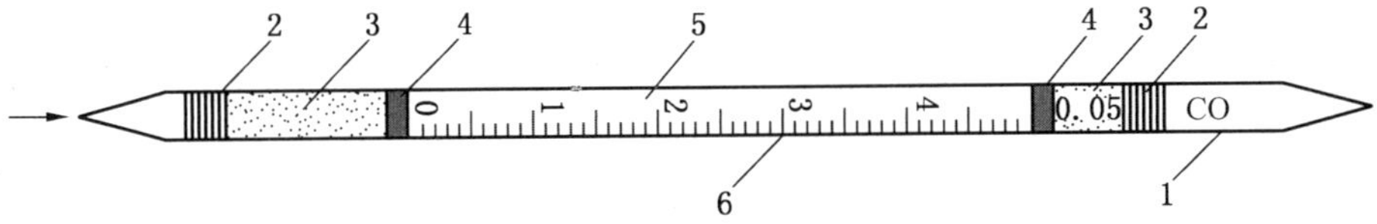

1—外壳；2—堵塞物；3—保护胶；4—隔离层；5—指示胶；6—刻度

图 6-1　检定管的结构示意图

2. 检定管的工作原理

当含有被测气体的空气以一定的速度通过检定管时，被测气体与指示胶发生化学反应，根据指示胶变色的程度或变色的长度来确定其浓度。前者称为比色式，后者称为比长式。由于比色式检定管存在灵敏度低、颜色不易辨认，两个色阶代表的浓度间隔太大、成本高、定量测定准确性差等缺点，所以目前主要使用比长式检定管。我国煤矿使用的检定管有一氧化碳、二氧化碳、硫化氢、二氧化氮和氧气检定管等几种。测定时应注意，测定不同的气体必须使用不同的检定管，或者说必须使用与待测气体相一致的检定管，不得出现差错。

（1）一氧化碳检定管是以活性胶为载体，吸附化学试剂碘酸钾和发烟硫酸作为指示胶。当含有一氧化碳的空气通过检定管时，与指示胶反应，有碘生成，沿玻璃管壁形成一个棕色环，随着气流通过，棕色环向前移动，其移动的距离与被测空气中一氧化碳的浓度成正比，因此当检定管中通过定量空气后，根据色环移动的距离便可测得空气中一氧化碳浓度。

（2）硫化氢检定管也是以活性硅胶为载体，而它所吸附的化学试剂为醋酸铅。当含有硫化氢的空气通过检定管时，与指示胶反应并沿玻璃管壁产生一褐色的变色柱，变色柱的长度与空气中硫化氢的浓度成正比。根据这一原理便可测得空气中硫化氢的浓度。

（3）二氧化碳检定管是以活性氧化铝作为载体，吸附带有变色指示剂的氢氧化钠作为指示胶。当含有二氧化碳的空气通过检定管时，与活性氧化铝上所载的氢氧化钠反应，由原来的蓝色变为白色，白色药柱的长度与被测空气中二氧化碳的浓度成正比。当被测的定量空气通过检定管后，根据白色药柱的长度可以直接从检定管的刻度上读出二氧化碳的浓度。

（二）吸气装置及检测方法（J－1 型采样器）

1. J－1 型采样器结构

J－1 型采样器实质上是一个取样（抽气）筒，其结构如图 6－2 所示。它由铝合金管及气密性良好的活塞所组成。抽取一次气样为 50 mL，在活塞上有 10 等分刻度，表示吸入气样的毫升数。采样器前端的三通阀有 3 个位置：阀把平放时，吸取气样；阀把拨向垂直位置时，推动活塞即可将气样通过检定管插孔压入检定管；阀把位于 45°位置时，三通阀处于关闭状态，便于将气样带到安全地点进行检定。

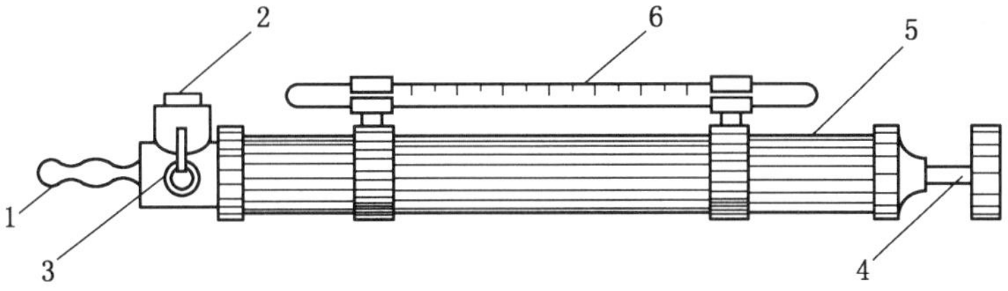

1—气样入口；2—检定管插孔；3—三通阀；4—活塞杆；5—吸气筒；6—温度计

图 6－2　J－1 型采样器结构示意图

2. 测定方法

1）采样与送气

不同的检定管要求用不同的采样和送气方法。对于很不活泼的气体，如 CO、CO_2 等，一般是先将气体吸入采样器，在此之前应在测定地点将活塞往复抽送 2～3 次，使采样器内原有的空气完全被气样（待测气体）所取代。打开检定管两端的封口，把检定管浓度标尺标“0”的一端插入采样器的插孔 2 中，然后将气样按规定的送气时间以均匀的速度送入检定管。如果是较活泼的气体，如 H_2S，则应先打开检定管两端封口，把检定管浓度标尺上限的一端插入采样器的入口 1 中，然后以均匀的速度抽气，使气样先通过检定管后进入采样器。在使用检定管时，不论用送气或抽气方式采样，均应按照检定管使用说明书的要求准确采样。

2）读取浓度值

检定管上印有浓度标尺。浓度标尺零线一端称为下端，测定上限一端称为上端。送气后由变色柱（或变色环）上端所指示的数字，可直接读取被测气体的浓度。

3）高浓度气样的测定

如果被测气体的浓度大于检定管的上限（即气样还未送完，检定管已全部变色）时，应首先考虑测定人员的防毒措施，然后采用下述方法进行测定。

（1）稀释被测气体。在井下测定时，先准备一个装有新鲜空气的胶皮囊带到井下，测定时先吸取一定量的待测气体，然后用新鲜空气使之稀释到1/2～1/10，送入检定管，将测得的结果乘以气体稀释后体积变大的倍数，即得被测气体的浓度值。

（2）采用缩小送气量和送气时间的方法进行测定。如采样量为100 mL，送气时间为100 s的检定管，测高浓度气样时可以把采样量和送气时间分别减少到100 mL/N及100 s/N，这时被测气体的浓度＝检定管读数×N。对于采样量为100 mL，送气时间为100 s的检定管，N可取2或4；如果要求采样量为50 mL，送气时间为100 s时，N最好不要大于2，因为N过大，容易产生较大的测定误差。因此对测定结果要求较高的，最好更换测定上限大的检定管。

4）低浓度气样的测定

如果气样中被测气体的浓度低，结果不易量读，可采用增加送气次数的方法进行测定：

被测气体浓度＝检定管上读数÷送气次数

3. 测定时注意事项

（1）检定管打开后，必须立即使用，以防影响测定效果。

（2）检定管应储存在阴凉处，不要碰坏检定管及两端封口，否则不能使用。

（3）一氧化碳检定管只能测定0.1%以下的CO浓度，如果需要测定浓度超过0.1%的气样时，首先应考虑测定人员的防毒措施，然后再进行测定。当井下被测巷道中CO浓度较高时，在实测前，首先准备一个胶皮气囊，其中装以新鲜空气，在测定时用气筒先抽取巷道中的一部分气体以后，再从气囊中抽取一部分新鲜空气使之冲淡。空气中所含CO的实际浓度，即为测定时读数乘以冲淡的倍数。用其他检定管测定另外的有害气体时，其方法基本相同。

二、《规程》相关规定

采掘工作面的进风流中，氧气浓度不低于20%，采掘工作面的进风流中，二氧化碳浓度不超过0.5%。当采掘工作面风流中的二氧化碳浓度达到1.5%或采区、采掘工作面回风道风流中的二氧化碳浓度超过1.5%时，必须停止工作进行处理。

第二节　电气事故的预防

一、电气事故的预防

1. 触电事故的预防

防止人身触及或接近带电体。按《规程》规定，电机车架空线的悬挂高度自轨面算起不得小于下列规定：在行人的巷道、车场内及人行道与运输巷道交叉的地方不小于2 m；在不行人的巷道内不小于1.9 m；在井底车场内，从井底到乘车场不小于2.2 m；在地面或工业广场内，不与其他道路交叉的地方不小于 2.2 m。

对导电部分裸露的高压电气设备无法用外壳封闭的，必须围以遮拦，防止人员靠近。同时，在遮拦门上装设开门即停的闭锁开关，以确保人员开门进入高压电气室时，电气设备电源断开。

井下电气设备带电部件和电缆接头全部封闭在外壳内部，即成封闭型，并在操作手柄与盖子之间设有机电闭锁装置，确保不合上盖子，不能接通电源；合上电源后，不能打开盖子。各变（配）电所的入口处或门口都要悬挂“非工作人员，禁止入内”牌子。无人值班的变（配）电所，必须关门加锁。井下硐室内有高压电气时，入口处和室内都应在明显地点加挂“高压危险”牌。

对手持式或人员经常接触的电气设备，《规程》规定，照明、手持式电气设备的额定电压不超过 127 V，远距离控制线路的额定电压不超过 36 V。

采取技术措施，防止人员触电。严禁井下配电变压器中性点直接接地，在中性点不接地的高、低压系统中，设置漏电保护装置和保护接地装置。

遵守电缆敷设有关规定。在水平巷道或倾角 30°以下的井巷中，电缆应用吊钩悬挂；在倾角 30°及以上的井巷中，电缆应用夹子、卡箍或其他夹持装置进行敷设。电缆悬挂高度应保证有矿车掉道时不致受撞击，在电缆坠落时不致落在轨道上。电缆接头应避免出现“鸡爪子”“羊尾巴”和明接头。

严格执行安全用电的各种制度：

（1）停、送电制度。必须坚持“谁停电谁送电”的原则。停电时，必须把有关线路电源全部断开，停电开关操作机构必须锁住，并在操作手把上悬挂“有人作业，禁止合闸！”的标志牌。验电时，必须使用与电压等级相适应的合格验电器，验电人员必须戴绝缘手套，并有人监护。

（2）检修、搬迁制度。井下不得带电检修、搬迁电气设备及电缆。必须带电搬迁时，应制定相应的安全技术措施。检查或搬迁前，必须切断电源，必须检查瓦斯，在其巷道风流中瓦斯浓度在 1% 以下时，检验无电后，方可进行导体对地放电。所有开关把手在切断电源时都应闭锁，并悬挂“有人工作，不准送电！”的标志牌，只有执行这项工作的人员才有权取下此牌并送电。

（3）工作监护制度。电气设备操作特别是高压电气设备操作时，必须一人操作，一人监护。

设置保护接地，当设备绝缘损坏，电压窜到其金属外壳时，应把外壳上的电压限制到安全范围内。设置漏电保护装置，防止供电系统漏电造成人身触电事故。

维修电气装置时要使用保安工具，如绝缘夹钳、绝缘手套和绝缘套鞋。

2. 电网保护措施

（1）防电网过流的主要措施：电气设备正确选型；电气设备做定期的预防性检查、维修，设置过流保护装置；正确操作电气设备。

（2）防电网漏电的主要措施：避免电缆、电气设备浸泡在水中；防止电缆受挤压、碰撞、过度弯曲、机械伤害；电缆接头要牢固；不随意在电气设备内部增加额外部件；正确操作电气设备、不将金属物件遗留在电气设备中；设置保护接地装置和漏电保护装置。

二、电气设备失爆的防治措施

（1）把好入井关，建立入井管理制度。防爆电气设备入井前，应检查其“产品合格证”“防爆合格证”“煤矿矿用产品安全标志”及安全性能；检查合格并签发合格证后，方准入井。

（2）把好安装、检修、使用和维护关，使防爆电气设备达到完好标准不失爆，失爆的电气设备严禁使用。

（3）建立专业化管理组织，落实责任制，做到“台台设备有人管，条条电缆有人问”，不留死角，发现问题及时处理。

（4）进行定期和不定期安全检查，建立巡回检查制度。

三、电缆的使用及维护

煤矿井下电能的输送是通过各类电缆来完成的。采区电缆最易受到碰撞、挤压、炮崩和砸伤，是供电系统中最薄弱的环节，易发生事故。所以，电缆的合理选用、敷设、连接、使用及维护，对整个矿井的生产安全起着十分重要的作用。

矿用电力电缆可分为铠装电缆、橡套电缆和塑料电缆 3 大类。

1. 电缆的选用、敷设和连接要求

电缆的选用包括选择电缆的类型和截面大小。它根据电压等级、输送长度、使用地点、负荷大小、设备类型等因素进行计算和验算，要满足允许电流、电压降和过流保护等要求。对采掘工作面要使用矿用阻燃橡套电缆。移动式和手持式电气设备应使用专用橡套电缆。

电缆敷设必须用吊钩悬挂，并应有适当的弛度。电缆悬挂点间距不得超过 3 m，其悬挂高度应保证电缆在矿车掉道时不受撞击，在电缆坠落时不落在轨道或输送机上。电缆不应悬挂在风管或水管上，不得遭受淋水。电缆上严禁悬挂任何物件。电缆与压风管、供水管在巷道同一侧敷设时，必须敷设在管道上方，并保持 0.3 m 以上的距离。高、低压电力电缆敷设在巷道同一侧时，高、低电缆之间的距离应大于 0.1 m。高压电缆之间、低压电缆之间的距离不得小于 50 mm。禁止用铁丝吊挂。盘圈或盘“8”字形的电缆不得带电，但给采、掘机组供电的电缆不受此限。

电缆在连接时要压紧，不压胶皮，并使用防爆接线盒。

2. 电缆的维护和检查

在对井下巷道维修时，必须对电缆进行保护。采掘工作面各种移动式采掘机械的橡套电缆，必须严加保护，避免水淋、撞击、挤压和炮崩。每班必须进行检查，发现损伤，及时处理。3 kV 以下的橡套电缆运行中的表面温度允许值为 50 ~ 55 ℃。电缆的运行、悬挂情况，由日常维护专职人员每天检查 1 次。

四、井下安全用电的有关规定

1.《规程》对井下安全用电的有关规定

（1）严禁井下配电变压器中性点直接接地。严禁由地面中性点直接接地的变压器或发电机直接向井下供电。

（2）井下不得带电检修电气设备。严禁带电搬迁非本安型电气设备、电缆，采用电缆供电的移动式用电设备不受此限。检修或搬迁前，必须切断上级电源，检查瓦斯，在其巷道风流中瓦斯浓度低于1.0%时，再用与电源电压相适应的验电笔检验；检验无电后，方可进行导体对地放电。开关手把在切断电源时必须闭锁，并悬挂“有人工作，不准送电”字样的警示牌，只有执行这项工作的人员才有权取下此牌送电。

非煤矿专用的便携式电气测量仪表，必须在甲烷浓度1.0%以下的地点使用，并实时监测使用环境的甲烷浓度。

（3）操作井下电气设备应遵守下列规定：

① 非专职人员或非值班电气人员不得操作电气设备。

② 操作高压电气设备主回路时，操作人员必须戴绝缘手套，并穿电工绝缘靴或站在绝缘台上。

③ 手持式电气设备的操作手柄和工作中必须接触的部分必须有良好绝缘。

（4）电气设备的检查、维护和调整，必须由电气维修工进行。高压电气设备和线路的修理和调整工作，应当有工作票和施工措施。高压停、送电的操作，可根据书面申请或其他联系方式，得到批准后，由专责电工执行。

采区电工在特殊情况下可对采区变电所内高压电气设备进行停、送电的操作，但不得打开电气设备进行修理。

2. 井下安全用电“十不准”

为了保证井下电气安全，针对井下电气事故常见原因，要求井下用电必须做到“十不准”：

（1）不准带电检修和搬迁电气设备。

（2）不准甩掉无压释放装置、过流保护装置和接地保护装置。

（3）不准甩掉检漏继电器、煤电钻综合保护装置和局部通风机风电、甲烷电闭锁装置。

（4）不准明火操作、明火打点、明火爆破。

（5）不准用铜、铝铁丝等代替熔断器中的熔件。

（6）停风、停电的采掘工作面未经检查瓦斯不准送电。

（7）失爆设备和失爆电器不准使用。

（8）有故障的供电线路不准强行送电。

（9）电气设备的保护装置失灵后不准送电。

（10）不准在井下拆卸和敲打矿灯。

3. “三无、四有、两齐、三全、三坚持”制度

（1）三无：无“鸡爪子”，无“羊尾巴”，无明接头。

（2）四有：有过流和漏电保护装置，有螺钉和弹簧垫，有密封圈和挡板，有接地装置。

（3）两齐：电缆悬挂整齐，设备硐室清洁整齐。

（4）三全：防护装置全，绝缘用具全，图纸资料全。

（5）三坚持：坚持使用检漏继电器，坚持使用煤电钻照明和信号综合保护装置，坚持使用风电和瓦斯电闭锁。

第三节　运输提升事故的预防

一、矿井运输事故的预防措施

（1）遵守乘车规定。列车行驶中或尚未停稳时，严禁上、下车和在车内站立；严禁在机车上或任何两车厢之间搭乘人员；严禁扒车、跳车、坐重车；用架线电机车牵引矿车运送人员时，临近电机车的两辆矿车内严禁乘人；人身及所携带的工具和零件严禁露出车外。

（2）遵守人力推车规定。人力推车时，人员必须注意前方，在开始推车、发现前方有人或障碍物及接近道岔、弯道、巷道口、风门、硐室出入口时，推车人必须发出信号；严禁放飞车；同方向推车时轨道坡度小于或等于5‰，两车间距不得小于10 m；坡度大于5‰时，不得小于30 m。

（3）严格运输管理。电机车司机必须持证上岗；非电机车司机不得擅自开动机车；认真执行岗位责任制和交接班制，不得擅自离开工作岗位；机车及矿车应定期检修，机车的闸、灯、警铃（喇叭）、连接器以及撒砂装置，任何一项不正常时，都不得使用；矿井轨道按标准铺设，加强维护。

（4）除按规定允许乘人的钢丝绳牵引带式输送机以外，其他带式输送机严禁乘人。钢丝绳牵引带式输送机运送人员时，在上、下人员的20 m区段内输送带至巷道顶部的垂距不得小于1.4 m，行驶区段内的垂距不得小于1 m。下行带乘人时，上、下输送带间的距离不得小于1 m；输送带宽度不得小于0.8 m，运行速度不得超过1.8 m/s。乘坐人员间距不得小于4 m。乘坐人员不得站立或仰卧，应面向行进方向，严禁携带笨重物品和超长物品，严禁抚摸输送带侧帮。上、下人员的地点应设有平台和照明。上行带下人平台长度不得小于5 m，宽度不得小于0.8 m，并有栏杆。运送人员前，必须卸除输送带上的物料。应装有在输送机全长任何地点由搭乘人员或其他人员操作的紧急停车装置。

（5）巷道内安设带式输送机时，输送机距支护或碹墙的距离不得小于0.5 m。带式输送机巷道内要有充分照明。

（6）在带式输送机巷道中，行人经常跨越带式输送机的地点，必须设置过桥。

（7）加强带式输送机的运行管理，司机必须经安全技术培训考核合格后上岗，责任心强，发现险情，能及时处理。

二、斜井跑车的预防措施

（1）按规定设置可靠的防跑车装置和跑车防护装置，实现“一坡三挡”。

（2）倾斜井巷运输用的钢丝绳连接装置，在每次换钢丝绳时，必须用2倍于其最大静荷重的拉力进行实验。

（3）对钢丝绳和连接装置必须加强管理，设专人定期检查，发现问题，及时处理。

（4）矿车要设专人检查。矿车的连接钩环、插销的安全系数不得小于6。

（5）矿车之间的连接、矿车和钢丝绳之间的连接，必须使用不能自行脱落的装置。

（6）把钩工要严格执行操作规程，开车前必须认真检查各防跑车装置和跑车防护装置的安全功能，检查各矿车的连接情况、装载情况、牵引车数，不符合规定不准发出开车信号。严禁先打开挡车装置后进行挂钩操作；严禁矿车在没有运行到安全停车位置就提前摘钩；严禁在松绳较多的情况下把矿车强行推过变坡点；严禁用不合格的物件代替有保险作用的插销。

（7）斜井串车提升，严禁蹬钩。行车时，严禁行人。

（8）斜井轨道和道岔的质量要合格。

（9）斜井支护完好、轨道上无杂物。

（10）滚筒上钢丝绳绳头固定牢固。

（11）绞车操作工严格遵守操作规程，开车前必须认真检查制动装置及其他安全装置，操作时要准、稳、快，特别注意防止松绳冲击现象。

三、矿井提升事故的预防

矿井常见提升事故有断绳、蹾罐、过卷、卡罐、溜罐、跑车、断轴等事故。其中，较多的是断绳、过卷事故。

1. 断绳事故预防

引起断绳事故的原因很多，如钢丝绳质量不合格，松绳引起冲击，负载过重，司机操作不当以及保护装置失灵等。

断绳事故的主要预防措施有：

（1）加强钢丝绳管理。选用钢丝绳应有合格证书，外观无锈蚀和损伤；安全系数符合规定；升降人员或升降人员和物料用的钢丝绳，自悬挂时起隔6个月检验一次；升降物料用钢丝绳，自悬挂时起12个月时进行第一次检验，以后每6个月检验一次。

（2）提升装置使用中的钢丝绳做定期检验时，安全系数有下列情况之一的，必须更换：专为升降人员用的小于7；升降人员和物料用的钢丝绳升降人员时小于7，升降物料时小于6；专为升降物料用的小于5。

（3）钢丝绳断丝不超规定；接头长度符合规定。

（4）防止松绳引起冲击。

（5）设防过卷装置、防过速装置、过负荷和欠电压保护装置、限速装置、深度指示器失效保护装置、松绳报警装置。

（6）提升机操作工严格执行操作规程。

2. 过卷、蹾罐事故预防

当提升容器接近终点时，如不及时减速停车，继续上行时会过卷，继续下行时会蹾罐。过卷和蹾罐事故都是在行车终点位置没有及时停车，所以事故原因很相似，主要原因有：司机操作不当；深度指示器出现故障，造成容器在井筒位置指示不准确；过卷保护装置或紧急制动装置失灵。

过卷、蹾罐事故的主要预防措施有：

（1）主要提升装置以及提升绞车各部分质量合格，且派专人检查。

（2）立井使用罐笼提升时，井口、井底和中间运输巷的安全门必须与罐位和提升信号连锁；井口和井底车场必须有把钩工，人员上、下井时，必须遵守乘罐制度。

（3）防过卷装置应灵敏、可靠，紧急制动装置力矩满足要求。

（4）保证深度指示器工作正常。

（5）提升机操作工必须经安全培训考核合格，持证上岗，严格按操作规程作业。

第三部分
矿井通风工中级技能

第七章

作业前的准备

第一节　测风仪表的使用

一、测风仪表的种类

1. 机械式风表

机械式风表是目前煤矿使用最广泛的风表。它全部采用机械结构，多用于测量平均风速，也可以用于点风速的测定。

2. 热效式风表

我国目前生产的热效式风表主要是热球式风速计。它的测风原理是，一个被加热的物体置于风流中，其温度随风速大小和散热多少而变化，通过测量该物体在风流中的温度便可测算出风速。由于只能测瞬时风速，且测风环境中的灰尘及空气湿度等对它也有一定的影响，所以这种风表使用不太广泛，多用于微风测量。

3. 电子叶轮式风表

电子叶轮式风表由机械结构的叶轮和数据处理显示器组成。它的测定原理是,叶轮在风流的作用下旋转,转速与风速成正比,利用叶轮上安装的一些附件,根据光电、电感等原理把叶轮的转速转变成电量,利用电子线路实现风速的自动记录和数字显示。它的特点是读数和携带方便,易于实现遥测。如 MSF－1 型风速计就是利用电感变换元件的电子叶轮式风速计。

4. 超声波风速计

超声波风速计是利用超声波技术，通过测量气流的卡蔓涡街频率来测定风速的仪器，是目前广泛用于集中监控系统中的风速传感器。它的特点是结构简单，寿命长，性能稳定，不受风流的影响，精度高，风速测量范围大。

二、测风仪表操作

1. 用机械式风表测风步骤

（1）测风工进入测风站或待测巷道中，先估测风速范围，然后选用相应量程的风表。

（2）取出风表和秒表，先将风表指针和秒表回零，然后使风表叶轮平面迎向风流，并与风流方向垂直，待叶轮转动正常后（20～30 s），同时打开风表的计数器开关和秒表，在 1 min 的时间内，风表要均匀地走完测量路线（或测量点），然后同时关闭秒表和计数器开关，读取风表指针读数。为保证测定准确，一般在同一地点要测 3 次，取平均值，并按下式计算表速：

$$v_{表}=\frac{n}{t}$$

式中　$v_{表}$——风表测得的表速，m/s；

n——风表刻度盘的读数，取 3 次读数的平均值，m；

t——测风时间，一般 60 s。

（3）根据表速查风表校正曲线，求出真风速 $v_{真}$。

（4）根据测风工的站立姿势，将真风速乘以校正系数 K 得实际平均风速 $v_{均}$，即

$$v_{均}=Kv_{真}$$

（5）根据测得的平均风速和测风站的断面积，按下式计算巷道通过的风量：

$$Q=v_{均}S$$

式中　Q——测风巷道通过的风量，m^3/s；

S——测风站的断面积，m^2。

测风站的断面积按下列公式测算：

矩形和梯形巷道：　$S=H\cdot B$

三心拱巷道：　$S=B(H-0.07B)$

半圆拱巷道：　$S=B(H-0.11B)$

式中　H——巷道静高，m；

B——梯形巷道为半高处宽度，拱形巷道为净宽，m。

2. 测风时应注意的问题

（1）风表的测量范围要与所测风速相适应，避免风速过高、过低造成风表损坏或测量不准。

（2）风表不能距离人体和巷道壁太近，否则会引起较大误差。

（3）风表叶轮平面要与风流方向垂直，偏角不得超过 10°，在倾斜巷道中测风时尤其要注意。

（4）按线路法测风时，路线分布要合理，风表的移动速度要均匀，防止忽快忽慢，造成读数偏差。

（5）秒表和风表的开关要同步，确保在 1 min 内测完全线路（或测点）。

（6）有车辆或行人时，要等其通过后风流稳定时再测。

（7）同一断面测定三次，三次测得的计数器读数之差不应超过 5%，然后取其平均值。

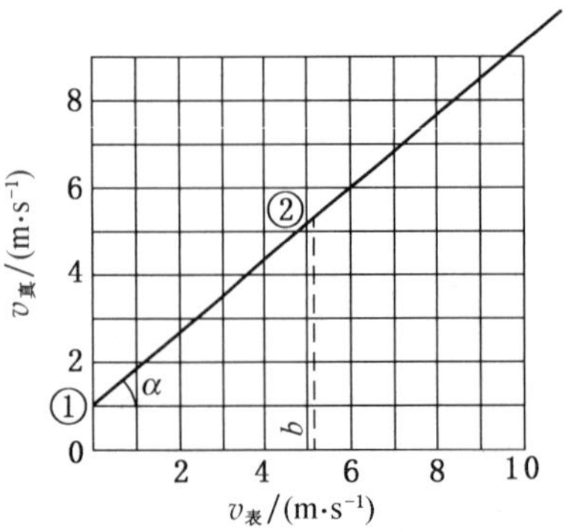

图 7－1　风表校正曲线

【例 7－1】在某矿井井下的测风站内测风，测风站的断面积是 8.4 m^2，用侧身法测得的 3 次读数分别为 325、338、340，每次测风时间均是1 min。求算该测风站的风速和通过测风站的风量各是多少？（风表校正曲线如图 7－1 所示）。

解：（1）检验三次测量结果的最大误差是否超

过 5%：

$$E=(\text{最大读数}-\text{最小读数})/\text{最小读数}\times 100\%$$
$$=(340-325)/325\times 100\%$$
$$=4.62\%$$

3 次测量结果的最大误差为 4.62%，小于 5%，测量数据精度符合要求。

（2）计算风表的表速：

$$n=(n_1+n_2+n_3)/3=(325+328+340)/3=334\ \text{m/min}$$
$$v_{表}=n/t=334/60=5.57\ \text{m/s}$$

（3）查风表校正曲线，求真风速：

根据 $v_{表}=5.57$ m/s，查图 7－1 可得真风速为 5.2 m/s。

（4）求平均风速：

$$v_{均}=Kv_{真}$$

其中
$$K=(S-0.4)/S=(8.4-0.4)/8.4=0.95$$
$$v_{均}=0.95\times 5.2=4.94\ \text{m/s}$$

（5）计算通过测风站的风量：

$$Q=v_{均}S=4.95\times 8.4=41.58\ \text{m}^3/\text{s}$$

经计算得知，测风站内的风速为 4.94 m/s，通过的风量为 41.58 m^3/s。

三、微风测量

当风速很小（低于 0.1～0.2 m/s）时，可以采用烟雾、气味或者粉末作为风流的传递物进行风速测定。用下式计算巷道内的平均风速：

$$v=\frac{L}{t}$$

式中　v——巷道断面内的平均风速，m/s；

L——风流流经的巷道距离，m；

t——风流流经巷道所用的时间，s。

第二节　风压检测仪表

一、测压仪器

在矿井通风测量仪器中，测定空气压力的便携式仪器有 3 类：一是测量绝对压力的气压计；二是测量相对压力的压差计和皮托管；三是可同时测定绝对压力、相对压力的精密气压计或矿井通风综合参数检测仪等。

（一）绝对压力测量仪器

最常用绝对压力测量仪器的是空盒气压计，其内部结构如图 7－2 所示。

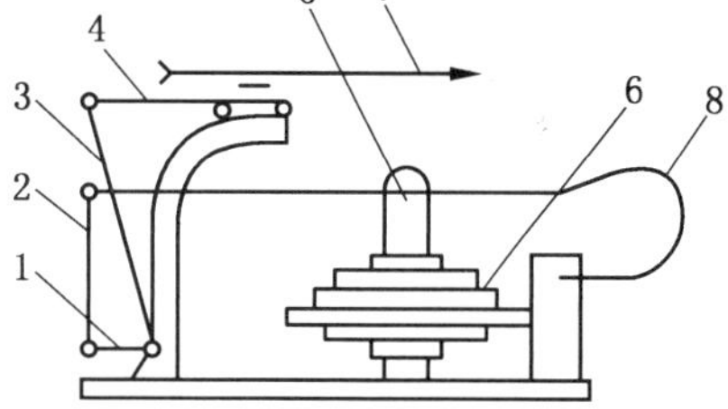

1、2、3、4—传动机构；5—拉杆；6—波纹真空膜盒；7—指针；8—弹簧

图 7－2　空盒气压计内部结构图

空盒气压计的感压元件是外表呈波纹形、内为真空的特殊合金金属膜盒。

测压时，将仪器水平放置在测点处，轻轻敲击仪器外壳，以消除传动机构的摩擦误差，放置 3 ~ 5 min 待指针变化稳定后读数。读数时，视线与刻度盘平面要保持垂直，同时，还要根据每台仪器出厂时提供的校正表（或曲线），对读数进行刻度、温度及补偿校正。

常用的 DYM3 型空盒气压计的测压范围为 80000 ~ 108000 Pa，最小分度为 10 Pa，经过校正后的测量误差不大于 200 Pa。因空盒气压计的精度较低，一般只适用于粗略测量和空气密度测算。

（二）相对压力测量仪器

测量井巷中（或管道内）某点的相对压力或两点的压力差时，一般需要用皮托管配合压差计来进行。压差计有 U 形压差计、单管倾斜压差计和补偿式微压计等。

1. 皮托管

皮托管是承受和传递压力的工具。它由两个同心圆管相套组成，其结构如图 7 – 3 所示。内管前端有中心孔，与标有“ + ”号的接头相通；外管前端侧壁上分布有一组小孔，与标有“ – ”号的接头相通，内外管互不相通。

使用时，将皮托管的前端中心孔正对风流，此时，中心孔接受的是风流的静压和动压（即全压），侧孔接受的是风流的静压。通过皮托管的“ + ”接头和“ – ”接头，分别将全压和静压传递到压差计上。

2. U 形压差计

U 形压差计有 U 形垂直压差计和 U 形倾斜压差计两种，结构如图 7 – 4 所示。

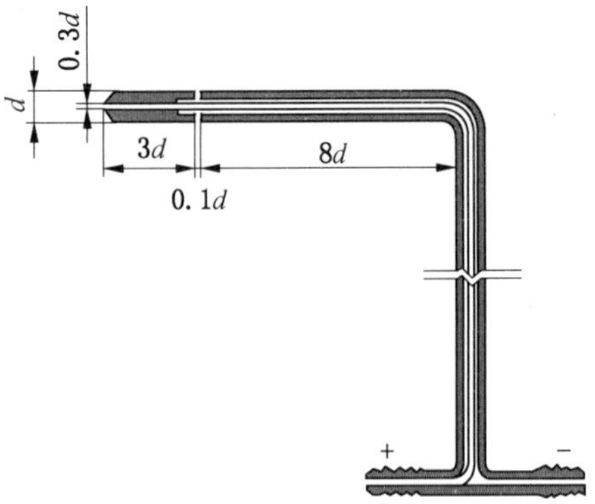

图 7 – 3　皮托管

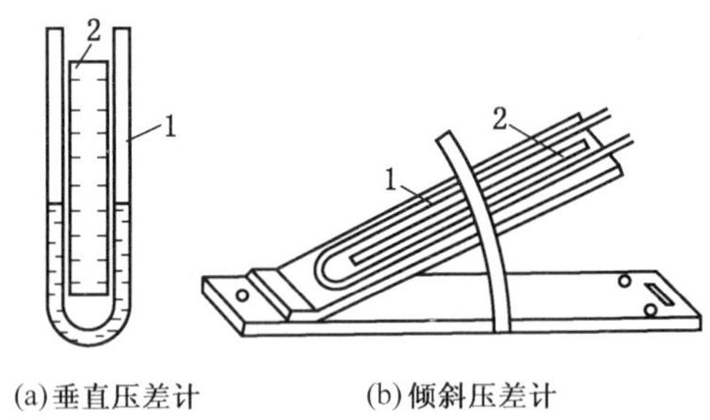

1—U 形玻璃管；2—标尺

图 7 – 4　U 形压差计

U 形垂直压差计由垂直放置的 U 形玻璃管和标尺组成，U 形玻璃管中装入蒸馏水或酒精，当玻璃管两端分别接入不等的空气压力时，通过两端液面的高差，在标尺上读出两点之间的空气压力差。

U 形垂直压差计精度低，但量程大，适用于精度要求不高、压差较大的地方，如矿井主通风机房内测量风硐内外的压差。为了减小读数误差，可使用 U 形倾斜压差计，其测得的读数按下式计算压差：

$$h = \rho g L \sin\alpha$$

式中　h——两液面的垂直高差，即压差，Pa；

ρ——玻璃管内液体的密度，kg/m^3；

L——两端液面倾斜长度差，mm；

α——U 形管倾斜的角度（可调整），对于 U 形垂直压差计 $\alpha = 90°$。

3. 单管倾斜压差计

单管倾斜压差计的外部结构如图 7-5 所示。它主要由一个大断面的容器（面积为 F_1）和一个小断面的倾斜测压管（面积为 F_2）及标尺等组成。大容器和测压管互相连通，并在其中装有用工业酒精和蒸馏水配成的密度为 0.81 kg/m^3 的工作液。两断面之比（F_1/F_2）为 250～300。仪器固定在装有两个调平螺钉和水准指示器的底座上，弧形支架可以根据测量范围的不同将倾斜测压管固定在 5 个不同的位置上，刻在支架上的数字即为校正系数。大容器通过胶管与仪器的“+”接头相通，倾斜测压管的上端通过胶皮管与仪器的“-”接头相连，当“+”接头的压力高于“-”接头的压力时，虽然大容器内液面下降甚微，但测压管端的液面上升十分明显，经过下式计算相对压力或压差 h：

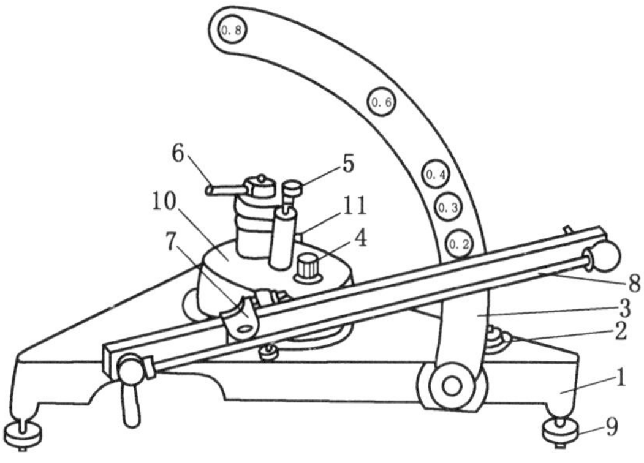

1—底座；2—水准指示器；3—弧形支架；4—加液盖；5—零位调整旋钮；6—三通阀门柄；7—游标；8—倾斜测压管；9—调平螺钉；10—大容器；11—多向阀门

图 7-5 单管倾斜压差计外部结构

$$h = LKg$$

式中 L——倾斜测压管的读数，mm；

K——仪器的校正系数（又称常数因子），测压时倾斜测压管在弧形支架上的相应数字；

g——重力加速度，m/s^2。

仪器的操作和使用方法如下：

（1）注入工作液。将零位调整旋钮调整到中间位置，测压管固定在弧形支架的适当位置，旋开加液盖，缓缓注入预先配置好的密度为 0.81 kg/m^3 的工作液，直到液面位于倾斜测压管的“0”刻度线附近，然后旋紧加液盖，再用胶皮管将多向阀门中间的接头与倾斜测量管的上端连通。将三通阀门柄拨在仪器的“测压”位置，用嘴轻轻从“+”端吹气，使酒精液面沿测压管缓慢上升，察看液柱内有无气泡，如有气泡，应反复吹吸多次，直至气泡消除为止。

（2）调零。首先调整仪器底座上的两个调平螺钉，观察水准指示器内的气泡是否居中，使仪器处于水平。顺时针转动三通阀门柄到“校正”位置，使大容器和倾斜测压管分别与“+”接头和“-”接头隔断，而与大气相通。旋动零位调整旋钮，使测压管的酒精液面对准“0”刻度线。

（3）测定。根据待测压差的大小，将倾斜测压管固定在弧形支架相应的位置上，用胶皮管将较大的压力接到仪器的“+”接头，较小的压力接到仪器的“-”接头。逆时针转动三通阀门柄到“测压”位置，读取测压管上酒精液面的读数和弧形支架的 K 值，用前述公式计算压差值或相对压力。

常用的 YYB－200B 型单管倾斜压差计最大测量值为 2000 Pa，最小分刻度为 2 Pa，误差不超过最大读数的 1.0%。单管倾斜压差计是通风测量中应用最广的一种压差计。

4. 补偿式微压计

补偿式微压计可以作精确的压差测量，其主要构造如图 7－6a 所示。它有充水的大小两个容器，下部用胶皮管连通。大容器与仪器的"－"接头相通，小容器与仪器的"＋"接头相通。转动读数盘，大容器可随之上下移动。当"＋""－"接头的压力相同时，两容器液面处于同一平面上，通过装在小容器上的反射镜可以看到水准器的尖端同它自己的像正好相接，如图 7－6b 所示。当"＋"接头压力大于"－"接头压力时，小容器液面下降，反射镜内的尖端和影像互相接触重叠，通过转动读数盘，使两液面再次恢复到同一水平面上，由大容器的垂直移动距离（从标尺和读数盘上读出）来确定大小容器所受到的压力差。

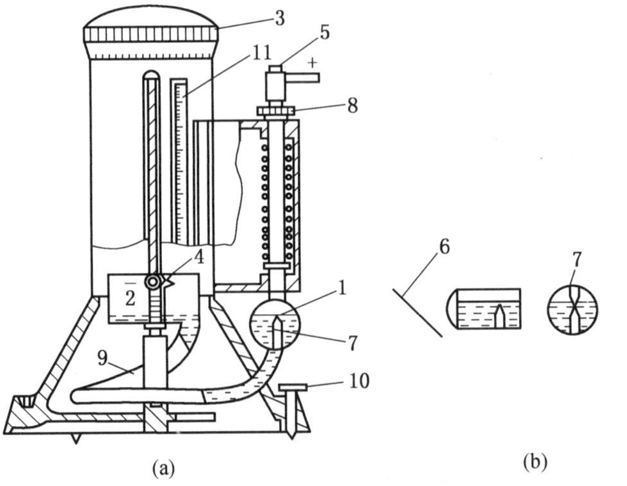

1—小容器；2—大容器；3—读数盘；4—指针；5—螺盖；6—反射镜；7—水准器；
8—调节螺母；9—胶皮管；10—调平螺钉；11—标尺

图 7－6　DJM9 型补偿式微压计

仪器的操作和使用方法如下：

（1）注入蒸馏水并调零。转动读数盘，使读数盘及位移指针均处于"0"点。打开螺盖，注入蒸馏水，直到从反射镜中观察到水准器的正、倒影像近似接触。盖紧螺盖，缓慢转动读数盘使大容器上下移动数次，以排除胶皮管内的气泡。用调平螺钉将仪器调平，慢慢转动调节螺母使小容器微微移动，水准器中的正、倒影尖恰好相接触。若两个影尖重叠，表明水量不足，应再加水；若两个影尖分离，表明水量过多，应排出部分水量。

（2）测定。仪器调平、调零后，将被测压力较大的胶皮管接到仪器的"＋"接头，压力较小的胶皮管接到仪器的"－"接头上。小容器中的液面下降，从反射镜中可观察到水准器的正、倒影像消失或重叠，顺时针缓慢转动读数盘，直到两个影像尖端再次恰好相接。指针所指示的标尺整数与读数盘所指的小数之和，即为所测压力差值。

常用的补偿式微压计有 DJM9 型、YJB－150/250－1 型、BWY－150/250 型等。其中，

DJM9 型的测量范围为 0 ~ 1500 Pa，最小分度值为 0.1 Pa。这类仪器的精度高，可用于微小压差测量，但受压力波动影响大，水准针尖不宜调准，故多用于实验室内。

（三）矿井通风综合参数检测仪

我国生产的 JFY 型矿井通风综合参数检测仪，是一种能同时测量空气的绝对压力、相对压力、风速、温度、湿度和时间的精密便携式本质安全型仪器，适合于煤矿井下使用。其主要技术参数见表 7 - 1。

表 7 - 1　JFY 型矿井通风综合参数检测仪主要技术参数

技术参数	测量范围	测量分辨率	测量精度
绝对压力/Pa	80000 ~ 120000	10	±100
压差/Pa	2923	0.98	9.8
温度/℃	-30 ~ +40	0.1	±0.5
相对湿度/%	50 ~ 99	1.0	±4.0
风速/($m\cdot s^{-1}$)	0.6 ~ 15	0.1	0.6 ~ 4 ±（0.2 +2% 风速值） 4 ~ 15 ±（0.5 +2% 风速值）
时间	月、日、时、分、秒		

该仪器由压力传感器、风速传感器、温度传感器、湿度传感器以及智能微机组成。其中的压力传感器采用高精度振动筒压力传感器，其结构如图 7 - 7 所示，主要由保护筒、激振元件、振动弹性体、温度传感器、真空腔和拾振元件等组成。振动弹性体为一个薄壁圆筒（壁厚 0.08 mm），是感受压力的敏感元件，与保护筒焊接在一起，共同构成真空腔，此腔是测压基准参考腔。激振元件、拾振元件与放大器构成测压振荡器，在常压下产生一个固有的振动频率 f，当压力 P 变化时，振荡器的固有频率也发生变化，即压力 P 与频率 f 一一对应，并且单值连续。通过测量频率 f（或周期 T）即可测出外界的绝对压力 P。

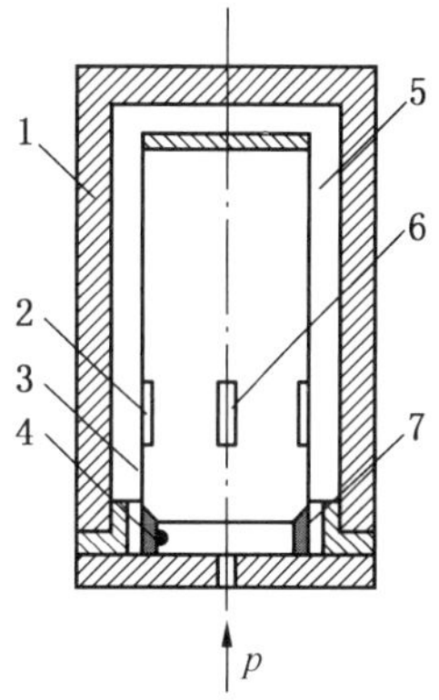

1—保护筒；2—激振元件；3—振动弹性体；4—温度传感器；5—真空腔；6—拾振元件；7—底座支架

图 7 - 7　振动筒压力传感器

仪器面板布置如图 7 - 8 所示。测量前先将电源开关打到“通”的位置，电源电压指示灯亮，若指示灯发暗，说明电源电压不足，应先充电。

1. 测量绝对压力

仪器通电后，整机进入自检状态，显示传感器的周期数，按“总清”键，则显示测点的绝对压力，单位为 hPa。

2. 测量相对压力

仪器通电后，只要按下“差压”键，并将记忆开关拨向“记忆”位置，则进入相对压力测定状态，此时，仪器将按键时测点的绝对压力 P_0 值记入内存中，并将此值作为后面的测压基准。当仪器发生位移或测点的绝对压力变化后，面板上液晶窗口显示的总是压差值（$\Delta P = P - P_0$），单位为 mmH_2O。只要不断电和记忆开关处于“记忆”位置不变，后面的测压基准 P_0 也不变。要想了解其他参数值，只要按下相应的键即可。

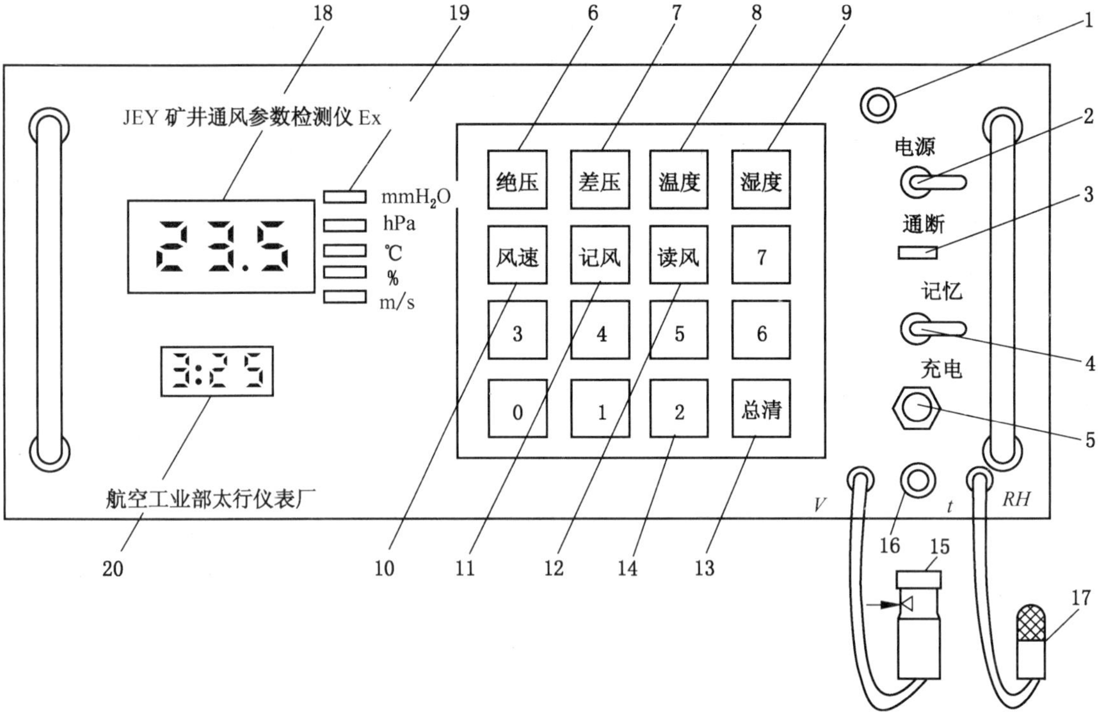

1—气孔；2—电源开关；3—电源电压指示灯；4—压力记忆开关；5—充电插座；6—绝对压力键；7—压差键；8—温度键；9—相对湿度键；10—风速键；11—记风速键；12—读平均风速键；13—总清键；14—备用键；15—风速传感器；16—温度传感器；17—湿度传感器；18—液晶显示；19—单位显示；20—电子表

图 7-8　JFY 型矿井通风综合参数检测仪面板图

3. 测量温度和相对湿度

仪器通电后，不论处于何种状态，只要按下“温度”键，就显示当时测点的温度值；按下“湿度”键，就显示当时测点的相对湿度值。因温度和湿度传感器都有滞后现象，因此，从前一测点转到另一测点时，应等待 2 ~ 5 min 后再读数。

4. 测量风速

矿井通风综合参数检测仪可以测量点风速，也可以测量断面的平均风速。测量点风速时，只要把风速传感器上的箭头方向朝向风流，按下“风速”键读数即可，单位为 m/s。要测断面的平均风速时，可利用机械风表测风时的定点法，先测 1 点风速，按下“风速”键，显示 1 点风速值。再按下“记风”键，显示该点风速后，又显示一下“1”，表示 1 点的风速已存入内存中；将传感器移到 2 点，按下“记风”键，显示 2 点的风速值后又显示一下“2”，表示 2 点的风速已存入内存；……如此进行，直到将所有测点测完，最后再按“读风”键，读出该巷道断面的平均风速值。

矿井通风综合参数检测仪广泛应用于矿井通风阻力测定、通风压能图测定等工作中。除此之外，常用的数字式气压计还有 BJ -1 型、WFQ -2 型等，既能测绝对压力又可测相对压力。

二、风流点压力的测量及压力关系

（一）风流点压力

井巷风流断面上任一点的压力称为风流的点压力。相对于某基准面来说，点压力也有静压、动压和位压；就其形成的特征来说，点压力可分为静压、动压和全压；根据压力的两种测算基准，静压又分为绝对静压（$P_{静}$）和相对静压（$h_{静}$）；全压也分为绝对全压（$P_{全}$）和相对全压（$h_{全}$）；动压永远为正值，无绝对、相对压力之分，用 $h_{动}$ 表示。

需要说明的是，同一巷道或通风管道断面上，各点的点压力是不等的。在水平面上，各点的静压、位压都相同，动压则是中心处最大；在垂直面上，从上到下，静压逐渐增大，位压逐渐减小，动压也是中心处最大。因此，从断面上的总压力来看，一般中心处的点压力最大，周壁的点压力最小。

（二）绝对压力的测量及其相互关系

1. 绝对静压 $P_{静}$ 的测定

井巷风流中某点的绝对静压一般用空盒气压计、精密气压计或矿井通风综合参数测定仪测定。

2. 动压 $h_{动}$ 的测定

测定动压 $h_{动}$ 有两种方法：

（1）在通风井巷中，一般用风表测出该点的风速，利用公式计算动压。

（2）在通风管道中，可利用皮托管和压差计直接测出该点的动压，如图 7－9 所示。

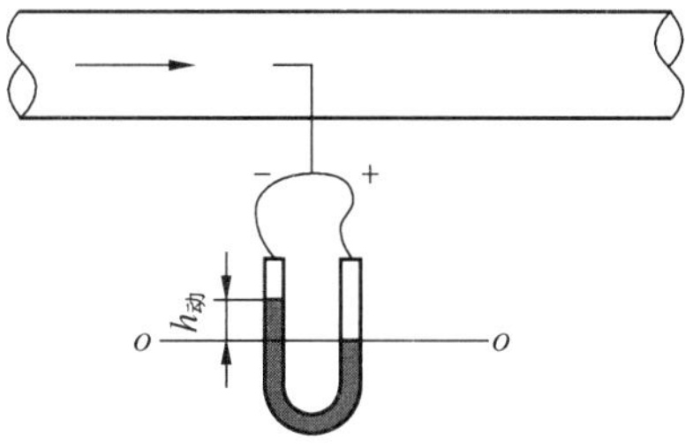

图 7－9　动压的测定

3. 绝对全压的测定

测出某点的绝对静压 $P_{静}$ 和动压 $h_{动}$ 之后，用下式计算该点的绝对全压 $P_{全}$：

$$P_{全}=P_{静}+h_{动} \tag{7-1}$$

上式也是绝对压力之间的关系式。即不论抽出式通风还是压入式通风，某一点的绝对全压等于绝对静压与动压的代数和。因动压为正值，所以绝对全压大于绝对静压。

（三）相对压力的测量及其相互关系

风流中某点的相对压力常用皮托管和压差计测定，其布置方法如图 7－10 所示。

1. 压入式通风中相对压力的测量及相互关系

如图 7－10a 所示，皮托管的“＋”接头传递的是风流的绝对全压 $P_{全}$，“－”接头传递的是风流的绝对静压 $P_{静}$，风筒外的压力是大气压力 P_0。在压入式通风中，因为风流的绝对压力都高于同标高的大气压力，所以 $P_{全}>P_0$，$P_{静}>P_0$，$P_{全}>P_{静}$。由图中压差计1、2、3 的液面可以看出，绝对压力高的一侧液面下降，绝对压力低的一侧液面上升。

压差计 1 测得的是风流中的相对静压：

$$h_{静}=P_{静}-P_0$$

压差计 3 测得的是风流中的相对全压：

$$h_{全}=P_{全}-P_0$$

压差计 2 测得的是风流中的动压：

$$h_{动}=P_{全}-P_{静}$$

整理得

$$h_{全}=P_{全}-P_0=(P_{静}+h_{动})-P_0=(P_{静}-P_0)+h_{动}=h_{静}+h_{动} \tag{7-2}$$

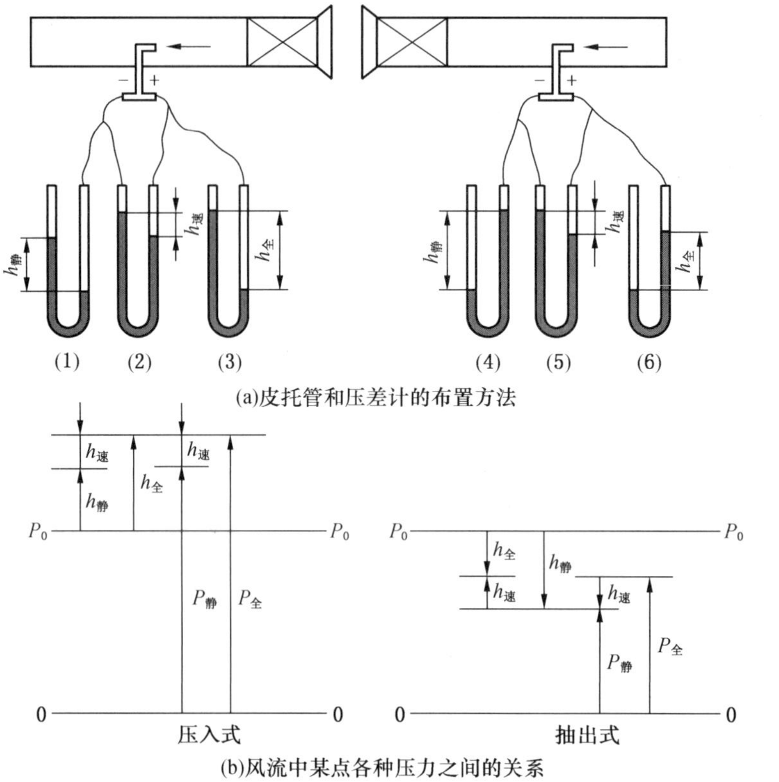

图 7－10　不同通风方式下风流中某点压力测量和压力之间的相互关系

式（7－2）说明：就相对压力而言，压入式通风风流中某点的相对全压等于相对静压与动压的代数和。

2. 抽出式通风中相对压力的测量及相互关系

如图 7－10a 所示。压差计 4、5、6 分别测定风流的相对静压、动压、相对全压。在抽出式通风中，因为风流的绝对压力都低于同标高的大气压力，所以 $P_{全}<P_0$，$P_{静}<P_0$，$P_{全}>P_{静}$。由图中压差计 4、6 的液面可以看出，与大气压力 P_0 相通的一侧水柱下降，另一侧水柱上升，压差计 5 中的液面变化与抽出式相同。由此可知测点风流的相对压力为

$$h_{静}=P_0-P_{静} \quad 或 \quad -h_{静}=P_{静}-P_0$$

$$h_{全}=P_0-P_{全} \quad 或 \quad -h_{全}=P_{全}-P_0$$

$$h_{动}=P_{全}-P_{静}$$

整理得

$$h_{全}=P_0-P_{全}=P_0-(P_{静}+h_{动})=(P_0-P_{静})-h_{动}=h_{静}-h_{动} \qquad (7-3)$$

式（7－3）说明：就相对压力而言，抽出式通风风流中某点的相对全压等于相对静压减去动压。

需要强调的是，式（7－3）中的 $h_{全}$ 和 $h_{静}$ 分别是绝对全压和绝对静压比同标高大气压力的降低值，而式（7－2）中的 $h_{全}$ 和 $h_{静}$ 则分别是绝对全压和绝对静压比同标高大气压力的增加值。公式中采用的都是其绝对值。

图 7－9b 清楚地表示出不同通风方式下，风流中某点各种压力之间的关系。

【例 7－2】在图 7－9a 所示的压入式通风风筒中，测得风流中某点的相对静压 $h_{静}=1200$ Pa，动压 $h_{动}=100$ Pa，风筒外与该点同标高的大气压力 $P_0=98000$ Pa，求该点的 $P_{静}$、$h_{全}$ 和 $P_{全}$ 分别是多少？

解：

（1）$P_{静}=P_0+h_{静}=98000+1200=99200$ Pa

（2）$h_{全}=h_{静}+h_{动}=1200+100=1300$ Pa

（3）$P_{全}=P_0+h_{全}=98000+1300=99300$ Pa

或

$$P_{全}=P_{静}+h_{动}=99200+100=99300\ \text{Pa}$$

【例 7－3】在图 7－9b 所示的抽出式通风风筒中，测得风流中某点的相对静压 $h_{静}=1200$ Pa，动压 $h_{动}=100$ Pa，风筒外与该点同标高的大气压力 $P_0=98000$ Pa，求该点的 $P_{静}$、$h_{全}$ 和 $P_{全}$ 分别是多少？

解：

（1）$P_{静}=P_0-h_{静}=98000-1200=96800$ Pa

（2）$h_{全}=h_{静}-h_{动}=1200-100=1100$ Pa

（3）$P_{全}=P_0-h_{全}=98000-1100=96900$ Pa

或

$$P_{全}=P_{静}+h_{动}=96800+100=96900\ \text{Pa}$$

第三节　矿井通风中的能量方程及其应用

一、空气流动连续性方程

根据质量守恒定律，对于流动参数不随时间变化的稳定流，流入某空间的流体质量必然等于流出其空间的流体质量。矿井通风中，空气在井巷中的流动可以看作是稳定流，同样满足质量守恒定律。

如图 7－11 所示，风流从 1 断面流向 2 断面，在流动过程中既无漏风又无补给，则流入 1 断面的空气质量 m_1 与流出 2 断面的空气质量 m_2 相等，即

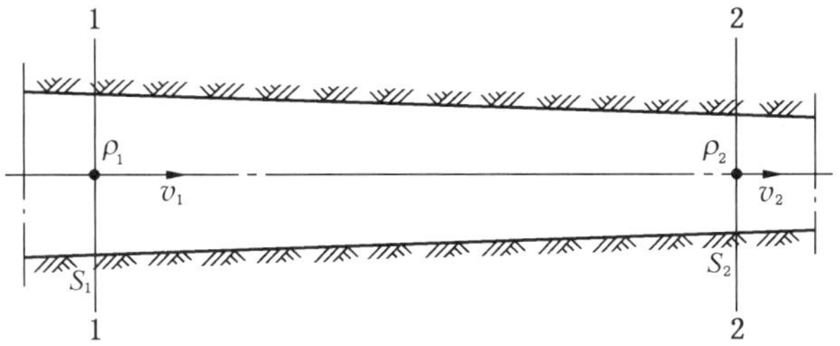

图 7－11　风流在巷道中稳定流动

$$m_1=m_2$$

或

$$\rho_1 v_1 S_1=\rho_2 v_2 S_2 \tag{7-4}$$

式中　ρ_1、ρ_2——1、2 断面上空气的平均密度，kg/m³；

v_1、v_2——1、2 断面上空气的平均流速，m/s；

S_1、S_2——1、2 断面的断面积，m²。

式（7-4）为空气流动的连续性方程，适用于可压缩和不可压缩流体。

对于不可压缩流体，即 $\rho_1 = \rho_2$，则有 $v_1 S_1 = v_2 S_2$，即

$$\frac{v_1}{v_2} = \frac{S_2}{S_1} \tag{7-5}$$

【例 7-4】风流在如图 7-11 所示的巷道中流动，已知 $\rho_1 = \rho_2 = 1.12\ \mathrm{kg/m^3}$，$S_1 = 8\ \mathrm{m^2}$，$S_2 = 6\ \mathrm{m^2}$，$v_1 = 4\ \mathrm{m/s}$。求 1、2 两断面上通过的质量流量 m_1 和 m_2，体积流量（风量）Q_1 和 Q_2，2 断面的平均风速 v_2。

解：

（1）$m_1 = m_2 = \rho_1 v_1 S_1 = 1.12 \times 4 \times 8 = 35.84\ \mathrm{kg}$

（2）$Q_1 = Q_2 = v_1 S_1 = 4 \times 8 = 32\ \mathrm{m^3/s}$

（3）$v_2 = Q_2 / S_2 = 32/6 = 5.33\ \mathrm{m/s}$

二、矿井通风中应用的能量方程

根据机械能守恒定律，单位质量不可压缩的实际流体从 1 断面流向 2 断面的能量方程为

$$\frac{P_1}{\rho} + \frac{v_1^2}{2} + Z_1 g = \frac{P_2}{\rho} + \frac{v_2^2}{2} + Z_2 g + H_{损} \tag{7-6}$$

式中　$\frac{P_1}{\rho}$、$\frac{P_2}{\rho}$——单位质量流体在 1、2 断面所具有的静压能，J/kg；

$\frac{v_1^2}{2}$、$\frac{v_2^2}{2}$——单位质量流体在 1、2 断面所具有的动能，J/kg；

$Z_1 g$、$Z_2 g$——单位质量流体在 1、2 断面上相对于基准面所具有的位能，J/kg；

$H_{损}$——单位质量流体流经 1、2 断面之间克服阻力所损失的能量，J/kg。

单位体积实际流体的能量方程：

$$P_1 + \frac{\rho v_1^2}{2} + Z_1 \rho g = P_2 + \frac{\rho v_2^2}{2} + Z_2 \rho g + h_{阻12} \tag{7-7}$$

式中　P_1、P_2——单位体积风流在 1、2 断面所具有的静压能或绝对静压，J/m³ 或 Pa；

$\frac{\rho v_1^2}{2}$、$\frac{\rho v_2^2}{2}$——单位体积风流在 1、2 断面所具有的动能或动压，J/m³ 或 Pa；

$Z_1 \rho g$、$Z_2 \rho g$——单位体积风流在 1、2 断面上相对于基准面所具有的位能或位压，J/m³ 或 Pa；

$h_{阻12}$——单位体积风流克服 1、2 断面之间的阻力所消耗的能量或压力，J/kg 或 Pa。

考虑到井下空气密度毕竟有一定的变化，可得下式：

$$P_1 + \frac{\rho_1 v_1^2}{2} + Z_1 \rho_1 g = P_2 + \frac{\rho_2 v_2^2}{2} + Z_2 \rho_2 g + h_{阻12} \tag{7-8}$$

或
$$h_{阻12}=\left(P_1+\frac{\rho_1 v_1^2}{2}+Z_1\rho_1 g\right)-\left(P_2+\frac{\rho_2 v_2^2}{2}+Z_2\rho_2 g\right) \tag{7-9}$$

或
$$h_{阻12}=(P_1-P_2)+\left(\frac{\rho_1 v_1^2}{2}-\frac{\rho_2 v_2^2}{2}\right)+(Z_1\rho_1 g-Z_2\rho_2 g) \tag{7-10}$$

利用公式计算时，应特别注意动压中 ρ_1、ρ_2 与位压中 ρ_1、ρ_2 的选取方法。动压中的 ρ_1、ρ_2 分别取 1、2 断面风流的空气密度，位压中的 ρ_1、ρ_2 视基准面的选取情况按下述方法计算：

（1）当 1、2 断面位于矿井最低水平的同一侧时，如图 7－12a 所示，可将位压的基准面选在较低的 2 断面，此时，2 断面的位压为 0（$Z_2=0$），1 断面相对于基准面的高差为 Z_{12}，空气密度取其平均密度 ρ_{12}，如精度不高时可取 $\rho_{12}=(\rho_1+\rho_2)/2$（$\rho_1$、$\rho_2$ 为 1、2 两断面风流的空气密度）。

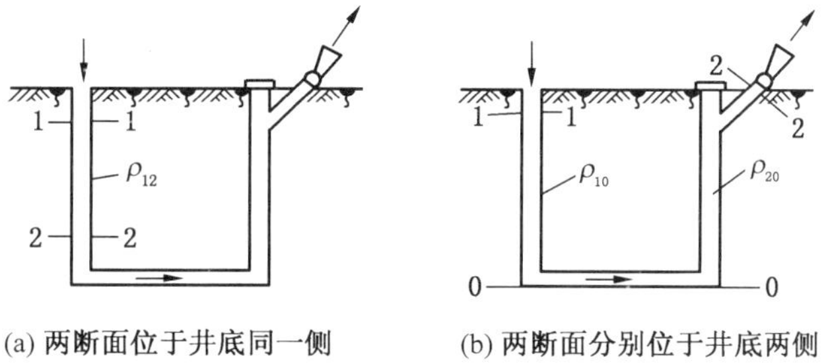

图 7－12　能量方程中位压基准面的确定及 ρ 的取法

（2）当 1、2 断面分别位于矿井最低水平的两侧时，如图 7－12b 所示，应将位压的基准面（0—0）选在最低水平，此时，1、2 断面相对于基准面的高差分别为 Z_{10} 和 Z_{20}，空气密度则分别为两侧断面距基准面的平均密度 ρ_{10} 与 ρ_{20}，当高差不大或精度不高时，可取 $\rho_{10}=(\rho_1+\rho_0)/2$、$\rho_{20}=(\rho_2+\rho_0)/2$。

【例 7－5】某倾斜巷道如图 7－13 所示。测得 1、2 两断面的绝对静压分别为 98200 Pa 和 97700 Pa；平均风速分别为 4 m/s 和 3 m/s；空气密度分别为 1.14 kg/m³ 和 1.12 kg/m³；两断面的标高差为 50 m。求 1、2 两断面间的通风阻力并判断风流方向。

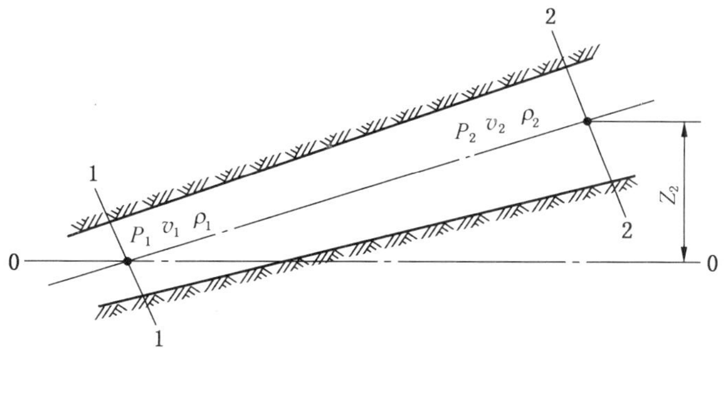

图 7－13　倾斜巷道

解： 取标高较低的1断面为位压基准面，并假设风流方向为1→2，根据能量方程得

$$h_{阻12}=(P_1-P_2)+\left(\frac{\rho_1 v_1^2}{2}-\frac{\rho_2 v_2^2}{2}\right)+(Z_1\rho_1 g-Z_2\rho_2 g)$$
$$=(98200-97700)+(1.14\times16/2-1.12\times9/2)+[0-50\times(1.14+1.12)/2\times9.8]$$
$$=-54\ \text{Pa}$$

因为求得的通风阻力为负值，说明1断面的总压力小于2断面的总压力，原假设风流方向不正确，风流方向应为2→1，通风阻力为54 Pa。

能量方程是矿井通风中的基本定律，通过实例分析可以得出以下规律：

（1）不论在任何条件下，风流总是从总压力大的断面流向总压力小的断面。

（2）在水平巷道中，因为位压差等于零，风流将由绝对全压大的断面流向绝对全压小的断面。

（3）在等断面的水平巷道中，因为位压差、动压差均等于零，风流将从绝对静压大的断面流向绝对静压小的断面。

三、能量方程在矿井通风中的应用

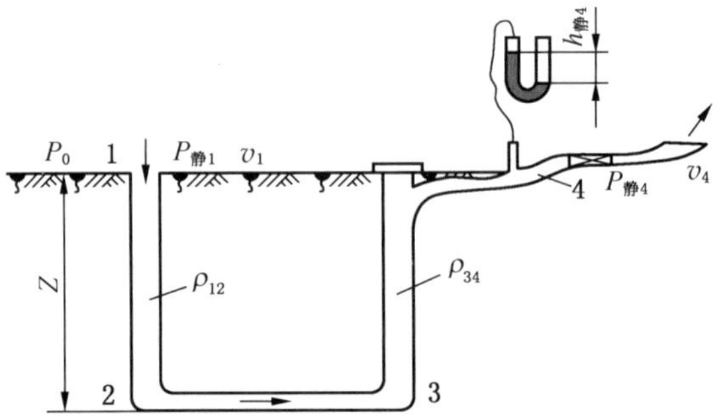

图7－14　抽出式通风矿井

（一）抽出式通风矿井中通风阻力与主要通风机风硐断面相对压力之间的关系

图7－14为简化后的抽出式通风矿井示意图。风流自进风井口地面进入井下，沿立井1—2、井下巷道2—3、回风立井3—4到达主要通风机风硐断面4。在风流流动的整个线路中，所遇到的通风阻力包括进风井口的局部阻力（空气由地面大气突然收缩到井筒断面的阻力）与井筒、井下巷道的通风阻力之和，即

$$h_{阻}=h_{局1}+h_{阻14} \tag{7-11}$$

根据能量方程式，进风井口的局部阻力$h_{局1}$就是地面大气与进风井口断面1之间的总压力差（两个断面高差近似为零，地面大气为静止状态）；井筒及巷道的通风阻力$h_{阻14}$为进风井口断面1与主要通风机风硐断面4的总压力差。即

$$h_{局1}=P_0-(P_{静1}+h_{动1})$$
$$h_{阻14}=(P_{静1}+h_{动1}+Z\rho_{12}g)-(P_{静4}+h_{动4}+Z\rho_{34}g)$$

将两式代入式（7－11）并整理得

$$h_{阻}=(P_0-P_{静4})-h_{动4}+(Z\rho_{12}g-Z\rho_{34}g)$$
$$=h_{静4}-h_{动4}+(Z\rho_{12}g-Z\rho_{34}g) \tag{7-12}$$

上式中 $h_{静4}$ 为4断面的相对静压，$h_{动4}$ 为4断面的动压，$(Z\rho_{12}g - Z\rho_{34}g)$ 为矿井的自然风压，可用 $H_{自}$ 表示，当 $Z\rho_{12}g > Z\rho_{34}g$ 时，$H_{自}$ 为正值，说明它帮助主要通风机通风；当 $Z\rho_{12}g < Z\rho_{34}g$ 时，$H_{自}$ 为负值，说明它阻碍主要通风机通风。故上式又可表示为

$$h_{阻} = h_{静4} - h_{动4} \pm H_{自} = h_{全4} \pm H_{自} \quad (7-13)$$

式（7－13）为抽出式通风矿井的通风总阻力测算式，反映了矿井的通风阻力与主要通风机风硐断面相对压力之间的关系。

矿井通风中，按《规程》要求，都要在主要通风机房内安装水柱计，此仪器就是显示风硐断面相对压力的垂直U型压差计，一般是静压水柱计。

【例7－6】某矿井采用抽出式通风，如图7－14所示，测得风硐断面的风量 $Q=50\ m^3/s$，风硐净断面积 $S_4=5\ m^2$，空气密度 $\rho_4=1.14\ kg/m^3$，风硐外与其同标高的大气压力 $P_0=101324.5\ Pa$，主要通风机房内静压水柱计的读数 $h_{静4}=2240\ Pa$，矿井的自然风压 $H_{自}=120\ Pa$，自然风压的方向帮助主要通风机工作。试求 $P_{静4}$、$h_{动4}$、$P_{全4}$、$h_{全4}$ 和矿井的通风阻力 $h_{阻}$ 各为多大？

解：

$$P_{静4} = P_0 - h_{静4} = 101324.5 - 2240 = 99084.5\ Pa$$

$$h_{动4} = \frac{\rho_4 v_4^2}{2} = \frac{\rho_4 (Q/S)^2}{2} = 1.14 \times \frac{(50/5)^2}{2} = 57\ Pa$$

$$P_{全4} = P_{静4} + h_{动4} = 99084.5 + 57 = 99141.5\ Pa$$

$$h_{全4} = h_{静4} - h_{动4} = 2240 - 57 = 2183\ Pa$$

$$h_{阻} = h_{静4} - h_{动4} \pm H_{自} = 2240 - 57 + 120 = 2303\ Pa$$

（二）压入式通风矿井中通风阻力与主要通风机风硐断面相对压力之间的关系

图7－15为简化后的压入式通风矿井示意图。一般包括吸风段1→2和压风段3→6，实际上属于又抽又压的混合式通风，空气被进风井口附近的主要通风机吸入井下，自风硐3，沿进风井3—4、井下巷道4—5、回风井5—6排出地面。在风流流动的整个线路中，所遇到的通风阻力包括吸风段和压风段之和，即

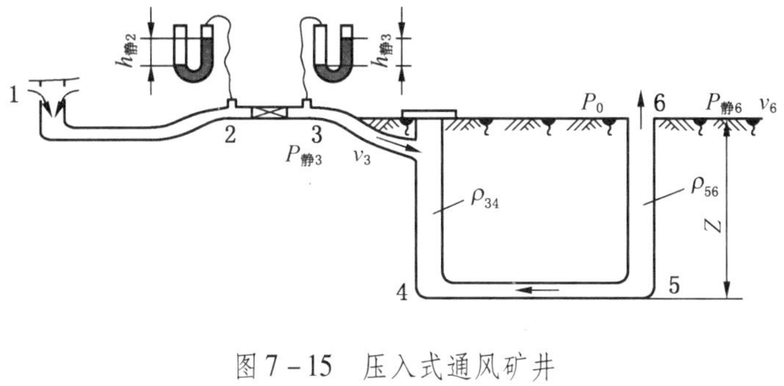

图7－15　压入式通风矿井

$$h_{阻} = h_{阻抽} + h_{阻压}$$

其中压风段的阻力包括井筒、井下巷道的阻力与出风井口的局部阻力（空气由井筒断面突然扩散到地面大气的阻力）之和，即

$$h_{阻压} = h_{阻36} + h_{局6} \quad (7-14)$$

根据能量方程式，$h_{阻36}$、$h_{局6}$ 可分别用以下两式表示：

$$h_{阻36} = (P_{静3} + h_{动3} + Z\rho_{34}g) - (P_{静6} + h_{动6} + Z\rho_{56}g)$$

$$h_{局6}=(P_{静6}+h_{动6})-P_0$$

将两式代入式（7－14），并整理得

$$h_{阻压}=(P_{静3}-P_0)+h_{动3}+(Z\rho_{34}g-Z\rho_{56}g)$$
$$=h_{静3}+h_{动3}+(Z\rho_{34}g-Z\rho_{56}g) \qquad (7-15)$$

上式中 $h_{静3}$ 为风硐 3 断面的相对静压，$h_{动3}$ 为风硐 3 断面的动压，$(Z\rho_{34}g-Z\rho_{56}g)$ 为矿井的自然风压 $H_{自}$，同样 $H_{自}$ 也有正有负，式（7－15）可写成下式：

$$h_{阻压}=h_{静3}+h_{动3}\pm H_{自}=h_{全3}\pm H_{自} \qquad (7-16)$$

考虑到吸风段的通风阻力（因标高差很小，吸风段的位压差可忽略不计），则

$$h_{阻}=(h_{静2}-h_{动2})+(h_{静3}+h_{动3}\pm H_{自})=h_{全2}+h_{全3}\pm H_{自} \qquad (7-17)$$

上式为压入式通风矿井的通风总阻力测算式，也反映了压入式通风矿井通风阻力与主要通风机风硐断面相对压力之间的关系。

（三）矿井主要通风机房内水柱计的安装和作用

通过矿井通风阻力与主要通风机风硐断面相对压力之间的关系式可以看出，无论是抽出式还是压入式矿井，矿井通风总阻力可以通过测定风硐断面的相对压力和自然风压值计算出来。实际上，矿井风硐断面的动压值不大，变化也较小；自然风压值随季节而变化，一般也不大，因此，只要用压差计测出风硐断面的相对静压值，就能近似了解到矿井通风总阻力的大小。此外，利用压差计的读数还能反映主要通风机工作风压的大小。

测量风硐断面的相对压力时，压差计的安装按取压方法不同有两种，即壁面取压法和环形管取压法，如图 7－16 所示。

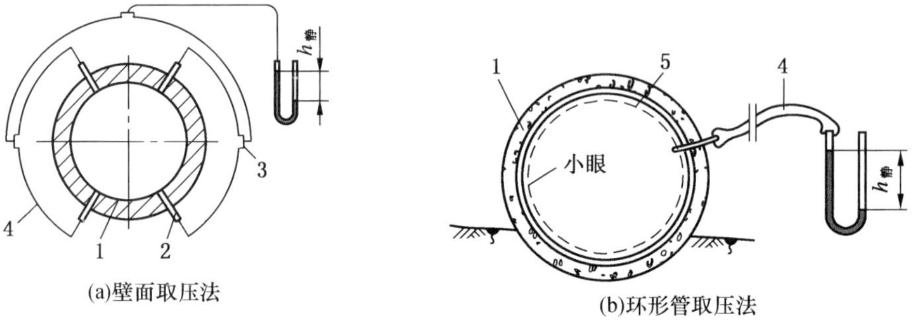

1—风硐；2—静压管；3—三通；4—胶皮管；5—环形管

图 7－16　静压水柱计的安装方法

1. 壁面取压法

所谓壁面取压就是在风硐的内壁上开静压孔，如图 7－16a 所示。用金属管和胶皮管把压力传输到风硐外并连接到主要通风机房内的压差计上。为了减少误差，一般把各测点用三通和胶皮管并联起来。在壁面上开静压孔时，要求孔径不大于 10 mm，孔口光滑无毛刺，附近无凹凸现象，孔的中心线与壁面垂直。

2. 环形管取压法

如图 7－16b 所示，将一个外径为 4～6 mm 的铜管做成圆形，在管上等距离钻 8 个垂直于风流方向的小眼，眼径 1～2 mm，将圆形铜管固定在风硐断面四周上，再用一根铜管与其相通并穿出硐壁，用胶皮管连接到主要通风机房内的压差计上。

两种方法选择的取压断面都应靠近主要通风机入风口（抽出式通风时）的风流稳定处，测压仪器多采用U型水柱计。随着电子技术的发展和矿井安全监控系统的应用，不少矿井已经采用电子压差计测量或用负压传感器将数据传送到计算机上，自动监测风硐内的风流压力。

水柱计的两个液面一般是稳定的或有微小的波动。若水柱计液面高差突然增大，可能是主要通风巷道发生冒顶或其他堵塞事故，增大了通风阻力；如果液面高差突然变小，可能是控制通风系统的主要风门被打开，或发生了其他风流短路事故，导致通风阻力变小。此外，如果通风机的传动带打滑，使通风机的转数忽高忽低，电源不稳定时也会引起水柱计读数波动。只要测点位置选择合理，通过水柱计可以反映出矿井通风系统的正常状况。因此，在主要通风机房内设置压差计，是通风管理中不可缺少的监测手段。

第四节 矿井通风动力

一、自然风压的形成及特性

如图7－17所示为自然通风矿井的简化矿井通风系统图。

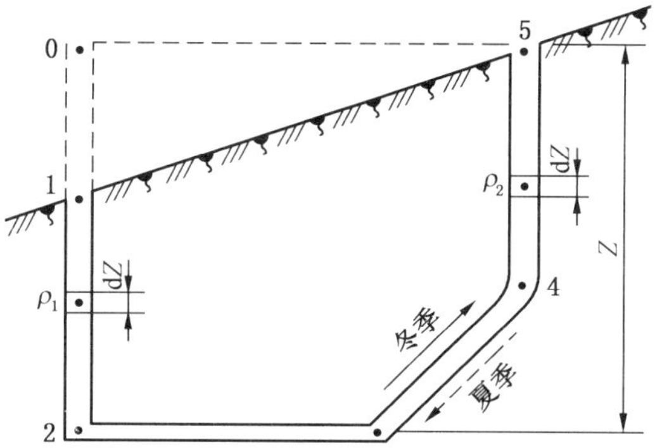

图7－17 自然通风矿井简化矿井通风系统

风流从气温较低的井筒进入矿井，从气温较高的井筒流出。不仅如此，在正在开凿的立井井筒中，冬季风流会沿井筒中心一带进入井下，而沿井壁流出井外；夏季风流方向正好相反。这是由于空气温度与井筒围岩温度存在差异，空气与围岩进行热交换，造成进风井筒与回风井筒、井筒中心一带与井壁附近空气存在温度差，气温低处的空气密度比气温高处的空气密度大，使得不同地方的相同高度空气柱重量不等，从而使风流发生流动，形成自然通风现象。我们把这个空气柱的重量差称为自然风压$H_{自}$。

由上述可见，如果把地表大气视为一个断面无限大、风阻为零的假想风路，则可将通风系统视为一个有高差的闭合回路，由自然风压的形成原因，可得到其计算公式：

$$H_{自} = \int_0^2 \rho_1 g \mathrm{d}Z - \int_3^5 \rho_2 g \mathrm{d}Z \tag{7-18}$$

式中 Z——矿井最高点到最低点间的距离，m；

g——重力加速度，m/s^2；

ρ_1、ρ_2——分别为 0－1－2 和 5－4－3 井巷中 dZ 段空气密度，kg/m³。

由于空气密度 ρ 与高度 Z 有着复杂的函数关系，因此用式（7－18）计算自然风压比较困难。为了简化计算，一般先测算出 0－1－2 和 5－4－3 井巷中空气密度的平均值 $\rho_{均进}$ 和 $\rho_{均回}$，分别代替式（7－18）中的 ρ_1 和 ρ_2，则式（7－18）可写为

$$H_{自}=(\rho_{均进}-\rho_{均回})gZ \tag{7-19}$$

【例 7－7】如图 7－17 所示的自然通风矿井，测得 $\rho_0=1.3\ \mathrm{kg/m^3}$，$\rho_1=1.26\ \mathrm{kg/m^3}$，$\rho_2=1.16\ \mathrm{kg/m^3}$，$\rho_3=1.14\ \mathrm{kg/m^3}$，$\rho_4=1.15\ \mathrm{kg/m^3}$，$\rho_5=1.3\ \mathrm{kg/m^3}$，$Z_{01}=45\ \mathrm{m}$，$Z_{12}=100\ \mathrm{m}$，$Z_{34}=65\ \mathrm{m}$，$Z_{45}=80\ \mathrm{m}$，试求该矿井的自然风压，并判断其风流方向。

解： 假设风流方向由 0－1－2 井筒进入，由 3－4－5 井筒排出。

计算各测段的平均空气密度：

$$\rho_{01}=\frac{\rho_0+\rho_1}{2}=\frac{1.3+1.26}{2}=1.28\ \mathrm{kg/m^3}$$

$$\rho_{12}=\frac{\rho_1+\rho_2}{2}=\frac{1.26+1.16}{2}=1.21\ \mathrm{kg/m^3}$$

$$\rho_{34}=\frac{\rho_3+\rho_4}{2}=\frac{1.14+1.15}{2}=1.145\ \mathrm{kg/m^3}$$

$$\rho_{45}=\frac{\rho_4+\rho_5}{2}=\frac{1.15+1.3}{2}=1.225\ \mathrm{kg/m^3}$$

计算进、回风井两侧空气柱的平均密度：

$$\rho_{均进}=\frac{Z_{01}\times\rho_{01}+Z_{12}\times\rho_{12}}{Z_{01}+Z_{12}}=\frac{45\times1.28+100\times1.21}{45+100}=1.23\ \mathrm{kg/m^3}$$

$$\rho_{均回}=\frac{Z_{34}\times\rho_{34}+Z_{45}\times\rho_{45}}{Z_{34}+Z_{45}}=\frac{65\times1.145+80\times1.225}{65+80}=1.189\ \mathrm{kg/m^3}$$

则　$$H_{自}=(\rho_{均进}-\rho_{均回})gZ=(1.23-1.189)\times9.81\times145=58.32\ \mathrm{Pa}$$

求得的 $H_{自}$ 为正值，说明风流方向与假设方向一致，从 0－1－2 井筒进入，由 3－4－5 井筒流出。

自然风压具有如下几种性质：

（1）形成矿井自然风压的主要原因是矿井进、回风井两侧的空气柱重量差。不论有无机械通风，只要矿井进、回风井两侧存在空气柱重量差，就一定存在自然风压。

（2）矿井自然风压的大小和方向，取决于矿井进、回风井两侧空气柱的重量差的大小和方向。这个重量差，又受进、回风井两侧的空气柱的密度和高度影响，而空气柱的密度取决于大气压力、空气温度和湿度。由于自然风压受上述因素的影响，所以自然风压的大小和方向会随季节变化，甚至昼夜之间也可能发生变化，单独用自然风压通风是不可靠的。因此《规程》规定，每一个生产矿井必须采用机械通风。

（3）矿井自然风压与井深成正比；矿井自然风压与空气柱的密度成正比，因而与矿井空气大气压力成正比，与温度成反比。地面气温对自然风压的影响比较显著。地面气温与矿区地形、开拓方式、井深以及是否机械通风有关。一般来说，由于矿井回风侧气温常年变化不大，而浅井进风侧气温受地面气温变化影响较大，深井进风流气温受地面气温变化的影响较小，所以矿井进、回风井井口的标高差越大，矿井越浅，矿井自然风压受地面

气温变化的影响也越大，一年之内不但大小会变化，甚至方向也会发生变化；反之，深井自然风压一年之内大小虽有变化，但一般没有方向上的变化。

（4）主要通风机工作对自然风压的大小和方向也有一定的影响。因为矿井主要通风机的工作决定了矿井风流的主要流向，风流长期与围岩进行热交换，在进风井周围形成了冷却带，此时即使风机停转或通风系统改变，进、回风井筒之间仍然会存在气温差，从而仍在一段时间之内有自然风压起作用，有时甚至会干扰主要通风机的正常工作，这在建井时期表现尤为明显，需要引起注意。

二、自然风压的控制和利用

自然通风作用在矿井中普遍存在，它在一定程度上会影响矿井主要通风机的工况。要想很好地利用自然通风来改善矿井通风状况和降低矿井通风阻力，就必须根据自然风压的产生原因及影响因素，采取有效措施对自然风压进行控制和利用。

1. 对自然风压的控制

在深井中自然风压一般常年都帮助主要通风机通风，只是在季节改变时其大小会发生变化，可能影响矿井风量。但在某些深度不大的矿井中，夏季自然风压可能阻碍主要通风机的通风，甚至会使小风压风机通风的矿井局部地点风流反向。这在矿井通风管理工作中应予重视，尤其在山区多井筒通风的高瓦斯矿井中应特别注意，以免造成风量不足或局部井巷风流反向酿成事故。为防止自然风压对矿井通风的不利影响，应对矿井自然通风情况作充分的调查研究和实际测量工作，掌握通风系统及各水平自然风压的变化规律，这是采取有效措施控制自然风压的基础。在掌握矿井自然风压特性的基础上，可根据情况采取安装高风压风机的方法来对自然风压加以控制，也可适时调整主要通风机的工况点，使其既能满足矿井通风需要，又节约电能。

2. 设计和建立合理的矿井通风系统

由于矿区地形、开拓方式和矿井深度的不同，地面气温变化对自然风压的影响程度也不同。在山区和丘陵地带，应尽可能利用进出风井口的标高差，将进风井布置在较低处，出风井布置在较高处。如果采用平硐开拓，有条件时应将平硐作为进风井，并将井口尽量迎向常年风向，或者在平硐口外设置适当的导风墙，出风平硐口设置挡风墙。进出风井口标高差较小时，可在出风井口修筑风塔，风塔高度以不低于 10 m 为宜，以增加自然风压。

3. 人工调节进、出风侧的气温差

在条件允许时，可在进风井巷内设置水幕或借井巷淋水冷却空气，以增加空气密度，同时可起到净化风流的作用。在出风井底处利用地面锅炉余热等措施来提高回风流气温，减小回风井空气密度。

4. 降低井巷风阻

尽量缩短通风路线或采用平行巷道通风；当各采区距离地表较近时，可用分区式通风；各井巷应有足够的通风断面，且应保持井巷内无杂物堆积，防止漏风。

5. 消灭独井通风

在建井时期可能会出现独井通风现象，此时可根据条件用风幛将井筒隔成一侧进风另一侧出风；或用风筒导风，使较冷的空气由井筒进入，较热的空气从导风筒排出；也可利用钻孔构成通风回路，形成自然风压。

6. 注意自然风压在非常时期对矿井通风的作用

在制定矿井灾害预防和处理计划时，要考虑到万一主要通风机因故停转，如何采取措施利用自然风压进行通风以及此时自然风压对通风系统可能造成的不利影响，制定预防措施，防患于未然。

三、自然风压的测定

生产矿井自然风压的测定方法有直接测定法和间接测定法两种。

1. 直接测定法

矿井在无通风机工作或通风机停止运转时，在总风流的适当地点设置临时隔断风流的密闭，将矿井风流严密遮断，而后用压差计测出密闭两侧的静压差，该静压差便是矿井的自然风压值。或将风硐中的闸门完全放下，然后由通风机房压差计直接读出矿井自然风压值，如图 7－18 所示。

2. 间接测定法

以抽出式通风矿井为例，介绍自然风压的间接测定法。如图 7－19 所示的抽出式通风矿井，因风硐中通风机入口风流的相对全压 $h_{全}$ 与自然风压 $H_{自}$ 的代数和等于矿井的通风阻力，即

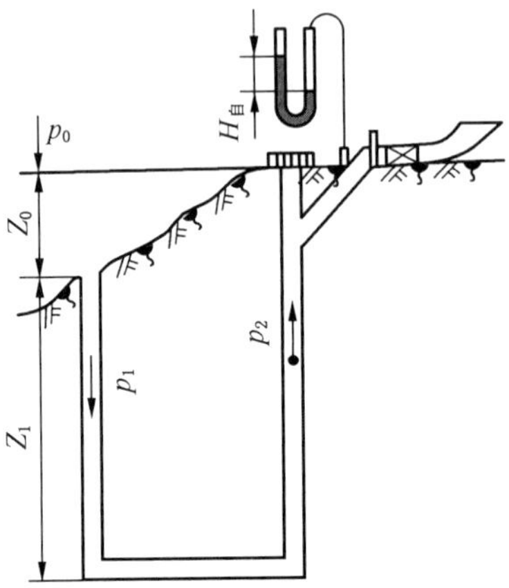

图 7－18　用通风机房中的压差计测自然风压

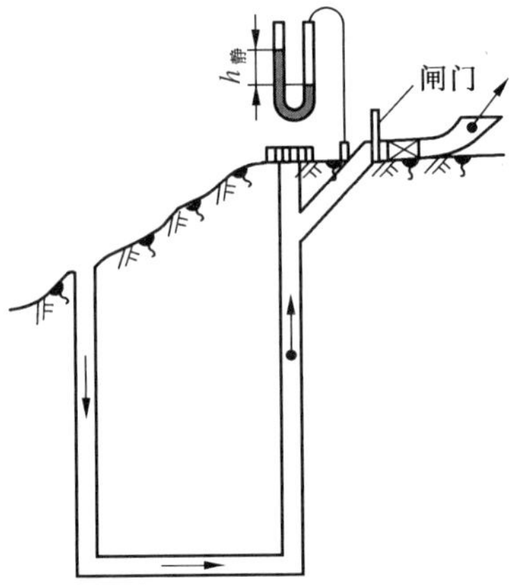

图 7－19　自然风压的间接测定法

$$h_{全}+H_{自}=RQ^2 \tag{7－20}$$

式中　R——矿井总风阻，$N \cdot s^2/m^8$；

Q——矿井总风量，m^3/s。

所以首先在通风机正常运转时，测出矿井总风量 Q 及通风机入风口处风流的相对全压 $h_{全}$，而后停止主要通风机的运转，若有自然风流，立即测出自然风流的风速 $v_{自}$，计算出自然通风的风量 $Q_{自}=Sv_{自}$，S 是测 $v_{自}$ 处的风硐的断面积，可得下式：

$$H_{自}=RQ_{自}^2 \tag{7－21}$$

解式（7－20）和式（7－21）的联立方程组，得矿井自然风压：

$$H_{自}=h_{全}\frac{Q_{自}^{\ 2}}{Q^2-Q_{自}^2} \tag{7－22}$$

四、矿井主要通风机及其附属装置

矿井通风动力中自然风压较小，且不稳定，不能保证矿井通风的要求，因此，《规程》规定，每一个矿井都必须采用机械通风。我国煤矿已普遍使用机械通风。在全国煤矿中，主要通风机的平均电能消耗量占全矿电能消耗的比重较大，据统计，国有煤矿主要通风机平均电耗约占矿井电耗的20%～30%，个别矿井通风设备的耗电量可达50%。因此，合理选择和使用主要通风机，不但能使矿井安全得到根本的保证，同时对改善井下的工作条件，提高煤矿的主要技术经济指标也有重要作用。

矿用通风机按照其服务范围和所起的作用分为3种：

（1）主要通风机。担负整个矿井或矿井的一翼或一个较大区域通风的通风机，称为矿井的主要通风机。

（2）辅助通风机。用来帮助矿井主要通风机对一翼或一个较大区域克服通风阻力，增加风量的通风机，称为主要通风机的辅助通风机。

（3）局部通风机。供井下某一局部地点通风使用的通风机，称为局部通风机。一般服务于井巷掘进通风。

矿用通风机按照构造和工作原理不同，又可分为离心式通风机和轴流式通风机。

（一）离心式通风机

图7－20是离心式通风机的构造及其在矿井通风井口作抽出式通风的示意图。

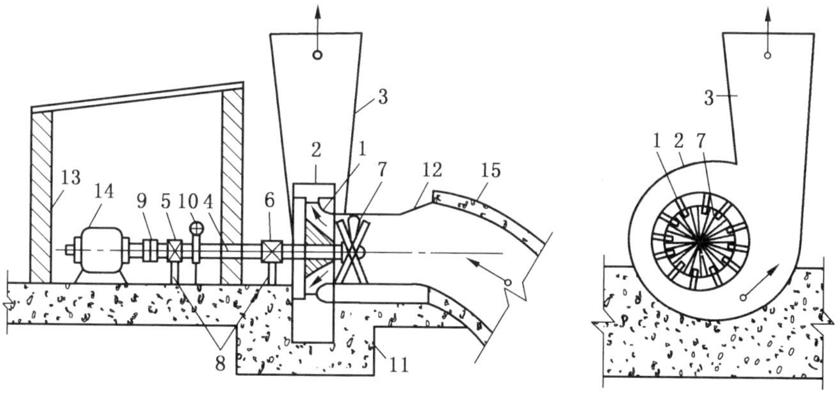

1—工作轮；2—蜗壳体；3—扩散器；4—主轴；5—止推轴承；6—径向轴承；7—前导器；8—机架；9—联轴器；10—制动器；11—机座；12—吸风口；13—通风机房；14—电动机；15—风硐

图7－20 离心式通风机的构造

离心式通风机主要由工作轮、蜗壳体、主轴和电动机等部件构成。工作轮是由固定在机轴上的轮毂以及安装在轮毂上的一定数量的机翼形叶片构成。风流沿叶片间的流道流动。叶片按其在流道出口处安装角β_2的不同，可分为前倾式（$\beta_2<90°$）、径向式（$\beta_2=90°$）和后倾式（$\beta_2>90°$）3种，如图7－21所示。因为后倾叶片的通风机当风量变化时风压变化较小，且效率较高，所以矿用离心式通风机多为后倾式。

空气进入风机的形式，有单侧吸入和双侧吸入两种。其他条件相同时，双吸风口风机的动轮宽度和风量是单吸风口风机的2倍。在吸风口与工作轮之间还装有前导器，使进入

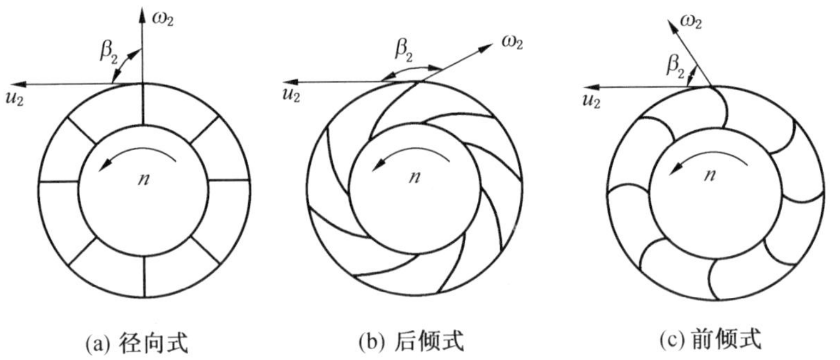

ω_2—工作轮出风口叶片的切线速度；u_2—工作轮圆周速度；β_2—叶片安装角

图 7－21 工作轮叶片的构造角度

叶轮的气流发生预旋绕，以达到调节风压的目的。

当电动机传动装置带动工作轮在机壳中旋转时，叶片流道间的空气随叶片的旋转而旋转，获得离心力，经叶端被抛出工作轮，流到螺旋状机壳里。在机壳内空气流速逐渐减小，压力升高，然后经扩散器排出。与此同时，在叶片的入口即叶根处形成较低的压力，使吸风口处的空气自叶根流入叶道，从叶端流出，如此源源不断形成连续流动。

我国生产的离心式通风机较多，适用煤矿作主要通风机的有 4－72－11 型、G4－73－11型、K4－73－01 型等。型号参数的含义以 K4－73－01№32 型为例，说明如下：

K——矿用；

4——效率最高点压力系数的 10 倍，取整数；

73——效率最高点比转速，取整数；

0——通风机进风口为双面吸入；

1——第一次设计；

№32——通风机机号，32 为叶轮直径，dm。

（二）轴流式通风机

轴流式通风机如图 7－22 所示。

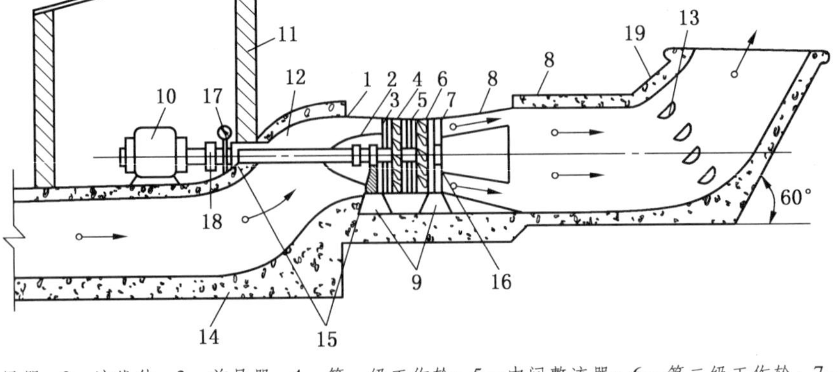

1—集风器；2—流线体；3—前导器；4—第一级工作轮；5—中间整流器；6—第二级工作轮；7—后整流器；8—环形或水泥扩散器；9—机架；10—电动机；11—通风机房；12—风硐；13—导流板；14—基础；15—径向轴承；16—止推轴承；17—制动器；18—齿轮联轴节；19—扩散塔

图 7－22 轴流式通风机

轴流式通风机主要由进风口、工作轮、整流器、主体风筒、扩散器和传动轴等部件组成。进风口是由集风器和疏流罩构成的断面逐渐缩小的环行通道，使进入工作轮的风流均匀，以减少阻力，提高效率。

工作轮是由固定在轴上的轮毂和以一定角度安装在其上的叶片构成。工作轮有一级和二级两种。二级工作轮产生的风压是一级的 2 倍。工作轮的作用是增加空气的全压。整流器（导叶）安装在每一级工作轮之后，为固定轮，其作用是整直由工作轮流出的旋转气流，减少动能和涡流损失。

环行扩散器是使从整流器流出的环状气流逐渐扩张，过渡到全断面。随着断面的扩大，空气的一部分动压转换为静压。

叶片用螺栓固定在轮毂上，呈中空梯形，横截面和机翼形状相似。在叶片迎风侧作一外切线，称为弦线。弦线与工作轮旋转方向的夹角称为叶片安装角，以 θ 表示。θ 角是可调的。如图 7－23 所示，因为通风机的风压、风量的大小与 θ 角有关，所以工作时可根据所需要的风量、风压调节 θ 的角度。在一级通风机中，θ 角的调节范围是 10°～40°，二级通风机的调节范围是 15°～45°，可按相邻角度差 5°或 2.5°调节，但每个工作轮上的 θ 角必须严格保持一致。

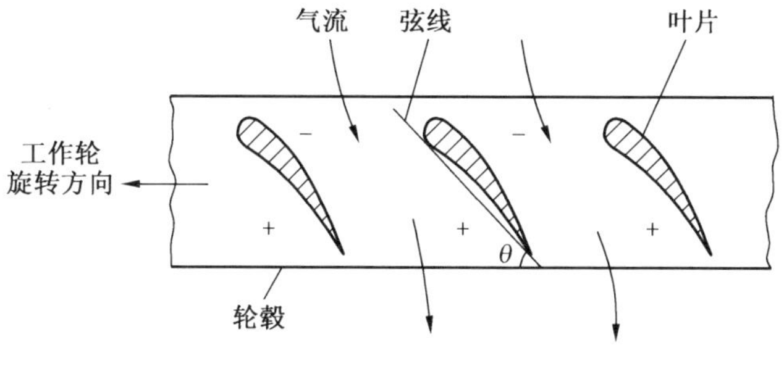

图 7－23 轴流式通风机叶片的构造

为减少能量损失和提高通风机的工作效率，还设有集风器和流线体。集风器是在通风机入风口处呈喇叭状圆筒的机壳，以引导气流均匀平滑地流入工作轮；流线体是位于第一级工作轮前方的呈流线型的半球状罩体，安装在工作轮的轮毂上，用以避免气流与轮毂冲击。

目前我国生产的轴流式通风机中，适用于煤矿作主要通风机的有 2K60 型、GAF 型、2K56 型、KZS 型等。型号参数的含义以 2K60－1－№24 型为例，说明如下：

2——两级叶轮；

K——矿用；

60——轮毂比的 100 倍；

1——结构设计序号；

№24——叶轮直径，dm。

（三）对旋式通风机

1994 年 9 月，原煤炭工业部颁发了《关于推广使用四项通风安全装备的决定》，对旋式局部通风机被列为在全国推广使用的 4 项装备之一。对旋式局部通风机也是一种轴流式通风机，和传统轴流式通风机相比较，具有高效率、高风压、大风量、性能好、高效区宽、噪声低、运行方式多、安装检修方便等优点。现在我国已经研制成功新一代高效节能矿用防爆对旋式主要通风机，如图 7－24 所示。

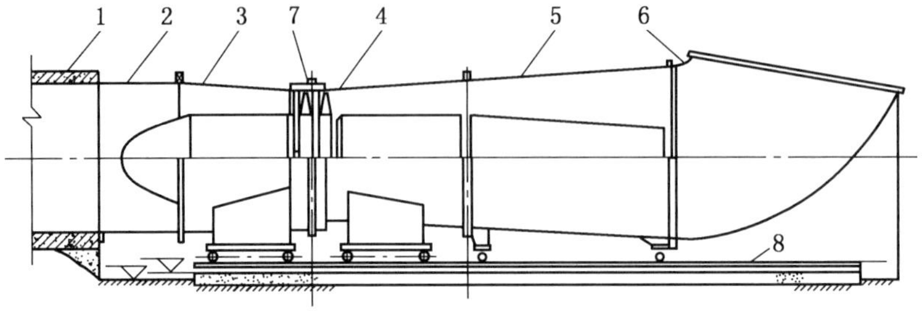

1—风道；2—连接风筒；3—一级通风机；4—二级通风机；5—扩散筒；6—扩散塔；7—稳流环；8—钢轨

图 7－24　BDK65 型对旋式通风机

对旋式通风机由集流器、一级通风机、二级通风机、扩散筒和扩散塔组成。风机采用对旋式结构，一、二级叶轮相对安装，旋转方向相反；叶片采用机翼形扭曲叶片，叶面也互为反向，省去了一般轴流式通风机的中、后导叶，减少了压力损失，提高了风机效率。每一级叶轮均采用悬臂结构，各安装在隔爆型电动机上，形成 2 台独立的通风机，既没有传统的长轴传动，也没有联轴器，结构简单，还可提高效率。隔爆型电动机安装在主风筒内的密闭罩中，密闭罩具有一定的耐压性，可使电动机与通风机流道中含瓦斯的气体隔绝，同时起一定的散热作用。密闭罩有 3 根导管，既起支撑作用，又可使主风筒与大气相通，使新鲜空气流入密闭罩中，罩内空气可保持正压状态，使得电动机始终处于瓦斯浓度小于 1% 的条件下工作，符合安全防爆要求。在主风筒中设置有稳流环，使得通风机性能曲线中无驼峰区，无喘振，在任何阻力情况下均可稳定运行。通风机噪声较低，绝大多数型号在无消声装置的情况下，噪声均可低于 90 dB(A)。通风机叶轮叶片安装角可以调整，一般分为 45°、40°、35°、30°及 25° 5 个角度。一、二级叶轮叶片安装角角度可以一致，也可不同，又可调节为小于或等于 45°范围内任意角度运行。对旋式通风机可以单级运行，也可以双级运行，因此可调范围极广，尤其在矿井投产初期可只运行一级。通风机和扩散器均安装在带轮的平板车上，下设轨道，安装维修很方便。对旋式通风机可以反转反风，在各种情况下，反风率均为 70% 以上；不需要反风道及通风机的基础，也可不要主通风机房，只需要建造电控值班室。电动机轴承和电动机定子有测温装置，可遥测和报警。电动机轴承还配备了不停机注油和排油管装置。

对旋式通风机的工作原理是：工作时两级工作轮分别由两个等容量、等转速、旋转方向相反的电动机驱动，当气流通过集流器进入第一个工作轮获得能量后，再经第二级工作轮升压排出。两级工作轮互为导叶，第一级后形成的旋转速度，由第二级反向旋转消除并形成单一的轴向流动。2 个工作轮所产生的理论全压为通风机理论全压的 1/2，不仅使通过两级工作轮的气流平稳，有利于提高通风机的全压效率，而且使前后级工作轮的负载分配比较合理，不会造成各级电动机出现超功、过载现象。

目前，对旋式通风机有数十个系列。作为煤矿主要通风机使用的有 BD 或 BDK 系列高效节能矿用防爆对旋式主要通风机，最高静压效率可达 85%，噪声不大于 85 dB（A）。型号参数的含义以 BDK65A－8－№24 型为例，说明如下：

B——防爆型；

D——对旋结构；

K——矿用；

65——轮毂比的 100 倍；

A——叶片数目配比为 A 种；

8——配用 8 极电机；

№24——机号为 24，即叶轮直径为 24 dm。

（四）主要通风机附属装置

矿井使用的主要通风机，除了主机之外尚有一些附属装置。主要通风机和附属装置总称为通风机装置。附属装置有风硐、扩散器、防爆门和反风装置等。

1. 风硐

风硐是连接通风机和风井的一段巷道，如图 7－25 所示。

因为通过风硐的风量很大，风硐内外压力差也较大，其服务年限长，所以风硐多用混凝土、砖石等材料建筑，对设计和施工的质量要求较高。

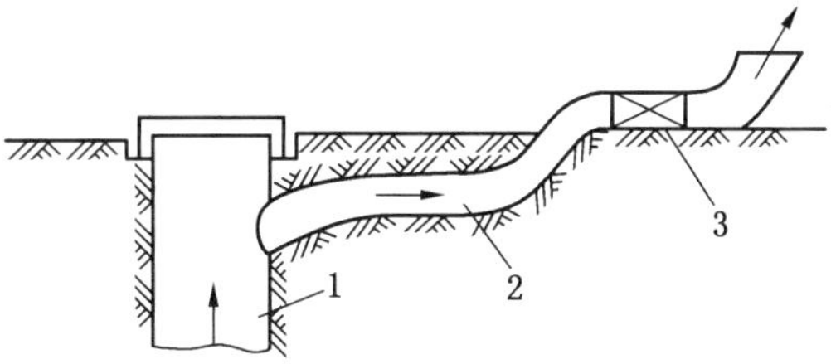

1—出风井；2—风硐；3—通风机

图 7－25 风硐

良好的风硐应满足以下要求：

（1）应有足够大的断面，风速不宜超过 15 m/s。

（2）风硐的风阻不应大于 0.0196 $N \cdot s^2/m^8$，阻力不应大于 100～200 Pa。风硐不宜过长，与井筒连接处要平缓，转弯部分要呈圆弧形，内壁要光滑，并保持无堆积物，拐弯处应安设导流叶片，以减少阻力。

（3）风硐及闸门等装置，结构要严密，以防止漏风。

（4）风硐内应安设测量风速和风流压力的装置，风硐和主要通风机相连的一段长度不应小于 10～12D（D 为通风机工作轮的直径）。

（5）风硐与倾角大于 30°的斜井或立井的连接口距风井 1～2 m 处应安设保护栅栏，以防止检查人员和工具等坠落到井筒中；在距主要通风机入风口 1～2 m 处也应安设保护栅栏，以防止风硐中的脏、杂物被吸入通风机。

（6）风硐直线部分要有流水坡度，以防积水。

2. 防爆门

防爆门是在装有通风机的井口上为防止瓦斯或煤尘爆炸时毁坏通风机而安装的安全装置。

图 7－26 所示为出风井口的防爆门，用铁板焊成，四周用 4 条钢丝绳绕过滑轮，用挂有配重的平衡锤牵住防爆门，其下端放入井口圈的凹槽中。正常通风时它可以隔离地面大气与井下空气。当井下发生爆炸事故时，防爆门即能被爆炸波冲开，起到卸压作用以保护通风机。

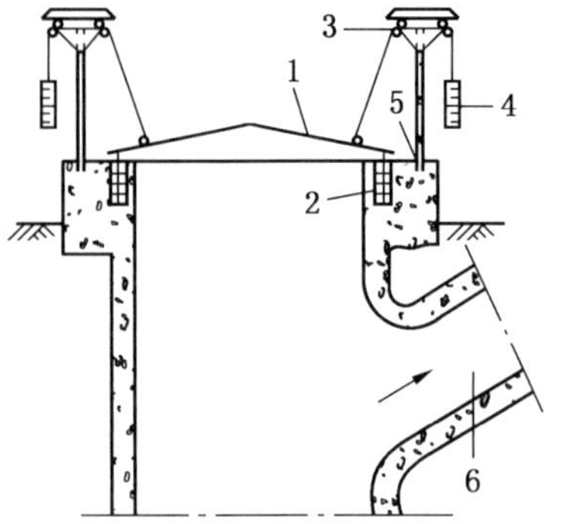

1—防爆门；2—井口圈；3—滑轮；4—平衡锤；5—平衡重锤滑轮立柱；6—风硐

图 7-26　立井防爆门

防爆门的设置应符合以下要求：

（1）防爆门应布置在出风井轴线上，其面积不得小于出风井口的断面积。

（2）从出风井与风硐的交叉点到防爆门的距离应比从该交叉点到主要通风机吸风口的距离至少短 10 m。

（3）防爆门必须有足够的强度，并有防腐和防抛出的措施。

（4）为了防止漏风，防爆门应该封闭严密。如果采用液体作密封时，在冬季应选用不燃的不冻液，且要求以当地出现的十年一遇的最低温度时不冻为准。槽中应经常保持足够的液量，槽的深度必须使其内盛装的液体的压力大于防爆门内外的空气压力差。

（5）井口壁四周还应安装一定数量的压脚，当反风时用它压住防爆门，以防掀起防爆门造成风流短路。

3. 反风装置

当矿井在进风井口附近、井筒或井底车场及其附近的进风巷中发生火灾、瓦斯和煤尘爆炸事故时，为了防止事故蔓延，缩小灾情，以便进行灾害处理和救护工作，有时需要改变矿井的风流方向。《规程》规定：生产矿井主要通风机必须装有反风设施，并能在 10 min 内改变巷道中的风流方向；当风流方向改变后，主要通风机的供给风量不应小于正常供风量的 40%。每季度应当至少检查 1 次反风设施，每年应进行 1 次反风演习；当矿井通风系统有较大变化时，应当进行 1 次反风演习。

1）离心式通风机的反风装置

离心式通风机只能用反风门与旁侧反风道的方法反风，如图 7-27 所示。

通风机正常工作时，反风门 1 和 2 处于实线位置，反风时将反风门 1 提起，把反风门 2 放下，地表空气自活门 2 进入通风机，再从反风门 1 进入旁侧反风道 3，进入风井流入井下，达到反风的目的。

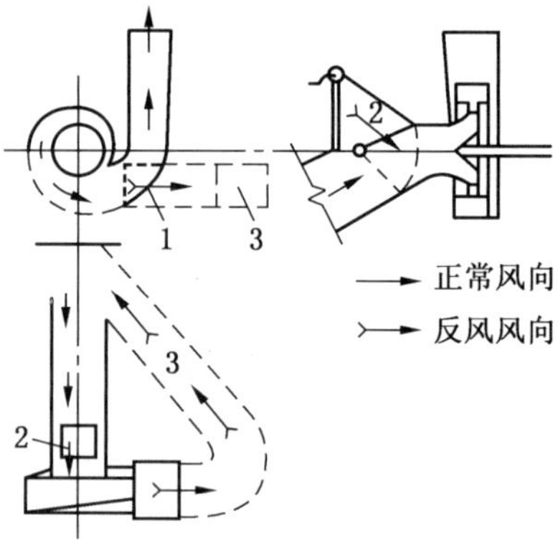

1、2—反风门；3—反风道

图 7-27　离心式通风机的反风装置

2）轴流式通风机的反风装置

轴流式通风机的反风方法有 3 种：

（1）利用反风门与旁侧反风道反风，如图 7-28所示。

通风机正常工作时反风门 a、b 位于实线位置（风流方向如实线箭头所示），反风时，可提起反风门 a，放下反风门 b（如虚线位置），地表空气经百叶窗、反风门 b 进入通风机，再由反风门 a 进入旁侧反风道，进入风井流入井下（如虚线箭头所示），达到反风的目的。

（2）调节通风机叶片角度反风。GAF 型轴流式通风机有两种方法调整叶片安装角，一是运行中采用液压调节，常在电厂的通风机调节中采用；二是采用机械式调节，如图7－29所示。

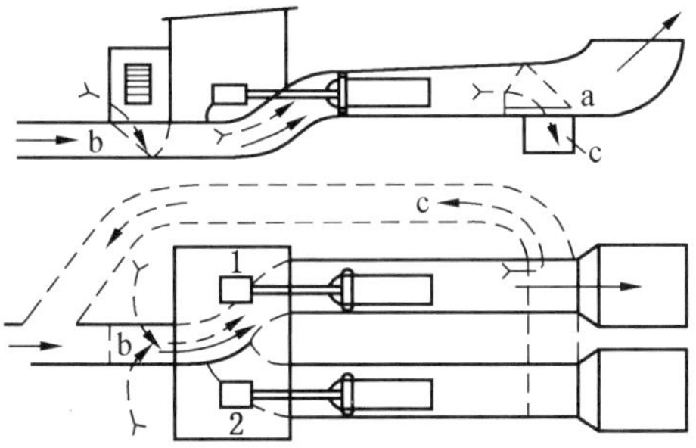

图7－28 轴流式通风机利用反风道反风

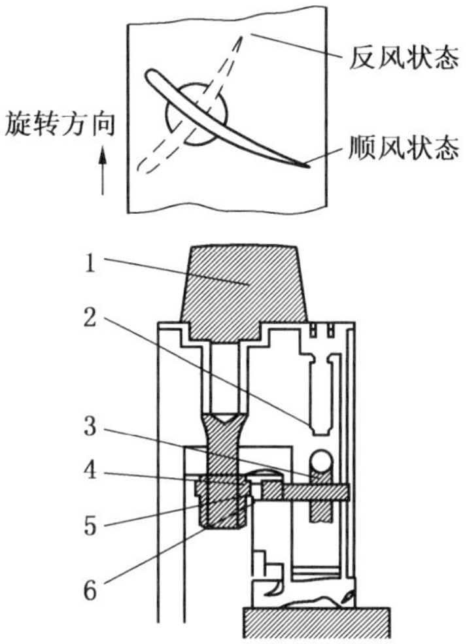

1—叶轮；2—蜗杆；3—蜗轮；
4—小伞齿轮；5—大伞齿轮；6—小齿轮

图7－29 轴流式通风机通过调节叶片反风

当通风机停转后，从机壳外以手轮调节杆伸入叶轮毂，手轮转动，使蜗杆、蜗轮转动，而蜗轮转动则使与其相连的小齿轮、大伞齿轮、小伞齿轮跟随转动，从而达到改变叶轮安装角的目的。反风时，叶轮旋转方向不变，只需将叶轮转到图中虚线位置即可。

（3）反转通风机叶轮旋转方向反风。这种方法是调换电动机电源的任意两相接线，使电动机改变转向，从而改变通风机叶轮的旋转方向，使井下风流反向。这种方法基建费较少，反风方便，但是一些老型号的轴流式通风机反风后风量达不到要求。一些新型轴流式通风机，将后导叶设计成可调节角度的，反风时，将后导叶同时扭一角度，反风后的风量即能满足要求。

4. 扩散器

在通风机出口处外接的具有一定长度、断面逐渐扩大的风道，称为扩散器。其作用是降低出口速压以提高通风机的静压。小型离心式通风机的扩散器由金属板焊接而成，大型离心式通风机的扩散器用砖或混凝土砌筑，其纵断面呈长方形，扩散器的敞角 α 不宜过大，一般为8°～10°，以防脱流。出口断面与入口断面之比为3～4。轴流式通风机的扩散器由环形扩散器与水泥扩散器组成。环形扩散器由圆锥形内筒和外筒构成，外圆锥体的敞角一般为7°～12°，内圆锥体的敞角一般为3°～4°。水泥扩散器为一段向上弯曲的风道，它与水平线所成的夹角为60°，其高为叶轮直径的2倍，长为叶轮直径的2.8倍，出风口为长方形断面（长为叶轮直径的2.1倍，宽为叶轮直径的1.4倍）。扩散器的拐弯处为双曲线形，并安设一组导流叶片，以降低阻力。

（五）主要通风机的使用及安全要求

为了保证通风机安全可靠地运转，《规程》中规定：

（1）主要通风机必须安装在地面；装有通风机的井口必须封闭严密，其外部漏风率在无提升设备时不得超过5%，有提升设备时不得超过15%。

（2）必须保证主要通风机连续运转。

（3）必须安装2套同等能力的主要通风机装置，其中1套作备用，备用通风机必须能在10 min内开动。

（4）严禁采用局部通风机或风机群作为主要通风机使用。

（5）装有主要通风机的出风井口应安装防爆门，防爆门每6个月检查维修1次。

（6）至少每月检查1次主要通风机。改变主要通风机转数、叶片角度或对旋式主要通风机运转级数时，必须经矿总工程师批准。

（7）新安装的主要通风机投入使用前，必须进行试运转和通风机性能测定，以后每5年至少进行1次性能测定。

（8）主要通风机技术改造及更换叶片后必须进行性能测试。

（9）井下严禁安设辅助通风机。

五、通风机风压及实际特性

（一）通风机的工作参数

反映通风机工作特性的基本参数有4个，即通风机的风量$Q_{通}$、压力$H_{通}$、功率$N_{通}$和效率η。

1. 通风机的风量$Q_{通}$

$Q_{通}$表示单位时间内通过通风机的风量，单位为m^3/s。当通风机为抽出式工作时，通风机的风量等于回风道总排风量与井口漏入风量之和；当通风机为压入式工作时，通风机的风量等于进风道的总进风量与井口漏出风量之和。所以通风机的风量要用风表或皮托管与压差计在风硐或通风机扩散器处实测。

2. 通风机的风压$H_{通}$

通风机的风压有通风机全压（$H_{通全}$）、静压（$H_{通静}$）和动压（$h_{通动}$）之分。通风机的全压表示单位体积的空气通过通风机后所获得的能量，单位为J/m^3或Pa，其值为通风机出口断面与入口断面上的总能量之差。因为出口断面与入口断面高差较小，其位压差可忽略不计，所以通风机的全压为通风机出口断面与入口断面上的绝对全压之差，即

$$H_{通全}=P_{全出}-P_{全入} \tag{7-23}$$

式中　$P_{全出}$——通风机出口断面上的全压，Pa；

$P_{全入}$——通风机入口断面上的全压，Pa。

通风机的全压包括通风机的静压与动压两个部分，即

$$H_{通全}=H_{通静}+h_{通动} \tag{7-24}$$

由于通风机的动压是用来克服风流自扩散器出口断面进到地表大气（抽出式）或风硐（压入式）的局部阻力，所以扩散器出口断面的动压等于通风机的动压，即

$$h_{扩动}=h_{通动} \tag{7-25}$$

式中　$h_{扩动}$——扩散器出口断面的动压，Pa。

3. 通风机的功率N

通风机的输入功率$N_{通入}$表示通风机轴从电动机得到的功率，单位为kW。通风机的输入功率可用下式计算：

$$N_{通入}=\frac{\sqrt{3}UI\cos\varphi}{1000}\eta_{电}\ \eta_{传} \tag{7-26}$$

式中　U——线电压，V；

I——线电流，A；

$\cos\varphi$——功率因数；

$\eta_{电}$——电动机效率，%；

$\eta_{传}$——传动效率，%。

通风机的输出功率 $N_{通出}$ 也叫有效功率，是指单位时间内通风机对通过的风量为 Q 的空气所做的功，即

$$N_{通出}=\frac{H_{通}Q}{1000} \tag{7-27}$$

因为通风机的风压有全压与静压之分，所以式（7－27）中当 $H_{通}$ 为全压时，即为全压输出功率 $N_{通全出}$；当 $H_{通}$ 为静压时，即为静压输出功率 $N_{通静出}$。

4. 通风机的效率 η

通风机的效率是指通风机输出功率与输入功率之比。因为通风机的输出功率有全压输出功率与静压输出功率之分，所以通风机的效率分全压效率 $\eta_{通全}$ 与静压效率 $\eta_{通静}$，即

$$\eta_{通全}=\frac{N_{通全出}}{N_{通}}=\frac{H_{通全}Q}{1000N_{通入}} \tag{7-28}$$

$$\eta_{通静}=\frac{N_{通静出}}{N_{通入}}=\frac{H_{通静}Q}{1000N_{通入}} \tag{7-29}$$

很显然，通风机的效率越高，说明通风机的内部阻力损失越小，性能也越好。

（二）通风机的个体特性及合理工作范围

1. 个体特性曲线

通风机的风量、风压、功率和效率这 4 个基本参数可以反映出通风机的工作特性。每一台通风机，在额定转速的条件下，对应于一定的风量，就有一定的风压、功率和效率，风量如果变动，其他三者也随之改变。表示通风机的风压、功率和效率随风量变化而变化的关系曲线，称为通风机的个体特性曲线。这些个体特性曲线不能用理论计算方法来绘制，必须通过实测来绘制。

1）风压特性曲线

图 7－30 为离心式通风机的个体特性曲线图，其中 $H_{通静}$ 为静压特性曲线。图 7－31 为轴流式通风机的个体特性曲线图，其中 $H_{通全}$、$H_{通静}$、$\eta_{通全}$、$\eta_{通静}$ 分别为全压、静压特性曲线以及全压效率与静压效率曲线。在煤矿中因主要通风机多采用抽出式通风，因此要绘制静压特性曲线；当采用压入式通风时，则绘制全压特性曲线。

从图 7－30 与图 7－31 中可看出，离心式与轴流式通风机的风压特性曲线各有其特点：离心式通风机的风压特性曲线比较平缓，当风量变化时，风压变化不太大；轴流式通风机的风压特性曲线较陡，并有一个“马鞍形”的“驼峰”区，当风量变化时，风压变化较大。

2）功率曲线

图 7－30 和图 7－31 中 $N_{通入}$ 为通风机的输入功率曲线。从两个图中可以看出：离心式

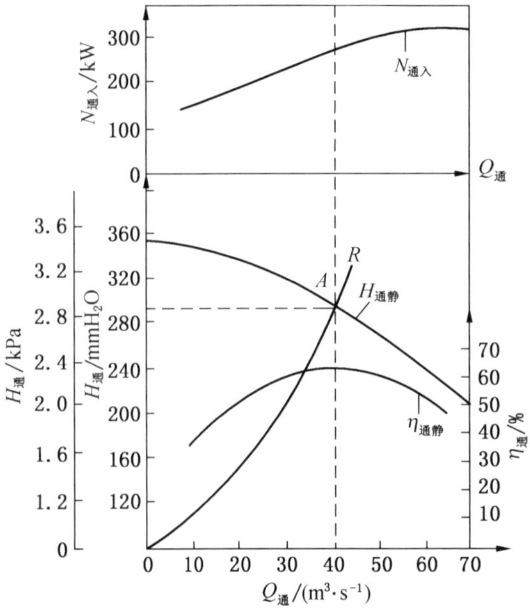

图 7－30　离心式通风机的个体特性曲线

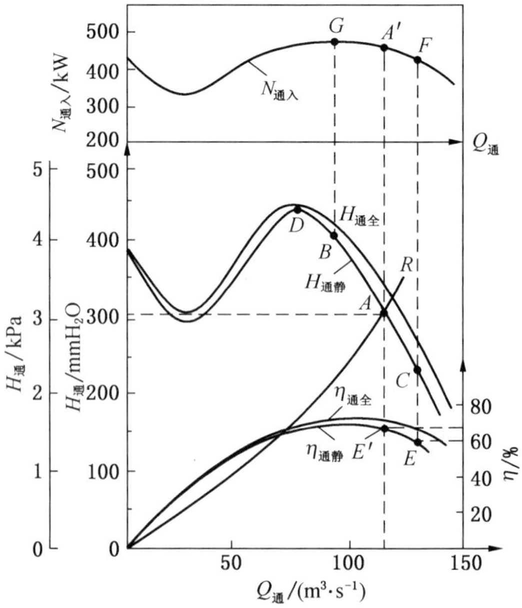

图 7－31　轴流式通风机的个体特性曲线

通风机当风量增加时，功率也随之增大，所以启动时，为了避免因启动负荷过大而烧毁电动机，应先关闭闸门然后待通风机达到正常工作转速后再逐渐打开。当供风量超过需风量过多时，矿井常常利用闸门加阻来减少工作风量，以节省电能。轴流式通风机在 B 点的右下侧功率是随着风量的增加而减小，所以启动时应先全敞开或半敞开闸门，待运转稳定后再逐渐关闭闸门至其合适位置，以防止启动时电流过大，引起电动机过负荷。

3）效率曲线

图 7－32、图 7－33 中 η 为通风机的效率曲线。当风量逐渐增加时，效率也逐渐增大，当增大到最大值后便逐渐下降。因为轴流式通风机叶片的安装角是可调控的，因此叶片的每个安装角 θ 都相应地有一条风压曲线和功率曲线。为了使图清晰，轴流式通风机的效率一般用等效率曲线来表示，如图 7－33 所示。

等效率曲线是把各条风压曲线上的效率相同的点连接起来绘制成的。等效率曲线的绘制方法如图 7－33 所示。轴流式通风机两个不同的叶片安装角 θ_1 与 θ_2 的风压特性曲线分别为 1 与 2，效率曲线分别为 3 与 4。自各个效率值（如 0.2、0.4、0.6、0.8）画水平虚线，分别和 3 与 4 曲线相交，可得 4 对效率相等的交点，从这 4 对交点作垂直虚线分别与相应的个体风压曲线 1 与 2 相交，又在曲线 1 与 2 上得出 4 对效率相等的交点，然后把相等效率的交点连接起来，即得出图中 4 条等效率曲线：$\eta=0.2$、0.4、0.6、0.8。

2. 通风机的工况点及合理工作范围

当以同样的比例把矿井总风阻曲线绘制于通风机个体特性曲线图中时，则风阻曲线与风压曲线交于 A 点，此点就是通风机的工作点，如图 7－30、图 7－31 所示。从图 7－31 中工作点 A 可看出，此时通风机的静压为 3 kPa，风量为 115 m^3/s，功率为 450 kW（A'点决定），静压效率为 0.68（E'点决定）。试验证明，如果轴流式通风机的工作点位于风压曲线“驼峰”的左侧时（D 点左侧），通风机的运转就可能产生不稳定状况，即工作点发

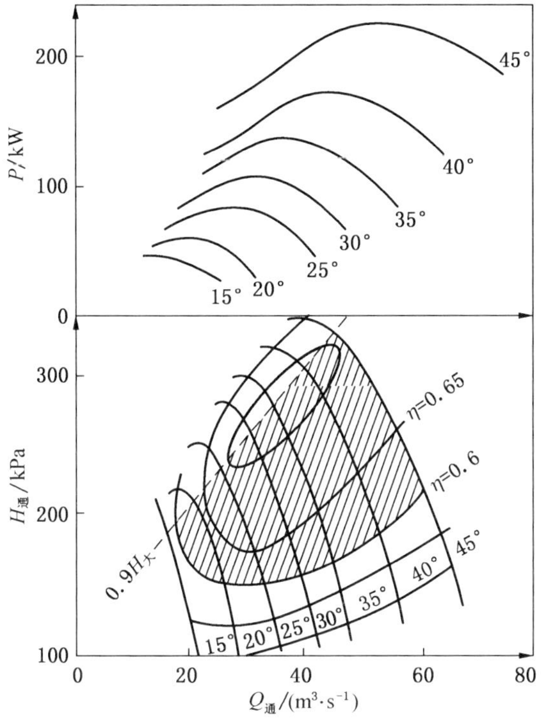

图 7 - 32　轴流式风机的合理工作范围

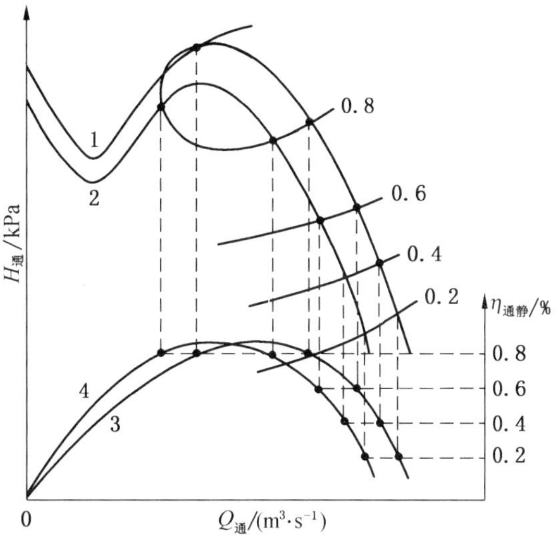

图 7 - 33　等效率曲线的绘制

生跳动，风量忽大忽小，声音极不正常，所以通风机的工作风压不应大于最大风压的 0.9 倍，即工作点应在 *B* 点以下。为了经济，主要通风机的效率不应低于 0.6，即工作点应在 *C* 点以上。*BC* 段就是通风机合理的工作范围。对于图 7 - 32，其合理工作范围为图中阴影部分。

（三）比例定律和类型特性曲线

1. 比例定律

同类型（或同系列）通风机是指通风机的几何尺寸、运动和动力相似的一组通风机。两个通风机相似是气体在通风机内流动过程相似，或者说它们之间在任一对应点的同名物理量之比保持常数。同一系列风机在相似工况点的流动是彼此相似的。对同类型的通风机，当转速 n、叶轮直径 D 和空气密度 ρ 发生变化时，通风机的性能也发生变化。这种变化可应用通风机的比例定律说明其性能变化规律。根据通风机的相似条件，可求出通风机的比例定律为

$$\frac{H_{通1}}{H_{通2}}=\frac{\rho_1}{\rho_2}\left(\frac{n_1}{n_2}\right)^2\left(\frac{D_1}{D_2}\right)^2 \tag{7-30}$$

$$\frac{Q_{通1}}{Q_{通2}}=\frac{n_1}{n_2}\left(\frac{D_1}{D_2}\right)^3 \tag{7-31}$$

$$\frac{N_1}{N_2}=\frac{\rho_1}{\rho_2}\left(\frac{n_1}{n_2}\right)^3\left(\frac{D_1}{D_2}\right)^5 \tag{7-32}$$

$$\eta_1=\eta_2 \tag{7-33}$$

上述公式说明：通风机的风压与空气密度的一次方、转速的二次方、叶轮直径的二次

方成正比，通风机的风量与转速的一次方、叶轮直径的三次方成正比；通风机的功率与空气密度的一次方、转速的三次方、叶轮直径的五次方成正比，通风机对应工作点的效率相等。

【例 7－8】某矿使用 4－72－11 №20B 型离心式通风机作主要通风机，在转速 $n=630\ \mathrm{r/min}$ 时，矿井的风量 $Q=58\ \mathrm{m^3/s}$。后来由于生产需要，矿井总风阻增大，风量 Q 减少为 $51.5\ \mathrm{m^3/s}$，不能满足生产要求。拟采用调整主要通风机转速的方法来维持原风量 $Q=58\ \mathrm{m^3/s}$，试求转速应调整为多少？

解：由通风机比例定律知，当通风机的叶轮直径 D 不变时，通风机的风量与转速成正比，即

$$n_2=\frac{Q_2}{Q_1}n_1=\frac{58}{51.5}\times 630=710\ \mathrm{r/min}$$

通风机的比例定律，在实际工作中有着重要的用途。应用比例定律，可以根据一台通风机的个体特性曲线，推算和绘制转速、叶轮直径或空气密度不相同的另一台同类型通风机的个体特性曲线。通风机制造厂就是根据通风机相似模型试验的个体特性曲线，应用比例定律，推算、绘制空气密度为 $1.2\ \mathrm{kg/m^3}$ 时，各种叶轮直径、各种转速的同类型通风机的个体特性曲线，供用户选择通风机使用。

2. 类型特性曲线

在同类型通风机中，当转速、叶轮直径各不相同时，其个体特性曲线会有很多组。为了简化和有利于比较，可将同一类型中各种通风机的特性只用一组特性曲线来表示。这一组特性曲线称为通风机的类型特性曲线或无因次特性曲线。通风机类型特性曲线的有关参数，可由比例定律得出。

1）压力系数（$\bar{H}$）

$$\bar{H}=\frac{H_{通}}{\rho u^2}=\mathrm{C}\quad（常数）\tag{7－34}$$

式中 $\bar{H}$ 称为压力系数，无因次。式（7－34）中，如果 $H_{通}$ 为通风机的全压，则压力系数称为全压系数；如果 $H_{通}$ 为通风机的静压，则压力系数称为静压系数。式（7－34）表明，同类型通风机在相似工况点，其压力系数 $\bar{H}$ 为常数。

2）流量系数（$\bar{Q}$）

$$\bar{Q}=\frac{Q_{通}}{\frac{\pi}{4}D^2u}=\mathrm{C}\quad（常数）\tag{7－35}$$

式中 $\bar{Q}$ 称为流量系数，无因次。式（7－35）表明，同类型通风机在相似工况点，其流量系数 $\bar{Q}$ 为常数。

3）功率系数（$\bar{N}$）

$$\bar{N}=\frac{1000N}{\frac{\pi}{4}\rho D^2u^3}=\frac{\bar{H}\bar{Q}}{\eta}=\mathrm{C}\quad（常数）\tag{7－36}$$

式中 $\bar{N}$ 称为功率系数，无因次。式（7－36）表明，同类型通风机在相似工况点，其效率相等，功率系数 $\bar{N}$ 为常数。

因为 $u=\frac{\pi Dn}{60}$，所以通风机的风压 $H_{通}$、风量 $Q_{通}$、功率 N 与相应的无因次系数的关系式为

$$H_{通}=0.00274\rho D^2n^2\overline{H} \tag{7-37}$$

$$Q_{通}=0.04108D^3n\overline{Q} \tag{7-38}$$

$$N=1.127\times10^{-7}\rho D^5n^3\overline{N} \tag{7-39}$$

同类型通风机的 $\overline{H}$、$\overline{Q}$、$\overline{N}$ 和 η 可以用通风机的相似模型试验来获得，即将通风机模型与试验管道相连接运转，并利用试验管道依次调节通风机的工况点，然后测算与各工况点相对应的 $H_{通}$、$Q_{通}$、N 和 η 值，利用上式计算出各工况点相应的 $\overline{H}$、$\overline{Q}$、$\overline{N}$ 和 η 值。然后以 $\overline{Q}$ 为横坐标，以 $\overline{H}$、$\overline{N}$ 和 η 为纵坐标绘出 $\overline{H}-\overline{Q}$、$\overline{N}-\overline{Q}$ 和 $\eta-\overline{Q}$ 曲线，即为该类型通风机的类型特性曲线，如图 7－34 为 4－72－11 型离心式通风机类型特性曲线。

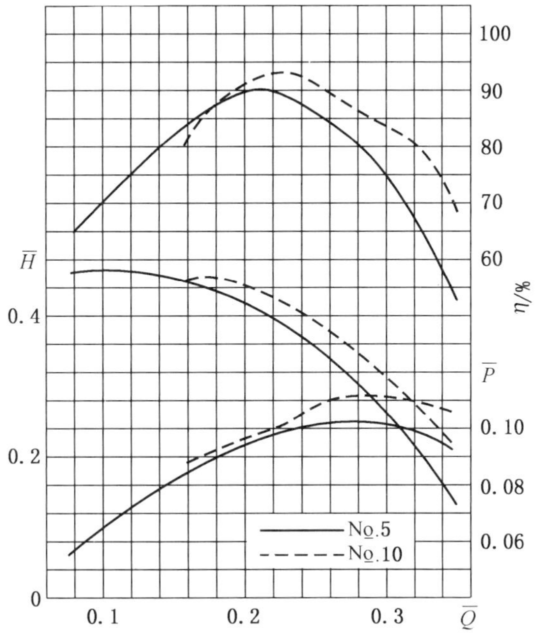

图 7－34　4－72－11 型离心式通风机类型特性曲线

对于不同类型的通风机，可以用类型特性曲线比较其性能，可根据类型特性曲线和通风机的直径、转数推算得到个体特性曲线，由个体特性曲线亦可推算得到类型特性曲线。需要指出的是，对同一系列通风机，当几何尺寸（D）相差较大时，在加工和制造过程中很难保证流道表面相对粗糙度、叶片厚度及机壳间隙等参数完全相似，为了避免因尺寸相差较大而产生误差，有些风机类型特性曲线有多条，可根据不同尺寸选用。在应用图 7－34 推算个体特性曲线时，№10、№12、№16、№20 号通风机就按№10 模型推算，№5、№6、№8 号通风机就按№5 模型推算。

第五节　甲烷检测仪器

便携式甲烷检测仪器主要有便携式光学瓦斯检测仪和便携式甲烷检测报警仪2种。瓦斯检查员必须携带便携式光学瓦斯检定仪。矿长、矿技术负责人、采掘与通风区队长、工程技术人员、爆破工、流动电工、班长下井时，必须携带便携式甲烷检测报警仪或便携式光学甲烷检测仪。便携式光学甲烷检测仪采用光干涉原理来测定瓦斯浓度，具有携带方便、操作简单、安全可靠、精度高、测量范围大、使用寿命长等优点，但构造复杂，维修不便，早期光干涉甲烷检测仪存在读数不直观等缺点。随着现代电子技术的发展，将现代检测技术与光干涉式瓦斯传感方法相结合，实现自动检测瓦斯浓度值、自动存储和自动处理检测结果并通过数码显示输出，同时增加声光报警等多种功能，使光干涉瓦斯检测仪在煤矿重新得到广泛应用。其测量范围和精度有2种：测量瓦斯浓度0～10.0%，精度0.01%；测量瓦斯浓度0～100.0%，精度0.1%。

一、便携式光学瓦斯检测仪

便携式光学瓦斯检测仪（光学瓦斯测定器）按量程可分为10%和100%两种，其工作原理与使用方法完全相同，现以AQG－1型光学瓦斯测定器（图7－35）进行介绍。

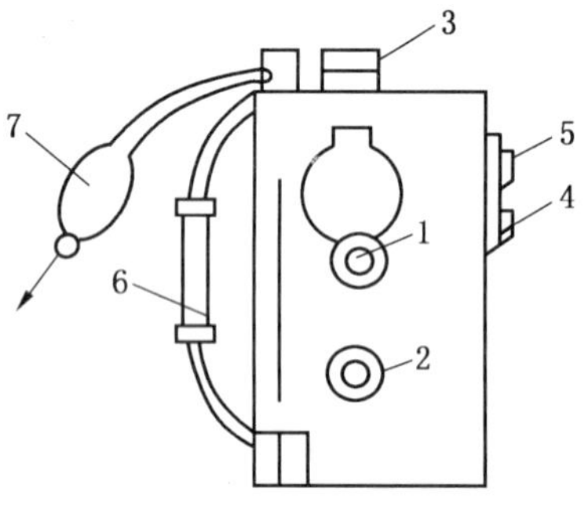

1—测微手轮；2—粗动手轮；3—目镜；4、5—按钮；6—附加吸收管；7—吸气球

图7－35　光学瓦斯测定器外部结构图

（一）使用前的准备工作

1. 检查药品是否失效

吸收管内的硅胶或氯化钙和钠石灰，如果变质或失效就会降低吸收能力，影响测定的准确性。药品颗粒的大小以3～5 mm为宜，太小则粉末太多，容易吸入气室，太大则药品不能充分发挥吸收能力。吸收管内的3块隔片就是为了使气体和药品表面充分接触而设置的。

2. 气密性检查

用左手堵住仪器的进气孔，右手捏挤吸气球，如果吸气球不膨胀还原，就证明仪器和吸气球都不漏气。

3. 检查干涉条纹是否清晰

把电池装入仪器，按下按钮，由目镜观察，旋转保护玻璃框，调整视度达到数字最清晰，再看干涉条纹是否清晰。如不清晰，可将光源灯泡盖打开，稍微转动灯泡座，直到清晰为止。

4. 清洗气室

使用前，必须用新鲜空气冲洗瓦斯室，但清洗地点与被测地点的温差不应超过10 ℃。因为不同温度的气体折射不同，因此对零地点和测量地点温度差太大，会引起测量误差；另外，这种仪器对温度的变化比较敏感，温度变化，会引起零位条纹移动（现场称为“跑正”或“跑负”），因此清洗气室一般在井底车场进行。

5. 干涉条纹的零位调整

如上所述，在新鲜风流中捏放吸气球 5 ~6 次，清洗气室后，首先按下按钮 5，转动测微手轮 1，使刻度盘的零位与指标线重合。然后按下按钮 4，转动粗动手轮 2，从目镜 3 中观察，将干涉条纹中最黑的一条与分划板上的零位线对准，并记住所对的这条黑线，旋上护盖。此后护盖不得再旋动，以免零位变动。

（二）瓦斯测定

1. 甲烷浓度的测定

测定时，将连接瓦斯入口的橡皮管伸至测定地点，然后慢慢捏吸气球 5 ~6 次。待测气体进入瓦斯室，由目镜中观察干涉条纹是否已移动，先读出干涉条纹在分划板上移动的整数（例如条纹移动到 3% ~4% 之间），然后转动测微手轮，把对零位时所选用的那条条纹移动到 3% 的刻度线上，再按下按钮 5，读出刻度盘上的读数，如果在 0.24% ~0.26% 之间，可读为 0.25%。这时所测定的结果为 3% +0.25% =3.25%。

测定后，应把刻度盘退到零位。

2. 二氧化碳浓度测定

（1）在二氧化碳浓度大的矿井里（没有甲烷），用该仪器测定二氧化碳浓度时，吸收剂不用钠石灰，只用硅胶或氯化钙吸收水蒸气。其实际浓度应为所读得的数据乘以 0.955。这是由于仪器出厂时的校正适合于甲烷浓度的测定，因此用于测定其他气体时，仪器所示读数并不是被测气体的实际浓度，必须进行换算，在空气中测定其他气体时，换算系数按下式求得：

换算系数 =（甲烷折射率 - 空气折射率）/（测定气体折射率 - 空气折射率）

不同气体的折射率见表 7 -2。

表 7-2　不同气体的折射率

气体种类	光源种类	折射率	仪器采用值
新鲜空气	白光	1.0002926	1.000292
二氧化碳	白光	1.000447 ~1.000450	1.000447
甲　烷	白光	1.000443	1.000440

测定二氧化碳时，换算系数是：

$$(1.000440 - 1.000292)/(1.00447 - 1.000292) = 0.000148/0.000155 = 0.955$$

（2）在有甲烷的地方测定二氧化碳，或是在测定甲烷的同时又测定二氧化碳，就必须测定甲烷和二氧化碳的混合浓度（不用钠石灰吸收二氧化碳，只用硅胶或氯化钙吸收水蒸气），然后再用钠石灰吸收二氧化碳来测定甲烷浓度，把两次测得的结果相减，所得的差数乘以 0.955，则得二氧化碳的实际浓度。例如，测得混合浓度为 4%，甲烷浓度为 3%，则二氧化碳浓度 =（4% -3%）×0.955 =0.955%。

3. 测定中应注意的问题

（1）测定中空气湿度过大，会使气室玻璃上产生雾气，灰尘容易附在上面，造成干涉条纹不清晰。因此，必须用硅胶或氯化钙来吸收水蒸气。必要时，可在仪器外再增加一支氯化钙吸收管。此外，光源各部分的接触不良、灯泡移动都会影响干涉条纹的清晰。

（2）所测甲烷读数比实际浓度偏高，原因可能是：钠石灰失效或吸收能力降低，把二氧化碳和甲烷的混合浓度误认为甲烷浓度；有时药品的吸收能力很好，但由于颗粒过大也会导致二氧化碳的不完全的吸收；另外，盘形管的堵塞也可能造成甲烷读数偏高。

如从浓度高地点转到浓度低的地点进行测定，发生读数偏高，可能是吸气球或吸气球到气室之间漏气，进气管路堵塞被压，即前一地区进入仪器的气体不能被后一地区的气体完全置换。所以每班都应检查仪器的进出气系统。

（3）所测甲烷读数比实际浓度偏低，原因可能是：第一，气室上所装盘形管和橡皮堵头以及与空气室连接的各个接头，有破裂漏气情况，使空气室的空气不新鲜，折射率增大，而使瓦斯室和空气中的气体折射率的差降低，故读数也随着降低；第二，瓦斯的进出口和吸气球漏气，接头不紧，使吸气能力降低，并在吸气时附近的气体渗入瓦斯室，冲淡了要测定的气体，结果读数偏低；第三，在准备工作地点调整零位时，空气不新鲜，或空气室与瓦斯室之间相互串气。

（4）空气中氧气浓度的变化对甲烷测定的结果影响很大，当氧含量降低时，读数产生正值偏差，在严重缺氧的密闭火区中检测甲烷时往往测值偏高。

二、便携式甲烷检测报警仪

便携式甲烷检测报警仪根据其工作原理可分为热导式、热催化式等。目前国内外广泛采用的是热催化式，主要原因是热催化式甲烷检测报警仪具有成本低、结构简单、受背景气体和温度影响小、输出信号电流大、信号处理显示方便、易实现自动检测等优点。

1. 热催化式甲烷检测报警仪

热催化式甲烷检测报警仪的工作原理是：利用甲烷在催化元件（俗称黑白元件）上的氧化生热（也称无烟燃烧）使催化元件的阻值发生变化，由催化元件和电阻组成的惠斯通电桥失去平衡，当瓦斯在元件表面发生无焰燃烧时，元件温度升高，阻值增大，电桥输出与瓦斯浓度成比例的电压信号，通过测量电信号的大小，达到检测甲烷浓度的目的。

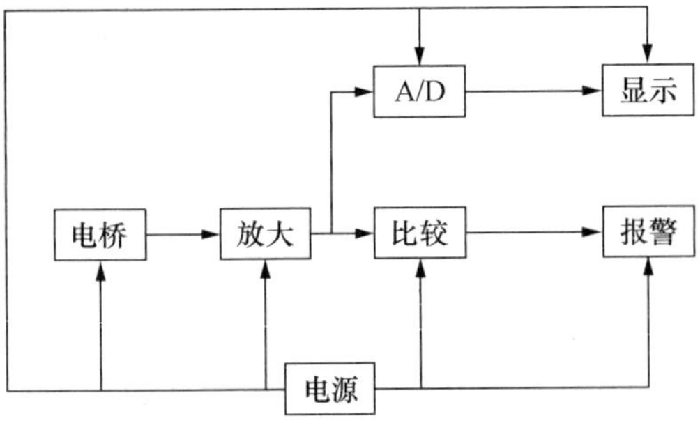

图 7－36　甲烷检测报警仪原理框图

我国根据这一原理制成的便携式热催化甲烷检测报警仪大体分为两类：一类是由电桥输出的电信号直接驱动电表指示甲烷浓度；另一类是电桥输出的信号经放大后，驱动电表或数字电路显示甲烷浓度，放大后的信号还可连接声光报警电路，提示甲烷超限。如图 7－36 所示，信号经比例放大后分为两路，一路经 A/D 转换、译码、驱动和数字显示电路；另一路经电压比较、驱动和声光报警电路。

2. 仪器的型号及主要性能技术指标

（1）仪器按使用功能可分为：

① 检测仪，以显示功能为主的仪器，以下称 A 类仪器。

② 报警仪，以报警功能为主的仪器，以下称 B 类仪器。

③ 测报仪，兼有显示和报警两种功能的仪器，以下称 C 类仪器。

各类仪器中凡属供班组集体使用的，其分类符号均应加下标“j”，如 B_j、C_j 类。A 类仪器不宜供班组集体使用。

（2）仪器按下面的方法命名和编制型号：

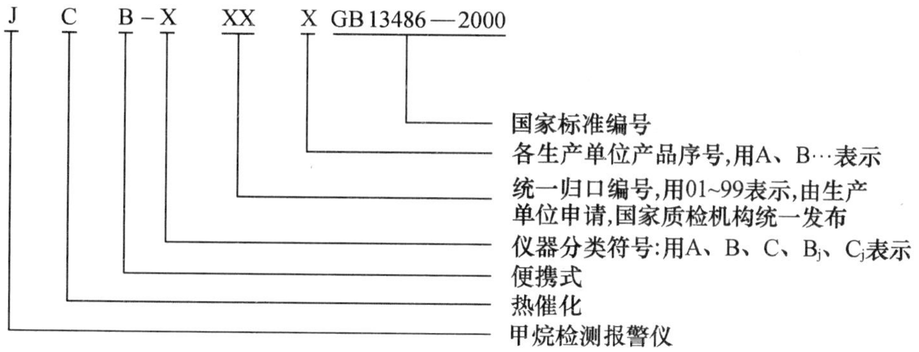

示例：JCB－C_j98AGB 13486—2000，即为某生产单位的供班组集体使用的兼有显示报警功能的第一种仪器，统一归口编号为 98。

（3）仪器测量范围可采用：

①0～3% CH_4。

②0～4% CH_4。

③0～10% CH_4。

（4）仪器报警点设置范围可采用：0.5%～2% CH_4。

（5）仪器应能适应下列环境大气条件：

① 贮存温度：－40～60 ℃。

② 工作温度：0～40 ℃。

③ 相对湿度：≤98%。

④ 气压：68～115 kPa。

⑤ 风速：0～8 m/s。

（6）仪器基本功能：

① A 类和 C 类仪器的显示值应为二位以上（含二位）有效读数，且有显示值极性标志。

② B 类和 C 类仪器应有报警和报警自检功能。

③ 各类仪器均应有电源欠压自动关断功能和防高浓度甲烷冲击措施。

（7）与仪器配套使用的充电器，应有充电指示及防过充功能，应保证充电效果良好。

（8）仪器允许的基本误差应符合表 7－3 的要求，仪器允许的报警误差应符合表 7－4 的要求。

表 7－3　基本误差　　% CH_4

检测范围	0～1.00	＞1.00
允许误差	±0.10	真值±10%

表7－4　报　警　误　差　　　　% CH_4

报警范围	0.5～1.00	>1.00～2.00
允许误差	±0.10	真值±10%

(9) 仪器的工作位置偏离规定状态时，其显示值或报警点产生的附加误差应在±0.03% CH_4 范围内。

(10) 仪器的响应时间：检测元件连续工作的仪器应不大于30 s；间断工作的仪器应不大于15 s，其中，自动间断工作的仪器的响应时间还应比其设定的测量时间少5 s。

(11) 仪器的报警功能应符合下列要求：

① 报警点应能在0.50%～2.00% CH_4 范围内任意设置。

② 报警时，在距讯响器1 m远处，供班组集体使用的仪器其报警声音应不小于80 dB，其报警光信号在暗处的能见度应不小于20 m。

(12) 仪器的电源应采用无“记忆效应”电池或防“记忆效应”措施。电池正常充电后，各类仪器工作时间应不小于9 h；工作中，均不应出现欠压和超差，且B类和C类仪器的报警性能应正常。

(13) 仪器连续运行7 d时（每天工作9 h），其基本误差或报警误差均不应超差。

三、JCB－C68A型便携式多功能甲烷检测报警仪

JCB－C68A型便携式多功能甲烷检测报警仪是一种可连续自动检测环境中甲烷浓度、数字显示、具有声光报警功能的便携仪器。当甲烷浓度超过设定的报警点时，仪器能发出声、光报警信号。它具有连续检测、自动报警、故障显示、欠压显示、体积小、质量轻、操作简单、使用方便等优点。

1. JCB－C68A型便携式多功能甲烷检测报警仪工作原理

JCB－C68A型便携式多功能甲烷检测报警仪采用热催化原理，其中由热催化元件、金属膜电阻和调节电位器组成了惠斯通电桥。当环境中的气体以扩散方式进入元件气室时，在载体催化元件表面发生催化氧化反应，桥路输出与甲烷浓度成正比的电信号，由差分电路运算放大，经A/D转换成数字信号，送单片机完成信号处理。当被测气体中甲烷浓度超过预定数值，报警电路发出声、光报警信号。当瓦斯浓度超过4% CH_4 时，由单片机控制切断工作电源，防止催化元件被激活，延长元件使用寿命。

2. JCB－C68A型便携式多功能甲烷检测报警仪功能特点

(1) 实现甲烷的实时测量和显示。

(2) 实现甲烷超限声、光报警功能。

(3) 零点自动跟踪功能。

(4) 具有欠压自动关机功能。

(5) 具有甲烷测量数据存储功能。

3. JCB－C68A型便携式多功能甲烷检测报警仪主要技术参数

工作环境条件

温度	0～40 ℃
相对湿度	≤98%

大气压力	86 ~ 116 kPa
测量范围	(0 ~ 4.00)% CH_4
基本误差	
(0 ~ 1.00)% CH_4 时	±0.10% CH_4
(1.50 ~ 4.00)% CH_4 时	±0.3% CH_4
报警点	在测量范围内可任意设定
报警方式	声、光报警(声级强度≥80 dB，光可见度≥10 m)
分辨率	0.01% CH_4
仪器充满电后，连续工作时间	≥9 h
电池最高开路电压	≤DC4.2 V，容量 1.6 A · h

4. JCB－C68A 型便携式多功能甲烷检测报警仪电路组成

JCB－C68A 型便携式多功能甲烷检测报警仪电路框图如图 7－37 所示，硬件电路由前置测量电路、单片机及外围电路组成。

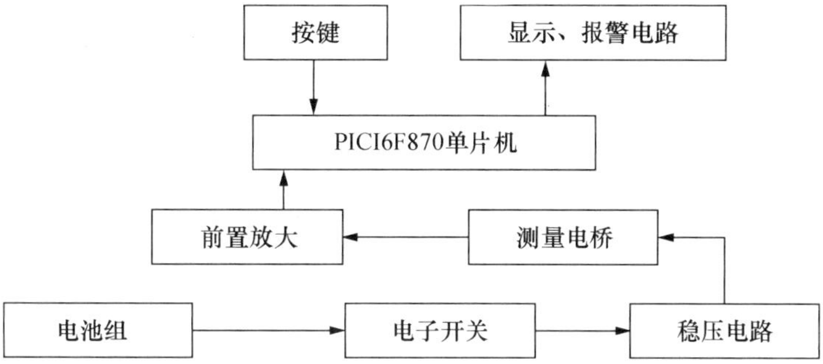

图 7－37 JCB－C68A 型便携式多功能甲烷检测报警仪电路框图

前置测量电路包括由电池组、电子开关、稳压电路组成的稳压电源，催化元件组成的测量电桥，差动前置放大电路；外围电路包含按键、显示电路、报警电路。显示电路由 4 个数码管及驱动电路构成，报警电路由蜂鸣器、高亮度发光管及驱动电路构成，按键完成时钟、零点、满度、报警值等参数值的设定。

四、JCB－C93 型便携式甲烷检测报警仪

JCB－C93 型便携式甲烷检测报警仪能够准确地检测甲烷含量，当被测气体中甲烷浓度超过预定数值时，将声光报警。除了完成测量显示、声光报警基本功能以外，该仪器还具有时间显示，数据存储、回放，灵敏度测试等多种功能。

1. JCB－C93 型便携式甲烷检测报警仪工作原理

JCB－C93 型便携式甲烷检测报警仪采用热催化原理检测井下环境中甲烷气体的浓度，其中由热催化元件、金属膜电阻和调节电位器组成了惠斯通电桥。当环境中气体以扩散式方式进入元件气室时，在催化元件表面发生催化氧化反应，桥路输出与甲烷浓度成正比的电信号送 A/D 转换成数字信号，由单片机完成对信号的处理、显示、报警，并完成各种控制；当环境中甲烷浓度超过 5% CH_4 时，由单片机控制切断元件工作电源，防止元件被

激活，延长元件使用寿命。

2. JCB－C93 型便携式甲烷检测报警仪功能特点

（1）采用新型载体催化元件（黑黑元件），整机稳定性提高。

（2）采用贴片元器件及镍氢电池，整机体积小。

（3）整机调校周期长，寿命延长。

（4）采用零点自动跟踪技术，仪器零点稳定性得到很大提高。

（5）采用智能充电技术，保证仪器正常工作，延长电池使用寿命。

3. JCB－C93 型便携式甲烷检测报警仪主要技术指标

测量范围	0.00～5.00% CH_4
测量误差	0.00～2.00% CH_4，误差小于 0.1% CH_4；2.00%～2.50% CH_4，误差小于 0.2% CH_4；2.50%～3.00% CH_4，误差小于 0.3% CH_4
报警点	0.5%～2.00% CH_4 连续可调
催化元件寿命	1 年半以上
整机工作电流	100 mA
电池种类	3 节 AA 镍氢电池组
工作时间	一次充电工作时间大于 12 h
防爆等级	ibd Ⅰ（150 ℃）矿用本安兼隔爆型

4. JCB－C93 型便携式甲烷检测报警仪硬件电路

JCB－C93 型便携式甲烷检测报警仪硬件电路由前置测量电路和单片机及外围电路组成，整机原理框图如图 7－38 所示。前置测量电路由稳压电源、催化元件组成的惠斯通电桥、差动前置放大电路构成。其中，催化元件采用黑黑元件，比以往使用的黑白元件具有更高的零点稳定性和灵敏度稳定性，仪器的调校周期由 1 年延长到了 1 年半。

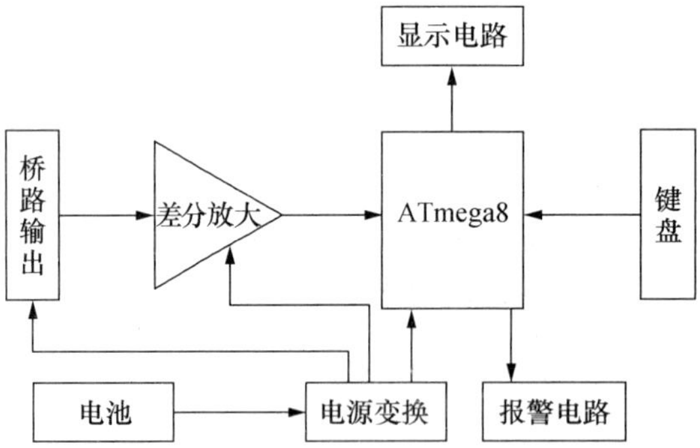

图 7－38　JCB－C93 型便携式甲烷检测报警仪原理框图

硬件电路主要由以上几个部分组成，惠斯通电桥完成甲烷浓度到电信号的转换，由差分电路完成对小信号的放大，由 ATmega8 单片机完成 A/D 转换和数据处理，电源部分完成系统所需电源转换，键盘和显示电路完成人机对话，报警电路完成仪器声光报警。

5. JCB－C93 型便携式甲烷检测报警仪软件

软件采用功能模块化设计，框图如图 7－39 所示，主要由主程序、初始化、按键处理、数据显示、A/D 采样、零点及灵敏度调校程序、零点自动跟踪和中断服务程序等几大模块程序组成，同时还采用了软件滤波技术，以保证测量的稳定性。

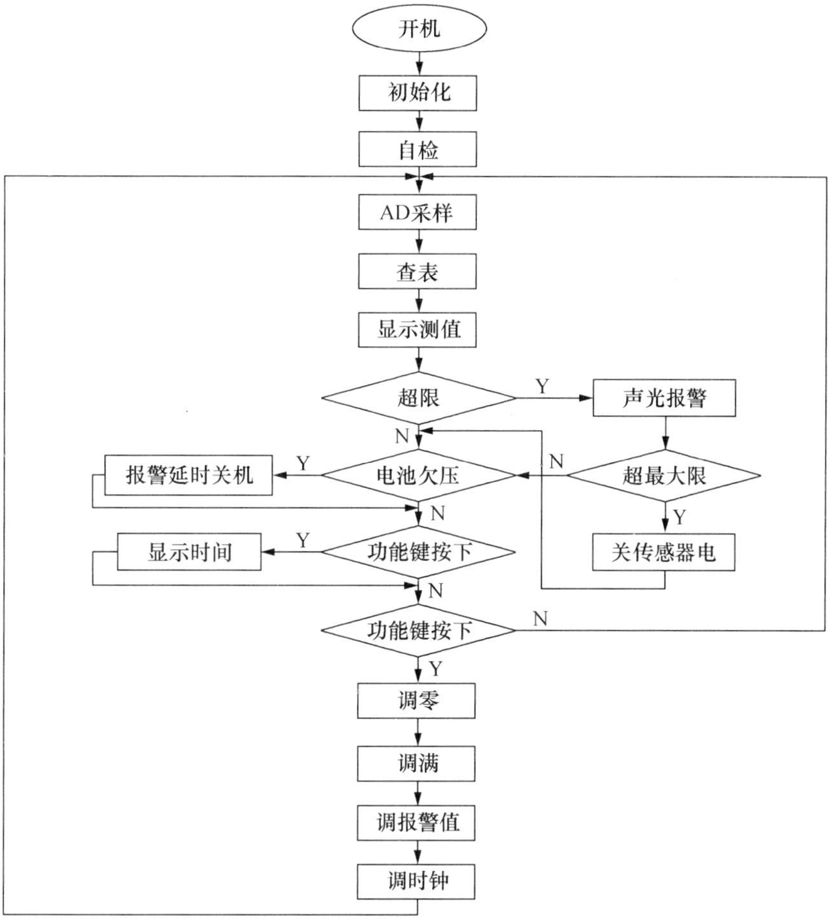

图 7－39　JCB－C93 型便携式甲烷检测报警仪软件程序框图

初始化程序完成开机后单片机有关模式及初态的设置，并调出存于 AVR 单片机内部 ROM 的零点补偿值、灵敏度系数等各种参数；自检程序完成单片机及一些关键电路的自诊断，并对故障给予提示；按键及显示程序实现人机对话功能，主程序完成数据测量、零点及灵敏度的调试和各功能模块的循环调用。软件设计采用了零点自动跟踪技术，当温度、湿度等环境因素发生缓慢变化时，仪器的零点也将随之漂移，使用单片机软件编程给予自动补偿，从而大大地提高了仪器的零点稳定性和整机性能。

五、便携式甲烷检测报警仪的使用与维护

便携式甲烷检测报警仪应设专职人员负责充电、收发及维护。每班要清理隔爆罩上的煤尘，下井前必须检查便携式甲烷检测报警仪的零点和电压值，不符合要求的禁止发放使用。

便携式甲烷检测报警仪应固定专人使用，使用时要严格按照产品说明书进行操作，严

禁擅自调校和拆开仪器。

使用时首先在清洁空气中打开电源，预热 15 min，观察指示是否为零，如有偏差，则需调零。

测量时，用手将仪器的传感器部位举至或悬挂在检测点，经 30 s 的自然扩散，即可读取瓦斯浓度的数值；也可由工作人员随身携带，在瓦斯超限发出声、光报警时，再重点监视环境瓦斯或采取相应措施。

在使用仪器时应注意以下几点：

（1）要保护好仪器，在携带和使用过程中严禁猛烈摔打、碰撞，严禁被水浇淋或浸泡。

（2）便携式甲烷检测报警仪不适宜在含有 H_2S 的地区以及瓦斯浓度超过仪器允许值的场所中使用，以免仪器产生误差或损坏。

（3）对仪器的零点、测试精度及报警点应每 7 d 定期进行校验，以保证仪器测量准确、可靠。

第八章

作业项目的实施

第一节　局部通风机的安装与拆除

一、质量标准

（1）局部通风机的安装和使用地点符合《规程》的规定，保证正常运转，不发生循环风。要挂局部通风管理牌板和检查牌板。管理牌板内容包括施工地点，主风机、备用风机型号和额定风量，安装时间，掘进长度，风筒规格、数量及长度，吸入风量，末端风量，测定时间，测定人。检查牌板内容包括安设地点，班次，瓦斯浓度，二氧化碳浓度，检查时间，检查人，安装和使用是否符合规定，运转是否正常。

（2）局部通风机要指定人员进行管理(瓦检员、爆破工、电工不得兼管)，并挂看管人员牌。风机工持证上岗，熟练掌握局部通风机操作程序，不得随意停开风机。风机工必须随身携带局部通风机停开记录手册，现场交接班。启动局部通风机必须执行“三人同在”制度。

（3）严禁3台以上（含3台）局部通风机同时向一个掘进工作面供风。1台局部通风机不准同时向2个作业的掘进工作面供风。风筒末端距工作面距离：煤巷不超过5 m，岩巷不超过10 m。

二、安装与拆除

1. 局部通风机的搬运、安装

（1）在掘进工作面开掘之前，按作业规程的设计要求，领取符合本掘进工作面所需风量的局部通风机，并对局部通风机进行检查和试运行，合格后方可下井。

（2）根据安装局部通风机的工作要求，携带好各类工具。

（3）用矿车或岔车装运局部通风机时，要用铁丝固定好，机身两侧和上部高度不得超出车身规定的长度，应符合运输要求，并要有专人负责跟电机车工、信号工、把钩工联系，运送到接车地点。

（4）在地面用平板车装运局部通风机时，轮胎要打足气，装上后，要固定好，一人在前面拉，另外有专人跟在后面推扶，防止滚落。

（5）人工搬运局部通风机时，要用足够强度的钢丝绳索来抬，要系牢抬稳，并注意路道和来往车辆。通过带式输送机或刮板输送机时要和司机取得联系，停止运行后方可通过。

在上下电绞眼时，要执行“走人不走钩，走钩不走人”制度，严禁用滚动方式来搬运。

（6）装卸车时要互相配合，稳起稳放，防止损坏设备和挤、碰伤装卸人员。

（7）局部通风机运送到指定位置后，进行安装，安装时要做到：

① 按作业规程的要求确定安装位置，顶板、两帮支护完好，没有淋水。

② 局部通风机安装地点距回风口不得小于 10 m，并用铁丝或钢丝绳吊挂，或用道板垫起，离地高度不小于 0.3 m。机体安装要稳固，不能滑落。

③ 局部通风机安装时应将风机、消声器（低噪声风机除外）、过渡节、整流器之间用衬垫和螺丝固定上紧，连成一个整体。它们的顺序是整流器—消声器—风机—消声器—过渡节—风筒。

（8）湿式除尘风机安装结束后，应检查风叶与筒壁的间隙，其任何方向间隙小于 2.5 mm 时，不得投入运行。

（9）安装完后，要认真进行检查，确认局部通风机安装质量符合通风质量标准化标准要求，与施工单位签收交接完后，收拾好工具，方可离开工作地点。

（10）当一个局部通风地点贯通后形成全负压通风时，可以进行风机的拆除回收工作。

2. 拆除回收工作

（1）确定风机可以拆除。由技术科下达拆除通知书，本单位做出任务单，进行拆除。

（2）做好停电计划，到达地点后，先进行停电，然后把风机的接线从开关上甩下来。

（3）如果是吊挂的，应先把风机放下来，同时把风筒从过渡节上卸下；如果是垫高的，直接就可以拆卸。

（4）拆卸螺丝，卸下消声器、衬垫以及整流器、过渡节。

（5）装上矿车，捆扎好，按装运风机时的要求回收上井。

（6）把衬垫、螺丝收拾好，一并回收上井，下次可以再使用。

（7）清理现场，收拾好工具，符合要求后，方可离开。

3. 工具

风机、消声器（低噪声风机除外）、过渡节、整流器、衬垫、螺丝、铁丝或细钢丝绳、扳手、钳子等。

4. 注意事项

（1）每项工作都要按规定和质量标准进行。

（2）职工要持有煤矿安全资格证，开电绞车还必须有电绞车司机证，挂钩工必须有挂钩工证等，不得无证开车。

（3）运送、拆除、回收过程中防止损坏局部通风机的接线盒，防止挤、碰、压瘪风机外壳或使风机叶片变形。防止损坏风机、消声器两端接口使螺丝衬垫上不紧，造成高压部位漏风。

第二节 通风设施的修建

一、矿井永久性风门的构筑

1. 风门的质量要求

制作与安装风门应符合下列要求：

（1）风门墙垛四周应掏槽，要见硬顶、硬帮，与煤岩接实。一般来说，掏槽深度在煤中不小于0.3 m，在岩石中不小于0.2 m。

（2）风门墙垛应用不燃性材料建筑，厚度不小于0.5 m；墙面应平整，无裂缝、重缝，严密不漏风。

（3）门框要包边沿口，有可缩性衬垫；门扇平整，门扇与门框不得歪扭，四周接触严密。

（4）木制风门门板采用双层错缝或单层对口结构，厚度不小于30 mm；铁制风门铁板厚度不小于2 mm。

（5）风门对关闭方向应有适当的倾角（注：风门与巷道底面的夹角一般为80°～85°），使其能依靠门扇的自重自动关闭。

（6）门框下设门槛，过车巷道门槛处留轨道槽缝；水沟通过风门处要设反水池或挡风帘；电缆、风管、水管孔要堵严。

（7）风门前后5 m内巷道支架完好，无空帮、空顶，无杂物，无积水和淤泥。

（8）自动风门结构要灵活、可靠，门开启时有足够的断面通过矿车，关闭时接缝严密。

（9）风门漏风率不大于3%。

2. 设置风门的注意事项

（1）风门应迎风开启，使风门承受风压作用关闭得更为严密，防止受通风压力的作用自行启开。

（2）为了防止在行人、行车时开启风门造成风流短路，应在同一巷道内至少设置2道风门。行人、行车时，禁止将2道风门同时启开。在风压高的地区，为了减少漏风，应设置3道以上的风门。

（3）行人巷道中，2道风门间的距离不得小于5 m。在行驶电机车的巷道中，2道风门的距离应大于1列车的长度，以防止列车通过时2道风门同时打开而造成风流短路。在这类巷道中应设置自动风门，如设普通风门，需有专人看管。设置自动风门的巷道如需同时行人时，应在其一侧另外安设专供行人的普通风门。

（4）《规程》第一百四十四条规定：进、回风井之间和主要进、回风巷之间的每个联络巷中，必须砌筑永久性风墙；需要使用的联络巷，必须安设2道连锁的正向风门和2道反向风门。

反向风门是指与正向风门开启方向相反的风门。它是为了实现矿井反风，而又不致风流短路而构筑的风门，平时开启，反风时关闭。

（5）《规程》第一百五十五条规定：控制风流的风门、风桥、风墙、风窗等设施必须可靠。不应在倾斜运输巷中设置风门；如果必须设置风门，应当安设自动风门或设专人管理，并有防止矿车或风门碰撞人员以及矿车碰坏风门的安全措施。开采突出煤层时，工作面回风侧不得设置调节风量的设施。

3. 使用工具材料

（1）工具：锯、斧子、大锤、抹子、铁锹、水桶、米尺、铅笔（或粉笔）、钎子和手镐（或风镐）。

（2）材料：红砖、料石、水泥、黄砂、铁质横梁、木质横梁和木板等。

4. 操作顺序

验收材料—清理操作现场（安全检查）—施工—质量检查—清理操作现场—考核验收。

5. 永久性风门的砌筑方法

在有水沟的巷道中砌风门墙垛前，必须先砌反水池。

安放门框时应按以下规定进行：

（1）先安放下坎，下坎的上平面要稍高于轨面，下坎设好后再安装门框及上坎横梁，要求门框与门槛互成直角，上、下坎应互相平行。

（2）根据风压大小，门框应朝顺风方向倾斜一定角度，一般以 85°左右为宜。调好门框倾角后，用棍棒、铁丝将门框稳固。

（3）按照密闭的施工顺序，进行掏槽、砌墙、砌墙垛，要求两边墙垛施工平行进行。逐渐把门框牢固嵌入墙垛内。

（4）若需要在风门墙垛中通过电缆线路，在砌墙时要预留孔口孔位。

（5）反向风门要与正向风门同时施工，除门框倾斜角度、开关方向与正向风门相反外，其余要求与正向风门相同。

（6）风门墙垛砌好后，墙两边均要用细灰砂浆勾缝或满抹平整，做到不漏风。水泥砂浆凝固后，方可挂风门扇。在有轨道的巷道中安设风门时，应设置底坎。

（7）安装门轴时，应将做好的门轴带螺钉的一端打入在门框上钻取的孔内，并打正装牢。

（8）安装门扇时，应将门带上的圆孔套入门框的轴上，并使门扇与门框四周接触严密，要求风门不坠、不歪，开关自如。

（9）风门下部及水沟处应钉挡风帘，确保严密不漏风；管线孔应用黄泥封堵严实。

（10）安设有自动开关装置的主要通车风门时，应保证其灵敏可靠、开关自如。

（11）进、回风井之间和主要进、回风巷之间的风门要安设连锁装置。

6. 注意事项

（1）使用工具施工时应穿戴好劳动保护用品。

（2）人员应服从安排，注意班组成员之间的相互协作。

（3）严格按操作规程的要求进行操作。

（4）注意操作地点的顶板、瓦斯、风量、风速的变化情况，确保施工安全。

（5）完成永久风门构筑操作后，要仔细检查工作地点，不得遗漏物品、工具、配件等。

二、永久性密闭的构筑

（一）永久性密闭

为了长期切断风流，采用砖石或混凝土等不燃性材料构筑的坚固的风墙，称为永久性密闭，如图 8－1 所示。一般服务年限在 2 年以上的风墙都应建成永久性密闭。为了便于检查密闭区内的气体成分及密闭区内发火时便于灌浆灭火，风墙上应设观测孔和注浆孔；密闭区内有水时，应设放水管或反水沟以排出积水。为了防止放水管在无水时漏风，放水管一端应做成 U 形，利用水封防止放水管漏风。

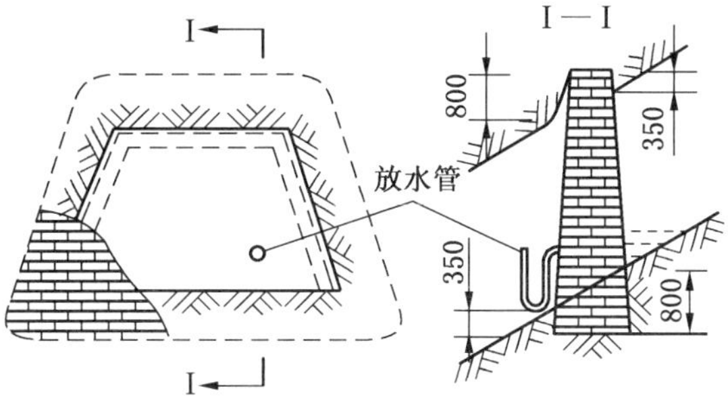

图 8－1　永久性密闭

(二) 永久性密闭的设置及构筑方法

根据所用的材料不同，井下常见永久性密闭有木段密闭、砂袋或土袋密闭、混凝土块(图 8－2)或料石密闭、混凝土浇筑密闭、砖密闭、充填式密闭和混合型密闭等。

1. 木段密闭的砌筑

木段密闭是矿井常用的永久性密闭之一。它用一段段旧坑木和直径为 15～25 cm、长为 0.7～1.5 m 的木段砌成。各个木段顺长堆放(图 8－3)，木段间用黏土或水泥砂浆砌筑，砌体用楔子挤紧。

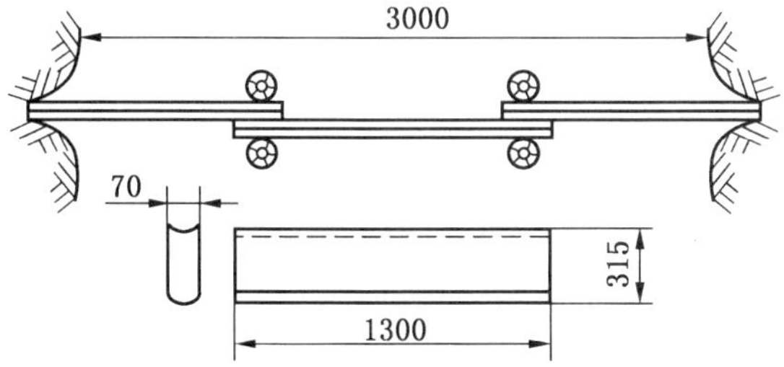

图 8－2　混凝土块密闭墙

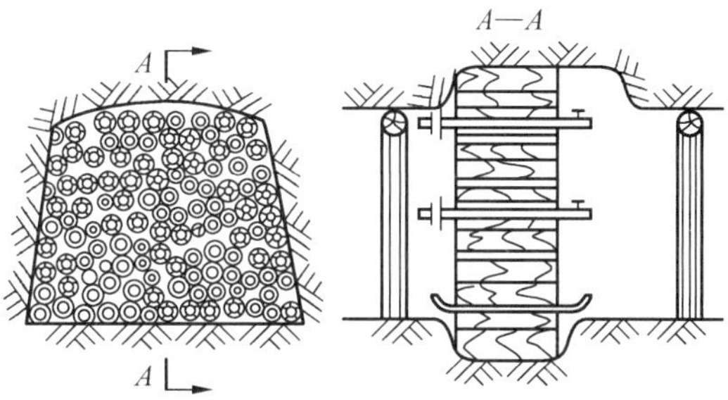

图 8－3　封闭式木段密闭

木段密闭的砌筑方法如下：开始时，开凿沟槽，用水冲刷底板沟槽，并用砂浆充填。然后堆放第一层木段，用砂浆大致铺平，砂浆厚度约为 5～7 cm，并在两木段空隙较大的地方加上用坑木做成的楔子(不是按木段全长加入)。再堆放第二层木段，但是上层木段对下层木段要错开铺放。这样一直铺设到顶板。砌完木段(巷道已封闭)后对密闭加楔。首先，楔子是沿密闭四周边缘打入，然后才在密闭中部打入。加楔时，一直打到楔子不再向前进入为止；楔子的外露部分用弓锯锯断。密闭的木段端面用黏土(水泥浆)涂抹，石灰刷白。

在砌筑密闭的同时，按要求可铺设放水管和取气样管等。

大部分的木段密闭都是封闭式的，但有时也砌筑有门的木段密闭(图 8－4)。为此，要预先制作强度高的专用门框；门框安设在一层排好的木段上，大约距离巷道底板的高度为 0.4～0.5 m。门框与其相近的木段之间的缝隙用砂浆和楔子充填。门框断面根据需要确定，如果是为了使带氧气呼吸器的人员通过时，断面可设计为 1.0 m×0.8 m。在砌筑结束后，门和整个密闭要用黏土涂抹和粉刷。有时，为了加强火区的隔绝，要砌筑双层木段密闭（图 8－5）。首先砌筑起双层密闭墙的部分 1，这层密闭墙厚度较小，一般为 0.6 m。然后在距第一排木段后面约 0.5～1.0 m（或更远些）设木板密闭墙 3，在 1 和 3 之间形成的空间内用黏土或其他致密的物质充填捣实。在紧靠木板密闭外侧砌筑第二排木段密闭 4，要比第一排木段长一些。砌完后用黏土涂抹并粉刷。

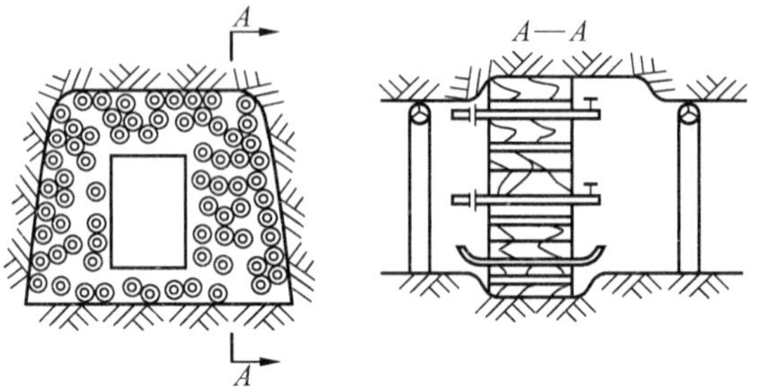

图 8－4　有门的木段密闭

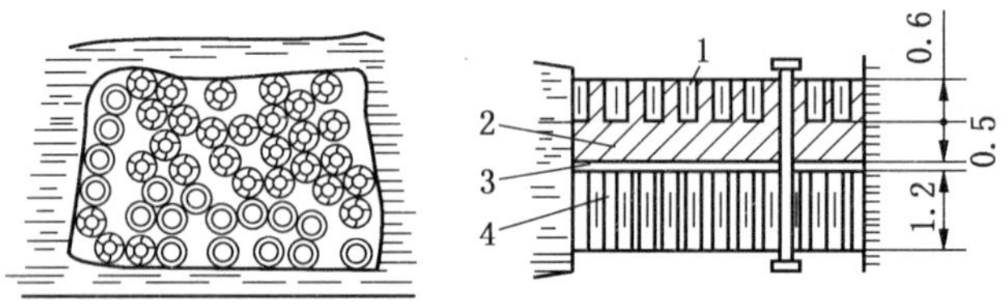

1—第一排木段；2—捣实的黏土；3—木板密闭墙；4—第二排木段

图 8－5　用黏土构筑成的双层木段密闭墙

2. 充填式密闭

黏土充填、水砂充填或其他致密性材料的充填式密闭是煤矿隔绝灭火时常采用的方式，图 8－6 所示为两排单幅的木板密闭 1 和 2（或其他临时密闭薄墙）。它们之间的空间用湿黏土 3 充填。为增加密闭的稳定性，紧靠密闭外侧安设一行立柱 4。

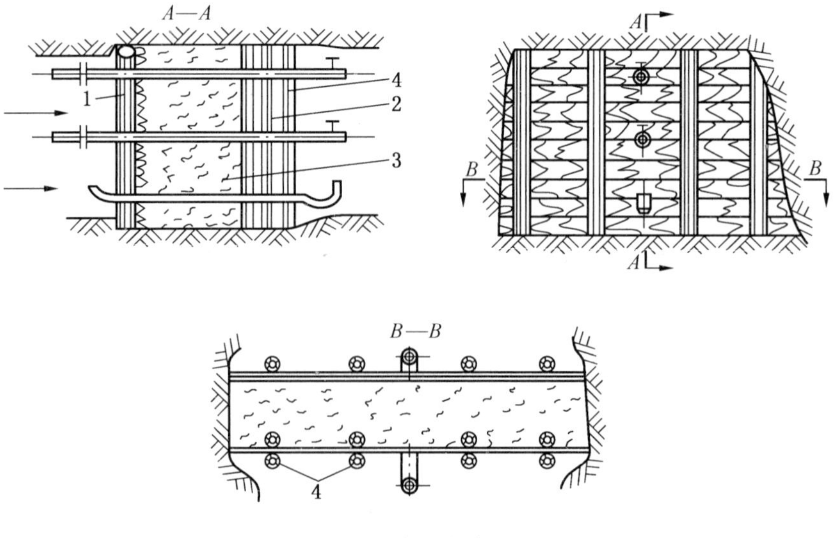

图 8－6　黏土充填密闭

充填式密闭的构筑方法是：

首先选择一段支护完好、裂缝较少的巷道开凿沟槽。沟槽的长度根据密闭的厚度来定。在沟槽的内侧打一行立柱 1，钉上木板形成第一道板闭（砌筑方法与木制临时密闭相同）。在沟槽的外侧打一行立柱 2，在钉木板的同时要用黏土充填两道密闭的空间，并将黏土捣实。当两道密闭空间全部用黏土充满捣实后将第二道板封闭严。最后把密闭整个表面涂抹砂浆，并用石灰刷白。

如果填土密闭不得不在具有深裂隙的巷道里砌筑时，除了按上述方法砌筑填土密闭外，还应在密闭外侧沿巷道两帮设置翼墙（图 8－7）。为此在巷道里安设一行立柱 1；在立柱后面安设木板 2；在巷道两帮和木板之间的空间里，填塞黏土 3，并用力捣实。

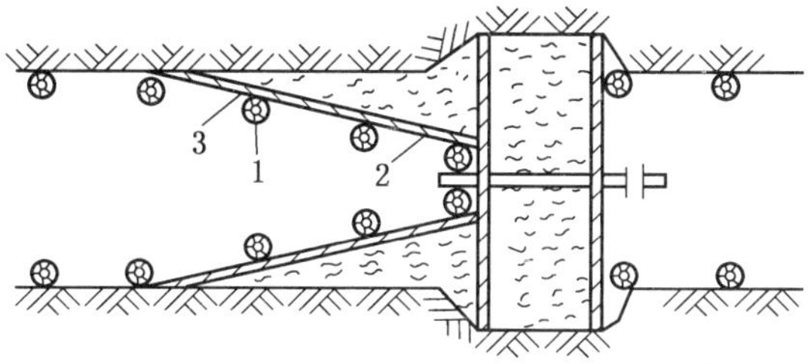

图 8－7　有翼墙的填土密闭

有翼墙的填土密闭结构较简单，砌筑时间较短。但是需要定期观测和维修，因为这种密闭不能很好地支承岩石压力，容易出现裂隙，另外容易受到矿井水的破坏。

3. 砖石密闭的砌筑

砖石密闭是煤矿中最基本的密闭，多用于通风密闭（隔绝瓦斯区）和防火密闭。根据具体要求，密闭墙的厚度可为 1.5、2、2.5 和 3 砖长边宽（砖石密闭厚度应以一块砖的长边倍数计算，砖石的长边算作是整砖，而砖石的短边作为半砖）。

当砌筑砖石密闭时，通常采用链式砌法。相邻的两行砖，必须按规则错缝，这样才能得到坚固的砖石砌体。起隔绝作用的砖石密闭，通常使用比例为 1∶3 和 1∶4 的水泥浆填缝。

4. 砌筑砂袋或土袋密闭

砂袋（或土袋）密闭用充满砂（或黏土及其他惰性的松散材料、塑性材料）的袋砌筑而成（图 8－8）。这种密闭砌筑时间快，常在隔绝灭火时采用，如果堆放一定厚度，则能起到耐爆和缓冲瓦斯爆炸冲击作用。因此它常作为防爆密闭的一部分。它的最大缺点是气密性差；此外，袋子燃烧或损坏，砂子会倾出引起密闭塌落，稳定性较差。砂袋密闭的堆砌方法是：

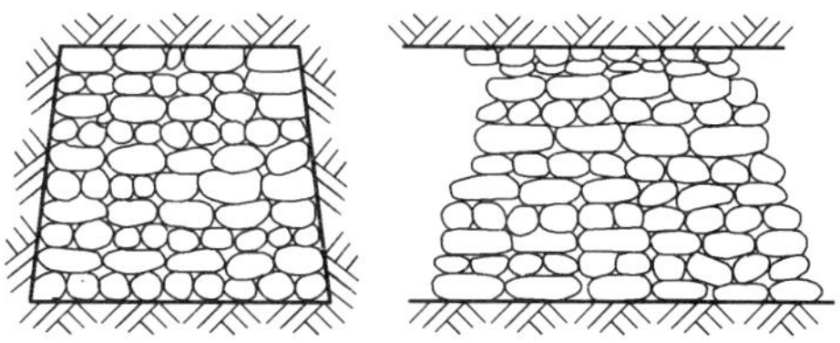

图 8－8　砂袋密闭

（1）装袋，把袋充满 3/4 体积的砂或黏土，不能装满，然后用细绳缝口或系口。袋子不装满的原因是使砂袋具有必须的柔性，这样不论在底板上，还是在巷道两帮都能把不平坦地方紧密地填满。

（2）堆砌，按下列程序进行：第一层袋的长面沿着巷道方向堆砌，袋间的空隙用砂充填；第二层袋的长面垂直于巷道方向堆砌，以上各层交错堆砌。为了使密闭漏风少，在靠近巷道顶板的两层砂袋里，应装入袋容量的1/2或1/3的砂子，这样才能紧紧地靠着巷道顶板把砂袋堆砌起来。

（三）密闭的建筑质量要求

1. 永久性密闭的建筑质量要求

（1）用不燃性材料建筑，严密不漏风，墙体厚度不小于0.5 m。

（2）密闭周边要掏槽（砌碹巷道要破碹后掏槽，掏槽深度符合有关规定的要求），见硬底硬帮且与煤岩接实，并抹有不少于0.1 m的裙边。

（3）密闭墙面平整（1 m内凸凹不大于10 mm，料石勾缝除外），无裂缝（雷管脚线不能插入）、重缝和空缝。

（4）密闭内有水的要设反水池或放水管；有自然发火煤层的采空区，风墙要设观测孔、注浆孔，孔口封堵严实。

（5）密闭前无瓦斯积聚。

（6）密闭前5 m内无杂物、积水和淤泥。

（7）密闭前5 m内支架完好，无片帮、冒顶。

（8）密闭前要设栅栏、警标、说明牌板和检查箱（入排风之间的密闭除外）。

2. 安全规定

（1）通风设施的施工，必须按照施工设计在设计位置施工，设计要符合有关规定；不得随意改变安装位置和种类。

（2）必须使用设计规定的材料，不得随意更改。

（3）密闭外的钢轨、电缆、管路必须断开，不得与密闭内的连通。

（4）在架线巷道中进行工作时，必须先和有关单位联系，在停电、挂好“有人工作，不准送电”的停电牌、设好临时接地线及保护好架线后才能施工。

（5）施工人员随身携带的小型材料和工具要拿稳，利刃工具要装入护套内，材料应捆扎牢固，要防止触碰架空线等其他物品。

（6）在运输巷道中施工风门时，要设专人指挥来往车辆，做到安全施工。

（7）每个风门前后5 m内的支护要保证完好，并应清理剩余材料，保持清洁、通畅。

（8）每个密闭前5 m内的支护要保证完好，按规定要求打好栅栏。

（9）行车风门间距不少于一列车长度，行人风门间距要大于5 m。

（10）风门必须能够自动关闭；两道风门之间要安装连锁装置，保证不能同时打开。

（11）在刮板输送机道、运输机道运料时，要注意安全。不准用刮板输送机及带式输送机运送材料。

（12）密闭、风门、风桥等通风设施的位置应选择在顶帮坚硬、未遭破坏的煤岩巷道内，尽量避免设在动压区。

（13）在有电缆线、管路处施工时，要妥善保护电缆、管路，防止碰坏。需移动高压电缆时，要事先与机电部门取得联系。

（14）掏槽只能用大锤、钎子、手镐、风镐施工，不准采用爆破方法。

（15）在立眼或急倾斜巷道中施工时，必须佩戴保险带，并制定安全措施。

（16）砌墙高度超过 2 m 时，要搭脚手架，保证安全牢固。

3. 操作准备

（1）准备随身携带的小型材料和工具。

（2）准备所需的材料，并通知有关人员将材料装车。装运材料要有专人负责。各种材料装车后均不能超过矿车高度、宽度，装车要整齐，两头要均衡。

（3）材料装车入井前必须与矿井调度室及有关单位联系，运送时应严格遵照运输部门的有关规定。

（4）井下装卸笨重材料时要互相照应，靠巷帮堆放的材料要整齐，不得影响运输、通风、行人。

4. 正常操作

（1）施工地点必须通风良好，瓦斯、二氧化碳等有毒有害气体的浓度不得超过《规程》规定。

（2）由外向里逐步检查施工地点前后 5 m 内的支架、顶板、巷帮的支护情况，发现问题及时汇报、处理，处理完后才能施工。

（3）拆除施工地点的原有支架时，必须先加固其附近巷道支架，敲帮问顶，确认安全后才能施工；若顶板破碎，应先用托棚或探梁将棚梁托住，再拆棚腿，不准空顶作业。

掏槽时应注意以下几点：

（1）掏槽一般应按先上后下的原则进行，掏出的煤、岩等物要及时运走，巷道应清理干净。

（2）掏槽深度必须符合规定要求（一般不小于 0.2 m），要见实帮实底。

（3）砌碹巷道建密闭、风门时，要拆碹掏槽，并按专门的安全措施施工。

构筑永久密闭时应注意：

（1）在有水沟的巷道中砌墙时，既要保持水流畅通，又不能漏风。

（2）按照 1∶3 的灰、砂比例配制砂浆。

（3）将砌墙用的砖块用水浸湿，尽量多吸收水分。

（4）用砖、料石砌墙时，竖缝要错开，横缝要水平，排列必须整齐；砖块之间要用砂浆抹匀；灰缝要均匀一致；墙心逐层用砂浆填实；墙厚要符合标准(一般不小于 0.5 m)。

（5）双层砖或料石墙中间填黄土的密闭，黄土湿度不宜大，且应随砌随填，层层用木锤捣实。

（6）砌墙到中上部时要预留观测孔及灌浆孔，铁管孔口应伸入密闭墙内 1 m 以上，外口距密闭墙至少 0.2 m，外口要设阀门，不用时保持关闭。

（7）密闭封顶要与顶帮接实。当顶板破碎时，托棚或探梁上的原支架棚梁应随砌墙进度而逐渐拆下，且应除去浮煤、矸石后再掏槽砌墙，如果最后剩余的空间不足一砖的厚度，应用瓦刀将整块的砖切成片，再施工至顶部，不得留有空隙。

（8）密闭墙砌实后要勾缝或抹面，墙四周要抹裙边，其宽度不少于 0.1 m，要求抹平，打光压实。

（9）双层密闭之间需要充填高水材料时，密闭间距应符合设计要求。

构筑临时密闭时应注意：

（1）用砖建筑的临时密闭的厚度应不小于 0.24 m，其他质量要求与永久密闭相同。

（2）建筑木板临时密闭时应满足以下要求：

① 应根据巷道断面大小，确定打立柱的数量，立柱要打牢固，且与巷道顶、底板接实。

② 木板条采用鱼鳞式搭接方式。自上而下依次压茬排列钉在立柱上，木板厚度不小于 2 cm，压茬宽度不少于 15 mm，四周木板均要伸入槽内接实。

③ 木板钉严实后，必须清除杂物，然后用白石灰加黄泥或水泥加黄泥浆沿木板压茬缝及墙四周堵抹平整严密。

施工完毕后，要认真清理现场，在距巷道岔口 1 ~ 2 m 处设置栅栏，揭示警标，悬挂说明牌。

三、反向风门的设置

一般来说，矿井有两种反向风门，即反风反向风门和防突反向风门。

1. 反风反向风门

反风反向风门的安设方法有两种：一种是在正向风门的同一门框上安装一个反向门扇或紧贴正向风门单独安设一个门框和门扇；另一种是在某些自动风门的门框上无法安装反向门扇的情况下，在此巷道中另选一点专门砌筑一道反向风门，砌筑方法与普通风门相同。

2. 防突反向风门

防突反向风门的构筑与普通风门大致相同，但要遵守下列规定：

（1）反向风门必须坚固，并设两道。

（2）风门墙垛可用砖或混凝土砌筑，嵌入巷道周边岩石的深度可根据岩石性质确定，但不能小于 0.2 m，墙垛厚度不得小于 0.8 m。

（3）风门框和门扇可采用坚实的木质结构，门框厚度不得小于 100 mm，门扇厚度不得小于 50 mm，风门上要安装门栓。

（4）两道风门的间距不得小于 4 m。

（5）对通过门垛的风筒必须设隔挡装置。

（6）防突反向风门距工作面的距离和反向风门组数，应根据掘进工作面通风系统和预计突出强度而定。

第九章

通 风 管 理

第一节 通风网路中风量的分配

矿井空气在井巷中流动时，风流分岔、汇合线路的结构形式，称为通风网路。用直观的几何图形来表示通风网路就得到通风网路图。通风网路中各风路的风量是按各自风阻的大小自然分配的。本章将介绍矿井通风网路图的绘制、通风网路的基本形式与特性、风量分配的基本定律、复杂通风网路解算的方法及计算机解算通风网路软件与应用。

一、通风网路的基本术语和概念

1. 分支

分支是指表示一段通风井巷的有向线段，线段的方向代表井巷风流的方向。每条分支可有一个编号，称为分支号。如图 9－1 中的每一条线段就代表一条分支。用井巷的通风参数如风阻、风量和风压等，可对分支赋权。不表示实际井巷的分支，如图 9－1 中的连接进、回风井口的地面大气分支 8，可用虚线表示。

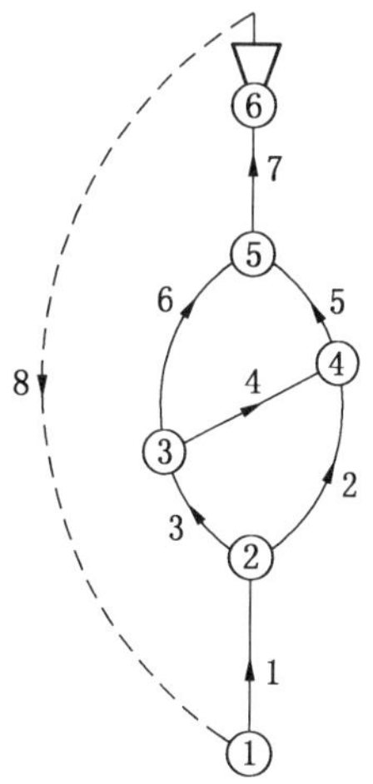

图 9－1 简单通风网路图

2. 节点

节点是指 2 条或 2 条以上分支的交点。每个节点有唯一的编号，称为节点号。在网路图中用圆圈加节点号表示节点，如图 9－1 中的①～⑥均为节点。

3. 回路

由 2 条或 2 条以上分支首尾相连形成的闭合线路，称为回路。单一一个回路（其中没有分支），又称网孔。如图 9－1 中，1－2－5－7－8、2－5－6－3 和 4－5－6 等都是回路，其中 4－5－6 是网孔，而 2－5－6－3 不是网孔，因为其回路中有分支 4。

4. 树

由包含通风网路图的全部节点且任意两节点间至少有一条通路和不形成回路的部分分支构成的一类特殊图，称为树；由网路图余下的分支构成的图，称为余树。如图 9－2 所示各图中的实线图和虚线图就分别表示图 9－1 的树和余树。可见，由同一个网路图生成的树各不相同。组成树的分支称为树枝，组成余树的分支称为余树枝。一个节点数为 m，

分支数为 n 的通风网路的余树枝数为 $n-m+1$。

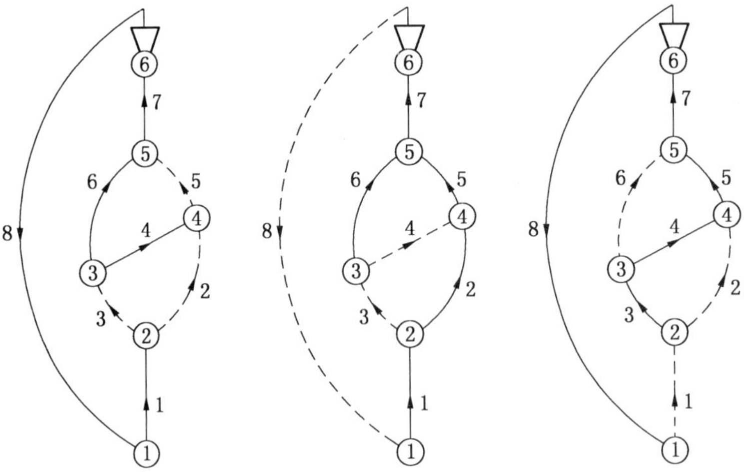

图9-2 树和余树

5. 独立回路

由通风网路图的一棵树及其余树中的一条余树枝形成的回路，称为独立回路。如图9-2a 中的树与余树枝5、2、3 可组成的3 个独立回路分别是：5-6-4、2-4-6-7-8-1 和3-6-7-8-1。由 $n-m+1$ 条余树枝可形成 $n-m+1$ 个独立回路。

二、简单通风网路及其性质

通风网路可分为简单通风网路和复杂通风网路两种。仅由串联和并联组成的网路，称为简单通风网路。含有角联分支，通常是包含多条角联分支的网路，称为复杂通风网路。通风网路中各分支的基本连接形式有串联、并联和角联3 种，不同的连接形式具有不同的通风特性和安全效果。

（一）串联通风及其特性

两条或两条以上风路彼此首尾相连在一起，中间没有风流分合点时的通风，称为串联通风，如图9-3 所示。串联通风也称为“一条龙”通风，其特性如下：

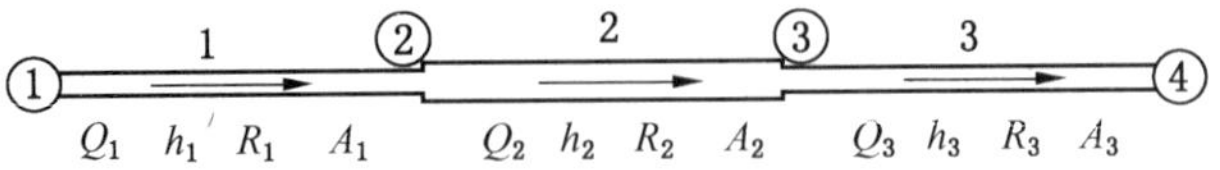

图9-3 串联风路

（1）串联风路的总风量等于各段风路的分风量，即

$$Q_{串}=Q_1=Q_2=\cdots=Q_n \tag{9-1}$$

（2）串联风路的总风压等于各段风路的分风压之和，即

$$h_{串}=h_1+h_2+\cdots+h_n=\sum_{i=1}^{n}h_i \tag{9-2}$$

（3）串联风路的总风阻等于各段风路的分风阻之和。根据通风阻力定律 $h=RQ^2$，式（9－2）可写成

$$R_{串} Q_{串}^2 = R_1 Q_1^2 + R_2 Q_2^2 + \cdots + R_n Q_n^2$$

因为

$$Q_{串} = Q_1 = Q_2 = \cdots = Q_n$$

所以

$$R_{串} = R_1 + R_2 + \cdots + R_n = \sum_{i=1}^{n} R_i \tag{9-3}$$

（4）串联风路的总等积孔平方的倒数等于各段风路等积孔平方的倒数之和。由 $A = 1.19/\sqrt{R}$，得 $R = 1.19^2/A^2$，将其代入式（9－3）并整理得

$$\frac{1}{A_{串}^2} = \frac{1}{A_1^2} + \frac{1}{A_2^2} + \cdots + \frac{1}{A_n^2} \tag{9-4}$$

或

$$A_{串} = \frac{1}{\sqrt{\frac{1}{A_1^2} + \frac{1}{A_2^2} + \cdots + \frac{1}{A_n^2}}} \tag{9-5}$$

（二）并联通风及其特性

两条或两条以上的分支在某一节点分开后，又在另一节点汇合，其间无交叉分支时的通风，称为并联通风，如图 9－4 所示。并联网路的特性如下：

（1）并联网路的总风量等于并联各分支风量之和，即

$$Q_{并} = Q_1 + Q_2 + \cdots + Q_n = \sum_{i=1}^{n} Q_i \tag{9-6}$$

（2）并联网路的总风压等于任一并联分支的风压，即

$$h_{并} = h_1 = h_2 = \cdots = h_n \tag{9-7}$$

（3）并联网路的总风阻平方根的倒数等于并联各分支风阻平方根的倒数之和。由 $h=RQ^2$，得 $Q=\sqrt{h/R}$，将其代入式（9－6）得

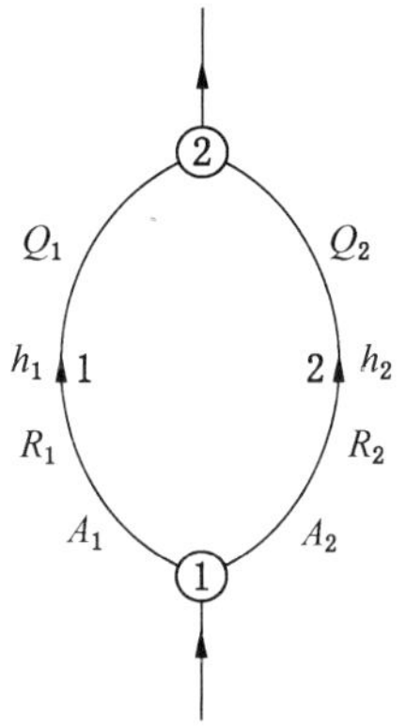

图 9－4　并联网路

$$\sqrt{\frac{h_{并}}{R_{并}}} = \sqrt{\frac{h_1}{R_1}} + \sqrt{\frac{h_2}{R_2}} + \cdots + \sqrt{\frac{h_n}{R_n}}$$

因为

$$h_{并} = h_1 = h_2 = \cdots = h_n$$

所以

$$\frac{1}{\sqrt{R_{并}}} = \frac{1}{\sqrt{R_1}} + \frac{1}{\sqrt{R_2}} + \cdots + \frac{1}{\sqrt{R_n}} \tag{9-8}$$

或

$$R_{并} = \frac{1}{\left(\frac{1}{\sqrt{R_1}} + \frac{1}{\sqrt{R_2}} + \cdots + \frac{1}{\sqrt{R_n}}\right)^2} \tag{9-9}$$

当 $R_1 = R_2 = \cdots = R_n$ 时，则

$$R_{并} = \frac{R_1}{n^2} = \frac{R_2}{n^2} = \cdots = \frac{R_n}{n^2} \tag{9-10}$$

（4）并联网路的总等积孔等于并联各分支等积孔之和。由 $A=1.19/\sqrt{R}$，得 $1/\sqrt{R}=A/1.19$，将其代入式（9－8），得

$$A_{并}=A_1+A_2+\cdots+A_n \quad (9-11)$$

（三）并联网路的风量自然分配

1. 风量自然分配的概念

在并联网路中，其总风压等于各分支风压，即

$$h_{并}=h_1=h_2=\cdots=h_n$$

亦即

$$R_{并}Q_{并}^2=R_1Q_1^2=R_2Q_2^2=\cdots=R_nQ_n^2$$

由上式可以得出如下各关系式：

$$Q_1=\sqrt{\frac{R_{并}}{R_1}}Q_{并} \quad (9-12)$$

$$Q_2=\sqrt{\frac{R_{并}}{R_2}}Q_{并} \quad (9-13)$$

$$Q_n=\sqrt{\frac{R_{并}}{R_n}}Q_{并} \quad (9-14)$$

上述关系式表明：当并联网路的总风量一定时，并联网路的某分支所分配得到的风量取决于并联网路总风阻与该分支风阻之比。风阻大的分支自然流入的风量小，风阻小的分支自然流入的风量大。这种风量按并联各分支风阻值的大小自然分配的性质，称之为风量的自然分配，也是并联网路的一种特性。

2. 自然分配风量的计算

根据并联网路中各分支的风阻，计算各分支自然分配的风量。可将式（9－9）依次代入前述关系式（9－12）、式（9－13）和式（9－14）中，整理后得各分支分配的风量计算公式如下：

$$Q_1=\frac{Q_{并}}{1+\sqrt{\frac{R_1}{R_2}}+\sqrt{\frac{R_1}{R_3}}+\cdots+\sqrt{\frac{R_1}{R_n}}} \quad (9-15)$$

$$Q_2=\frac{Q_{并}}{\sqrt{\frac{R_2}{R_1}}+1+\sqrt{\frac{R_2}{R_3}}+\cdots+\sqrt{\frac{R_2}{R_n}}} \quad (9-16)$$

$$Q_n=\frac{Q_{并}}{\sqrt{\frac{R_n}{R_1}}+\sqrt{\frac{R_n}{R_2}}+\cdots+\sqrt{\frac{R_n}{R_{n-1}}}+1} \quad (9-17)$$

当 $R_1=R_2=\cdots=R_n$ 时，则

$$Q_1=Q_2=\cdots=Q_n=\frac{Q_{并}}{n} \quad (9-18)$$

计算并联网路各分支自然分配的风量，也可根据并联网路中各分支的等积孔进行计算。将 $\sqrt{R}=1.19/A$ 依次代入前述关系式（9－12）、式（9－13）和式（9－14）中，整

理后可得各分支分配的风量计算公式如下：

$$Q_1=\frac{A_1}{A_{并}}Q_{并}=\frac{A_1}{A_1+A_2+\cdots+A_n}Q_{并} \tag{9-19}$$

$$Q_2=\frac{A_2}{A_{并}}Q_{并}=\frac{A_2}{A_1+A_2+\cdots+A_n}Q_{并} \tag{9-20}$$

$$Q_n=\frac{A_n}{A_{并}}Q_{并}=\frac{A_n}{A_1+A_2+\cdots+A_n}Q_{并} \tag{9-21}$$

综合上述，在计算并联网路中各分支自然分配的风量时，可根据给定的条件，选择公式，以方便计算。

三、串联与并联的比较

在矿井通风网路中，既有串联通风，又有并联通风。矿井的进、回风风路多为串联通风，而工作面与工作面之间多为并联通风。从安全、可靠和经济角度看，并联通风与串联通风相比，具有明显优点：总风阻小，总等积孔大，通风容易，通风动力费用少。

假设有两条风路 1 和 2，其风阻 $R_1=R_2$，通过的风量 $Q_1=Q_2$，故有风压 $h_1=h_2$。现将它们分别组成串联风路和并联网路，如图 9－5 所示。各参数比较如下：

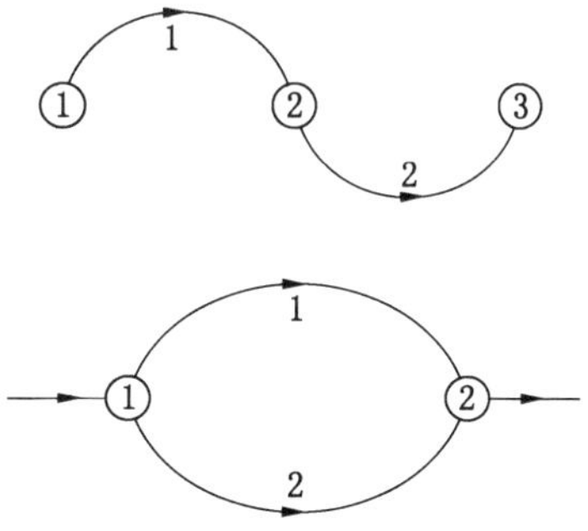

图 9－5　串联与并联通风比较

1. 总风量比较

串联时：$Q_{串}=Q_1=Q_2$

并联时：$Q_{并}=Q_1+Q_2=2Q_1$

故 $Q_{并}=2Q_{串}$

2. 总风阻比较

串联时：$R_{串}=R_1+R_2=2R_1$

并联时：$R_{并}=\frac{R_1}{n^2}=\frac{R_1}{4}$

故 $R_{并}=\frac{1}{8}R_{串}$

3. 总风压比较

串联时：$h_{串}=h_1+h_2=2h_1$

并联时：$h_{并}=h_1=h_2$

故 $h_{并}=\frac{1}{2}h_{串}$

通过上述比较可明显看出，在两条风路通风条件完全相同的情况下，并联网路的总风阻仅为串联风路总风阻的 1/8；并联网路的总风压为串联风路总风压的 1/2，也就是说并联通风比串联通风的通风动力要节省一半，而总风量却大了一倍。这充分说明：

（1）并联通风比串联通风经济得多。

（2）并联各分支独立通风，风流新鲜，互不干扰，有利于安全生产；而串联时，后面风路的入风是前面风路排出的污风，风流不新鲜，空气质量差，不利于安全生产。

（3）并联各分支的风量，可根据生产需要进行调节；而串联各风路的风量则不能进行调节，不能有效地利用风量。

（4）并联的某一分支风路中发生事故时，易于控制与隔离，不致影响其他分支巷道，事故波及范围小，安全性好；而串联的某一风路发生事故时，容易波及整个风路，安全性差。

所以，《规程》规定，井下各个生产水平和各个采区必须实行分区通风（并联通风）；各个采、掘工作面应实行独立通风，限制采用串联通风。

四、角联通风及其特性

在并联的两条分支之间，还有一条或几条分支相通的连接形式称为角联网路（通风），如图 9－6 所示。连接于并联两条分支之间的分支称为角联分支，如图 9－6 中的分支 5 为角联分支。仅有一条角联分支的网路称为简单角联网路；含有两条或两条以上角联分支的网路称为复杂角联网路，如图 9－7 所示。

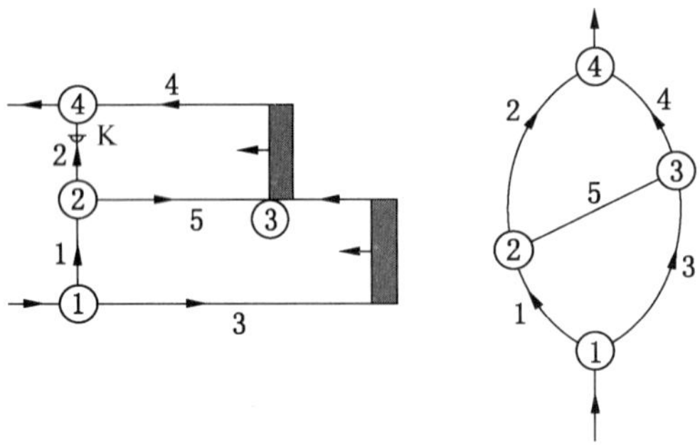

图 9－6　简单角联网路

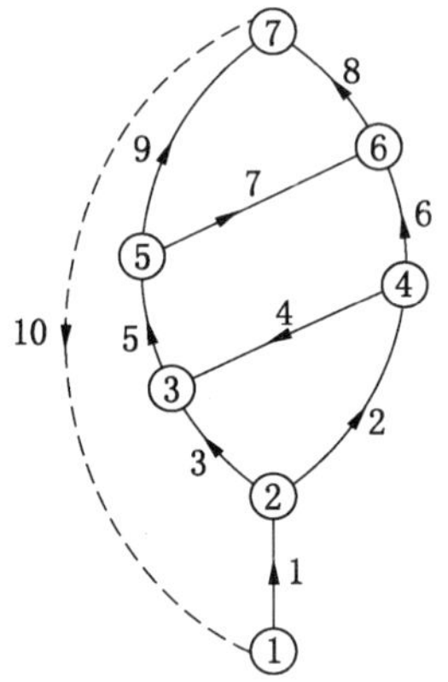

图 9－7　复杂角联网路

角联网路的特性是：角联分支的风流方向是不稳定的。现以图 9－6 所示的简单角联网路为例，分析其角联分支 5 中的风流方向变化可能出现的 3 种情况。

1. 角联分支 5 中无风流

当分支 5 中无风时，②、③两节点的总压力相等，即

$$P_{总2} = P_{总3}$$

又①、②两节点的总压力差等于分支 1 的风压，即

$$P_{总1} - P_{总2} = h_1$$

①、③两节点的总压力差等于分支 3 的风压，即

$$P_{总1} - P_{总3} = h_3$$

故 $h_1 = h_3$，同理可得 $h_2 = h_4$，则

$$\frac{h_1}{h_2} = \frac{h_3}{h_4}$$

亦即

$$\frac{R_1 Q_1^2}{R_2 Q_2^2} = \frac{R_3 Q_3^2}{R_4 Q_4^2}$$

又 $Q_5=0$，得 $Q_1=Q_2$，$Q_3=Q_4$

所以

$$\frac{R_1}{R_2}=\frac{R_3}{R_4} \tag{9-22}$$

式（9－22）即为角联分支5中无风流通过的判别式。

2. 角联分支5中风向由②→③

当分支5中风向由②→③时，②节点的总压力大于③节点的总压力，即

$$P_{总2}>P_{总3}$$

又知
$$P_{总1}-P_{总2}=h_1 \qquad P_{总1}-P_{总3}=h_3$$

则 $h_3>h_1$，即 $R_3Q_3^2>R_1Q_1^2$；同理可得 $h_2>h_4$，即 $R_2Q_2^2>R_4Q_4^2$。

将上述两不等式相乘，并整理得

$$\frac{R_1R_4}{R_2R_3}<\left(\frac{Q_2Q_3}{Q_1Q_4}\right)^2$$

又知
$$Q_1>Q_2 \qquad Q_3<Q_4$$

所以
$$\frac{R_1R_4}{R_2R_3}<1$$

即
$$\frac{R_1}{R_2}<\frac{R_3}{R_4} \tag{9-23}$$

式（9－23）即为角联分支5中风向由②→③的判别式。

3. 角联分支5中风向由③→②

同理可推导出角联分支5中风向由③→②的判别式为

$$\frac{R_1}{R_2}>\frac{R_3}{R_4} \tag{9-24}$$

由上述3个判别式可以看出，简单角联网路中角联分支的风向完全取决于两侧各邻近风路的风阻比，而与其本身的风阻无关。通过改变角联分支两侧各邻近风路的风阻，就可以改变角联分支的风向。

可见，角联分支一方面具有容易调节风向的优点，另一方面又有出现风流不稳定的可能性。角联分支风流的不稳定不仅容易引发矿井灾害事故，而且可能使事故影响范围扩大。如图9－6所示，当风门K未关上使 R_2 减小，或分支巷道4中某处发生冒顶或堆积材料过多使 R_4 增大，这时因改变了巷道的风阻比，可能会使角联分支5中无风或风流③→②，从而导致两工作面完全串联通风或上工作面风量不足而使其瓦斯浓度增加造成瓦斯事故。此外，在发生火灾事故时，由于角联分支的风流反向可能使火灾烟流蔓延而扩大了灾害范围。因此，保持角联分支风流的稳定性是安全生产所必须的。

角联网路中，对角分支风流存在着不稳定现象，对简单角联网路来说，角联分支的风向可由上述判别式确定；而对于复杂角联网路，其角联分支的风向的判断，一般通过通风网路解算确定。在生产矿井，也可以通过测定风量确定。

五、风量分配及复杂通风网路解算

（一）风量分配的基本定律

风流在通风网路中流动时，都遵守风量平衡定律、风压平衡定律和阻力定律。它们反

映了通风网路中3个最主要通风参数——风量、风压和风阻间的相互关系，是复杂通风网路解算的理论基础。

1. 通风阻力定律

井巷中的正常风流一般均为紊流。因此，通风网路中各分支都遵守紊流通风阻力定律，即

$$h = RQ^2 \tag{9-25}$$

2. 风量平衡定律

风量平衡定律是指在通风网路中，流入与流出某节点或闭合回路的各分支的风量的代数和等于零，即

$$\sum Q_i = 0 \tag{9-26}$$

若对流入的风量取正值，则流出的风量取负值。

如图9－8a所示，节点⑥处的风量平衡方程为

$$Q_{1-6} + Q_{2-6} + Q_{3-6} - Q_{6-4} - Q_{6-5} = 0$$

如图9－8b所示，回路②－④－⑤－⑦－②的风量平衡方程为

$$Q_{1-2} + Q_{3-4} - Q_{5-6} - Q_{7-8} = 0$$

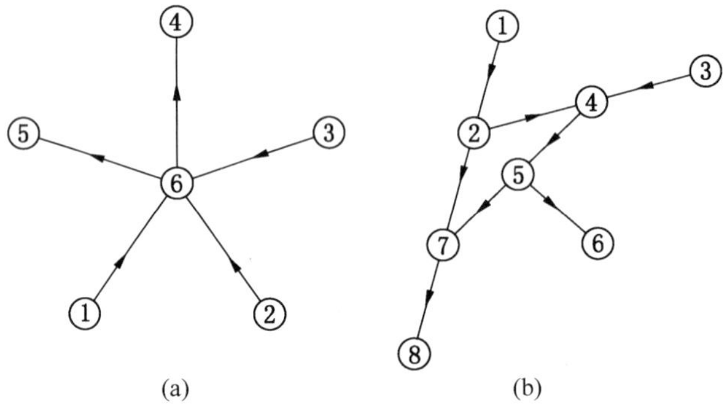

图9－8　节点和闭合回路

3. 风压平衡定律

风压平衡定律是指在通风网路的任一闭合回路中，各分支的风压（或阻力）的代数和等于零，即

$$\sum h_i = 0 \tag{9-27}$$

若回路中顺时针流向的分支风压取正值，则逆时针流向的分支风压取负值。

如图9－8b中的回路②－④－⑤－⑦－②，有

$$h_{2-4} + h_{4-5} + h_{5-7} - h_{2-7} = 0$$

当闭合回路中有通风机风压和自然风压作用时，各分支的风压代数和等于该回路中通风机风压与自然风压的代数和，即

$$H_{通} \pm H_{自} = \sum h_i \tag{9-28}$$

式中，$H_{通}$和$H_{自}$分别为通风机风压和自然风压，其正负号取法与分支风压的正负号取法相同。

（二）解算复杂通风网路的方法

复杂通风网路是由众多分支组成的包含串、并、角联在内结构复杂的网路。其各分支风量分配难以直接求解。通过运用风量分配的基本定律建立数学方程式，然后用不同的数学手段，可求解出网路内各分支自然分配的风量。这种以网路结构和分支风阻为条件，求解网路内风量自然分配的过程，称为通风网路解算，也称为自然分风计算。

目前解算通风网路使用较广泛的是回路法，即首先根据风量平衡定律假定初始风量，由回路风压平衡定律推导出风量修正计算式，逐步对风量进行校正，直至风压逐渐平衡，风量接近真值。在回路法中使用最多的是斯考德－恒斯雷法。随着计算机的应用，利用计算机解算复杂通风网路，速度快、精度高。随着计算机的发展与普及，计算机解算通风网路得到了迅速发展，并已有了一些较成熟的通风网路解算软件。如安徽理工大学研制开发的通风网路解算软件 MVENT。

第二节 矿井总风量调节

矿井总风量调节主要是调整主要通风机的工作点。其方法是改变主要通风机的特性曲线，或是改变主要通风机的工作风阻。

一、改变主要通风机工作风阻调节法

如图 9－9 所示的通风机工况，通风机特性曲线为 n，当矿井风阻特性曲线 R 增大为 R_1 时，通风机的工作点由 a 变到 b，矿井总风量由 Q 减到 Q_1；反之，工作点由 a 变到 c，矿井总风量由 Q 增至 Q_2。

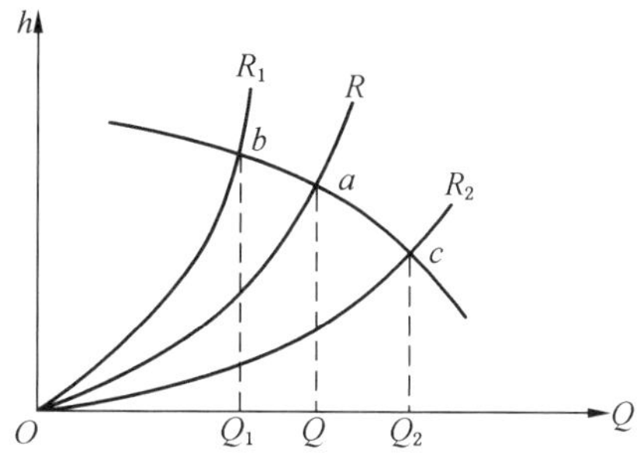

图 9－9 改变主要通风机的工作风阻调节风量

因此，当矿井要求的通风能力超过主要通风机最大潜力又无法采用其他调节法时，就必须降低矿井总风阻，以满足矿井通风要求。

如果主要通风机的风量大于矿井实际需要，可以增加主要通风机的工作风阻，使总风量下降。由于离心式通风机的输入功率随风量的减少而降低，所以，对于离心式风机，当所需风量变小时，可利用风硐中的闸门增加风阻，减小风量；对于轴流式风机，通风机的输入功率随风量的减小而增加，故一般不用闸门调节而多采用改变通风机的叶片安装角度，或降低风机转速进行调节；对于有前导器的通风机，当需风量变小时，可用改变前导器叶片角度的方法来调节，但其调节幅度比较小。

二、改变主要通风机特性调节法

1. 离心式通风机

对于矿井使用中的一台离心式通风机，其实际工作特性曲线主要决定于风机的转速。如图 9－10 所示，一台离心式通风机在转速为 n_1 时，其风压特性曲线为Ⅰ。如果实际产生的风量（Q_1）不能满足矿井需风量（Q_2）时，可用比例定律求出该风机所需新的转速 n_2，即

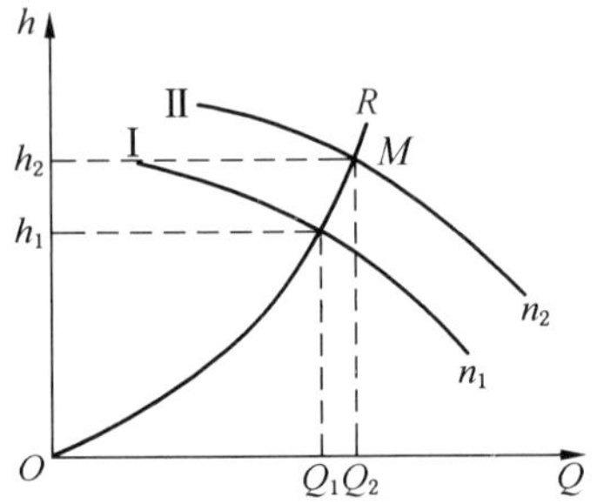

图 9－10 改变通风机的转数调节风量

$$n_2 = n_1 \frac{Q_2}{Q_1} \tag{9-29}$$

绘制出新转速 n_2 时的全风压特性曲线Ⅱ，它和矿井总风阻曲线 R 的交点 M 即为通风机新的工作点。同时，根据新转速的效率特性曲线和功率特性曲线，检查新工作点是否在合理的工作范围内，并验算电动机的能力。

改变通风机转速是改变离心式通风机特性曲线的主要方法。其具体做法是：如果通风机和电动机之间是间接传动，可以改变传动比或改变电动机的转速；如果通风机和电动机是直接传动，则可改变电动机的转速或更换电动机。

2. 轴流式通风机

轴流式通风机特性曲线的改变，主要决定于通风机动轮叶片安装角和通风机转速两个因素。在矿井生产中，常采用改变轴流式通风机叶片安装角的方法实施调节。如图 9－11 所示，正常运转时，叶片安装角为 θ_1（27.5°），运转工况点为特性曲线Ⅰ′上的 a 点；由于生产需要，矿井总阻力增加，为保证原有的风量，主要通风机运转工况点移至 b 点，此时，则把叶片安装角调整到 θ_2（30°），才能使风压特性曲线Ⅰ通过 b 点，从而保证矿井总风量的需要。轴流式通风机的叶片，是用双螺帽固定于轮毂上，调整时只需将螺帽拧开，调整好角度后再拧紧即可。这种方法的调节范围比较大，一般每次可调 5°（每次最小可调 2.5°），而且可使通风机在最佳工作区域内工作。采用变频技术控制主要通风机的矿井，在一定范围内，也可通过调整电动机转速，方便地实现总风量的调节。

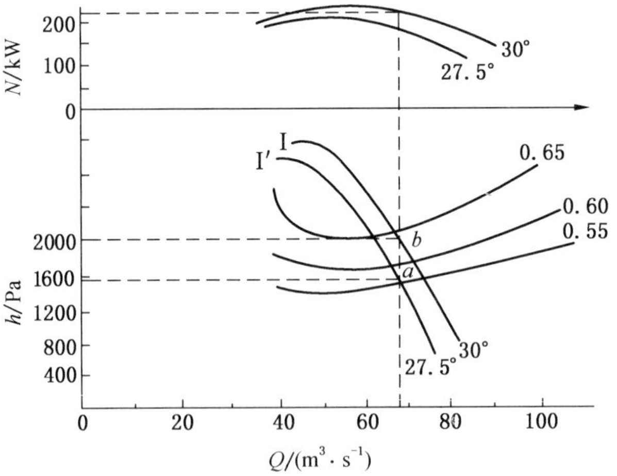

图 9－11 改变轴流式通风机的叶片安装角

3. 对旋式通风机

对旋式通风机是近年来开发应用的新型高效轴流式风机。其调节方法和一般轴流式通风机相似，可以调整风机两级动轮上的叶片安装角（可调整其中一级，也可同时调整两级），也可以改变电动机的转速。由于对旋式通风机的两级动轮分别由各自的电动机驱动，在矿井投产初期甚至可单级运行。

第三节 局部风量调节

在矿井通风网络中，风量按照网络中各分支风阻的大小自然分配，往往不能满足作业地点的风量需求，需要采取控制和调节风量的措施。另外，随着生产过程的发展和变化，工作面的推进和更替，巷道风阻、网络结构及所需的风量均在不断变化，相应地要求及时进行风量调节。所以风量调节是矿井通风技术管理中的一项经常性工作，它对矿井安全生产和节约通风费用都有重大的影响。

矿井风量调节的措施多种多样。按其调节的范围，可分为局部风量调节与矿井总风量调节。本节主要介绍这些不同的调节方法的原理与特点。

局部风量调节是指在采区内部各工作面之间、采区之间或生产水平之间的风量调节。局部风量调节方法有增阻法、减阻法及辅助通风机调节法。

一、增阻调节法

增阻调节法是通过在巷道中安设调节风窗等设施，增大巷道的局部阻力，从而降低巷道处于同一分支中的风量，增大另一分支的风量。这是自前矿井使用最普遍的局部风量调节的方法。

增阻调节是一种耗能调节法。具体措施主要有：安设调节风窗、临时风帘、空气幕调节装置等。其中使用最多的是调节风窗，其制作和安装都较简单。

1. 风窗调节法

风窗结构如图 9－12 所示，在风门上方开一小窗，用可滑移的窗板来改变窗口的面积，从而改变巷道中的局部阻力。

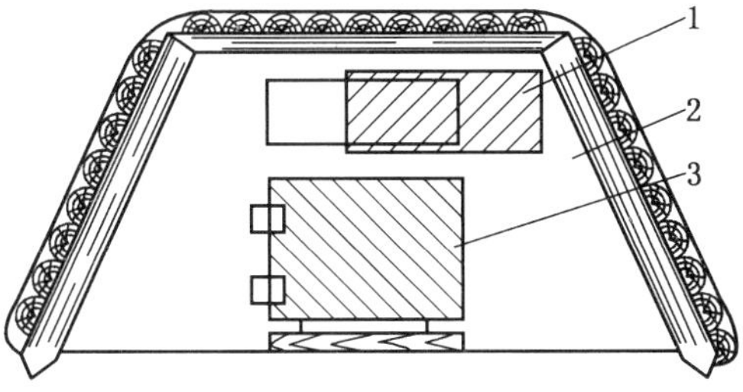

1—风窗；2—风墙；3—风门

图 9－12 调节风窗的结构

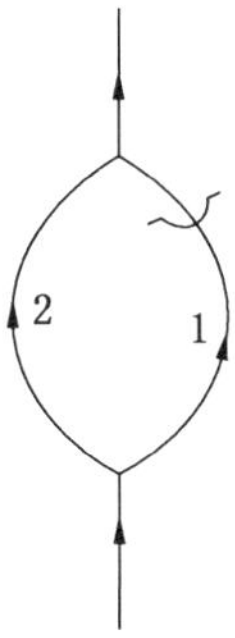

图 9－13 并联网路增阻调节法

并联网路中（图 9－13）分支 1、2 风路的风阻分别是 R_1 和 R_2，所需风量分别是 Q_1 和 Q_2 如果有并联风路风压关系 $R_1Q_1 < R_2Q_2$，即 $h_1 < h_2$，则在风压小的分支 1 安设风窗，增加局部阻力 $h_窗$，使得分支 1、2 风压相等，即

$$h_2 = h_1 + h_窗$$

或

$$R_2Q_2^2 = h_1 + h_{窗}$$

则风窗的阻力为

$$h_{窗} = h_2 - h_1$$

风窗的风阻为

$$R_{窗} = \frac{h_{窗}}{Q_1^2} = \frac{h_2 - h_1}{Q_1^2} \tag{9-30}$$

2. 风窗面积的计算

由于风流经过调节风窗时产生局部阻力，风流经过风窗后风流断面收缩（图9－14）。根据水力学和能量方程，当已知风窗的阻力或风阻时，可求出风窗的面积 $S_{窗}$。

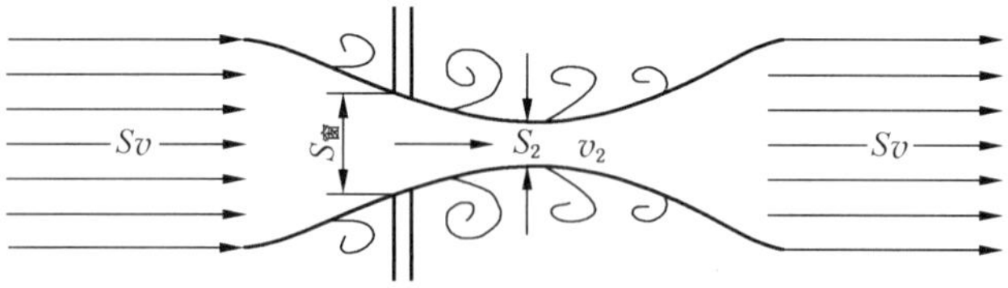

图9－14　调节风窗风流收缩状态

当 $S_{窗}/S \leqslant 0.5$ 时，调节风窗面积的计算公式为

$$S_{窗} = \frac{QS}{0.65Q + 0.84S\sqrt{h_{窗}}} \tag{9-31}$$

或

$$S_{窗} = \frac{S}{0.65 + 0.84S\sqrt{R_{窗}}} \tag{9-32}$$

当 $S_{窗}/S > 0.5$ 时，调节风窗的面积的计算公式为

$$S_{窗} = \frac{QS}{Q + 0.759S\sqrt{h_{窗}}} \tag{9-33}$$

或

$$S_{窗} = \frac{S}{1 + 0.759S\sqrt{R_{窗}}} \tag{9-34}$$

式中　$S_{窗}$——调节风窗的断面积，m^2；

S——巷道的断面积，m^2；

Q——通过的风量，m^3/s；

$h_{窗}$——调节阻力，Pa；

$R_{窗}$——调节风窗的风阻，$N \cdot s^2/m^8$。

3. 增阻调节法的特点

增阻调节法具有简单、方便、易行、见效快等优点。适用于矿井通风阻力不大的分区风流中风量调节；但增阻调节法会增加矿井总风阻，减少总风量。在主干风路中增阻调节时，必须考虑主要通风机风量的变化；否则会出现风量减少得多，增加得少，可能出现调节后风量不能满足需要的情况。调节风窗应设置在适宜地点，如在煤巷中布置时，要考虑由于风窗两侧压差引起煤体裂隙漏风而发生自燃的危险性。

4. 增阻调节法应注意的问题

使用调节风窗调节风量应注意如下问题：

（1）调节风窗应尽量安设在回风流中，以免妨碍运输，如果安设在运输巷道中时，尽可能选在运输量少的区段巷道中。

（2）在复杂通风网络中，注意调节风窗位置的选择，防止重复设置，增大通风阻力。

二、减阻调节法

减阻调节法是通过在巷道中采取降阻措施，降低巷道的通风阻力，从而增大与该巷道处于同一分支的风量，减小与其并联分支的风量。

并联网路中（图 9－15）分支 1、2 风路的风阻分别是 R_1 和 R_2，所需风量分别是 Q_1 和 Q_2，如果有并联风路风压关系 $R_1Q_1^2 < R_2Q_2^2$，则在风压大的分支 2 风阻由 R_2 降至 R'_2 使得分支 1、2 风压相等，即

$$h_1 = h'_2 = R'_2 Q_2^2$$

$$R'_2 = \frac{h_1}{Q_2^2}$$

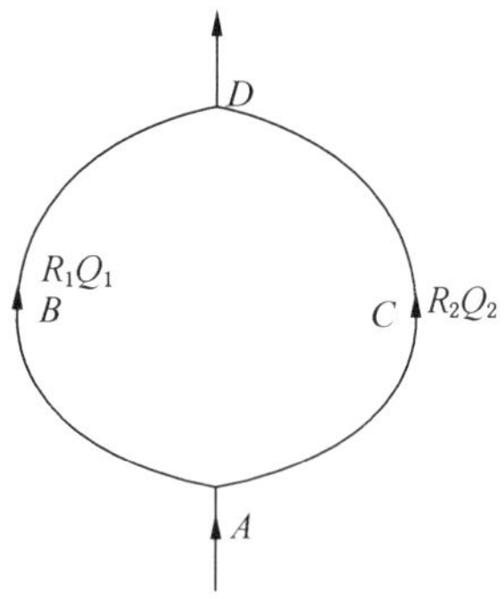

图 9－15 并联网路降阻调节法

减阻调节的措施主要有：扩大巷道断面、降低摩擦阻力系数、清除巷道内堆放的杂物、开掘并联巷道、缩短风流路线的总长度等。减阻调节法与增阻调节法相反，可以降低矿井总风阻，并增加矿井总风量；但降阻措施的工程量和投资一般都较大，施工工期较长，所以一般在对矿井通风系统进行较大的改造时采用。在矿井生产实际中，对于通过风量大、风阻也大的风硐、回风石门、总回风道等地段，采取扩大断面、改变支护形式等减阻措施，效果较明显。

三、辅助通风机调节法

辅助通风机调节法是在阻力大、风量不足的并联分支，采用辅助通风机克服一部分通风阻力的方法，增加局部地点的风量。图 9－16 为采用辅助通风机调节法调节风量的通风网路图。安装辅助通风机的方法有两种：有风墙的辅助通风机和不设风墙的辅助通风机。

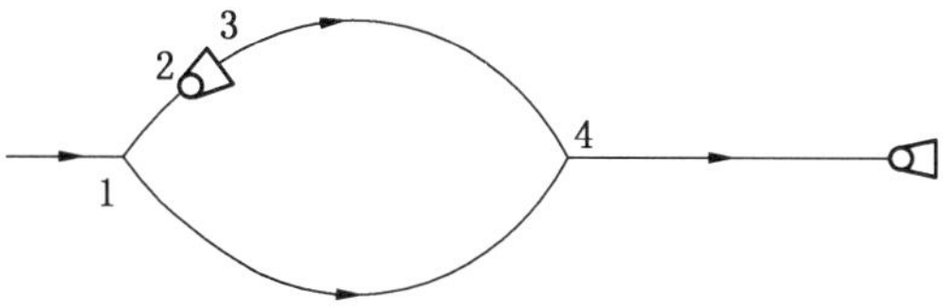

图 9－16 辅助通风机调节法

1. 有风墙的辅助通风机

为方便行人、运输，又使风流通过辅助通风机，在巷道内设置带风门的风墙（图 9－17）。风门向风压大的一侧开启，并要求两道风门之间距离大于通过一列车的长度。

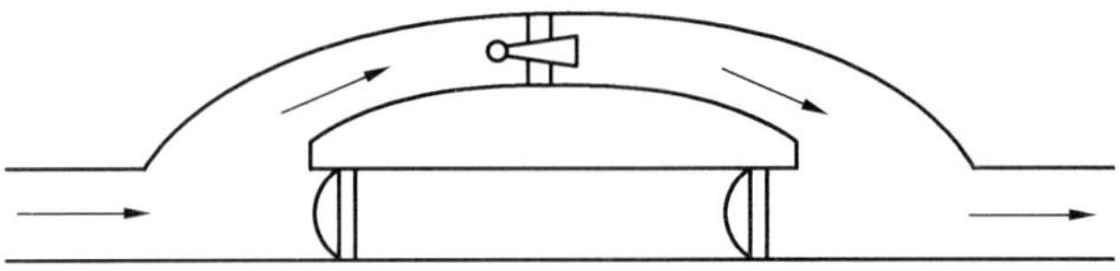

图9－17　辅助巷道安设辅助通风机

2. 无风墙的辅助通风机

当调节所需克服的阻力较小时，将辅助通风机直接安设在巷道中，利用辅助通风机出口的速度，增加巷道内通过的风量（图9－18）。

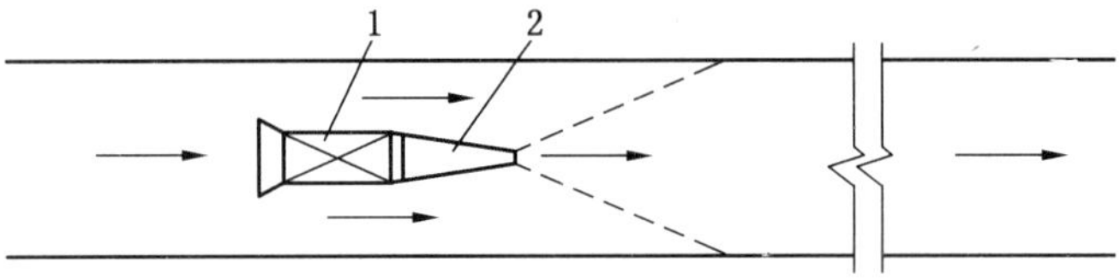

1—辅助通风机；2—引射器

图9－18　直接安设辅助通风机

辅助通风机调节法的施工相对较方便，并可降低矿井总风阻，增加矿井总风量，同时可以减少矿井主要通风机能耗；但采用辅助通风机调节时，设备投资较大，辅助通风机的能耗较大，且辅助通风机的安全管理工作较复杂，安全性较差。在我国，煤矿很少使用辅助通风机调节风量，但金属矿山使用辅助通风机调节风量的情况较多。

用辅助通风机调节风量时须注意以下几点：

（1）若辅助通风机安设在回风流中，必须使辅助通风机电动机与回风流隔开，设法引入新鲜风流，使电动机在新鲜风流中运转，保证辅助通风机安全运转。

（2）当辅助通风机停止运转时，须立即打开风门。主要通风机一旦停转，必须立即停止辅助通风机的运转，且打开风门，以免发生循环风。开启辅助通风机时，应检查附近20 m内瓦斯浓度，只有瓦斯浓度不超限时，才能开启辅助通风机。

（3）安设辅助通风机的地点应选择在巷道围岩稳定、坚固处，避免发生漏风。

四、各种调节方法的评价

增阻调节法的优点是简便、经济、易行；但由于它增加了矿井总风阻，矿井总风量减少。因此，这种方法只适于服务年限不长、调节区域的总风阻占矿井总风阻的比重不大的采区范围内。对于矿井主要风路，特别是在阻力搭配不均的矿井两翼调风，则尽量避免采用。否则，不但不能达到预期效果，还会使全矿通风条件恶化。

减阻调节法的优点是减少了矿井总风阻，增加了矿井总风量；但实施工程量较大、费用高。因此，这种方法多用于服务年限长、巷道年久失修造成风网风阻很大而又不能使用辅助通风机调节的区域。

辅助通风机法调节的优点是简便、易行，且提高了矿井总风量，但管理复杂，安全性较差。因此，这种方法可在并联风路阻力相差悬殊、矿井主要通风机能力不能满足较大阻力风路要求时使用。

总之，上述3种风量调节方法各有特点，在运用中要根据具体情况，因地制宜选用。当单独使用一种方法不能满足要求时，可考虑上述方法的综合运用。

第四节 通风机联合运转分析

两台或两台以上的通风机串联或并联在一起运行，以增加总风量、升高总风压，称为通风机的联合工作或联合运转。

一、通风机的串联

在长巷掘进局部通风中，当风筒的通风阻力过大，而风量却不需要很大时，可采用局部通风机串联工作。图9－19所示为两台局部通风机集中串联。图9－20所示为两台局部通风机间隔串联。现以集中串联压入式通风为例来分析其工作状况。

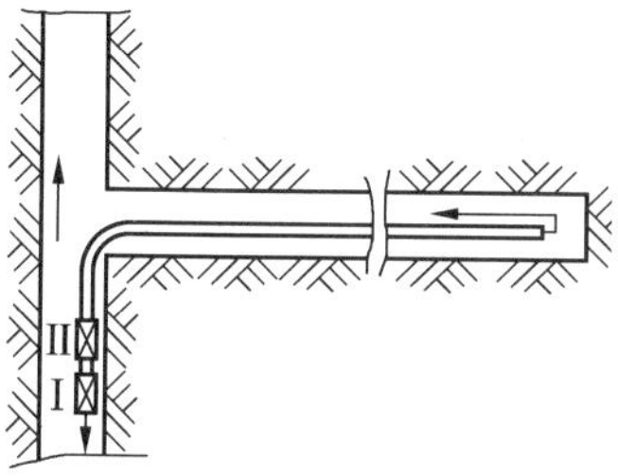

图9－19 局部通风机集中串联

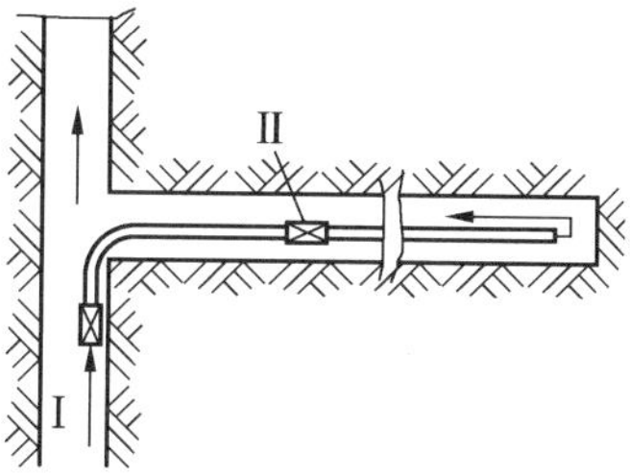

图9－20 局部通风机间隔串联

通风机串联工作时，其总风压等于各台通风机风压之和，其总风量为通过各通风机的风量。根据上述特性，串联通风时通风机的合成特性曲线可按“风量相等，风压相加”的原则绘制。局部通风机集中串联的合成特性曲线如图9－21所示。

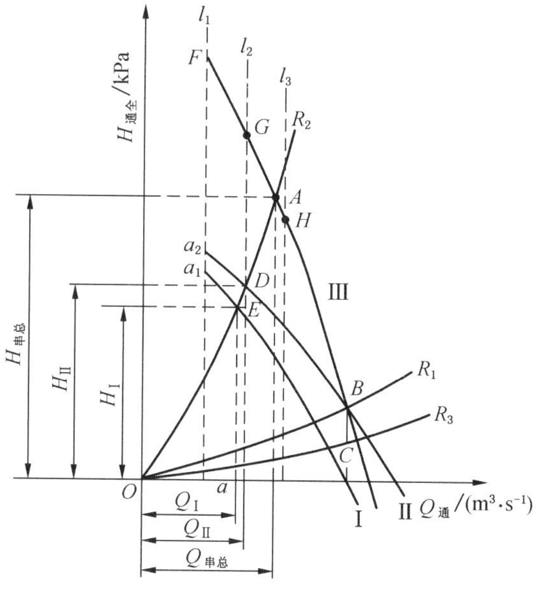

图9－21 通风机集中串联合成特性曲线

在 l_1 的等风量线上，两台通风机特性曲线Ⅰ和Ⅱ上对应的风压为 aa_1 和 aa_2，将线段 aa_1 加于 aa_2 线段上即得 F 点；同理在等风量线 l_2、l_3 上可得 G、H 等点，将各点连接成光滑的曲线即可绘出串联工作时的合成特性曲线Ⅲ。

根据网路的风阻特性曲线的不同，通风机集中串联工作可能出现下述 3 种情况：

（1）当网路风阻特性曲线为 R_1 时，它与合成特性曲线Ⅲ的交点为 B 点，而此 B 点就是从小通风机曲线Ⅰ与横轴的交点作垂线交于大通风机曲线Ⅱ的交点。这时串联通风的总风压和总风量与通风机Ⅱ单独工作的风压和风量一样，通风机Ⅰ在空运转，串联无效果。

（2）当网路风阻特性曲线为 R_2 时，它与合成特性曲线Ⅲ交于 A 点（在 B 点上侧）。这时通风机串联工作的总风压 $H_{串}$ 总大于任何一台通风机单独工作时的风压，总风量 $Q_{串}$ 总大于任何一台通风机单独工作时的风量，这时串联通风是有效的。

（3）当网路风阻特性曲线为 R_3 时，它与合成特性曲线Ⅲ交于 C 点（在 B 点下侧），这时串联工作的总风压与总风量均小于通风机Ⅱ单独工作时的风压和风量，通风机Ⅰ不仅不起作用，反而成为通风阻力。

由上述分析可知，B 点即为通风机串联工作时的临界点，通过 B 点的风阻 R_1 为临界风阻。若工作点位于 B 点的上侧，串联通风是有效的；若工作点位于 B 点的下侧，串联通风是有害的。所以，通风机串联工作适用于因风阻过大而风量不足的风网；风压特性曲线相同的通风机串联工作较好；串联合成特性曲线与工作风阻曲线要相匹配，不能出现小能力风机阻碍通风的情况，也要注意避免使每台通风机都工作在效率较低的工况下。当单孔长距离掘进通风风筒风阻很大时，采用局部通风机串联通风效果才显著。

二、通风机的并联

当矿井通风阻力不大，而需风量很大时，可采用通风机并联工作。通风机并联工作分为集中并联和分区并联。图 9－22 所示为运转主要通风机与备用主要通风机同时开动的集中并联合成特性曲线。

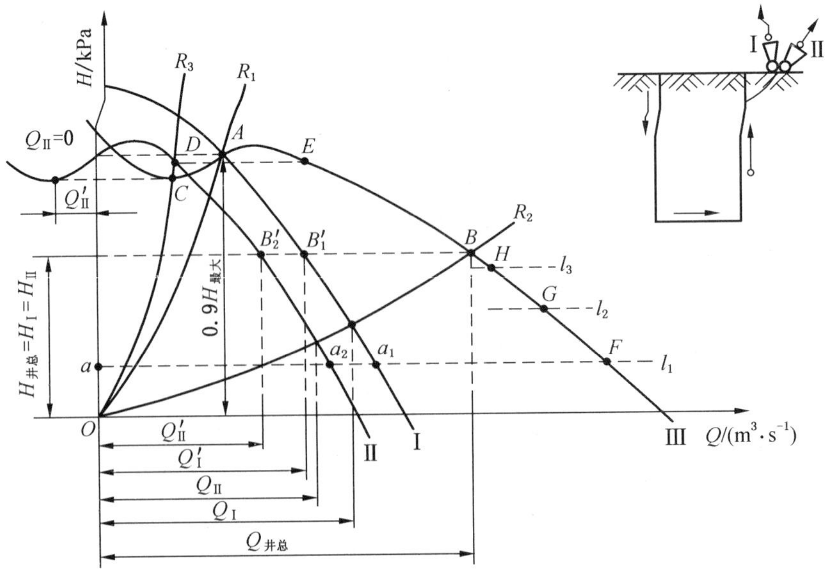

图 9－22　通风机并联通风时通风机的合成特性曲线

通风机并联工作时，其总风压等于各台通风机的风压，总风量等于各台通风机风量之和。根据上述特性，并联通风时通风机的合成特性曲线可按“风压相等、风量相加”的原则来绘制。如图9－22所示，在l_1的风压等量线上，两台通风机特性曲线Ⅰ和Ⅱ上对应的风量为aa_1和aa_2。将aa_2线段加于aa_1线段上即得F点，同理在各风压等量线l_2、l_3上可得G、H等点，将各点连接成光滑的曲线即可绘出并联工作时的合成特性曲线Ⅲ。

根据矿井通风网路风阻值的不同，通风机并联工作可能出现下述不同情况：

（1）当通风网路风阻特性曲线为R_1时，它与合成特性曲线Ⅲ的交点A恰好就是通风机Ⅰ的特性曲线与同一网路风阻特性曲线的交点，此时并联通风的总风量就等于通风机Ⅰ单独工作时的风量，通风机Ⅱ通过的风量为零，不起作用，即并联通风是无效的。

（2）当通风网路风阻特性曲线为R_2时，它与合成特性曲线Ⅲ的交点B（位于A点右下侧）即为并联通风的工作点。从B点作水平线与两通风机特性曲线交于B_1'和B_2'，由这两点确定通过两台通风机各自的风量分别为$Q_{通Ⅰ'}$和$Q_{通Ⅱ'}$，而且$Q_{并总}=Q_{通Ⅰ'}+Q_{通Ⅱ'}$，$H_{并总}=H_{通Ⅰ}=H_{通Ⅱ}$。从图中可看出，通风机并联工作时的总风量$Q_{并总}$大于任一台通风机单独对该网路工作时的风量$Q_{通Ⅰ}$或$Q_{通Ⅱ}$，并且风阻R值越小，两台通风机单独对该网路工作的风量之和与并联总风量的差值越小。这就是说通风机并联工作时，其工作点在A点的右下侧，并联通风才有效，而且风阻值越小，其效果越好。

（3）当通风网路风阻特性曲线为R_3时，它与合成特性曲线Ⅲ交于C点（在A点左侧）。此时并联通风的总风量将小于通风机Ⅰ单独对该网路工作时的风量，通风机Ⅱ出现负风量（$-Q_{通Ⅱ'}$），这就是说通风机Ⅱ并不帮助通风机Ⅰ对矿井网路通风，而成为通风机Ⅰ的进风通路，这种并联工作是不允许的。

从上述分析可知，从增加风量观点看，只要工作点位于A点的右下侧，通风机并联工作就有效。但是并联运转时还必须保证每台通风机处于稳定运转状态，为了保证通风机运转稳定，可由较小的一台通风机静压曲线Ⅱ的$0.9H_{最大}$的D点，引平行线与合成特性曲线Ⅲ交于E点，此点即为通风机稳定工作的上临界点，即并联工作时工作点应在E点的右下侧，而不是在A点的右下侧。通风机并联工作时工作点的下临界点必须保证大通风机的效率$\eta_{静}\geqslant0.6$，小通风机的效率$\eta_{静}\geqslant0.5$。

第五节 巷道贯通时的通风管理

在煤层中掘进巷道与其他巷道相贯通时，为防止冒顶、瓦斯、煤尘和爆破等事故的发生，必须遵守《规程》中的规定。

一、贯通前

（1）掘进巷道贯通前，其他巷道在相距20 m前，综合机械化掘进巷道相距50 m前，必须停止一个工作面作业，做好调整通风系统的准备工作，地测部门必须向矿总工程师报告，并通知生产和通风部门。

（2）生产和通风部门必须分别制定巷道贯通安全措施和通风系统调整方案。

（3）在有突出危险的煤层中，上山掘进工作面同上部平巷的贯通，上部平巷工作面必须超过贯通位置，其超前距离不得小于 5 m。

二、贯通时

（1）必须派干部（包括通风部门）现场统一指挥，确保施工安全。

（2）只准一个工作面向前掘进，停掘工作面必须保持正常通风，停止一切工作，撤出作业人员。必须经常检查风筒是否脱节，工作面及其回风流中的瓦斯浓度是否超限，发现脱节或超限必须立即处理。

（3）掘进的工作面每次装药爆破前，生产班组长必须派专人和瓦斯检查员共同到停掘工作面，检查该工作面及其回风流中的瓦斯浓度，只有在两个工作面及其回风流中的瓦斯浓度都在 1% 以下时，方可进行掘进工作和装药爆破。

（4）每次爆破前，在两个工作面都必须设置栅栏和专人警戒。

（5）坚持“一炮三检”制度，每次爆破后，爆破工、瓦斯检查员和班组长必须巡视爆破地点，检查通风、瓦斯、煤尘、顶板、支架和拒爆等情况，只有等双方工作面检查完毕认为无异常情况，人员撤出警戒区域后，才允许进行掘进工作面的下一次爆破工作。

（6）间距小于 20 m 的平行巷道，其中一个进行爆破时，两个工作面的人员都必须撤至安全地点。

（7）在地质构造复杂的地区进行贯通工作，必须有防止顶板高冒的安全技术措施并贯彻执行。

三、贯通后

通风部门立即组织人员进行风流调整，实现全风压通风，并检查风速和瓦斯浓度，符合《规程》规定，通风系统稳定后，方可恢复工作。

四、巷道贯通管理规定

（1）一般掘进巷道同其他巷道相距 20 m 前，综掘巷道与贯通巷道相距 50 m 前，地测部门必须向矿总工程师报告，并通知采区和通风部门。报告内容包括贯通点附近的地质条件、岩性、地质构造、顶底板稳固性以及水文地质等情况。

（2）掘进巷道贯通必须编制通风设计和专项安全技术措施，由矿总工程师组织生产、通风、机电、监测等有关部门联合会审，充分考虑贯通前、贯通中、贯通后的有关事宜。应提前施工好的通风设施必须在贯通前完成，并由矿总工程师批准；贯通时必须由一名矿级领导现场统一指挥，要加强贯通对头的通风、瓦斯、积水检查和管理工作，通风区（科）需要有一名区（科）长到现场；贯通后，立即按通风设计调整通风系统，并对相关区域的风量、瓦斯情况进行详细检查，发现问题及时采取措施处理，保证有足够的风量防止瓦斯积聚，待通风系统稳定后，瓦斯浓度在 1% 以下方可恢复其他工作。

（3）两个矿井合并成联合通风系统时的贯通，改变全矿井、一翼或一个水平的通风系统时的贯通，均必须制定安全措施，报集团公司总工程师批准。巷道贯通时，矿总工程师必须现场指挥。

（4）掘进巷道在贯通已密闭的瓦斯尾巷、已采区、老窑时，必须探明情况，制定排放瓦斯、积水等措施，由矿总工程师审批。排除巷道积水时，必须制定防止瓦斯积聚和瓦斯串入其他工作面的措施。

（5）贯通工作必须在白班进行。

（6）贯通时的安全措施内容包括：接近贯通巷道时必须预留的煤（岩）柱厚度和预防瓦斯、水，调整通风系统等方面的技术措施，并附有调整通风系统前后图纸。制定安全撤出机电设备路线、位置及改变系统时受到影响的范围、程度及相应的安全措施，要明确现场指挥人员，参加人员职责明确。此外还应包括应急措施。

（7）通风部门接到巷道贯通通知书后，必须做好调整通风系统的准备工作，通风调度必须掌握每班贯通距离（瓦检员必须写实贯通距离）情况，并填写在通风调度日报表上。通风区（科）必须编制专门的调整通风系统措施，内容包括：

① 因调整通风系统而影响区域必须停电撤人，并停止采区内的一切工作，立即调整通风系统，待通风系统稳定后方可恢复工作。

② 绘制贯通巷道两端附近的通风系统图，图上标明风流方向、风量和瓦斯量，并预计贯通后的风流方向、风量和瓦斯量的变化情况。

③ 明确贯通时调整风流设施的布置和要求，包括设施种类、规格、位置、施工时间等，并提前做好有关准备。

④ 必须明确贯通后局部通风机停开负责人。

⑤ 制定通讯联系办法及具体要求。

（8）当两条掘进巷道（对掘或相交）施工时，一般巷道贯通相距 20 m，只允许一个工作面向前贯通，另一个工作面必须停止一切工作，撤出所有作业人员，切断电源，设置栅栏，保持正常通风；同时按规定检查瓦斯，瓦斯浓度超限时必须停止对方工作面的掘进，立即处理，由通风矿长负责。

（9）对即将贯通时的爆破管理规定：

① 掘进的工作面每次装药爆破前，都必须由班长和瓦检员共同到对方工作面检查瓦斯浓度等情况，只有当各处瓦斯浓度均在 1% 以下时方可装药爆破。

② 每次爆破前，停工面不得停风，在两个工作面入口都必须设置栅栏和专人警戒；必须执行“一炮三检”和“三人连锁”爆破制度。

③ 每次爆破后，爆破工和班长必须检查双方工作面供风情况、瓦斯浓度、煤尘、顶板、支护和有无拒爆等安全状况，待一切正常后，方可进行下一次爆破。

④ 间距小于 20 m 的平行巷道，其中一个工作面爆破时，两个工作面人员都必须撤出。

⑤ 必须打探眼，探眼浓度不小于循环进度的 2.5 倍，不准一次贯通全断面。

（10）生产采区的采区进、回风巷之间，矿井的主要进、回风巷之间，不得补打联络巷。如确需补打时，在贯通前必须完成永久设施，严禁使用临时设施，受影响区域必须有专人检查瓦斯，停电撤人。

（11）在有突出危险的煤层中，上山掘进工作面同上部平巷贯通时，上部平巷工作面必须超过贯通位置，其超前距离不小于 5 m。

第六节 瓦斯管理知识

矿井瓦斯管理是矿井安全生产的一项重要内容，是矿井安全管理的重要组成部分。矿井瓦斯管理工作的好坏，不但制约着矿井安全生产正常进行，还影响矿井的经济和社会效益。矿井瓦斯管理工作与瓦斯检查员的本职工作关系密切。

一、矿井瓦斯管理的规章制度

矿井瓦斯管理制度是矿井瓦斯管理不可缺少的内容，是保证矿井安全生产的基本措施制度，是规范人们行为的措施。煤矿井下生产是在极其复杂和恶劣的环境中进行作业，如果出现某一个人的行为不规范，就有可能导致事故的发生。因此，为使通风与瓦斯管理工作能够得到正常的开展，杜绝瓦斯事故的发生，每一矿井尤其是高突矿井应根据《规程》有关规定，结合本矿井的实际情况，建立健全矿井瓦斯管理的有关规定和制度。

1. 矿井瓦斯管理制度的主要内容

矿井瓦斯管理的规章制度主要应包括：健全专业机构，配足检查人员，定期培训和不断提高专业人员技术素质的规定；各级领导和检查人员（包括瓦斯检查员）区域分工巡回检查汇报制度、交接班制度，矿长总工程师每天阅签瓦斯日报的规定；盲巷、采空区和密闭启封等有关瓦斯管理的规定；爆破与巷道贯通时的瓦斯管理规定；矿井瓦斯排放的有关规定及瓦斯监控装备的使用、管理的有关规定；矿井瓦斯抽放、防止煤与瓦斯突出的规定。

在建立健全规章制度的同时，还应制定相应的奖罚制度，以保证有关规定、制度的贯彻落实。

2. 专职瓦检员的配备与要求

（1）装有矿井安全监控系统的机械化采煤工作面、水采和煤层厚度小于 0.5 m 的保护层的采煤工作面，经抽放瓦斯（抽放率 25% 以上）和增加风量已达到最高允许风速后，其回风巷风流中瓦斯浓度仍不能降低到 1.0% 以下时，回风巷风流中瓦斯最高允许浓度为 1.5%，必须配有专职瓦检员。

开拓新水平的井巷第一次接近各开采煤层时，必须按掘进工作面距煤层的准确位置，在距煤层垂直距 10 m 以外开始打探煤钻孔。钻孔超前工作面的距离不得小于 5 m，并有专职瓦斯检查员经常检查瓦斯。岩巷掘进遇到煤线或接近地质破坏带时，必须有专职瓦斯检查员经常检查瓦斯；发现瓦斯大量增加或其他异状时，必须停止掘进，撤出人员，进行处理。

（2）凡是配备专职瓦斯检查员的地点，都是容易发生瓦斯事故和出现各种隐患比较危险的重要采掘工作面。为此要求专职瓦斯检查员：要有较高的思想和业务素质；遵章守纪，必须在工作面交接班；必须随时进行瓦斯检查等工作，不准随意离开工作现场；严格执行“一炮三检”爆破制度；对采掘工作面内的通风、瓦斯、防尘、防火、防灾以及瓦斯监控系统等有关设施和装置负有维护管理与监督的责任；制止任何人的违章指挥或违章作业；要做到在一旦发现临时停风、瓦斯积聚、突出预兆或其他隐患情况时，能够果断采取有针对性的有效措施，妥善处理。

3. 瓦斯检查的“三对口”

矿井通风质量标准及检查评定方法中规定的瓦斯检查“三对口”，指的是瓦斯检查员在检查工作中，必须做到井下检查地点的记录板、瓦斯检查员随身携带的检查手册和地面的瓦斯台账（或调试日志），三者上面填记的有关情况要完全一致，而不能出现矛盾、不符或遗漏。“三对口”主要内容包括：检查地点和检查人姓名；检查日期、班次及每次检查的具体时间；检查结果，瓦斯浓度二氧化碳浓度和空气温度以及局（矿）规定要求检查的其他内容。

4. 瓦斯日报的审批制度

《规程》规定，通风值班人员必须审阅瓦斯班报，掌握瓦斯变化情况，发现问题，及时处理，并向矿调度室汇报。通风瓦斯日报必须送矿长、矿总工程师审阅，一矿多井的矿必须同时送井长、井技术负责人审阅。对重大的通风、瓦斯问题,应制定措施,进行处理。

二、瓦斯检查制度

1. 瓦斯检查制度的内容

矿井瓦斯检查制度的主要内容有：

（1）每月根据矿井生产部署的工作安排，由通风部门按照《规程》规定的要求编制矿井瓦斯检查计划图表，其内容应包括瓦斯检查地点、检查次数、巡回检查路线、巡回检查时间、检查人员的安排等。计划图表报矿总工程师批准后实施。

（2）瓦斯检查员的配备必须符合《规程》中有关规定和安全生产的需要。有煤（岩）与瓦斯突出危险的采掘工作面、有瓦斯喷出危险的采掘工作面和瓦斯涌出量较大、变化异常的采掘工作面必须有专人经常检查，并安设甲烷断电仪。符合《规程》规定，经矿务局（公司）局长（经理）、矿长批准，采煤工作面回风巷风流中瓦斯最高允许浓度为1.5%的采煤工作面，必须配备专职瓦斯检查员经常检查瓦斯（二氧化碳）。其他采掘工作面（地点）瓦斯检查员的配备，可以不设专人检查，但必须满足“三人连锁爆破”制度和安全生产的需要。

（3）瓦斯检查员必须具有一定煤矿实践经验，掌握一定的通风、瓦斯知识和技能，经专门培训，考核合格，持证上岗。在岗的瓦斯检查员要进行定期培训，每次培训后都要考核、考试，不合格者不能上岗。

（4）瓦斯检查员下井时必须携带便携式光学甲烷检测仪，仪器必须完好，精度符合要求，同时备有长度大于1.5 m的胶管（或瓦斯检查棍）、温度计等。矿长、矿技术负责人、采掘与通风区队长、工程技术人员、爆破工、流动电钳工、班长下井时，必须携带便携式甲烷检测仪。安全监测工必须携带便携式甲烷检测报警仪或便携式光学瓦斯检测仪。

（5）瓦斯检查员必须严格按瓦斯检查计划图表的要求执行。每次检查的结果必须认真准确地记入瓦斯检查手册和记录牌上，并通知现场作业人员。瓦斯浓度超过规定时，瓦斯检查员有权责令现场人员停止作业，将人员撤到安全地点，采取措施进行处理。处理不了或超过处理权限时，应在瓦斯超限地点的通道入口设置栅栏及警示标识，并及时向地面报告。

（6）瓦斯检查员不得发生空班（由于瓦斯检查员未上班，造成分工区域当班全部一次都未检查瓦斯）、漏检（由于瓦斯检查员粗心大意、不负责任或其他原因，未按巡回检查的规定检查，造成分工区域应检查的地点一处或多处当班一次都未检查瓦斯）、少检（由于瓦斯检查员不负责任，未按规定的次数检查，造成分工区域一处至全部检查点检查的次数少于规定的检查次数）、假检（瓦斯检查员没有在实地检查瓦斯、填写假检查记录、汇报假情况），并做到井下记录牌板、检查手册、瓦斯台账“三对口”。

（7）瓦斯检查员必须严格执行井下现场交接班制度。

（8）在有自然发火危险的矿井，必须定期检查一氧化碳浓度、气体温度等的变化情况。

（9）瓦斯检查员每班必须向通风值班室汇报检查的情况。汇报的次数由矿总工程师根据矿井生产、安全状况、井下环境条件的实际情况确定；瓦斯检查员发现问题或隐患时必须及时汇报。

（10）任何人检查瓦斯时，都不得进入瓦斯及二氧化碳浓度超过3%的区域或其他有害气体浓度超过《规程》规定的区域。否则，必须制定切实可靠的安全措施，报矿总工程师批准，并严格按措施的要求执行。

2. 瓦斯检查员入井前的准备工作

（1）携带齐各种器具，包括：瓦斯检查证（岗位资格证）、瓦斯检查记录手册、便携式光学瓦斯检测仪、温度计、圆珠笔、粉笔、瓦斯检查木杖、胶管（检查高冒及采空区应备大于1.5 m的长胶管）、胶球、自救器以及其他指定的检查仪表仪器等工具。

（2）检查自救器甲烷检测仪和各种仪器的完好性能。

（3）清洗瓦斯室，在新鲜风流中定好“零点”。

（4）根据班前会领导要求和布置的任务，以及上一班工作情况确定本班的工作重点、措施和注意事项。

3. 瓦斯检查员的交接班制度

为了使瓦斯检查员能在交接班时双方见面，交接清楚现场情况和责任，避免误会；为了防止瓦斯检查员迟到、早退或无人接班，避免分工区域出现无人检查、监视的空岗状态，从而保证能及时发现、处理通风瓦斯隐患，矿井必须建立瓦斯检查员井下交接班制度。该制度的主要内容包括：

（1）井下交接班地点。配备有专职瓦斯检查员时，采煤工作面在回风巷入口的新鲜风流处交接班，掘进工作面在局部通风机处交接班，其他交接班地点由矿总工程师根据矿井的实际情况确定。

（2）瓦斯检查员井下交接班时间。交接班时间由矿总工程师根据矿井工作制度以及人员入出井所需要的时间等因素确定，瓦斯检查员不能提早离开检查地点到交接班地点等候交班，应避免分工区域出现长时间无人检查监视通风瓦斯的状况。

（3）交班内容。交接班时，交班瓦斯检查员要交清如下几个内容：分工区域内的通风及通风系统、瓦斯、煤尘、防突、防火、爆破、局部通风和生产情况有无异常，是否需要下一班处理及应采取的措施；分工区域内的各种通风安全设施、装备的运行情况，是否需要维修、增加或拆除；分工区域内发生的各种“一通三防”隐患，当班处理的情况和需要继续处理的内容；有关领导交办工作的落实情况和需要请示的问题；其他应该交清的工作内容。

（4）交接班要做到上不清下不接。接班人对交班内容了解清楚后，交接班人员都必须在交接班手册（或记录本）上签字，记录备查。

（5）防止“空岗”。交班时，如果下一班的瓦斯检查员未到班，交班瓦斯检查员必须请示值班领导，由值班领导决定是由交班瓦斯检查员继续进行下一班的瓦斯检查工作，还是由地面另派瓦斯检查员。无论采取何种方式，都不能中断瓦斯检查工作。为了防止发生“空岗”，通风部门值班领导（或班组长）在每班上班之前要详细清点瓦斯检查员人数，发现缺人时必须立即采取替补等措施。

4.《规程》对瓦斯检查地点与检查次数的规定

（1）矿井瓦斯检查的主要地点。矿井所有采掘工作面、硐室，使用中的机电设备的设置地点，有人员作业的地点都应纳入检查范围。具体地点有：矿井总回风巷、一翼回风巷、水平回风巷、采区回风巷，采掘工作面及其进回风巷、采煤工作面的隅角、采煤机附近、采煤工作面输送机槽、采煤工作面采空区侧，机电硐室、钻场、密闭，局部通风机及其开关附近、回风流中机械电气设备附近，其他有人员作业的地点等。

（2）瓦斯及二氧化碳检查次数。

① 采掘工作面的瓦斯检查次数：低瓦斯矿井中每班至少检查 2 次；高瓦斯矿井中每班至少检查 3 次；突出煤层、有瓦斯喷出危险或者瓦斯涌出量较大、变化异常的采掘工作面，必须有专人经常检查。

② 采掘工作面二氧化碳浓度应每班至少检查 2 次；有煤（岩）与二氧化碳突出危险或者二氧化碳涌出量较大、变化异常的采掘工作面必须有专人经常检查二氧化碳浓度。对于未进行作业的采掘工作面，可能涌出或积聚瓦斯、二氧化碳的硐室和巷道应当每班至少检查 1 次瓦斯、二氧化碳浓度。

③ 井下停风地点栅栏外风流中的瓦斯浓度每天至少检查 1 次。

④ 挡风墙外的瓦斯浓度每周至少检查 1 次。

⑤ 其他作业地点或应该检查瓦斯、二氧化碳的地点，瓦斯、二氧化碳检查次数由矿总工程师决定，但每班至少检查 1 次。

5.《规程》对各地点瓦斯浓度的规定

（1）矿井总回风巷或一翼回风巷中甲烷或二氧化碳浓度超过 0.75% 时，必须立即查明原因，进行处理。

（2）采区回风巷、采掘工作面回风巷风流中甲烷浓度超过 1.0% 或二氧化碳浓度超过 1.5% 时，必须停止工作，撤出人员，采取措施，进行处理。

（3）采掘工作面及其他作业地点风流中瓦斯浓度达到 1.0% 时，必须停止用电钻打眼；爆破地点附近 20 m 以内风流中甲烷浓度达到 1.0% 时，严禁爆破。

采掘工作面及其他作业地点风流中、电动机或其开关安设地点附近 20 m 以内风流中的甲烷浓度达到 1.5% 时，必须停止工作，切断电源，撤出人员，进行处理。

采掘工作面及其他巷道内，体积大于 0.5 m^3 的空间内积聚的甲烷浓度达到 2.0% 时，附近 20 m 内必须停止工作，撤出人员，切断电源，进行处理。

对因甲烷浓度超过规定被切断电源的电气设备，必须在甲烷浓度降到 1.0% 以下时，方可通电开动。

（4）采掘工作面风流中二氧化碳浓度达到 1.5% 时，必须停止工作，撤出人员，查明原因，制定措施，进行处理。

（5）矿井必须从设计和采掘生产管理上采取措施，防止瓦斯积聚；当发生瓦斯积聚时，必须及时处理。当瓦斯超限达到停电值时，班组长、瓦检工、矿调度员有权责令现场作业人员停止作业，停电撤人。

矿井必须有因停电和检修主要通风机停止运转或通风系统遭到破坏以后恢复通风、排除瓦斯和送电的安全措施。恢复正常通风后，所有受到停风影响的地点，都必须经过通风、瓦斯检查人员检查，证实无危险后，方可恢复工作。所有安装电动机及其开关的地点附近20 m的巷道内，都必须检查瓦斯，只有甲烷浓度符合本规程规定时，方可开启。

临时停工的地点，不得停风；否则必须切断电源，设置栅栏、警标，禁止人员进入，并向矿调度室报告。停工区内甲烷或二氧化碳浓度达到3.0%或其他有害气体浓度超过本规程通风、瓦斯和煤尘爆炸防治部分第一百三十五条的规定不能立即处理时，必须在24 h内封闭完毕。

恢复已封闭的停工区或采掘工作接近这些地点时，必须事先排除其中积聚的瓦斯。排除瓦斯工作必须制定安全技术措施。

严禁在停风或瓦斯超限的区域内作业。

（6）局部通风机因故停止运转，在恢复通风前，必须首先检查瓦斯，只有停风区中最高甲烷浓度不超过1.0%和最高二氧化碳浓度不超过1.5%，且局部通风机及其开关附近10 m以内风流中的甲烷浓度都不超过0.5%时，方可人工开启局部通风机，恢复正常通风。

停风区中甲烷浓度超过1.0%或二氧化碳浓度超过1.5%，最高甲烷浓度和二氧化碳浓度不超过3.0%时，必须采取安全措施，控制风流排放瓦斯。

停风区中甲烷浓度或二氧化碳浓度超过3.0%时，必须制定安全排放瓦斯措施，报矿总工程师批准。

在排放瓦斯过程中，排出的瓦斯与全风压风流混合处的甲烷和二氧化碳浓度均不得超过1.5%，且混合风流经过的所有巷道内必须停电撤人，其他地点的停电撤人范围应在措施中明确规定。只有恢复通风的巷道风流中甲烷浓度不超过1.0%和二氧化碳浓度不超过1.5%时，方可人工恢复局部通风机供风巷道内电气设备的供电和采区回风系统内的供电。

三、排放瓦斯过程中的瓦斯管理

《规程》规定：停风区中瓦斯浓度超过1.0%或二氧化碳浓度超过1.5%，最高瓦斯和二氧化碳浓度不超过3.0%时，必须采取安全措施，控制风流排放瓦斯。

停风区中瓦斯浓度或二氧化碳浓度超过3.0%时必须制定安全排瓦斯措施，报矿技术负责人批准。

1. 排放瓦斯的安全措施

（1）计算排放瓦斯量，预计排放所需时间。

（2）明确排出的瓦斯与全风压风流混合处的瓦斯浓度，制定控制送入独头巷道风量的方法，严禁“一风吹”。

（3）确定排放瓦斯流经的路线，标明通风设施、电气设备的位置。

（4）明确撤人范围，指定警戒人位置。

（5）明确停电范围、停电地点及断、复电的执行人。

（6）明确必须检查瓦斯的地点和复电时的瓦斯浓度。

（7）明确排放瓦斯的负责人和参加人员的名单及各自担负的责任。

（8）图文齐全、清楚，通风设施、机电设备及甲烷传感器等应该上图的，都要准确，不能遗漏。

2. 排放瓦斯时的安全注意事项

（1）编制排放瓦斯措施时，必须根据不同地点的不同情况制定有针对性的措施。禁止使用“备用”措施，更不准几个地点用一个措施，批准的排放措施，必须由矿总工程师或通风安全副总工程师负责贯彻，责任落实到人。凡参加审查贯彻实施的人员都必须签字备查。

（2）排放瓦斯前必须先检查局部通风机及其开关地点附近 10 m 以内风流中的瓦斯浓度，其浓度不超过 0.5% 时，方可人工启动局部通风机向独头巷道送入有限的风量，逐步排放积聚的瓦斯；同时，还必须使独头巷道中排出的风流与全风压风流混合处的瓦斯和二氧化碳浓度都不得超过 1.5%。

（3）排放时在回风汇合均匀处应设 2 个以上检查瓦斯浓度点，以便控制排放浓度。一般检测人员站在新风流中用光学瓦斯检定器配长胶管伸向回风一侧检查；或用甲烷检测报警仪吊挂在测点监视，有条件时可以将甲烷传感器移到测点监视。当瓦斯浓度超过 1.5% 时，应指令调节风量人员减少向独头巷道送入风量，确保独头巷道排出的瓦斯在全风压风流混合处的瓦斯不超限。

（4）排放时，严禁局部通风机发生循环风。如果发生循环风，立即停止局部通风机运转，消除循环风后再启动局部通风机。

（5）排放时，独头巷道的回风系统内必须切断电源，撤出人员。矿山救护队应在现场值班。

（6）排放后，经检查证实，整个独头巷道内风流中的瓦斯浓度不超过 1%，氧气浓度不低于 20%，二氧化碳浓度不超过 1.5%，且稳定 30 min 后，瓦斯浓度没有变化时，才可以恢复局部通风机的正常通风。

（7）独头巷道恢复正常通风后，必须由电工对独头巷道中的电气设备进行检查，证实完好后，方可人工恢复局部通风机供风的巷道中的一切电气设备的电源。

3. 控制排放风流中瓦斯的方法

控制排放风流中瓦斯的方法多根据排放现场的具体情况选定。主要有以下几种：

（1）局部通风机直接排放法。独巷停风时间较短，积存瓦斯量不多，在排放瓦斯回风线路上瓦斯浓度不超过规定时，可直接启动局部通风机进行排放。

这种方法的安全性与局部通风机全速运转的风量 $Q_{局}$、独巷内平均瓦斯浓度 C_o、全风压实际风量（第一汇合处风量）Q 及全风压风流中的瓦斯浓度 $C_{实}$ 有关。根据独巷内排出的瓦斯量与全风压处瓦斯量的关系。可由下式粗略计算应送入独巷的风量：

$$Q_{局} \leq Q(C - C_{实})/C_o$$

式中 C——排出的瓦斯流经线路上允许的瓦斯浓度，%。

如果送入独巷内的风量大于 $Q_{局}$，排出后在第一汇合处瓦斯浓度必然超过规定。这种情况下，则不能采用局部通风机直接排放法排放瓦斯。为此可利用附近的风门配合进行，用增大全风压风量来解决。需要打开的风门，必须专人把守，检查瓦斯人员根据瓦斯浓度变化，指挥打开风门的程度。注意，使用此方法时，必须熟悉该区域和全矿井的通风系统及风量分配情况，只有在临时打开风门后，对其他系统无影响或无大的影响情况下，才能用打开风门配合排放，否则将会造成不良后果。

（2）使用变频调速风机直接排放。这种方法方便易行，就是在排出瓦斯流经的巷道内设置甲烷传感器，将甲烷传感器和变频调速风机的调速装置连接。当甲烷超限时，变频调速装置动作，减小风机的转速，从而减少送入的风量；当排出的甲烷不超限时，变频调速装置加大风机转速增加送风量，从而保证排出的甲烷不超过规定。

（3）增阻排放法。排放前，在回风口以外的新风流一侧将风筒用绳子捆结一定的程度，以增加阻力，控制通过风筒的风量，使全风压风流汇合处的瓦斯浓度控制在规定范围内。随着浓度的下降，逐渐放开绳子，到最后全部放松。捆风筒时，不能将风筒捆严，以防烧坏局部通风机。

另外，还可以在局部通风机进风处增加阻力。未开局部通风机前用木板将局部通风机进风处挡住一部分，根据需要逐渐拉开木板，控制局部风机风量。这种方法比绳子捆扎风筒更方便。

（4）风筒接头调风排放法。若独巷距离远、停风时间长、瓦斯积聚量大，启动局部通风机排放瓦斯前，在回风口一侧的全风压巷道内，将风筒接头断开，然后启动局部通风机，并检查局部通风机是否循环风。一旦出现循环风，立即停止局部通风机运转，将局部通风机一侧的风筒捆小，增加阻力，减少风量，消除循环风。根据瓦斯浓度的大小，将断开的风筒接头拉成一定错距来调节送往独巷的风量，使大部分风量从断口短路，流入回风并降低瓦斯浓度。瓦斯检查员必须同调风人员紧密配合，根据瓦斯浓度指挥调风人员及时调风，做到安全可靠。开始送往独巷的风量要小，然后根据排出的瓦斯浓度大小来确定两风筒错口距或吻合的程度。随着接头的逐渐吻合，风量由小而大送往独巷。当两接头全部吻合后，独巷的风量近似最大值。如果回风长时间稳定在安全瓦斯浓度范围，说明独巷内瓦斯排放工作完毕，即可全部恢复接头。在重新恢复接头时，如果因压力大有困难，可短时间停止局部通风机运转，但应尽量缩短操作时间，以免再次造成独巷内瓦斯积聚。

（5）风筒三通调风排放法。独巷敷设风筒时，在回风口一侧的全风压风流中敷设一个三通风筒，如图 9－23 所示。平时将三通风筒未用的一头封堵，在图 9－23 中 *A* 处用绳子将风筒捆死。启动局部通风机排放瓦斯前，将三通风筒封堵的一头放开，启动局部通风机检查有无循环风，确认无循环风后开始排放瓦斯。当局部通风机启动后，风筒中的大部分风量经三通风筒未用的一头进入回风内，很少一部分风量送往独巷便不会造成排出瓦斯浓度超限。为做到绝对有把握，可将三通至独巷的一头缩小，然后根据需要逐渐放大，直至全部放完，在回风瓦斯浓度不超限时，可以慢慢缩小三通未用的一头，全部封严后送往独巷的风量达到最大值。当回风长时间都稳定在安全瓦斯浓度时，证明独巷瓦斯已排放完毕。

（6）逐段通风排放法。一般情况下，已经封闭的独巷里面都已积聚了瓦斯浓度高的气体，排放时比较困难。所以，启封密闭排放瓦斯要十分慎重。

通常独巷内都未敷设风筒，启封密闭排放瓦斯时要敷设风筒。一次性将风筒全部敷设在井下无风的高浓度瓦斯区既困难又危险。因此，采取逐段排放法较好。

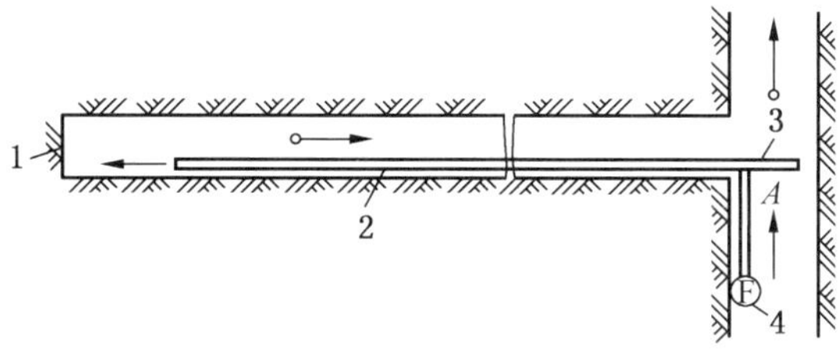

1—掘进工作面；2—风筒；3—三通风筒；4—局部通风机

图9-23 三通风筒示意图

排放前，准备一根短风筒（5 m左右），先检查密闭处有无瓦斯积聚，如果有则必须先处理后启封。将密闭上角打一些比较小的孔洞，启动局部通风机，先使风筒偏离孔洞，然后逐渐靠近。同时检查回风瓦斯，用风筒与密闭孔洞距离的大小来控制瓦斯浓度。慢慢扩大密闭孔洞，直到风筒移入密闭内，附近瓦斯浓度不超0.5%，再全部打开密闭，人员才能进入里面，风筒可随着向前敷设运入独巷。待风筒出口附近瓦斯浓度下降后，可将风筒出口缩小，加大风筒出口射程，排出前方的瓦斯。当风筒出口前方一段的瓦斯浓度不超过1.5%时，接上一根短风筒，加大射程排放前方的瓦斯，达标后取下短风筒，接上一根平时用的风筒（一般10 m），依次逐段地排放。如果发现回风瓦斯超过安全值时，可将风筒接头断开，采用风筒接头调风法排放。

矿井瓦斯积聚是发生瓦斯事故的物质基础，《规程》规定：采掘工作面及其他巷道内，体积大于0.5 m^3的空间内积聚的瓦斯浓度达到2%时，附近20 m内必须停止工作，撤出人员，切断电源，进行处理。

4. 采煤工作面上隅角处瓦斯积聚的处理方法

（1）风障引导风流法。风障引导风流法的实质是将新鲜风流引入瓦斯积聚的地点，把局部积聚的瓦斯冲淡、带走。图9-24所示的风障引导风流法是应用较普遍的方法，它适应于上隅角瓦斯涌出量不超过2 m^3/min、工作面风量大于200 m^3/min、风障最大长度不超过20 m的情况。

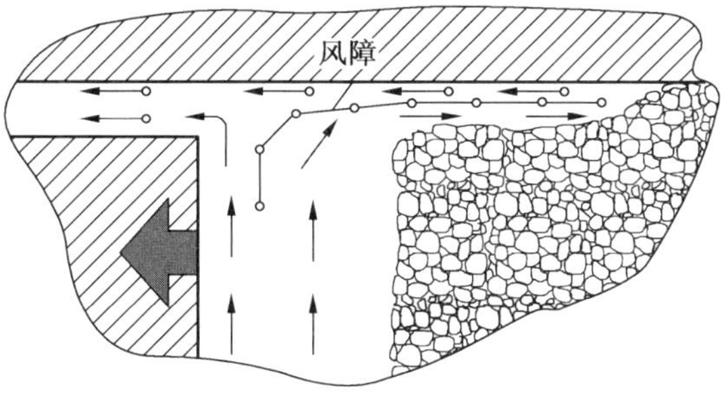

图9-24 风障引导风流处理上隅角积聚瓦斯

风障引导风流法的优点是安设简单，不需要任何动力设备，安全、经济；其不足是引入风量有限、波动性大，增加了通风阻力，加剧了采空区漏风，减少了作业空间，降低了作业环境的安全程度。

（2）风筒导排风流法。风筒导排法，按其动力源的不同分为水力引射器、电动通风机和压气引射器 3 种不同导排方式。其处理积聚瓦斯的原理和布置方式都是相同的，如图 9－25 所示，风筒进风口设在上隅角瓦斯积聚地点后，工作面中一部分风流流经上隅角进入风筒口时，即把积聚的瓦斯冲淡、带走。

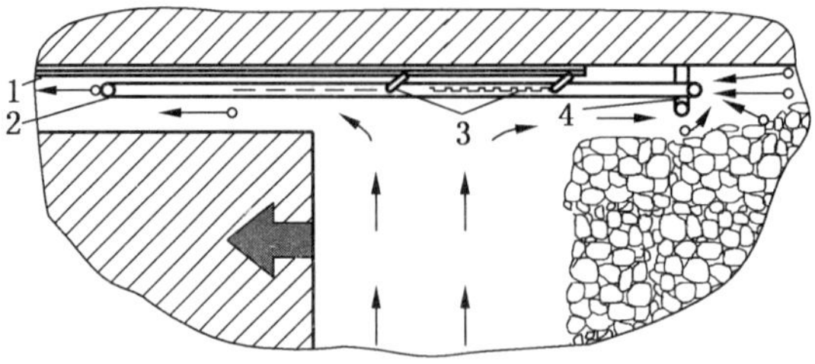

1—水管；2—导风筒；3—喷射器；4—风障

图 9－25　利用水力引射器排除积聚的瓦斯

这种方法的优点是处理能力大，适应范围广。其缺点是需要安设设备，并占据了一定采掘空间，影响作业环境和条件。尤其是电动通风机，虽然有很好的防爆性能，但由于采煤工作面作业条件较差，难免产生冲击、摩擦火花等，管理和维护比较困难；同时，需要一定的动力为条件，不经济。

（3）尾巷排放法。如图 9－26 所示。尾巷排放法是目前广泛采用的一种方法。此种方法利用尾巷与工作面采空区的压力差，使工作面一部分风流流经上隅角、采空区、通风眼（联络眼）到尾巷，达到冲淡、排除上隅角瓦斯的目的。如果尾巷排放瓦斯效果不显著，可在工作面的回风道设调节风门，以增大采空区与尾巷之间的压差，提高排放效果。

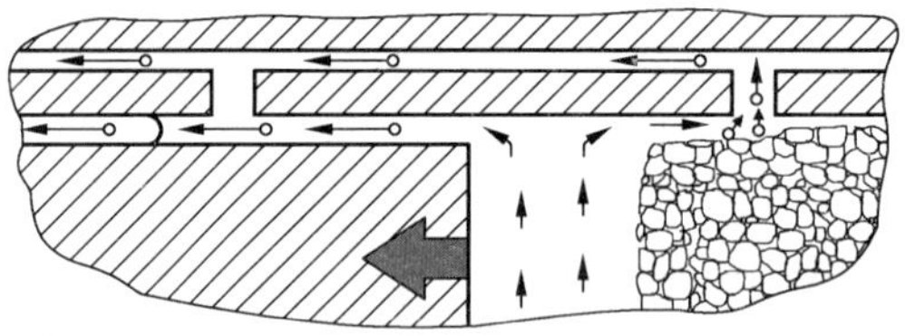

图 9－26　尾巷排放法

此方法的优点是利用已有的巷道，不需要增加设备，易于实施，较经济；其不足是进入尾巷的瓦斯量难以控制，瓦斯浓度忽高忽低。

（4）沿空留巷排除法。在工作面回风巷沿空留巷，使部分风流通过上隅角，以冲淡和带走上隅角局部积聚的瓦斯。

（5）瓦斯抽放法。瓦斯抽放法即进行采空区的瓦斯抽放。

（6）充填置换法。充填置换法如图 9－27 所示。

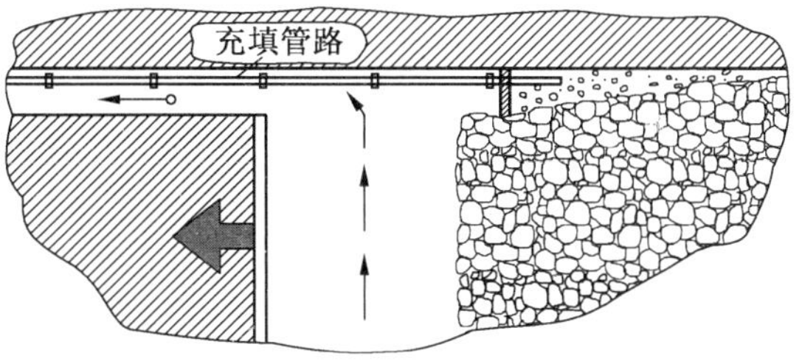

图 9－27 充填置换法

这种方法是对采空区上隅角的空隙进行充填，将积聚瓦斯的空间用不燃性固体物质充填严密，使瓦斯没有积聚的空间。这种方法效果明显，还可达到预防自然发火的目的，是一举多得的好措施，但这种方法除受条件限制外，工艺过程较复杂，对生产有一定干扰。因此，除特殊要求的少数矿井外，大部分矿井还没有应用。

（7）风压调节法。风压调节法也称均压通风法。如图 9－28 所示，在工作面进风巷安设 2 台局部通风机（通风能力大小根据工作面需要风量大小而定）和接设 15～20 m 导风筒，向工作面送风，并在导风筒的出风口与局部通风机之间设两道风门，在工作面回风巷设两道调节风门 S_1、S_2，以调节风压；同时，在回风巷设一趟硬质导风筒。一端伸入上隅角采空区 5～8 m，另一端穿过两道调节风门，以排放采空区上部的瓦斯。风量的控制应以上隅角瓦斯不超限为准。

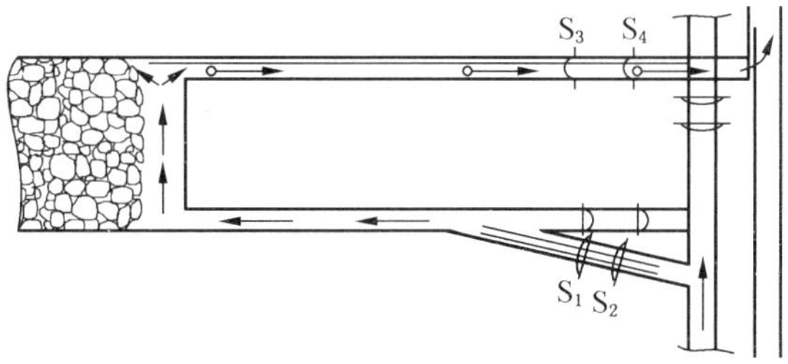

图 9－28 风压调节法

风压调节法的实质是利用局部通风机和设在回风巷的调节风门。提高工作面的空气压力，平衡工作面与采空区的压差，或使工作面气压略高于采空区，抑制采空区瓦斯向工作面涌出，从而达到解决工作面风流瓦斯超限和上隅角瓦斯积聚问题的目的。

采用此方法时，要管理好风门。当局部通风机停风时，要立即将两组风门打开，以免造成事故。

（8）调整通风方法。根据煤层赋存条件的不同和瓦斯涌出量大小、涌出来源及涌出形式，可调整或选择较适宜的通风方式，达到预防、排除上隅角积聚瓦斯的目的，如图 9－29所示。从图中所示的 4 种通风方式可以清楚地看出，由于回风方向同进风方向是同一方向，采空区涌出的瓦斯受矿井通风压力的作用只会向回风方向流动，而不会朝着相反的方向流入工作面。因而，工作面上隅角就不会积聚瓦斯。这几种通风方式同 U 型通风方式相比，都容易引起向采空区漏风，因此，有自然发火危险的煤层不宜采用。

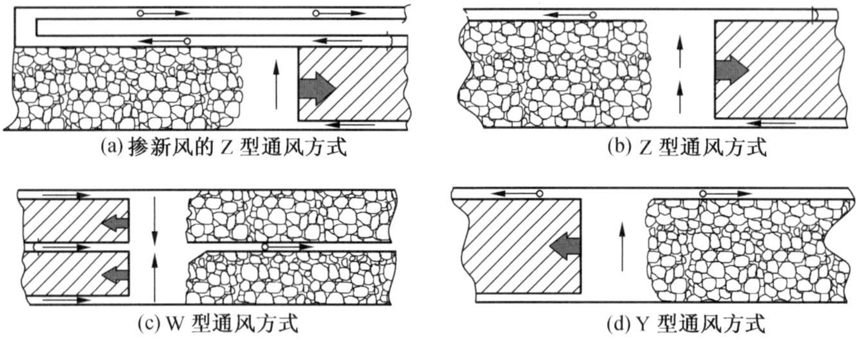

图 9－29　解决上隅角瓦斯积聚的几种不同的通风方式

5. 巷道冒落空洞内瓦斯积聚的处理方法

（1）导风板引风法。在高顶空间下的支架顶梁上钉挡板分风流引到高冒处，吹散积聚瓦斯，如图 9－30 所示。

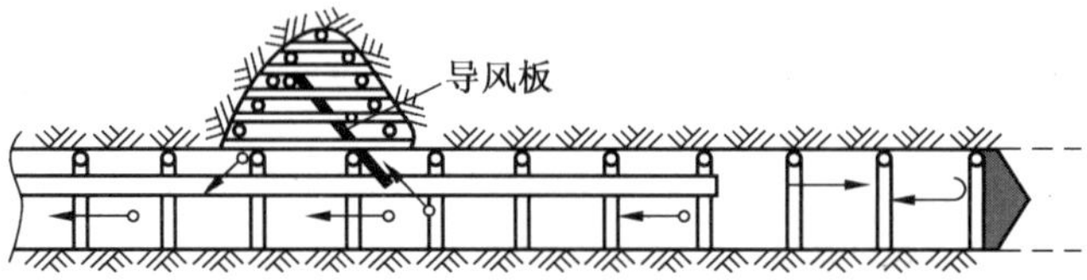

图 9－30　导风板引风法处理巷道冒落空洞内局部积聚的瓦斯

（2）充填置换法。在顶梁上铺设一定厚度的木板或荆笆，在上面填满黄土或砂子，从而将积聚的瓦斯置换排除。

（3）风筒分支排放法。巷道内若有风筒，可在冒顶处附近的风筒上加“三通”或安设一段小直径的分支风筒，向冒顶空洞内送风，以排除积聚的瓦斯，如图 9－31 所示。

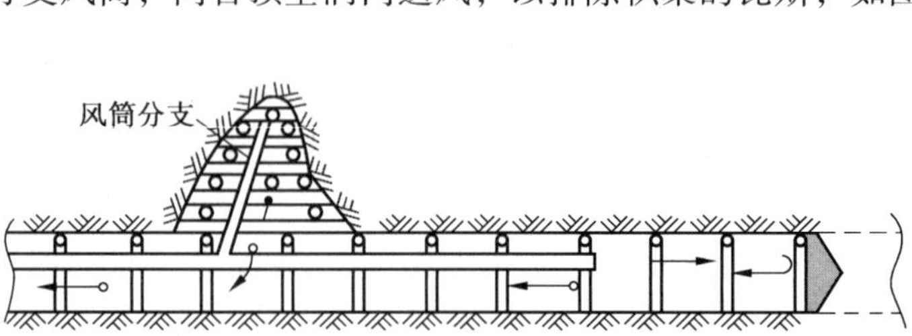

图 9－31　风筒分支排放法处理巷道冒落空洞中局部积聚的瓦斯

（4）压风排除法。在有压风管通过的巷道，可在管路上接出分支，并在支管上设若干个喷嘴，利用压风将积聚的瓦斯排除，如图 9－32 所示。

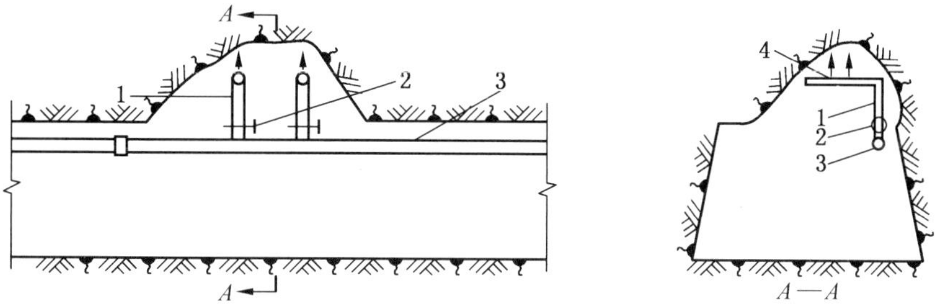

1—压风支管；2—开关；3—压风管；4—喷嘴

图 9－32　压风排除法处理巷道冒落空洞内局部积聚的瓦斯

6. 巷道顶部层状赋存瓦斯的处理方法

（1）加大巷道内的风流速度。使风速大于 0.5～1.0 m/s，让瓦斯与风流充分混合而排出。

（2）加大顶板附近的风流速度。如在顶梁下设置导风板，将风流引向顶板附近等，如图 9－33 所示。也可沿顶板铺设铁风筒，每隔一定距离接出一短管；或沿顶板铺设钻有小孔的压风管等，这样都可将积聚的层状瓦斯吹散。

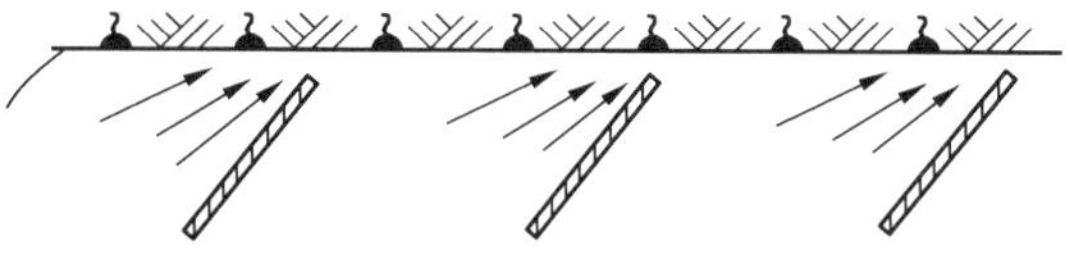

图 9－33　设置导风板处理巷道顶部层状瓦斯

（3）隔绝瓦斯来源。如果顶板裂隙发现有大量瓦斯涌出，可用木板和黏土将其背严、填实。

（4）钻孔抽放瓦斯。如果顶板有集中的瓦斯来源，可向顶板打钻接管抽放瓦斯，如图 9－34 所示。

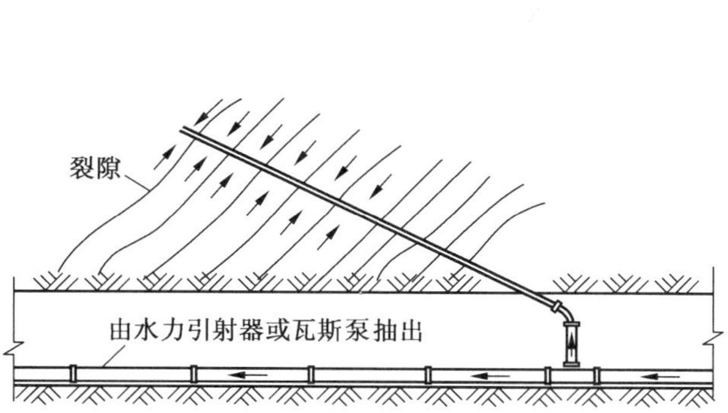

图 9－34　钻孔抽放瓦斯处理巷道顶板层状瓦斯积聚

7. 采煤机附近瓦斯积聚的处理方法

根据瓦斯积聚形成的不同原因，应采取相应的处理方法：

(1) 加大风量。在采取煤层注水湿润煤体和采煤机喷雾降尘措施后，经矿总工程师批准，可适当加大风速，但不得超过 5 m/s。

(2) 降低瓦斯涌出量和减少瓦斯涌出量的不均衡性。可延长采煤机在生产班中的工作时间或每昼夜增加一个生产班次，使采煤机以较小的速度和截深采煤。

(3) 当采煤机附近（或工作面中其他部位）出现局部瓦斯积聚时，可安装小型局部通风机或水力引射器，吹散排出积聚的瓦斯。

(4) 抽放瓦斯。采取煤层开采前预抽或开采过程中边采边抽的方法降低瓦斯涌出量。

第四部分

矿井通风工高级技能

第十章

作业前的准备

第一节 一氧化碳检测仪

一氧化碳（CO）气体浓度的高低是煤矿井下发生自燃火灾的重要标志之一，同时一氧化碳也是煤矿井下的主要有害气体之一，是导致人员中毒死亡而引起重大伤亡事故的重要因素。因此，在煤矿井下监控系统中进行一氧化碳检测十分必要。一氧化碳的检测方法主要有定电位电解法、非分散红外吸收法、催化燃烧法、半导体气敏法、气相色谱法、置换汞法和比长式检定管法等。一氧化碳浓度用体积浓度表示。

一、定电位电化学一氧化碳检测仪

过去检测一氧化碳等各种有害气体都用光谱分析、色谱分析或化学滴定等方法。这些检测方法较复杂，有的还需取样，不能测出瞬时数据。近年来检测技术有了不少改进和提高。采用各种化学式气体传感技术制成的检测仪，能及时检测出一氧化碳等有害气体的浓度，且使用方便、成本低廉，但测量精度不高，误差较大，对 CO 气体进行检测还需对敏感源加热，不能严格满足防爆要求。定电位电化学气体检测仪工作时无须加热，抗干扰、灵敏度高、线性特性好，用这种传感技术制成的检测仪，不仅精度高、响应快、选择性好，而且质量轻、体积小、性能稳定可靠；不足之处是这类检测仪寿命较短（一般为 2 ~ 3 年），且价格昂贵。

（一）定电位电化学一氧化碳气体检测仪的结构与工作原理

定电位电化学一氧化碳气体检测仪由三电极构成，其结构如图 10－1 所示。

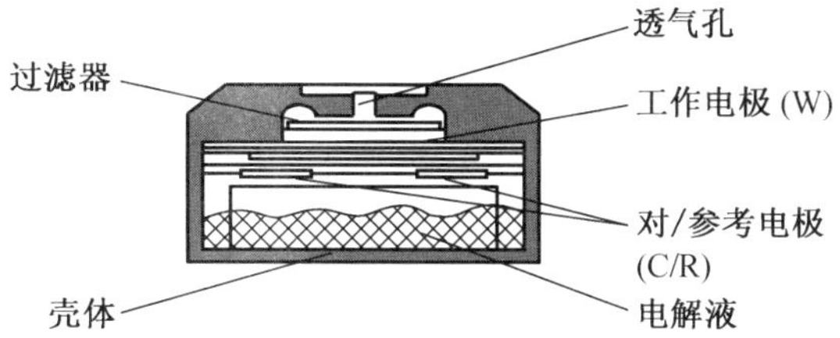

图 10－1 定电位电化学一氧化碳气体检测仪结构

工作电极、对电极和参考电极统称为气体扩散电极，是由疏水性强的透气膜和导电性好的催化膜组成。透气膜是进气的通道，但它要防止电解池内的电解液外泄，还要防止电解池外的水汽渗入，因此它是一层多孔的疏水性强的塑料薄膜。催化膜由催化剂和对气体吸附性能好的导电微粒组成。它的作用是使被测气体易与电解液接触，在催化剂作用下迅速产生电化学反应，并收集反应电荷。它需要有较好的催化活性和导电性能。电解液是3个电极间的导体，是构成电池的重要成分。它可以是酸性溶液，又可以是碱性溶液，但必须与气体扩散电极形成较好的电极电位，易产生电化学反应，不出现干扰气体。

由检测仪的结构可见，工作电极与对电极组成一电极对，当这对电极浸入电解液中，两电极间加上电压时会产生极化。若工作电极为正，对电极为负，则电解液中的负离子移向工作电极，而正离子移向对电极，此时被测气体扩散到工作电极上，在催化剂的作用下会产生电化学反应，释放出电荷。例如：定电位电化学CO气体检测仪，电解池中为酸性电解液，催化剂为铂、钌、镍等金属微粒，当CO气体扩散到工作电极处，在催化剂作用下产生了氧化还原反应。

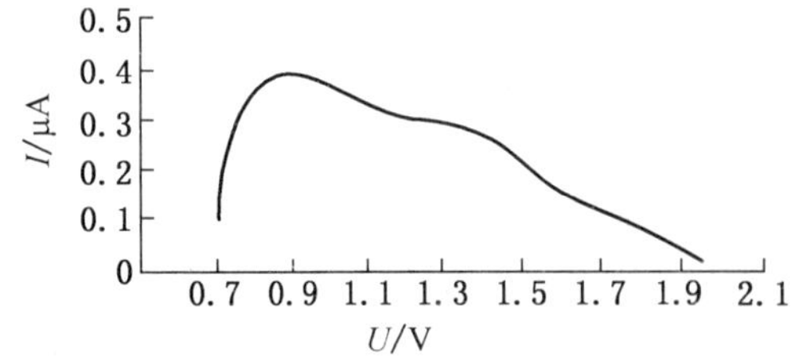

图10-2　定电位电化学CO气体检测仪工作电极电位与响应电流的曲线

实验得知，电化学一氧化碳检测仪的反应电流先随电极电位增加而迅速增大，达到最大值后，电极电位继续增加，反应电流则逐渐减小。如：定电位电化学CO气体检测仪，在工作电极电位为0.9~1.1 V时，反应电流最大，如图10-2所示。为了使工作电极能产生最大的反应电流，故采用了参考电极。它使工作电极保持在最佳恒定电位，如图10-3所示。

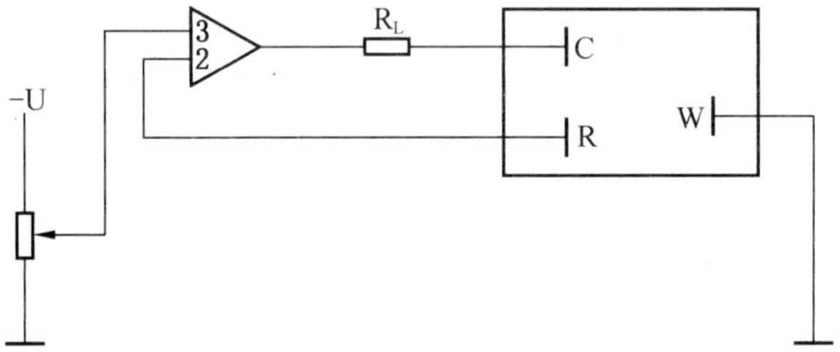

W—工作电极；C—对电极；R—参考电极

图10-3　恒定电位电路图

（二）定电位电化学一氧化碳气体检测仪的特点

（1）功耗低，能满足严格的防爆要求。由于它用电池供电，响应时不消耗能量，所附加的恒定电位较低，一般在几十毫伏至二百毫伏内，且漏电流极小，约为零点几微安，因此这种检测仪用1节5号电池便可连续工作数百个小时。另外，这种检测仪在常温中工作，对CO等易燃易爆气体使用较安全，较适合在煤矿井下恶劣环境中使用，也可在地下坑道中使用，能够满足严格的防爆要求。

（2）有较好的抗干扰性能。定电位电化学一氧化碳气体检测仪具有较好的抗干扰性能，测量不受甲烷、SO_2 等气体的干扰。

（3）有稳定的、较高的输出性能。由于工作电极是在恒定电位下工作，被测气体能产生稳定的电化学反应，因而保证了这种气体检测仪有优良的稳定输出性能。只要加在参考电极上的电压不变，它的输出响应就不会发生突变。因此，这种检测仪的测量精度较高，可达 0.5×10^{-6}。

（4）响应时间较快，20 s 内可达 90%。无须取样，在不用气泵的情况下，只要将检测气体通过气体扩散进入扩散电极，便会迅速产生响应。图 10－4 所示为实验记录的定电位电化学 CO 气体检测仪响应时间曲线。

（5）有较好的线性特性与温度性能。从工作原理已知，在恒电位条件下，当检测仪的结构和电解液一定时，气体扩散电极一定，此时，反应电流 I 就只与气体浓度 C 成正比，$I=KC$，因此这类检测仪必然有较好的线性特性，如图 10－5 所示。

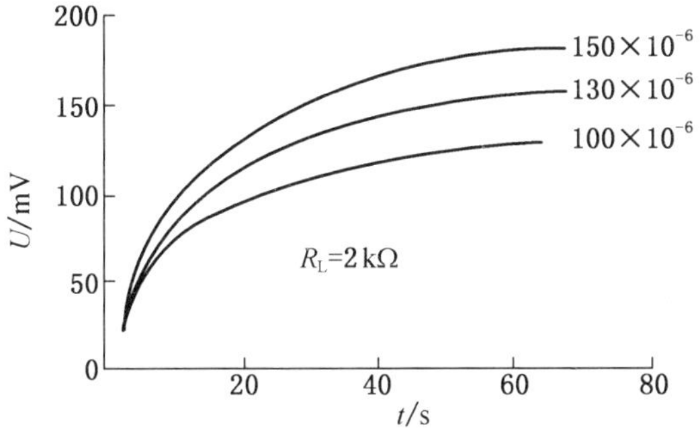

图 10－4 定电位电化学 CO 气体检测仪响应时间曲线

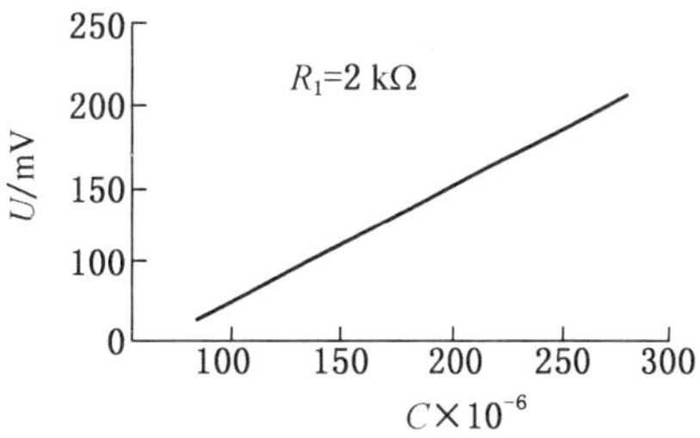

图 10－5 CO 气体浓度与输出响应曲线

检测仪的响应电流与温度的关系，主要是电解液中离子浓度和气体扩散系数受温度影响引起的。实验测得响应电流的温度系数为正，它可以采用电子元件进行补偿。通常各生产厂家都对这类检测仪备有温度补偿电路，使检测仪在一定温度范围内有稳定的响应电流输出。图 10－6 为带温度补偿的定电位电化学气体检测仪电路图。

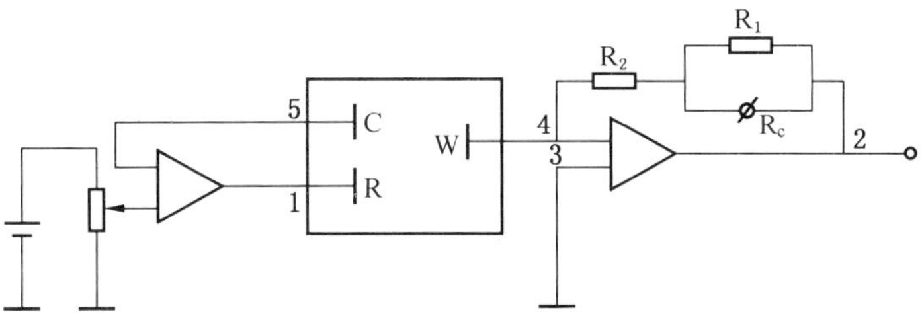

R_c—热敏电阻；R_1、R_2—电阻

图 10－6 带温度补偿的定电位电化学气体检测仪电路图

综上所述，这类检测仪有较突出的优良特性，但是目前这类检测仪采用的电解质都是液体，它的使用寿命受到很大限制，一般为 2～3 年。近年来各国都在研制固体电解质电

化学气体检测仪，其寿命大大提高，而且响应特性会更好。

（三）定电位电化学一氧化碳检测仪的型号及主要技术指标

1. 电化学一氧化碳检测仪型号

2. 测量范围

（1）（0 ~ 100）$\times10^{-6}$CO。

（2）（0 ~ 500）$\times10^{-6}$CO。

（3）（0 ~ 1000）$\times10^{-6}$CO。

3. 基本误差

（1）（0 ~ 100）$\times10^{-6}$CO 时，不大于 ±（1.5% ~2.0%）真值。

（2）大于（100 ~ 500）$\times10^{-6}$CO 时，不大于 ±4.0% 真值。

（3）大于（500 ~ 1000）$\times10^{-6}$CO 时，不大于 ±10.0% 真值。

4. 报警

仪器应具有报警功能。

（1）报警点设在 24×10^{-6}CO，报警误差应不大于 $\pm1\times10^{-6}$CO。

（2）报警声级强度应不小于 75 dB。

（3）报警光信号应能在黑暗中 20 m 处清晰可见，颜色为红色。

5. 位置变动影响

仪器在位置变动试验时，其测量值和报警点产生的附加误差应不大于 $\pm1\times10^{-6}$CO。

6. 响应时间

响应时间应不大于 60 s。

7. 欠压指示

仪器应具有欠压指示。

8. 显示方式

仪器测量值应采用数字显示方式，其分辨率应为 1×10^{-6}CO。

9. 正常工作环境

（1）温度：0 ~ 40 ℃。

（2）湿度：不大于 98%。

（3）大气压力：86 ~ 110 kPa。

（4）贮存温度：40 ~ 60 ℃。

二、非分散红外吸收法 CO 检测仪

利用非分散红外吸收法原理检测 CO 的仪器也常用于在煤矿井下。非分散红外吸收法

CO 检测的工作原理如图 10－7 所示，从红外光源发射出能量相等的 2 束平行光，被微型电机带动的切光片交替切断，然后一路通过滤波室（内充 CO 和水蒸气，用以消除干扰光）、参比室（内充不吸收红外光的气体，如氮气）射入检测室，这束光称为参比光束，其 CO 特征吸收波长光强度不变；另一束光称为测量光束，通过滤波室、测量室射入检测室。由于测量室内有气样通过，则气样中的 CO 吸收了部分特征波长的红外光，使射入检测室的光束强度减弱，且 CO 含量越高，光强减弱越多。检测室用一金属薄膜分隔为上、下两室，均充等浓度 CO 气体；在金属薄膜一侧还固定一圆形金属片，距薄膜 0.05～0.08 mm，二者组成 1 个电容器。这种检测器称为电容检测器或薄膜微音器。由于射入检测室的参比光束强度大于测量光束强度，使两室中气体的温度产生差异，导致下室中的气体膨胀压力大于上室，使金属薄膜偏向固定金属片一方，从而改变了电容器两极间的距离，也就改变了电容量，由其变化值即可得出气样中 CO 的浓度值。采用电子技术将电容量变化转变成电流变化，经放大及信号处理后，由指示表显示和记录仪记录测量结果。

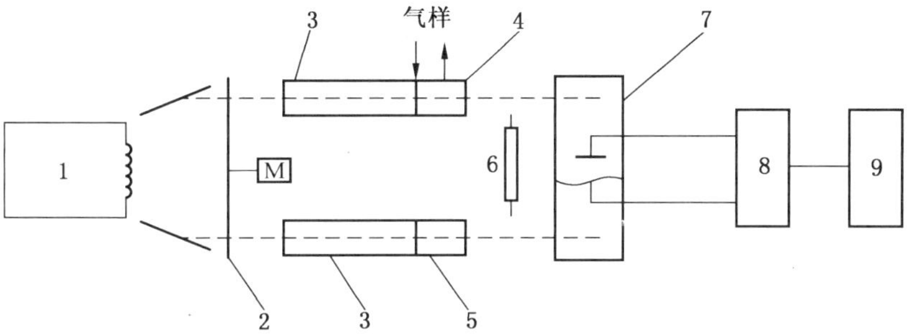

1—红外光源处；2—切光片；3—滤波室；4—测量室；5—参比室；6—调零挡板；
7—检测室；8—放大及信号处理系统；9—指示表及记录仪

图 10－7 非分散红外吸收法 CO 检测仪原理

测量时，先通入纯氮气进行零点校正，再用标准 CO 气体校正，最后通入气样，便可直接显示、记录气样中 CO 浓度。

三、置换汞法 CO 检测原理

置换汞法也称间接冷原子吸收法。利用置换汞法原理检测 CO 的仪器也常用于煤矿井下。该方法基于气样中的 CO 与活性 HgO 在 180～200℃ 发生反应，置换出汞蒸气，带入冷原子吸收测定汞的含量，再换算成 CO 浓度，置换反应式如下：

$$\mathrm{HgO}(\text{固}) + \mathrm{CO}(\text{气}) \longrightarrow \mathrm{Hg}(\text{蒸气}) + \mathrm{CO_2}(\text{气})$$

置换汞法 CO 测定仪的工作原理如图 10－8 所示。空气经灰尘过滤器、活性炭管、分子筛管及硫酸亚汞硅胶管等净化装置除去灰尘、水蒸气、丙酮、甲醛、乙烯、乙炔等干扰物质后，通过流量计、六通阀，由定量管取样送入氧化汞反应室，被 CO 置换出的汞蒸气随气流进入测量室，吸收低汞灯发射的 253.7 nm 紫外光，用散光电管、放大器及显示、记录仪表测量吸光度，以实现对 CO 的定量测定。测量后的气体经碘－活性炭吸附管由抽气泵抽出排放。

空气中的甲烷和氢在净化过程中不能除去，和 CO 一起进入反应室，其中 CH_4 在这种条件下不与氧化汞发生反应，而 H_2 则与之反应，干扰可在仪器调零时消除。校正零点时，将霍加特氧化管串入气路，将空气中的 CO 氧化为 CO_2 后作为零气。

测定时，先将适宜浓度的 CO 标准气由定量管进样，测量吸收峰高或吸光度后再用定量管通入气样，测其峰高或吸光度。该方法的检出限为 0.04 mg/m^3。

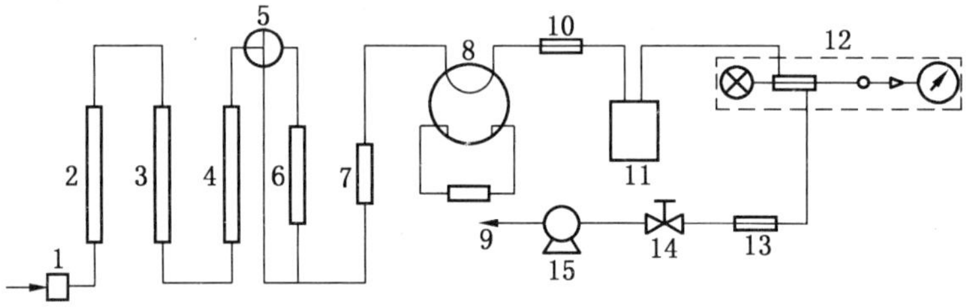

1—灰尘过滤器；2—活性炭管；3—分子筛管；4—硫酸亚汞硅胶管；5—三通活塞；6—霍加特氧化管；7—转子流量计；8—六通阀；9—定量管；10—小分子筛管；11—加热炉及反应室；12—冷原子吸收测汞仪；13—限流孔；14—流量调节阀；15—抽气泵

图 10－8　置换汞法 CO 测定仪的工作原理

四、CO－1A 型一氧化碳报警仪

CO－1A 型一氧化碳报警仪采用进口原装三端电化学传感器，具有测量范围宽、使用寿命长、操作方便等优点，适用于工作环境中连续监测 CO 气体浓度。

（一）工作原理

电化学传感器以扩散方式直接与环境中 CO 气体反应产生线性电压信号。电路由多块集成电路构成，信号经放大、A/D 转换、暂存处理后在液晶屏上直接显示出所测气体浓度值。当气体浓度达到预先设置的报警值时，蜂鸣器和发光二极管发生声光报警信号。

仪器在正常工作时，内部电路长期循环自检。使用者可注意到发光二极管每隔 10 s 左右闪烁一次，这说明仪器在正常工作。当电源电压下降到一定程度时需要更换电池、此时仪器会每隔 10 s 发出一个短促声响，提醒使用者更换电池。

（二）主要技术参数

环境参数	
工作温度	－10～40 ℃
相对湿度	10%～95%
保存温度	－20～50 ℃
电源	9 V 碱性叠层电池一节，可连续工作 1000 h
技术参数	
测量范围	$0\sim2000\times10^{-6}$
报警范围	$0\sim300\times10^{-6}$
精度	±5%
传感器	进口原装三端电化学传感器，使用寿命大于 24 个月
外形尺寸	128 mm×62 mm×28 mm

质量　185 g

（三）使用方法及注意事项

CO－1A 型一氧化碳报警仪结构如图 10－9 所示。

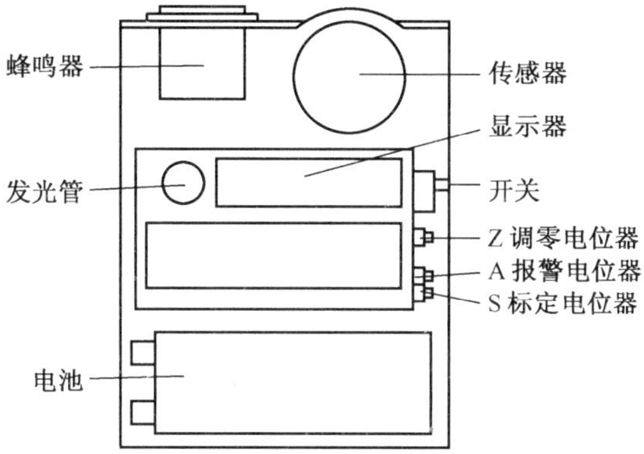

图 10－9　CO－1A 型一氧化碳报警仪

1. 使用前的准备工作

电池的安装：取下电池的两个螺丝打开电池盖，放入 9 V 层叠电池，连接好电池扣。装入新电池后，蜂鸣器响几分钟，显示从满量程逐步恢复到稳定状态（此时可关掉开关，节省电池）。严禁在有潜在危险的环境下（如毒气、易爆气等）安装电池。

检查发光二极管是否每隔 10 s 左右闪烁一下。

新仪器装上电池后需放置 24 h，使系统稳定。更换电池后仪器放置 2 h，使系统稳定。

2. 调整

安装好电池后的仪器经 24 h 放置稳定后，可进行零点调整、标定和报警点的调整工作。

取下电池盖，电池仓内可见到 Z、S、A 3 个电位器，Z 为调零电位器，S 为标定电位器，A 为报警电位器。

（1）零位调整步骤：零位调整可在标准空气瓶或清洁空气环境中进行，可以用螺丝刀调节 Z 电位器，使显示器显示为“000”。

（2）标定调节：为保证仪器具有一定的测量精度，仪器在使用过程中应定期进行标定。该仪器的标定周期应根据现场有关规定进行，标定可按以下步骤进行：

① 调整标准气瓶流量在 50 mL/min；

② 使气体流进传感器约 1 min，使仪器显示读数稳定；

③ 调节 S 电位器，使仪器显示数字与标准气体浓度相同；

④ 移开气体管后显示值应回到“000”，否则重复调整零位和标定，使二者达到使用要求。

（3）报警点的调整：该仪器出厂已调整在 50×10^{-6}时报警。

3. 使用注意事项

（1）仪器装配和更换电池时，应在清洁环境下完成。

（2）传感器和电路要注意防水和金属杂质。

（3）不要在无线电发射台附近使用和校准仪器。

（4）仪器长期不用时，应取下电池，置于干燥无尘、符合贮存条件的环境内。

（5）传感器内含有硫酸溶液，在更换传感器时注意不要弄坏。

（6）调整仪器的专用工具应由专人保管。调整好的仪器不要随便打开，不要随意调整电位器。

第二节 氧气检测仪

煤矿井下常用的测定氧气浓度的检测仪有瓦斯、氧气两用检测报警仪和 OX－8C 型矿井测氧仪两种。

一、瓦斯、氧气两用检测报警仪

瓦斯、氧气两用检测报警仪（双参数检测仪）是一种集监测甲烷浓度、氧气含量两种功能于一体的便携式报警仪器，可同时连续测量环境中瓦斯浓度和氧气含量，并可任意显示一种气体的检测值。当任一气体浓度超限时，仪器便发出声、光报警信号，并显示超限气体浓度。该仪器具有操作方便，读数准确、工作稳定、一机多用等特点，适合于煤矿有瓦斯危害的采掘工作面、回风巷等地点进行瓦斯、氧气检查。在井下启封密闭、排放瓦斯、停风后恢复通风过程中，该仪器是十分理想的检测工具。其结构与便携式甲烷检测仪相似。

该仪器的测量范围一般为：氧气（0～25%）、瓦斯（0～4%），报警点为氧气（18.0%）、瓦斯（1%）。

1. 使用注意事项

（1）每次使用之前，都必须先充电，以保证仪器可靠地工作。使用时首先要在新鲜空气中打开电源，稳定一段时间后，看瓦斯指示是否为 0.00%（±0.02），氧气指示是否为 20.8%（±0.1），两者皆稳定后方可进入现场测量。

（2）因为开机后，瓦斯、氧气传感器都在工作，所以仪器同时检测着两种气体的变化。仪器可由人随身携带，时刻监测人员周围气体的变化，也可悬挂在固定地点或举至某一待测点进行定点检测。携带仪器进入无风区时，要缓慢行进，并时刻观察氧气和瓦斯浓度的变化情况，要在气体浓度达到危险界限前，及时退出，以免发生危险。

（3）使用双参数检测仪时除应注意使用便携式瓦斯检测报警仪要求的事项外，还要注意由于测氧电路的氧电极受环境大气压的影响而出现的偏差。随着井深的增加，大气压随之增大，仪器的氧气含量显示也随之增加，所以在实际测量时要对因井深不同带来的误差进行修正。

2. 仪器的校正

（1）校正系数法：

$$A=20.96B/(20.96+KH)$$

式中 20.96——地面空气中的氧气含量百分比；

H——测氧处井深，100 m；

A——测氧处氧气含量实际值，%；

B——测氧处仪器读数，%；

K——井深修正系数，0.25%/100 m。

（2）利用矿内新鲜空气校正，即在井下寻找新鲜空气处校正仪器。经校正后，在校正的同一水平内到处可测，且直接显示测氧处氧气的实际百分比含量，不需换算。此法对消除井深影响误差简易、可行、有效。

二、OX-8C 型矿井测氧仪

OX-8C 型矿井测氧仪外形小巧、质量轻、便于携带，具有精度高、探头寿命长等优点，是矿井测量空气中氧气含量的专用仪器。外形如图 10-10 所示。

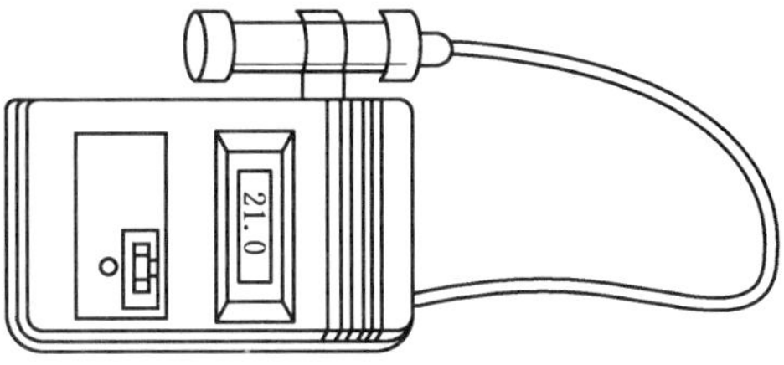

图 10-10 OX-8C 型矿井测氧仪

该仪器配有 20 m 屏蔽线延伸电缆和重力探头，用航空插座可靠连接。平时进行地面监测时，只要接上氧探头即可。而在作业区进行矿井监测时，串联 20 m 延伸电缆，将重力探头放入矿井，即可测得矿井中的氧气含量。测氧范围 0~25%，基本误差 0.5%，探头寿命大于 6 个月。

1. OX-8C 型矿井测氧仪的使用

使用时接上氧探头后，将探头置于新鲜空气中，开关拨至“ON”，待数字显示稳定或小数点后数字来回跳动 0.1，用螺丝钉调节刀校准电位器（CAC），使数字稳定到 20.9 或 21.0（此为大气中氧气含量标准值的约数）。将氧探头放入需要监测处，待数字稳定后，读数即为氧探头处的气体含氧百分比浓度。

2. 注意事项

每次监测前，均应对仪器进行安全检查。其具体方法如下：校准 21.0 后，人体吸气吸入密封塑料袋，将氧探头置入袋内，捏紧袋口。显示应降至 12.0~18.0 左右（因为各人肺活量大小及吸气方法不同），取出氧探头置于新鲜空气中，数字应仍恢复到 20.8~21.0，此时表明仪器正常。如氧探头放入已吹气袋内，数字仍停在 21.0 不变，则表明仪器故障，应返厂修理。尽量减少撞击碰压，以免损坏。如长时间不用应取出电池，以免电池漏液，损坏仪器。

三、伽伐尼电池式气体检测仪

伽伐尼电池式气体检测仪与恒电位电解式检测仪一样，都是通过测量电解电流来检测气体浓度。但由于检测仪本身就是电池，所以不需要由外界施加电压。这种检测仪主要用于 O_2 的检测，恒电位电解式气体检测仪的电解电流与气体浓度的关系式也适用于这种检测仪。下面以 O_2 检测为例来说明这种检测仪的构造和原理。其基本结构如图 10-11 所示，在塑料容器内的一侧安置厚 10~30 m 的透氧性好的 PTFE（聚四氟乙烯）膜，靠近该膜的内面设置阴极（Pt、Au、Ag 等），在容器中其他内壁或容器内空间设置阳极（Pb、Cd 等离子化倾向大的贱金属），用 KOH、KHCO 作为电解质溶液。检测较高浓度（1%~100%）的 O_2 时，可以用 PTFE 膜；而检测低浓度氧气时，则用多孔聚四氟乙烯。通过隔膜的 O_2 溶解于隔膜与阴极之间的电解质溶液薄层中，当此检测仪的输出端接上具有一定电阻的负载电路时，在阴极上发生氧气的还原反应，在阳极进行氧化反应，阳极的铅被氧化成氢氧化铅（一部分进而被氧化成氧化铅）而消耗，因此，负载电路中有电流流动。此电流在负载电路的两端产生电压变化，将此电压变化放大即可指示氧气浓度。影响此类检测仪寿命的主要因素是 Pb 负极的钝化和电解液蒸发。检测其他各种气体的伽伐尼电池式气体检测仪也正在实用化过程中。

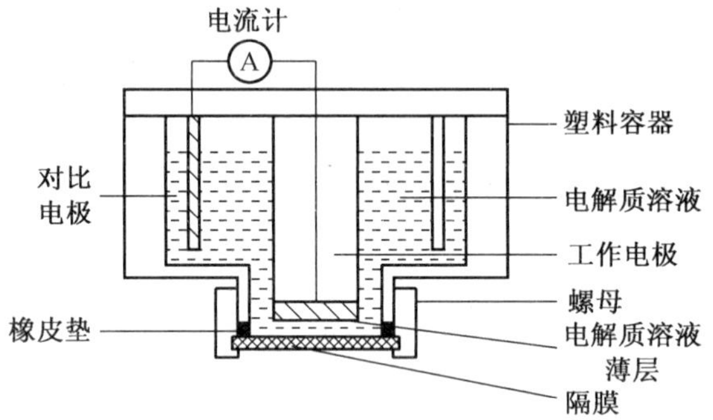

图 10－11　伽伐尼电池原理

四、型号及主要性能技术指标

（1）按有关煤矿氧气检测仪标准规定，氧气检测仪型号编制示例如下：

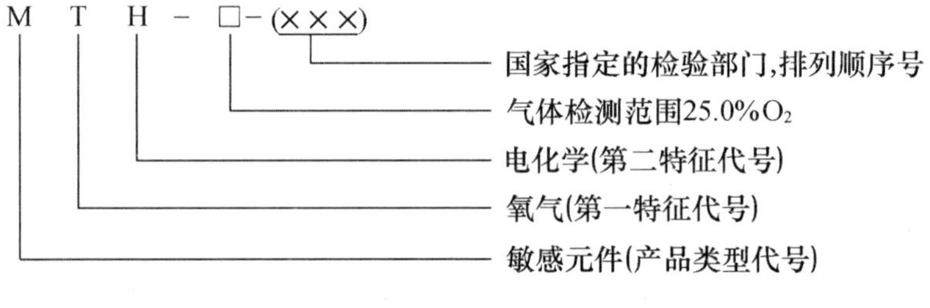

（2）测量范围：0. 0 ~ 25. 0% O_2。

（3）正常工作环境为：温度 0 ~ 40 ℃；相对湿度≤98% RH；大气压力 86 ~ 110 kPa；贮存温度 －10 ~ ＋45 ℃。

（4）响应时间应不大于 20 s。

（5）测量的基本误差应符合有关标准的规定。

（6）贮存温度为 －40 ~ 60 ℃。

（7）仪器测量值应采用数字显示方式。

（8）仪器应具有欠压指示。

（9）仪器应具有报警功能。报警点设在 18. 0% O_2，报警误差应不大于 ±0. 1% O_2；报警声级强度应不小于 75 dB（A）；报警光信号应能在黑暗中 20 m 处清晰可见，颜色为红色。

（10）位置变动影响：仪器在位置变动试验时，其测量值和报警点产生的附加误差应不大于 ±0. 1% O_2。

（11）环境适应性要求：仪器在规定工作环境温度范围内工作时，由温度变化引起的附加误差应不超过测量范围的 ±0.3%/℃。

第三节　温度检测仪器及使用

一、CTl 携带式巡检温度计

（一）用途

CTl 携带式巡检温度计用于煤矿井下，利用预先埋设在采空区、高顶浮煤、旧巷道等地点的测温探头，监测上述地点的温度变化；亦可测量井下任何地点的环境温度。

该温度计采用了大规模集成电路和液晶数码显示方式。

（二）使用与调整

1. 使用方法

（1）测量环境温度：用手托温度计（不要碰触铭牌），举放到测量地点，按下电源开关，待 120 s 后，显示数值稳定，此时读取的指示值即为该点的环境温度。

（2）测量煤壁温度：将测温探头预先埋在待测地点，用 YZ2 × 1.5 橡套电缆引出，注意中间电缆连接时不要短路，并用冷补胶封好。放顶或掩埋过程中，注意不要砸断电缆。

测温探头通过电缆、拾音插头、表头连接插座与测温表头连接。测量时打开电源开关，待显示稳定后读取显示值即为埋置地点的煤壁温度。电缆断线则显示负值。

2. 检测校验

（1）取冰水混合物一盆，将测温探头放入水中，待 10 min 后用测温表头检测，其稳定后的指示值应为 0 ±0.3 ℃。

（2）将测温探头、测温表头放在室温条件下，待 10 min 后，首先用测温表头测量，稳定后的指示值与真实值误差不大于 ±0.5 ℃；用测温探头测量，稳定后指示值与真实值误差不大于 ±0.3 ℃。

（3）将测温探头放入沸水中，待 10 min 后，用测温表头测量，稳定后的指示值为 100 ±3 ℃。

3. 调整方法

（1）温度计出厂前电位器已调整合格，使用过程中如误差不超过规定值，不得轻易调节电位器。

（2）当按上述方法检测校验零点时，如发现误差超限，可调节调零电位器 W_2，使指示值为 0 ℃。

（3）在检测校验 100 ℃时，如发现误差超限，可调节灵敏度电位器 W_1，使指示值为 100 ℃。

4. 注意事项

（1）严禁随便调整电位器。

（2）维修时不得改变原电路的电气参数和元件的型号、规格、参数。使用中应随时检查电池电压，如发现电池电压过低（指示值波动较大）时，应及时更换电池。

（3）埋置在煤壁中的探头，其连接电缆的最大长度不得超过 500 m。

（4）被测煤壁或其他物体、介质等的最高表面温度不得超过 145 ℃。

（5）该温度计只适用于规定的测温对象和测温范围，严禁用该温度计（包括探头）去测量裸露带电体的温度。

二、KG9301 型温湿度组合式传感器

1. 工作原理和主要结构

该传感器采用高分子电解质电容敏感元件感湿及半导体敏感元件测温原理，全不锈钢外壳，双色发光二极管指示（绿：湿度；红：温度）监测参数，结构紧凑。

2. 主要技术指标

湿度	0 ~ 100% RH
温度	0 ~ 40 ℃（可扩展为 −40 ~ 150 ℃）
测量误差	湿度 ±3% RH（30% ~95% RH），温度 ±0.4 ℃
工作电压电流	12 ~ 24 V，80 mA，DC
防爆类型	ib Ⅰ（+150 ℃）本质安全型

3. 使用方法

将电缆的电缆插头插入传感器下端左侧的多芯插座上，再将传感器与监测系统分站用专用电缆连接好，则传感器发光二极管亮起，并交替显示温度、湿度地址和测量值，同时连续输出温度及湿度 2 路信号，投入正常运行。

4. 用途、特点及应用情况

该传感器为矿用本质安全型仪器，适用于煤矿井下或地面较恶劣环境的条件下，同时监测湿度、温度两个参数。能就地交替显示湿度、温度值；连续输出湿度及温度 2 路信号。它的测量范围宽，性价比高，全不锈钢外壳，轻便结实，寿命长，稳定可靠。

第十一章
作业项目的实施

第一节 局部通风机的操作

一、安全规定

（1）局部通风机不得随意停机，严禁无计划停风。

（2）掘进工作面临时停工时，不准停止局部通风机的运转。

（3）启动前，应先由瓦斯检查员检查掘进工作面、停风区和局部通风机及其开关附近 10 m 内风流中的瓦斯浓度，当各处瓦斯浓度符合规定时，才能启动。超过规定浓度时，要立即向调度室和通防部门汇报、处理。

（4）局部通风机进风口前 5 m 范围内不得有杂物。

（5）必须挂有局部通风机管理牌板，填有司机姓名、风机编号、风筒长度、使用地点、风机型号、功率等内容。

二、操作准备

启动前应先检查局部通风机的网罩是否牢固，机体是否稳固，进风口附近是否有易被吸入的杂物，风机与风筒的连接是否牢固，检查风电闭锁装置是否完好。

三、正常操作

局部通风机的操作如图 11 -1 所示。

四、局部通风机工作异常的简单处理

（1）局部通风机运转中，发出“沙沙”声时，说明缺少润滑油，要及时添加润滑油。

（2）局部通风机运转中，发出低沉的运转声时，说明局部通风机的电压过低，此时局部通风机的供风量有较大的下降，要根据情况，及时测定风量。如果影响安全生产，要立即撤出工作人员，进行处理。

（3）发现局部通风机外壳温度过高等异常情况，要撤出人员，进行检查处理。

（4）为了保证局部通风机在单巷长距离供风时的正常运转，可以采用双路供电，以备电路发生故障时，及时接通备用电路供电。

（5）局部通风机停止运转后，司机必须通知工作面撤出人员，并在巷道口 2 m 处设置醒目的栅栏，禁止人员进入停风区。

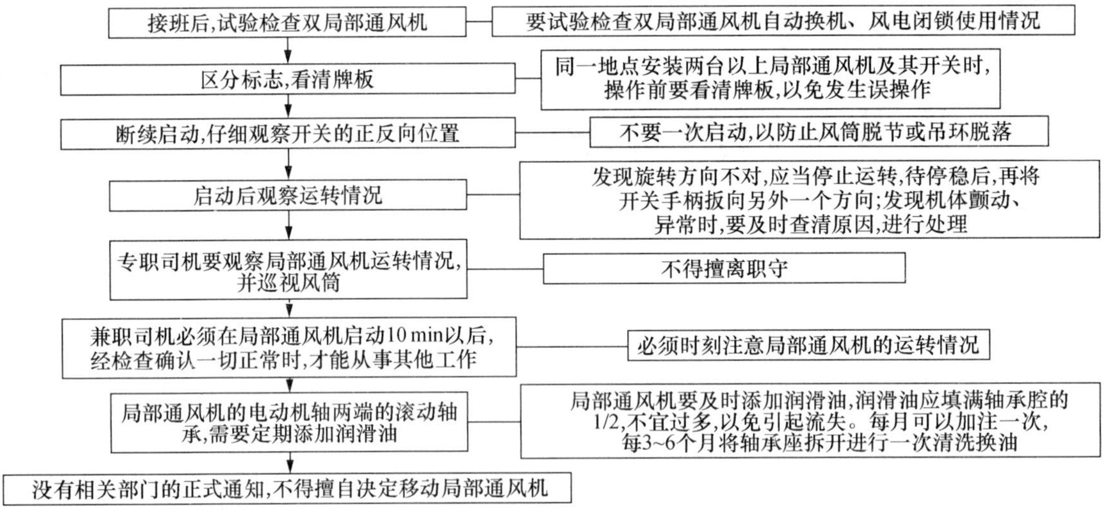

图 11－1　局部通风机的操作

（6）局部通风机发生故障后，要立即向调度室进行汇报，等待处理，不得离岗。

（7）司机交接班时，应在现场交接，不允许停风交接。

五、掘进时的通风机管理

掘进通风管理技术措施主要有加强风筒管理的措施、保证局部通风机安全运转的措施、掘进通风安全技术装备系列化和局部通风机的消声措施等。

（一）保证局部通风机安全可靠运转

在掘进通风管理工作中，应加强对局部通风机检查和维修，严格执行局部通风机的安装、停开等管理制度，以保证局部通风机正常运转。

《规程》规定，局部通风机的安装和使用，必须符合下列要求：

（1）局部通风机必须由指定人员负责管理，保证正常运转。

（2）压入式局部通风机和启动装置，必须安装在进风巷道中，距掘进巷道回风口不得小于 10 m；全风压供给该处的风量必须大于局部通风机的吸入风量，局部通风机安装地点到回风口间的巷道中的最低风速必须符合本规程通风、瓦斯和煤尘爆炸防治部分第一百三十六条的有关规定。

（3）高瓦斯矿井、突出矿井的煤巷、半煤岩巷和有瓦斯涌出的岩巷掘进工作面正常工作的局部通风机必须配备安装同等能力的备用局部通风机，并能自动切换。正常工作的局部通风机必须采用“三专”（专用开关、专用电缆、专用变压器）供电，专用变压器最多可向 4 个不同掘进工作面的局部通风机供电；备用局部通风机电源必须取自同时带电的另一电源，当正常工作的局部通风机故障时，备用局部通风机能自动启动，保持掘进工作面正常通风。

（4）其他掘进工作面和通风地点正常工作的局部通风机可不配备安装备用局部通风机，但正常工作的局部通风机必须采用“三专”供电；或正常工作的局部通风机配备安装一台同等能力的备用局部通风机，并能自动切换。正常工作的局部通风机和备用局部通风机的电源必须取自同时带电的不同母线段的相互独立的电源，保证正常工作的局部通风机故障时，备用局部通风机正常工作。

（5）正常工作和备用局部通风机均失电停止运转后，当电源恢复时，正常工作的局部通风机和备用局部通风机均不得自行启动，必须人工开启局部通风机。

（6）使用局部通风机供风的地点必须实行风电闭锁和甲烷电闭锁，保证当正常工作的局部通风机停止运转或停风后能切断停风区内全部非本质安全型电气设备的电源。正常工作的局部通风机故障，切换到备用局部通风机工作时，该局部通风机通风范围内应停止工作，排除故障；待故障被排除，恢复到正常工作的局部通风后方可恢复工作。使用2台局部通风机同时供风的，2台局部通风机都必须同时实现风电闭锁和甲烷电闭锁。

（7）每15天至少进行一次风电闭锁和甲烷电闭锁试验，每天应进行一次正常工作的局部通风机与备用局部通风机自动切换试验，试验期间不得影响局部通风，试验记录要存档备查。

（8）严禁使用3台以上（含3台）局部通风机同时向1个掘进工作面供风。不得使用1台局部通风机同时向2个及以上作业的掘进工作面供风。

（二）减少风筒漏风

通过改进风筒接头方法、减少接头数、减少针眼和砂眼漏风和防止风筒破口漏风等具体方法，减少风筒漏风。

（三）降低风筒阻力

1. 增大风筒直径

增大风筒直径是降低风筒阻力的最有效措施，在条件容许的情况下，应采用大直径风筒；也可视情况采用双风筒并联向工作面供风。

2. 加大拐弯处曲率半径

风筒的局部阻力系数与曲率半径有关：风筒曲率半径越小，局部阻力系数越大；反之，风筒曲率半径越大，局部阻力系数越小。因此，吊挂风筒时要尽量减少拐弯，需要拐弯时应尽量加大其曲率半径，以减小风筒的局部阻力。

3. 采用异径缓变接头

风筒直径应与局部通风机出风口直径一致，如果风筒直径大于或小于局部通风机出风口直径，或者采用不同直径风筒串联使用时，应使用长800～2000 mm的异径缓变接头连接。根据实测，直径为800 mm的风筒与直径为600 mm的风筒直接连接时，接头处的局部阻力相当于直径为800 mm、风筒长73 m的阻力。

4. 保证风筒吊挂质量

风筒吊挂要平、直、稳、紧，应逢环必挂，缺环必补。即在水平面上无弯曲，在竖直面上无起伏，风筒无褶皱、无扭曲，防止急转弯。风机安装、悬吊也要与风筒保持平直。这样做可以降低通风阻力，延长送风距离，保证工作面的风量。风筒吊挂质量的好坏对风筒的风阻和工作面风量都有很大的影响。

（四）掘进通风安全技术装备系列化

掘进安全技术装备系列化，对于保证掘进工作面通风安全可靠性具有重要意义。掘进安全技术装备系列化是在治理瓦斯、煤尘、火灾等灾害的实践中不断发展起来的多种安全技术装备，是预防和治理相结合的防止掘进工作面瓦斯、煤尘爆炸、火灾等灾害的行之有效的综合性安全措施。

1. 保证局部通风机稳定运转的装置

1）双风机、双电源、自动换机和风筒自动倒风装置

正常通风时由专用开关供电，使局部通风机运转通风；一旦常用局部通风机因故障停机时，电源开关自动切换，备用风机即刻启动，继续供风，从而保证了局部通风机的连续运转。由于双风机共用一道主风筒，风机要实现自动倒换时，则连接两风机的风筒也必须能够自动倒风，风筒自动倒风装置有以下两种结构：

（1）短节倒风。如图 11－2a 所示，将连接常用风机风筒一端的半圆与连接备用风机风筒一端的半周胶粘、缝合在一起（其长度为风筒直径的 1～2 倍），套入共用风筒，并对接头部进行粘连防漏风处理，即可投入使用。常用风机运转时，由于风机风压作用，连接常用风机的风筒被吹开，将与此并联的备用风机风筒紧压在双层风筒段内，关闭了备用风机风筒；若常用风机停转，备用风机启动，则连接常用风机的风筒被紧压在双层风筒段内，关闭了常用风机风筒，从而达到自动倒风换流的目的。

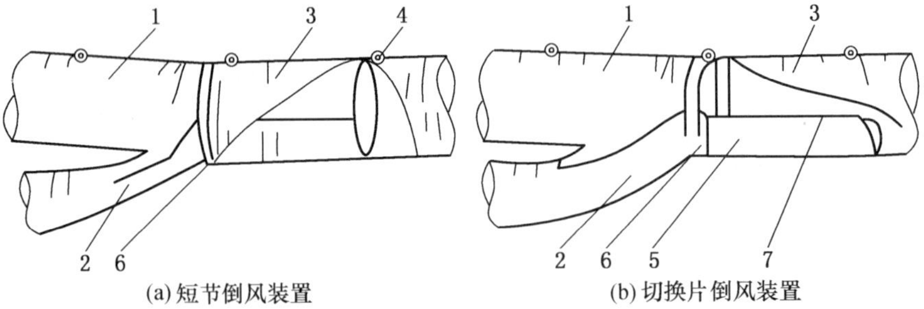

1—常用风筒；2—备用风筒；3—共用风筒；4—吊环；5—倒风切换片；6—风筒粘接处；7—缝合线

图 11－2　倒风装置

（2）切换片倒风。如图 11－2b 所示，在连接常用风机的风筒与连接备用风机的风筒之间平面夹粘一片长度等于风筒直径 1.5～3.0、宽度大于 1/2 风筒周长的倒风切换片，将其嵌套在共用风筒内并胶粘在一起，经防漏风处理后便可投入使用。常用风机运行时，由于风机风压作用，倒风切换片将连接备用风机的风筒关闭；若常用风机停机，备用风机启动，用倒风切换片又将连接常用风机的风筒关闭，从而达到自动倒风换流的目的。

2）“三专两闭锁”装置

“三专”是指专用变压器、专用开关、专用电缆，“两闭锁”则指风电闭锁和瓦斯电闭锁。其功能是只有在局部通风机正常供风、掘进巷道内的瓦斯浓度不超过规定限值时，方能向巷道内机电设备供电；当局部通风机停转时，自动切断所控机电设备的电源。当瓦斯浓度超过规定限值时，系统能自动切断瓦斯传感器控制范围内的电源，而局部通风机仍

可正常运转。若局部通风机停转、停风区内瓦斯浓度超过规定限值时，局部通风机便自行闭锁，重新恢复通风时，要人工复电，先送风，当瓦斯浓度降到安全允许值以下时才能送电，从而提高了局部通风机连续运转供风的安全可靠性。

3）局部通风机遥讯装置

其作用是监视局部通风机开停运行状态。高瓦斯和突出矿井所用的局部通风机要安设载波遥讯器，以便实时监视其运转情况。

2. 加强瓦斯检查和监测

（1）安设瓦斯自动报警断电装置，实现瓦斯遥测。当掘进巷道中瓦斯浓度达到1%时，通过低浓度瓦斯传感器自动报警；瓦斯浓度达到1.5%时，通过瓦斯断电仪自动断电。高瓦斯和突出矿井要装备瓦斯断电仪或瓦斯遥测仪，在炮掘工作面迎头5 m内和巷道冒顶处瓦斯积聚地点设置便携式瓦斯检测报警仪。班组长下井时也要随身携带这种仪表，以便随时检查可疑地点的瓦斯浓度。

（2）瓦斯检查员配备瓦斯检测器，坚持“一炮三检”，在掘进作业的装药前、爆破前和爆破后都要认真检查爆破地点附近的瓦斯浓度。

（3）实行专职瓦斯检查员随时检查瓦斯制度。

3. 综合防尘措施

当用钻眼爆破法掘进时，掘进巷道的矿尘主要产生于钻眼、爆破、装岩工序，其中以凿岩产尘量最高；当用综掘机掘进时，切割和装载工序以及综掘机整个工作期间，矿尘产生量都很大。因此，要做到湿式煤电钻打眼，爆破使用水炮泥，综掘机内外喷雾。要有完善的洒水除尘和灭火两用的供水系统，实现爆破喷雾、装煤岩洒水和转载点喷雾，安设喷雾水幕净化风流，定期用预设软管冲刷清洁巷道，从而达到减少矿尘飞扬和堆积的目的。

4. 防火防爆安全措施

机电设备严格采用防爆型及安全火花型；局部通风机、装岩机和煤电钻都要采用综合保护装置；移动式和手持式电气设备必须使用专用的不延燃性橡胶电缆；照明、通信、信号和控制专用导线必须用橡套电缆。高瓦斯及突出矿井要使用乳化炸药，推广屏蔽电缆和阻燃抗静电风筒。

5. 隔爆与自救措施

设置安全可靠的隔爆设施，所有人员必须携带自救器。煤与瓦斯突出矿井的煤巷掘进，应安设防瓦斯逆流灾害设施，如防突反向风门、风筒，水沟防逆风装置，压风急救袋和避难硐室，并安装直通地面调度室的电话。

实施掘进安全技术装备系列化的矿井，提高了矿井防灾和抗灾能力，降低了矿尘浓度与噪声，改善了掘进工作面的作业环境，尤其是煤巷掘进工作面的安全性得到了很大提高。

六、局部通风机的消声措施

局部通风机运转时噪声很大，常达100～110 dB，大大超过《规程》规定的允许标准。《规程》规定：作业场所的噪声，不应超过85 dB(A)。大于85 dB(A)时，需配备个人防护用品；大于或等于90 dB(A)时，还应采取降低作业场所噪声的措施。高噪声严重影响井下人员的健康和劳动效率，甚至可能成为导致人身事故的环境因素。降低噪声的措施，一是研制、选用低噪声高效率局部通风机；二是在现有局部通风机上安设消声器。

局部通风机消声器是一种能使声能衰减并能通过风流的装置。对消声器的要求是通风阻力小、消音效果好、轻便耐用。图 11 -3 所示的局部通风机消声的方法是：在局部通风机的进、出口各加一节 1 m 长的消声器，消声器外壳直径与局部通风机相同，外壳内套以用穿孔板（穿孔直径 9 mm）制成的圆筒，直径比外壳小 50 mm，在微孔圆与外壳间充填吸声材料。消声器中间安设用穿孔板制的芯筒，其内也充填吸声材料。另外，在局部通风机壳也设一吸声层。因吸声材料具有多孔性，当风流通过消声器时，声波进入吸声材料的孔隙而引起孔隙中的空气和吸声材料细小纤维的振动，由于摩擦和黏滞阻力，使相当一部分声能转化为热能而达到消声目的。这种消声器可使噪声降低 18 dB。

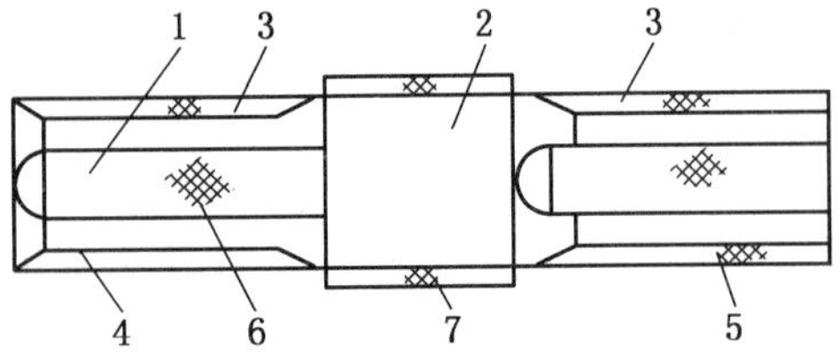

1—芯筒；2—局部通风机；3—消声器；4—圆筒；5、6—吸声材料；7—吸声层

图 11 -3　局部通风机消声装置

还有一种用微孔板做的消声器。它利用气流经微孔板时，空气在微孔（孔径 1 mm）中来回摩擦而消耗能量。微孔板消声器是在外壳内设两层微孔板风筒，其直径分别比外壳小 50 mm、80 mm，内外层穿孔率分别为 2% 和 1% 。微孔板消声器的芯筒也用微孔板制作。这种消声器可使局部通风机噪声降低 13 dB。

上述两种消声器消声效果较好，但体积较大，潮湿粉尘黏在吸声材料上或堵塞微孔板时会使消声功能降低。

第二节　通风设施的构筑

一、混合型耐爆防火墙的构筑

防火墙也称防火密闭，按其用途可分为永久性防火墙、临时性防火墙和混合型耐爆防火墙。永久性防火墙、临时性防火墙的构筑同永久密闭和临时密闭相同，这里不再赘述。这里主要介绍混合型耐爆防火墙。

当隔绝区（发火区）有瓦斯爆炸危险时，要求砌筑特别坚硬且有缓冲作用的混合型耐爆防火墙。常见混合型耐爆防火墙有如下几种：

（1）由 2 ~3 道用砖和黏土砌成的耐爆防火墙。每两墙之间堵塞碎岩石或惰性材料，充填带长度应为 5 ~10 m。

（2）砖墙 - 板闭 - 水砂充填式耐爆防火墙，如图 11 -4 所示。砂段耐爆防火墙有两道过滤加固木板挡墙，中间用水砂充填形成防爆墙，如图 11 -5 所示。这两种耐爆防火墙适合有水砂充填设备或管路系统的矿井应用。如有黄泥灌浆管路也可用黄泥取代水砂砌筑耐爆防火墙。

（3）砂袋 - 砖墙充填式耐爆防火墙（图 11 -6）。先砌砂袋密闭，长度不小于 5 m，然后砌砖墙，同时用砂、碎石等材料充填两密闭之间的空间。

（4）石膏耐爆防火墙。它与水砂充填式耐爆防火墙相似，只是把充砂变成充石膏。这是近年来新采用的密闭方法（图 11 -7）。此方法具有砌筑时间快、早期强度高和密闭性能好等优点。

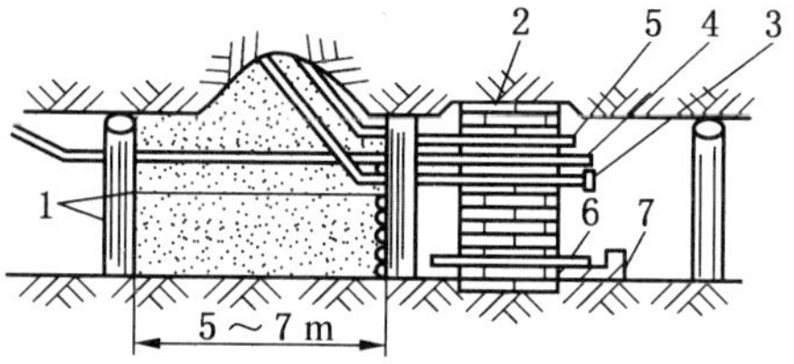

1—木板密闭；2—砖墙；3—充填管；4—观测孔；
5—注浆管；6—放水管；7—返水池

图 11－4　砖墙－板闭－水砂充填式耐爆防火墙

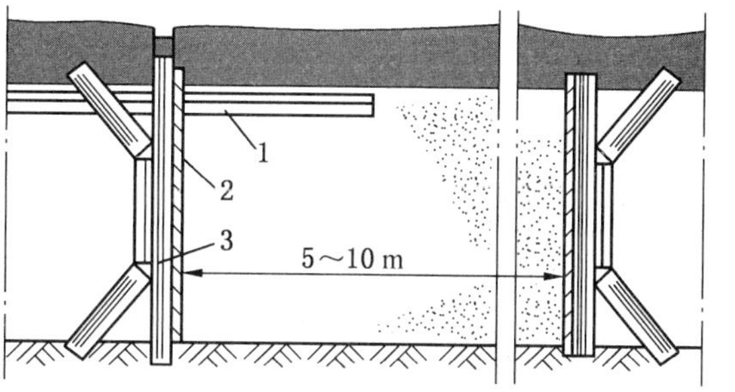

1—水砂充填管；2—滤砂挡墙；3—支柱

图 11－5　砂段耐爆防火墙

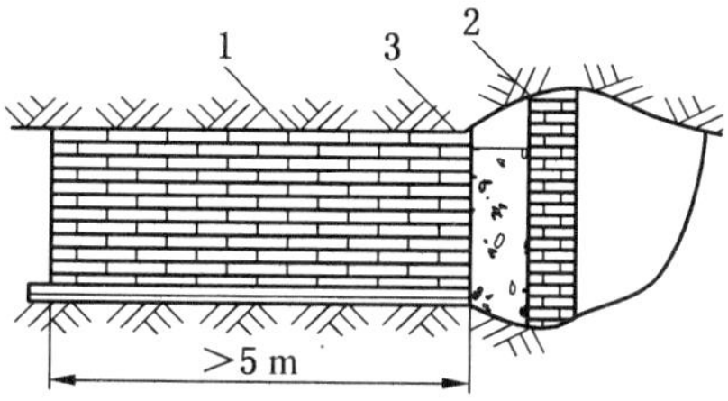

1—砖墙；2—砂袋密闭；3—砂石

图 11－6　砂袋－砖墙充填式耐爆防火墙

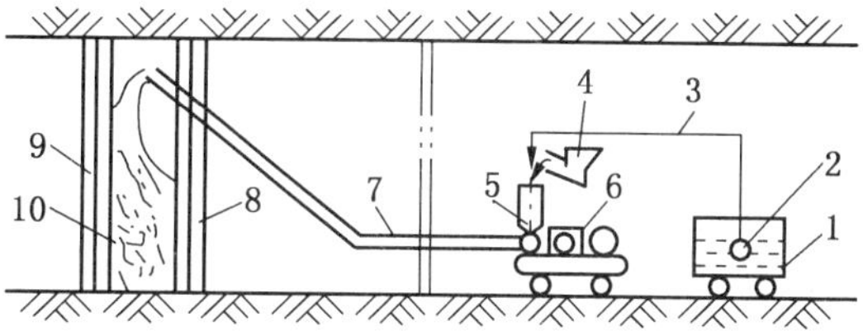

1—水车；2—潜水泵；3—供水管；4—螺旋供料器；
5—搅拌器；6—注浆泵；7—输浆管；8—外侧模板；
9—内侧模板；10—石膏墙

图 11－7　注浆密闭工艺系统

二、斜巷中风门的构筑及要求

一般情况下，不应在倾斜运输巷道设置风门。如因特殊情况必须在倾斜运输巷道设置风门的，要有防止撞坏风门的安全技术措施，且必须同时满足以下两个条件：

（1）必须设置人工操作的自动风门，且必须有操作人员躲避的硐室。

（2）必须安装声光语音警示装置。

斜巷中风门的构筑方法与质量标准与平巷中的风门相同。

第十二章

通 风 管 理

第一节 矿井通风系统图及绘制

一、概述

矿井通风系统是矿井进、回风井在井田的布置方式，主要通风机及其工作方法，通风网络和风流控制设施的总称。

矿井通风系统图是表示矿井通风网络，通风设备、设施，风流方向和风量等参数的图件。它是煤矿设计、建设和生产必须绘制和必备的图纸，亦是煤矿安全生产管理工程图中最基础的图纸。

矿井通风系统图中图示的主要内容包括：

（1）矿井进风井、回风井数目及布置方式。

（2）矿井通风网络结构（井下通风巷道系统结构）。

（3）矿井通风设备型号、台数、主要技术参数和安装位置。

（4）矿井通风网络新鲜风流、污浊风流的方向、路线。

（5）各巷道、硐室、采煤工作面、掘进工作面名称及通过的风量。

（6）矿井通风设施及其位置。矿井通风设施包括有防爆门、测风站、风窗、风帘、密闭墙等。

二、矿井通风系统图的分类及用途

1. 矿井通风系统图分类

按照绘制原理的不同，矿井通风系统图一般分为矿井通风系统平面示意图、矿井通风系统工程平面图和矿井通风系统立体示意图 3 种。

（1）矿井通风系统平面示意图。矿井通风系统平面示意图是根据矿井采掘工程平面图或矿井开拓方式平面图中巷道的相对位置关系，不按比例绘制的反映矿井通风系统的图纸。矿井通风系统平面示意图也称为矿井通风系统水平投影示意图。其绘制方法较简单，使较复杂的、不易看清楚的风网系统变为清晰易读。矿井通风系统平面示意图适用于反映任何矿井的通风系统。特别适宜于多水平、多煤层、同时开采的矿井或矿井巷道系统复杂的矿井。图 12－1 为某矿井通风系统平面示意图。

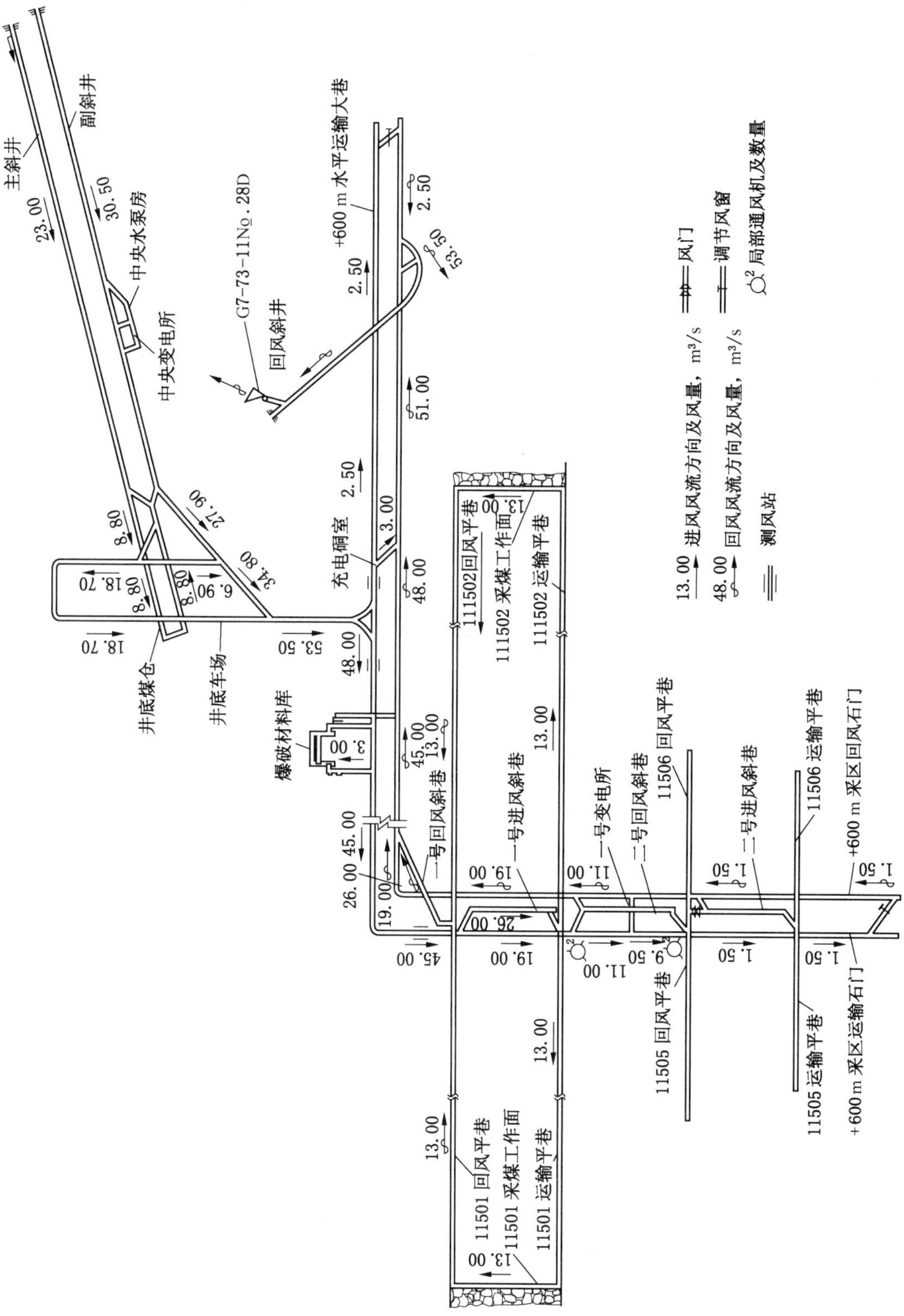

图 12－1 矿井通风系统平面示意图

（2）矿井通风系统工程平面图。矿井通风系统工程平面图是直接在矿井采掘工程平面图或矿井开拓方式平面图中，标注反映矿井通风系统内容的专用符号和有关技术参数的图纸。其绘制方法简单，便于分析、研究矿井开拓开采与矿井通风的关系，制定生产技术规划和方案。适宜于反映井下巷道系统简单的中、小型矿井，单水平开采的单一中厚煤层矿井的通风系统。

（3）矿井通风系统立体示意图。矿井通风系统立体示意图是根据矿井各煤层、各井巷的空间相对位置，运用轴测投影原理绘制的矿井通风系统图。矿井通风系统立体示意图亦称为矿井通风系统轴测投影示意图。其直观性好，立体感强，但绘制方法复杂。对于大型矿井，多水平生产和开采煤层层数较多矿井，特厚煤层分层开采矿井，由于通风系统复杂，在矿井通风系统工程图、矿井通风系统平面示意图中很难清楚地表示风流路线和各用风地点的相互联系，采用矿井通风系统立体示意图则解决了这个问题。它从空间关系上直观地反映了矿井实际风网结构，清楚地描绘了矿井通风系统。图 12 －2 为某矿井通风系统工程平面图。该矿井通风系统复杂，采用系统工程平面图表示矿井通风系统不清晰明了。采用如图 12 －3 所示的立体示意图则清楚易懂，能看到井巷的空间形态和连接关系。

2. 用途

（1）指导矿井日常通风管理工作，如测风、测阻力、调节风量和排放瓦斯等。

（2）随着矿井开拓的延伸，采区和工作面位置的变化，利用矿井通风系统图能够科学、合理地调整矿井通风系统，满足矿井安全生产的要求。

（3）分析矿井通风系统、用风地点风量分配的合理性、稳定性、安全性，从中发现问题及时处理。

（4）利用矿井通风系统图分析和评价矿井防灾抗灾能力的强弱，制定相应的切实可行的安全防范措施。

（5）根据矿井通风系统图，可绘制矿井通风网络图，分析矿井风网结构，计算矿井通风阻力。

（6）根据矿井通风系统图，制定矿井井下避灾路线，绘制矿井井下避灾路线图。

（7）核定矿井通风能力，编制以风定产计划。

（8）矿井一旦发生灾害，依据矿井通风系统图等资料，制定和实施抢险救灾方案。

三、矿井通风系统图的识读

识读矿井通风系统图，首先应认真仔细地阅读图纸的图名、图号、比例，然后根据图样、图例、技术说明，按以下顺序进行识读：

（1）识读矿井开拓开采巷道布置及采掘情况。如井口位置、井筒数目、井底车场、主要巷道布置、采区巷道布置、采掘工作面位置及主要硐室分布等。对全矿井巷道的空间位置及相互联系建立起一个系统的框架。当矿井通风系统工程平面图巷道系统复杂，不易看清各巷道的位置关系时，可借助有关剖面图对照识读。

（2）识读矿井进风井、回风井数目及相互关系（矿井通风方式），矿井通风方法，进风大巷、总回风巷数目及相互关系，采区进、回风上（下）山数目及相互关系，采煤工作面通风系统，掘进工作面通风系统，硐室通风系统。

（3）识读矿井总风量及各用风地点的风量，主要通风机及局部通风机设置位置。

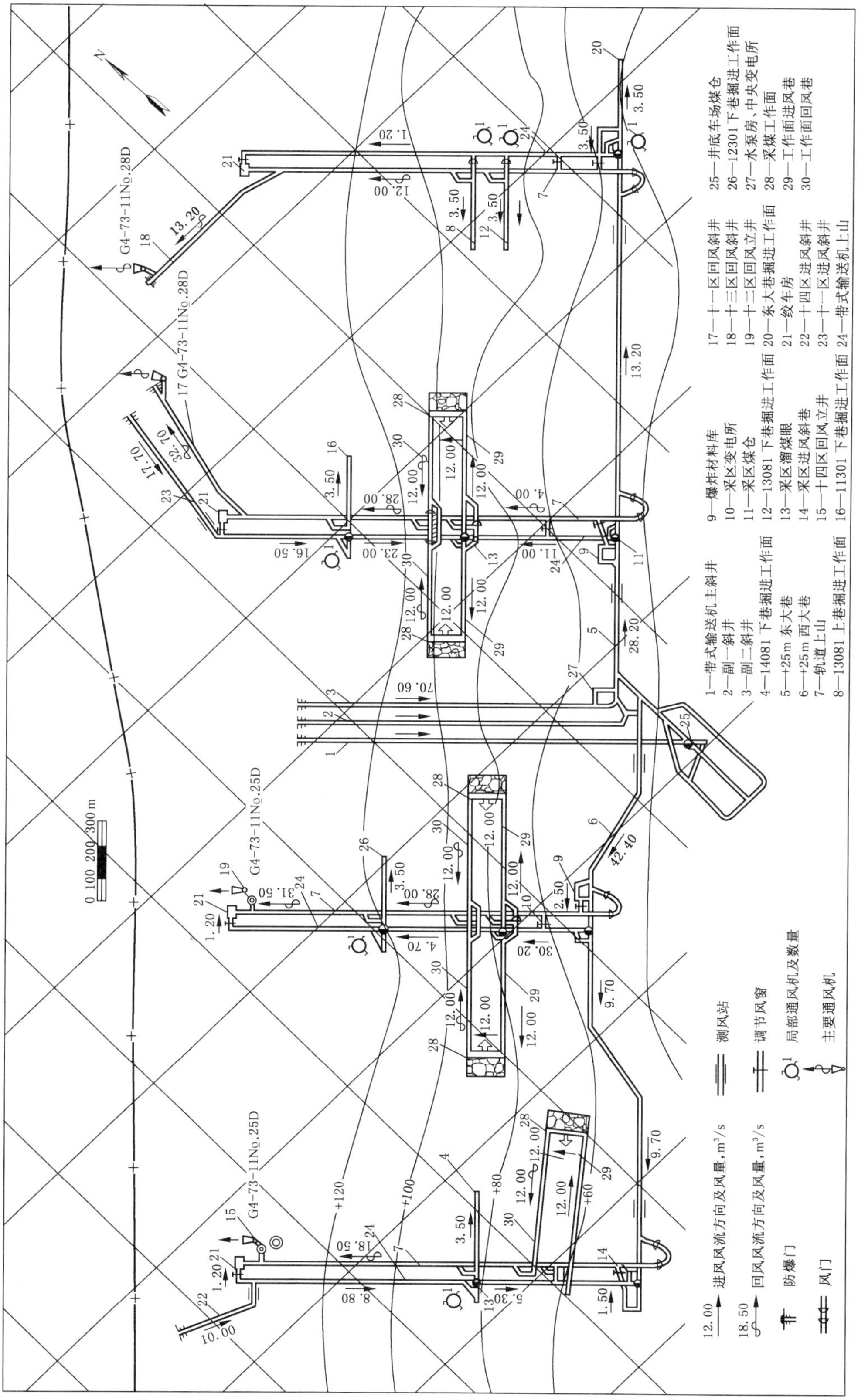

图 12-2 矿井通风系统工程平面图

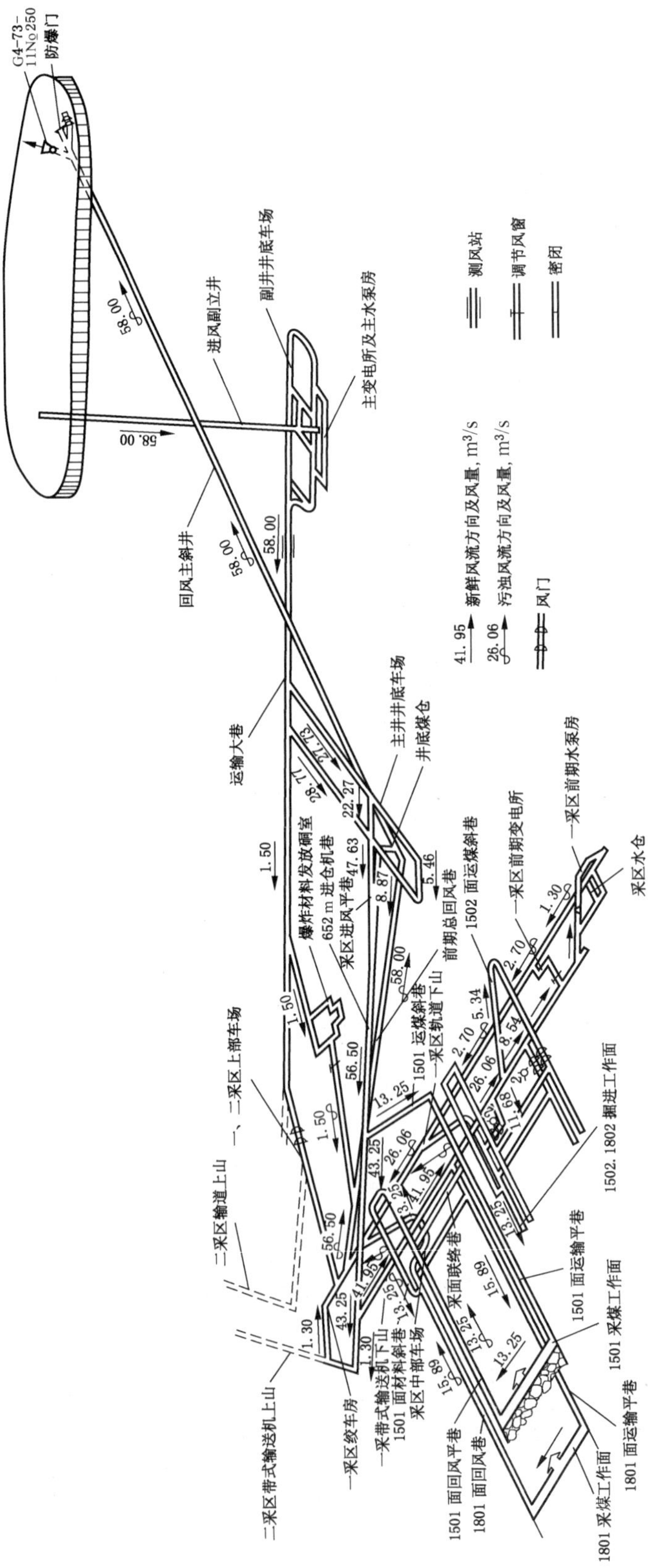

图 12－3　矿井通风系统立体示意图

(4) 识读矿井通风设施种类、数量及其位置。

【例 12-1】图 12-1 为某矿井通风系统平面示意图。矿井采用斜井开拓。现开采水平为 +600 m，1 个采区生产。矿井回采工作面 2 个，掘进工作面 4 个。

矿井主、副斜井进风，设专用回风斜井，矿井通风方式为中央并列式，矿井通风方法为抽出式。+600 m 采区运输石门进风，+600 m 采区回风石门回风；工作面运输平巷进风，工作面回风平巷回风；掘进工作面采用局部通风机压入式通风方法。井下爆破材料库、充电硐室、采区变电所均实行分区通风。

矿井总进风量为 53.50 m^3/s，其中主斜井（带式输送机）进风量为 23.00 m^3/s，副斜井（双钩串车）进风量为 30.50 m^3/s，采煤工作面配风量为 13.00 m^3/s，掘进工作面配风量为 4.00 m^3/s。

矿井地面主要通风机为 G4-73-11№28D 型 2 台，其中 1 台工作，1 台备用。

矿井设防爆门 1 座，风门 2 组，调节风窗 5 座，测风站 3 处。

【例 12-2】图 12-2 为某矿井通风系统工程平面图。比例采用图示直线比例尺，图中箭头方向为指北方向。矿井采用斜井开拓。现开采水平为 +25 m，3 个采区生产，1 个采区准备。回采工作面 5 个，掘进工作面 6 个。

矿井由 5 个进风井和 4 个回风井形成中央分列与区域混合式通风方式。矿井通风方法为抽出式。带式输送机主斜井、副一斜井、副二斜井为中央进风井，十一区进风斜井、十三区进风斜井、十四区进风斜井为区域进风井。每个采区都有独立的回风井。进风大巷布置在煤层底板铁铝岩及深灰色石灰岩中。各采区均采用带式输送机上山进风，轨道上山回风，带式输送机上山和轨道上山均布置在煤层底板砂岩中。工作面带式输送机巷进风，轨道巷回风。掘进工作面采用局部通风机压入式通风方法。采煤工作面、掘进工作面和主要硐室（爆炸材料库、采区变电所、绞车房）实行分区式通风。

矿井总进风量为 98.30 m^3/s，其中带式输送机主斜井、副一斜井、副二斜井总进风量为 70.60 m^3/s，十一区进风斜井进风量为 17.70 m^3/s，十四区进风斜井进风量为 10.00 m^3/s。采煤工作面配风量为 12.00 m^3/s，掘进工作面配风量为 3.50 m^3/s，爆破材料库配风量为 2.50 m^3/s。

矿井地面主要通风设备为 G4-73-11№25D 型（280 kW）和 G4-73-11№28D 型（250 kW）。

矿井设防爆门 4 座，风门 22 组，调节风窗 11 座，测风站 6 处。各种通风设施按生产安全技术需求设置，符合《规程》及技术规范要求。

【例 12-3】图 12-3 为某矿井通风系统立体示意图。矿井采用主斜井、副立井综合开拓方式，单水平开拓全井田。主斜井采用箕斗提升，副立井为罐笼提升，井田开采 5-1 和 8 号煤层，大巷布置在 8 煤层中。1 个采区生产，采区内布置 2 个采煤工作面生产，4 个掘进工作面准备。

矿井通风方式为单翼并列式。副立井进风，主斜井回风；采区带式输送机下山进风，采区轨道下山回风；工作面运输巷进风，工作面回风巷回风。掘进工作面采用局部通风机压入式通风方法。井下爆炸材料发放硐室、一采区前期变电所、水泵房实行分区式通风。

矿井总进风量为 58.00 m^3/s，1501 采煤工作面供风量为 13.25 m^3/s，1801 采煤工作面供风量为 15.89 m^3/s，每个掘进工作面配风量为 5.85 m^3/s。

矿井地面主要通风机为 G4－73－11№25D 型 2 台，其中 1 台工作，1 台备用。

矿井设防爆门 1 座，风门 5 组，调节风窗 5 座，风桥 2 座，密闭 4 座，测风站 2 处。

四、矿井通风系统图的绘制

1. 绘制依据

矿井通风系统图是矿井安全工程图中的一种，亦属于矿井生产系统图的一类。绘制矿井通风系统图的依据资料有：

（1）矿井开拓开采技术资料。矿井开拓开采技术资料是绘制矿井通风系统图的首要基础资料。这些资料主要有：矿井采掘工程平面图，矿井采掘工程剖面图，采掘工程单项图，矿井开拓方式平面图，矿井开拓方式剖面图，采区巷道布置平、剖面图等。

（2）矿井通风技术资料。矿井通风技术资料是指依据矿井开拓开采布置所确定的矿井通风技术方案和其参数。主要包括：矿井通风方式，矿井通风方法，矿井通风网络结构，通风路线，风流方向，采掘工作面，硐室、巷道配风量，通风设备（包括地面和井下）型号、技术参数、数量及设置位置，控制风流设施结构及设置位置。

2. 绘制方法和步骤

绘制矿井通风系统图，首先应识读矿井采掘工程平面图或矿井开拓方式平面图，熟悉掌握整个矿井巷道系统的空间相互联系，为绘制矿井通风系统图建立起基本框架；然后，根据通风系统方案、通风系统图技术要求及矿井井巷复杂程度确定绘制矿井通风系统图的类别和图幅大小。最后，根据不同类型的通风系统图的绘制方法进行绘制。

1）矿井通风系统工程平面图

矿井通风系统工程平面图是直接在采掘工程平面图或矿井开拓方式平面图上，加注风流方向、风量、通风设备及通风构筑物而绘制成的，其绘制方法和步骤如下：

（1）先复制一张采掘工程平面图或矿井开拓方式平面图。为使图纸清晰、明了，可删去图中与矿井通风系统关系不大的图示内容，如保安煤柱线、煤层小柱状、运煤路线及采区、区段划分线等。保留坐标网、指北方向、煤层底板等高线、断层、采空区范围、巷道及采掘工作面等图示内容。

（2）根据所确定的矿井通风方式、通风方法和通风风网结构，在复制图上用专用符号标注进风风流和回风风流路线、通风构筑物、巷道风量、局部通风机位置及数量。标注顺序从进风井开始，先进风系统后回风系统，先采煤工作面系统后掘进工作面系统和硐室（巷道）系统。

（3）标注矿井主要通风设备的型号、台数及技术参数。

（4）标注绘制矿井通风系统图的依据资料。

（5）绘制图例。

2）矿井通风系统平面示意图

矿井通风系统平面示意图是根据开拓巷道、准备巷道、回采巷道在水平面上投影的相对位置关系，不按比例绘制的，其绘制方法及步骤如下：

（1）根据采掘工程平面图或矿井开拓方式平面图，不按比例，用双线条绘制出井下各种巷道、硐室及采掘工作面的平面位置。为使矿井通风系统平面示意图能较切合实际地反映矿井巷道相互关系，绘制中矿井主要井巷，各采区及工作面相对位置、尺寸一般尽可能按投影关系与比例绘制。对于在水平投影下重叠或交叉巷道，可不严格按照各巷道的实际位置和比例绘制，只要求能清楚地反映出各巷道在通风系统中的相互关系。

（2）标注图示内容。

3）矿井通风系统立体示意图

矿井通风系统立体示意图是根据轴测投影原理绘制的，其绘制方法及步骤如下：

（1）根据采掘工程平面图、剖面图，或矿井开拓方式平、剖面图，采用轴测投影方法绘制出矿井巷道轴测图。在绘制矿井通风系统轴测投影图时，可根据需要采用不同类型的轴测投影。为了使作图方便和增强轴测图的立体感，一般多采用斜角二测投影和斜角三测投影。若以 X 轴表示煤层走向，Y 轴表示煤层倾向，Z 轴表示空间垂直方向，$X—Y$ 轴间角可取 30°、45°、60°、75°中任何一种，$X—Z$ 轴间角为 90°。X 轴的轴向变形系数和 Z 轴的轴向变形系数取 1，Y 轴的轴向变形系数取 0.5。

由于通风系统立体示意图是一种示意性的图，在绘制过程中，为了避免某些巷道重叠和拥挤，使图纸更清晰，立体感更强，巷道不必严格按照其平面位置和高程绘制，某些局部巷道可以简化和移动位置。

（2）在绘制的矿井巷道轴测图上标注矿井通风系统图中应标注的图示内容。

五、矿井通风网络图

矿井通风网络图是用不按比例、不反映巷道空间关系的单线条表示矿井通风路线连接形式的示意图，是将矿井通风系统图抽象成点与线集合的网状线路示意图。它反映的内容包括风网结构，风流分汇点，支路性质（串联、并联、角联），风流方向，进风、回风及用风地点。

对于一个矿井，通风系统工作的稳定性、合理性和安全性在很大程度上取决于风流线路的结构。由于矿井通风系统风流结构的复杂性，在矿井通风系统图中往往难以对其风流结构及流动关系进行准确的判断与分析，而矿井通风网络图则能直观、清楚地反映出矿井通风系统中的风流线路结构和流动关系，便于分析、研究矿井通风系统的合理性、稳定性和安全性，进行网络解算，改善和加强通风管理工作。

矿井通风网络图的绘制方法与步骤如下：

（1）在矿井通风系统图上，沿风流方向对风流的分点和汇点进行有序编号。

（2）以通风系统图为依据，用单线条代表巷道，由下而上或从左到右按节点的编号顺序和通风巷道的连接形式绘制通风网络图。

（3）按风流系统先绘主干线，后绘支线，尽量减少风路的交叉。

（4）完成通风网络图的雏形后，应适当美化加工，尽量绘成光滑弧状对称图。

（5）在各条风路上标注风流方向、巷道风阻、风量及通风阻力等数值，以及通风设备和设施、工作面的位置等。

（6）按上述方法绘制的通风网络图，往往比较复杂，不便使用。还应根据分析问题的需要作进一步简化。简化原则是：

① 阻力很小的局部风网或两个节点之间的阻力很小时，可简化为一个点，如井底车场等。

② 某些并联（或串联）的分支群，可用风阻值与该并联（或串联）分支群的总风阻

相等的等效分支来代替。

③ 正在掘进的局部通风巷由于不消耗主要通风机功率，可以不在通风网络图中绘出。

④ 简化、合并那些对整个风网不产生影响，解算风网时又不影响准确性的部分（一般多在风网的进风和回风区内）。但对重点分析的部分要慎重处理，不可随意简化，以免疏漏实际存在的通风问题。

（7）简化后的网络图，还应将节点编号、风阻值、阻力值及风量等重新调整。各分支巷道也应按风流方向重新进行编号。图 12－4 为某矿井通风系统图和通风网络图。

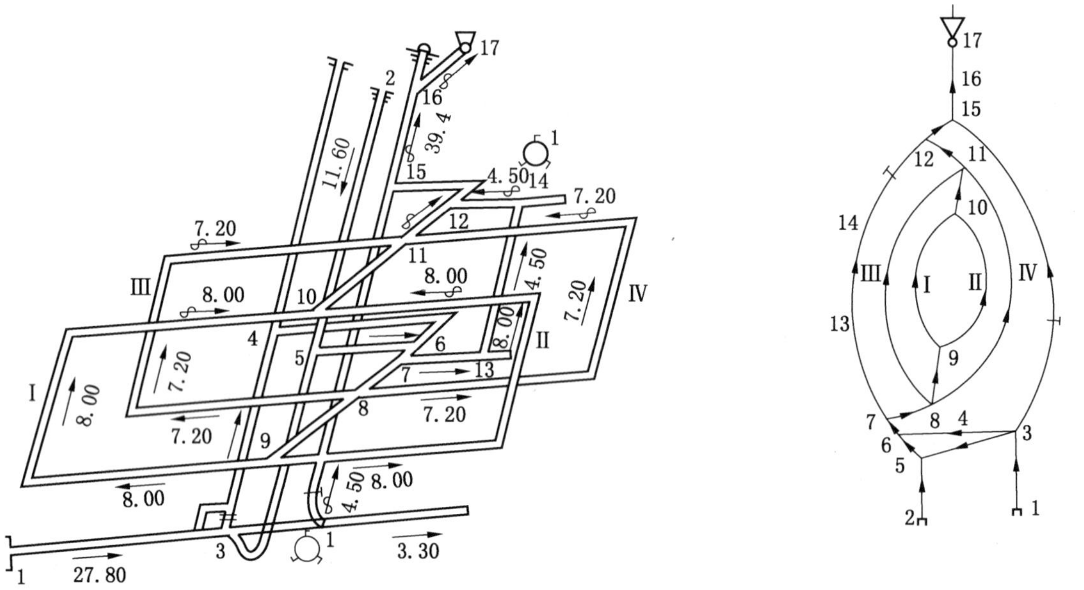

(a) 通风系统图　　(b) 通风网络图

图 12－4　矿井通风系统图和通风网络图

第二节　局部通风与通风设施管理

一、局部通风管理

掘进作业规程中，必须明确掘进巷道的通风方式、局部通风机和风筒的安装、使用等项规定。采取局部通风机串并联等非常规措施供风时，必须制定安全措施，报公司总工程师批准。

局部通风机安装前必须按作业规程规定，测定安装地点风量，最低风速不低于《规程》的要求，方可安装。

安装、使用局部通风机和风筒应遵守下列规定：

（1）局部通风机的运输、安装由井区负责，并设专人管理，局部通风机必须由班（组）长负责管理，保证正常运转，擅自停止局部通风机运转要严肃认真地进行追查和处理。局部通风机损坏必须在 24 h 内更换。

（2）压入式局部通风机和启动装置必须安装在进风巷道中，距掘进巷道回风口的距离不得小于 10 m。

（3）局部通风管理要统一归通风部门负责，掘进工作面必须备有足够的备用风筒，除大班外，其他班的风筒延接由掘进队负责，瓦检员负责监督检查。瓦检员每班检查局部通风机运转情况，并实行挂牌管理，瓦检员每班要签名或挂牌。牌板上应填明局部通风机功率、风筒长度、吸入风量和出口风量等。

（4）局部通风机的装置要齐全，吸风口有风罩和整流器，高压部位不漏风，必须吊挂或上架，离地面高度不得小于 0.3 m。

（5）高、突矿井所有掘进工作面的局部通风机都必须采用“三专两闭锁”和“两双两自动”，低瓦斯矿井中掘进工作面的局部通风机要与采煤工作面分开供电，并使用“两双两自动”和“两闭锁”。“双风机、双电源”必须同型号、同能力，对双风机自动转换装置必须每天进行一次试验，由电工操作，瓦检员监督，双方签字后将试验结果上报矿主管领导。

（6）必须采用抗静电、阻燃风筒，风筒出口到掘进工作面的距离，在保证工作面瓦斯不超限的情况下，瓦斯重点面、全煤上山、突出危险工作面最大不超过 5.0 m，一般煤巷、半煤岩不超过 7.0 m；全岩巷不超过 10 m。风筒必须吊挂平直，逢环必挂。

（7）掘进工作面必须使用防炮崩风筒，长度不小于 9 m，软质风筒与防炮崩风筒连接必须有过度节，防炮崩风筒直径最低不小于 300 mm，并且应有不少于 2 节的备用防炮崩风筒。倾角大于 10°的倾斜巷道工作面应有风筒固定措施。由瓦检员协助掘进队吊挂。

（8）风筒出口风量应根据瓦斯涌出量确定，并满足下列要求：瓦斯重点面不低于 80 m^3/min，一般工作面不低于 60 m^3/min，巷道风速不低于《规程》规定。

（9）局部通风机必须定期检查维修，保持正常运转；备用局部通风机每天要定期开动 2 h，以防止备用风机受潮。

（10）推广使用低噪声、节能局部通风机，逐渐取代高噪声、高能耗局部通风机。局部通风机噪声超过 85 dB 必须上消声器。

掘进开门之前必须安装好局部通风机和风筒，局部通风机不启动不允许开门，上、下山开门 10 m 内拐弯必须使用防炮崩弯头。

严禁使用 3 台以上（含 3 台）局部通风机同时向 1 个工作面供风。不得使用 1 台局部通风机同时向 2 个作业的掘进工作面供风。用 2 台局部通风机供风时必须制定措施，报矿总工程师批准，并符合《规程》规定。

局部通风机不得随意停风。因检修等原因必须停局部通风机时，必须提前通知通风区，并制定相应的停电、停风、排瓦斯措施，报矿总工程师批准，做到有计划、有组织、有措施。停风前，必须切断电源，撤出人员，设置栅栏，瓦检员警戒。

二、通风设施的管理

（1）《规程》规定，控制风流的风门、风桥、风墙等通风设施必须可靠。不应在倾斜运输巷道中设置风门；如果必须设置风门，应设自动风门或专人管理，并有防止矿车或风门碰撞人员以及矿车碰坏风门的安全措施。开采突出煤层时，工作面回风侧不应设调节风窗。

（2）正确选择通风设施的位置，通风设施必须进行设计，按图纸及要求进行施工。

（3）建立健全通风设施的管理制度。

（4）提高自动化程度。

（5）加强管理并按通风质量标准进行检查。

风门是矿井内数量较多的通风设施，在井下漏风中，风门漏风所占比重最大，故应注意加强对风门的管理。《规程》规定：进、回风井之间和主要进、回风巷之间的每条联络巷中，必须砌筑永久性风墙；需要使用的联络巷，必须安设2道连锁的正向风门和2道反向风门。

风桥漏风往往也很严重，一般用石块砌筑的风桥漏风量可达60～100 m^3/min，风桥不严密就会破坏矿井正常通风，因此在设计通风系统时，应尽量少用风桥。必要的风桥要修筑严密，断面尽量大些，并加强检查和维修。有条件时最好采用绕道式风桥。

挡风墙在正常情况下一般漏风不大，因此往往使人麻痹大意，对它忽视检查，造成不应有的损失。如往封闭采空区的漏风，易发生煤炭自燃；往封闭的火区漏风，则会引起火势发展或火源死灰复燃。另外，火区或采空区的有害气体也会通过挡风墙漏出，给安全生产带来很大危害。

参 考 文 献

[1] 中华人民共和国应急管理部，国家矿山安全监察局. 煤矿安全规程 [M]. 北京：煤炭工业出版社，2022.

[2] 吴中立. 矿井通风与安全 [M]. 徐州：中国矿业大学出版社，1997.

[3] 宁尚根. 矿井通风与安全 [M]. 北京：中国劳动社会保障出版社，2006.

[4] 宁廷全. 瓦斯检查员 [M]. 北京：煤炭工业出版社，2003.

[5] 胡献伍. 矿井通风与安全检测仪器仪表 [M]. 北京：煤炭工业出版社，2007.

[6] 严建华. 矿井通风技术 [M]. 北京：煤炭工业出版社，2001.

[7] 全国职业培训教学工作指导委员会煤炭专业委员会. 矿井通风 [M]. 北京：煤炭工业出版社，2005.

[8] 王继仁，孟庆坤，汪友刚. 矿井通风工 [M]. 北京：煤炭工业出版社，2000.

[9] 景国勋，杨玉中，张明安. 煤矿安全管理 [M]. 徐州：中国矿业大学出版社，2007.

[10] 张长喜. 矿山安全技术 [M]. 北京：煤炭工业出版社，2001.

[11] 冯耀庭，闫光准. 矿图 [M]. 北京：煤炭工业出版社，2004.

[12] 严建华. 矿井通风技术 [M]. 北京：煤炭工业出版社，2005.

[13] 王从陆，吴超. 矿井通风及系统可靠性 [M]. 北京：煤炭工业出版社，2007.

[14] 华道友. 煤矿重大事故处理及救灾技术 [M]. 成都：西南交通大学出版社，2003.

[15] 俞启香. 矿井瓦斯防治 [M]. 徐州：中国矿业大学出版社，1990.

[16] 张国枢. 通风安全学 [M]. 徐州：中国矿业大学出版社，2007.

[17] 淮南煤炭学院通风安全教研室. 矿井通风技术测定及其应用 [M]. 北京：煤炭工业出版社，1980.

[18] 张友谊. 矿井通风技术与发展 [M]. 北京：煤炭工业出版社，2008.

[19]《煤矿通风能力核定实用指南》编委会. 煤矿通风能力核定实用指南 [M]. 北京：煤炭工业出版社，2005.

[20] 王显政. 煤矿安全新技术 [M]. 北京：煤炭工业出版社，2002.

[21] 王德明. 矿井通风安全理论与技术 [M]. 徐州：中国矿业大学出版社，1999.

[22] 戚宜欣，秦跃平. 煤矿通风安全技术与管理 [M]. 北京：煤炭工业出版社，1998.

[23] 王俊峰. 矿井测风测尘工 [M]. 北京：煤炭工业出版社，2005.

[24] 孙继平，田子健. 煤矿安全检测仪器与监控系统 [M]. 北京：煤炭工业出版社，2008.

图书在版编目（CIP）数据

矿井通风工：初级、中级、高级 / 煤炭工业职业技能鉴定指导中心组织编写. -- 3 版. -- 北京：应急管理出版社，2024. --（煤炭行业特有工种职业技能鉴定培训教材）. -- ISBN 978-7-5237-0611-4

Ⅰ. TD72

中国国家版本馆 CIP 数据核字第 2024DK4905 号

矿井通风工（初级、中级、高级） 第 3 版

（煤炭行业特有工种职业技能鉴定培训教材）

组织编写 煤炭工业职业技能鉴定指导中心
责任编辑 尹燕华
责任校对 李新荣
封面设计 于春颖

出版发行 应急管理出版社（北京市朝阳区芍药居 35 号 100029）
电　　话 010－84657898（总编室） 010－84657880（读者服务部）
网　　址 www.cciph.com.cn
印　　刷 河北鹏远艺兴科技有限公司
经　　销 全国新华书店

开　　本 787mm×1092mm $^{1}/_{16}$ **印张** 17$^{1}/_{4}$ **字数** 417 千字
版　　次 2024 年 8 月第 3 版 2024 年 8 月第 1 次印刷
社内编号 20240613 **定价** 56.00 元
